国家科学技术学术著作出版基金资助出版

电磁分析中的低秩压缩分解方法

丁大志　陈如山　樊振宏　著

科学出版社
北京

内 容 简 介

本书主要介绍低秩压缩分解方法的基本理论及其在电磁分析中的应用，包括传统低秩压缩分解方法的基本理论，传统低秩压缩分解方法在电磁分析中的应用，传统低秩压缩分解方法的再次压缩技术，嵌套低秩压缩分解方法，基于低秩压缩分解方法的快速直接解法和预条件技术。重点介绍了低秩压缩分解方法在矩量法和有限元法中的应用。书中介绍的方法均有数值仿真结果验证。

本书可作为高等院校电子、物理、数学等相关专业研究生和高年级本科生的参考教材，也可供从事电磁理论、计算电磁学、微波技术等相关领域研究的科技工作者阅读。

图书在版编目(CIP)数据

电磁分析中的低秩压缩分解方法 / 丁大志，陈如山，樊振宏著. —北京：科学出版社，2019.11
ISBN 978-7-03-062890-9

Ⅰ. ①电… Ⅱ. ①丁… ②陈… ③樊… Ⅲ. ①电磁学—分析方法 Ⅳ. ①O441

中国版本图书馆 CIP 数据核字(2019)第 250951 号

责任编辑：许 健 / 责任校对：谭宏宇
责任印制：黄晓鸣 / 封面设计：殷 靓

科 学 出 版 社 出版
北京东黄城根北街 16 号
邮政编码：100717
http：//www.sciencep.com
南京展望文化发展有限公司排版
上海万卷印刷股份有限公司
科学出版社发行 各地新华书店经销
*
2019 年 11 月第 一 版 开本：B5(720×1 000)
2019 年 11 月第一次印刷 印张：17 1/4
字数：335 000

定价：130.00 元

(如有印装质量问题，我社负责调换)

前　言

低秩压缩分解方法利用远作用矩阵的低秩特性，把远作用稠密矩阵分解为两个长条形矩阵，从而减少矩阵存储的内存需求，加速矩阵矢量乘运算速度。低秩压缩分解方法也可以用来构造逆矩阵或者预条件。低秩压缩分解方法的整个近似过程是纯代数的，与格林函数的形式无关。低秩压缩分解方法可以简单应用于现有的算法程序中，加速求解。近年来低秩压缩分解方法逐渐吸引了众多研究人员的兴趣，用于解决实际工程问题。

关于电磁分析中的低秩压缩分解方法，国内外还未见相关学术专著出版，本书的特点是，从课题组近几年的研究基础及工程应用经验出发，为课题组电磁分析中低秩压缩分解方法创新工作的总结。本书的出版目的是与国内从事计算电磁学及工程应用的同行分享低秩压缩分解方法的优势和工程应用经验。书中对低秩压缩分解方法稀疏化稠密矩阵的基本原理及快速构造矩阵的逆算法进行详细论述，并通过工程数值分析算例验证书中所提方法的优越性。本书的出版对于计算电磁学及工程应用研究方向的发展具有推动作用，对于从事这方面研究的高校教师、研究生及科研院所等科研人员具有理论指导意义，进一步丰富了研究生对于计算电磁学的认识。书中所有数值结果课题组都有对应的源代码，本书以一定的形式公布书中部分源代码，推动相关科研人员对低秩压缩分解方法的工程应用。

本书分别从矩量法稠密稀疏化及矩阵求逆两方面对低秩压缩分解方法做了详细研究。矩阵稀疏化主要研究 UV 方法、自适应交叉近似算法、多层矩阵分解方法等，在此基础上研究改进的多层矩阵分解方法、多层矩阵压缩方法等再压缩技术，并进一步提出多层简易稀疏、嵌套等效源及方向性快速多极子等嵌套稀疏矩阵方法；矩阵求逆主要研究局部全局求解模式、多层压缩块分解 $\mathcal{H}$-矩阵及 $\mathcal{H}$-LU 分解等求逆方法。

本书撰写工作得到了李猛猛博士、姜兆能博士、宛汀博士、胡小情博士、陈华博士的帮助，彭小标、王池、吕宇康、梅晓明、杨婕等研究生对书中文字与图表进行了校对，同时本书的部分研究内容和出版得到了国家自然科学基金（项目编号：

61431006、61522108、61771246、61890541、61871228)和国家科学技术学术著作出版基金的资助。在本书即将出版之际,对此一并表示由衷的感谢。

由于作者水平有限,书中难免存在疏漏和不足之处,望读者批评指正、提出意见,以便本书再版时进行补充及修订,邮箱:dzding@njust.edu.cn。

作者于南京理工大学

2019 年 4 月

目　　录

第 1 章　绪　　论

1.1　低秩压缩分解方法发展现状

随着重大工程设计需求及现代计算电磁学的发展，提高建模置信度是保证电磁仿真精度，使仿真结果与实验测试结果吻合，实现仿真结果指导设计的基本途径。在现实工程中需要进行分析的问题往往存在细微结构，例如，电大尺寸飞机平台内部存在线缆、座椅、阵列天线；卫星平台上安装多频段天线阵列；复杂舰船平台上大功率天线与火炮装置带来棘手的电磁兼容性问题；强耦合单元阵列天线、电磁超表面的优化设计等。提高此类问题的计算电磁学建模置信度，能使分析与优化的问题变为典型的多尺度问题，即整个目标是电大尺寸，体现的是高频特性，但是局部存在典型细微结构，体现的是低频特性。多尺度建模分析与优化会带来网格离散不均匀、矩阵方程迭代收敛性变差，导致电磁建模面临精度低、计算资源消耗大，甚至无法得出计算结果等难题。如何构建具有编程实现简单、计算精度高、计算效率高、鲁棒性强的多尺度建模分析与优化基础理论及关键技术框架是当前工程电磁设计中的核心问题，也是当前计算电磁学的重要发展方向之一[1-5]。

长期以来，多尺度建模在计算电磁学研究领域具有重要的理论研究意义。计算电磁学领域顶级核心期刊 *IEEE Transactions on Antennas and Propagation*、*Proceedings of the IEEE* 及 *IEEE Transactions on Electromagnetic Compatibility*（TEMC）分别在 2008 年、2013 年、2014 年推出 3 个特刊，发布计算电磁学在多尺度电磁建模中的理论创新及工程应用进展[6-8]。特别是 2014 年 IEEE TEMC 上的特刊，详细介绍了在欧盟 FP7 HIRF SE 研究计划资助下，计算电磁学解决复杂电磁环境下真实飞机的多尺度建模分析、实验验证及仿真结果与实验测试结果系统性对比等方面问题，这是计算电磁学多尺度建模分析在工程设计应用方面的典范[8]。

矩量法分析三维多尺度目标电磁特性，已经被证明其是一个有效的方法[9,10]。直接采用矩量法可以精确计算得到近、远场作用，但是存储内存复杂度为 $O(N^2)$，使用直接解法求解矩量法离散产生的矩阵方程的计算复杂度为 $O(N^3)$，N 为未知量数目。因此，国内外众多研究人员发展了一系列快速算法来加速求解基于矩量法的积分方程。加速求解矩量法大概可以分为三类：第一类为采用特殊的基函数展开，把阻抗矩阵稀疏化，这类方法包括阻抗矩阵局域方法（impedance matrix localization，IML）[11]和小波变换[12]；第二类为通过宏基函数[13]、特征基函数[14]、子全域基函数(sub-entire domain basis function) [15]、合成函数[16]等减小矩阵的规模；第三类为利用格林函数的数学特性或物理特性来近似矩阵矢量乘的快速方法。常见的快速方法主要有多层快速多极子方法(multilevel fast multipole algorithm，MLFMA)、快速傅里叶变换方法(fast Fourier transform，FFT)等[17-25]和低秩压缩分解方法。相比于 MLFMA、FFT 类方法，低秩压缩分解方法具有低频数值稳定、计算精度可控、编程简单、可扩展性强等优势，近年来逐渐吸引了众多研究人员的兴趣，用于解决实际工程问题。

Kapur 和 Long[23]提出一种基于奇异值分解的 IES^3 快速方法，它是一种独立于格林函数的快速求解技术，已经成功应用于准静态分析多层集成元件的电磁等效模型。基于格拉姆-施密特(Gram－Schmidt)正交化的 QR 分解快速方法[25-30]成功应用于分析电磁散射及辐射问题。类似的方法还有基于 UV 分解[31-35]、自适应交叉近似(adaptive cross approximation，ACA)算法[36-45]、多层矩阵分解算法(multilevel matrix decomposition algorithm，MLMDA)[46-48]、$\mathcal{H}$-矩阵方法[49,50]。UV 分解[32-35]首先要判断好矩阵的秩表，然后对矩阵进行分解。ACA 算法[36,37]不需要事先对矩阵进行任何附加作用，直接利用自适应抽行抽列的技术对矩阵进行加速填充。多层矩阵分解算法[46,48]通过建立等效源近似远场互作用组的实际源之间的作用。$\mathcal{H}$-矩阵方法[49,50]通过对积分核的插值(interpolation)方式来构造阻抗矩阵的 $\mathcal{H}$-矩阵表达式。嵌套等效源近似方法，引入了平移矩阵，粗层低秩分解矩阵可以通过细层低秩分解矩阵表示，从而显著降低现有的低秩压缩分解方法的计算复杂度[51-55]。

在基于低秩压缩分解方法的直接解法方面，文献[56-59]还研究了基于低秩分解技术的快速方法——多层简易稀疏方法(multilevel simply sparse method，MLSSM)，MLSSM 可将计算复杂度和存储量降低为 $O(N\lg N)$。以上给出的是基于迭代求解器的快速低秩压缩分解方法，当矩阵性态差时迭代步数比较多，从而导致迭代时间特别长。为了克服该问题，可以利用多层压缩块分解(multilevel compressed block decomposition，MLCBD)算法[60-63]和基于低秩压缩分解方法的快速直接解法如 $\mathcal{H}$-矩阵、$\mathcal{H}^2$-矩阵求逆算法[64-66]加快求解。$\mathcal{H}$-矩阵理论提供了一种有效处理稠密矩阵的方式，它通过数据压缩技术将稠密矩阵表示成一种数据稀疏的格式。$\mathcal{H}$-矩阵方法的核心思想是，通过元素排序将矩阵中的某些子块以低秩压缩矩阵相乘的形式表示；其理论基础是，边界元离散积分算子所形成的矩阵，以及有限元离散偏微分算子所形成矩阵的逆矩阵均为稠密阵，但是它们均可以采用 $\mathcal{H}$-矩阵的数据稀疏格式来高效近似。$\mathcal{H}$-矩阵方法基于树形结构和递归算法，$\mathcal{H}$-矩阵格式的四则运算、求逆和 LU 分解等操作能将计算复杂度和内存需求降低到 $O(k^a N\lg^b N)$，其中 k、a、b 为适当的常数。$\mathcal{H}$-矩阵方法由 Hackbusch 教授于1999年首先提出[49,50]，然后被引入计算电磁学领域中，首先在积分方程方法领域基于插值的方式来构造 $\mathcal{H}$-矩阵，并提出了 $\mathcal{H}$-矩阵求逆算法[67]，在此基础上提出了 $\mathcal{H}^2$-矩阵方法[68]，进一步降低了计算复杂度和内存需求。$\mathcal{H}$-矩阵方法也被引入有限元法领域中，提出了基于 $\mathcal{H}$-矩阵算法的直接解法，并通过数值算例证实了基于 $\mathcal{H}$-矩阵算法的直接解法能够将计算复杂度和内存需求降低到几乎线性[69-71]。低精度的直接解法，可以进一步构造高效的预条件技术[72,73]。

低秩压缩分解方法进一步丰富了计算电磁学的研究内容，降低了复杂电磁问题求解的计算复杂度，对于指导工程设计具有重要的意义。

1.2 内容安排

全书共6章。第1章绪论，主要介绍计算电磁学中低秩压缩分解方法的研究现状及意义。第2章给出矩量法基础，并介绍奇异值分解算法、UV方法、ACA算法、矩阵分解算法、$\mathcal{H}$-矩阵方法、插值分解方法等基础的低秩压缩分解方法。第3章主要介绍现有的低秩压缩分解方法的应用，包括对频率选择表面、低频密网格目标、旋转对称目标、目标多角度单站雷达散射截面积及时域电磁特性的分析。第4章主要阐述基于现有的低秩压缩分解方法的进一步压缩技术，ACA等低秩压缩分解方法，稀疏矩阵是非正交的，存在信息冗余，采用进一步压缩技术能够降低低秩压缩分解方法的计算复杂度。第5章主要阐述具有嵌套形式的低秩压缩分解方法，该方法的优点是仅需要在最细层构造稀疏矩阵，而高层的稀疏矩阵可以通过细层表示，从而能够显著降低计算复杂度，对于中等尺寸目标能够实现线性的计算复杂度，而对于电大尺寸目标能够实现 $O(N\lg N)$ 的计算复杂度。第6章为基于低秩压缩分解方法的预条件技术和快速直接解法，得到低秩分解后的稀疏矩阵后，利用 H、H-LU等求逆算法，分别实现矩量法和有限元法的快速求解。本书介绍的所有方法，都经过了编程实现及仿真验证，以证明书中所提方法的正确性和高效性。

参考文献

[1] 王秉中.计算电磁学[M]. 北京：科学出版社，2002.

[2] 王长清.现代计算电磁学基础[M]. 北京：北京大学出版社，2005.

[3] 盛新庆.计算电磁学要论[M]. 北京：科学出版社，2004.

[4] 聂在平.目标与环境电磁散射特性建模[M]. 北京：国防工业出版社，2009.

[5] 陈如山.电磁分析中的预条件方法[M]. 北京：科学出版社，2018.

[6] Michielssen E，Jin J M. Guest editorial for the special issue on large and multiscale computational electromagnetics[J]. IEEE Transactions on Antennas and Propagation,

2008, 56(8): 2146 - 2149.

[7] Liu Q H, Jiang L, Weng C C. Large-scale electromagnetic computation for modeling and applications [J]. Proceedings of the IEEE, 2013, 101(2): 223 - 226.

[8] Duffy A, Orlandi A, Archambeault B, et al. Introduction to special section on "validation of computational electromagnetics" [J]. IEEE Transactions on Electromagnetic Compatibility, 2014, 56(4): 746 - 749.

[9] Harrington R F. Field computation by moment methods[M]. London: Macmillan, 1968.

[10] Rao S, Wilton D, Glisson A. Electromagnetic scattering by surfaces of arbitrary shape [J]. IEEE Transactions on Antennas and Propagation, 1982, 30(3): 409 - 418.

[11] Canning F X. Solution of impedance matrix localization form of moment method problems in five iterations[J]. Radio Science, 1995, 30(5): 1371 - 1384.

[12] Steinberg B Z, Leviatan Y. On the use of wavelet expansions in the method of moments [J]. IEEE Transactions on Antennas and Propagation, 1993, 41(5): 610 - 619.

[13] Suter E, Mosig J R. A subdomain multilevel approach for the efficient MoM analysis of large planar antennas [J]. Microwave & Optical Technology Letters, 2015, 26(4): 270 - 277.

[14] Prakash V V S, Mittra R. Characteristic basis function method: A new technique for efficient solution of method of moments matrix equations[J]. Microw. Opt. Techn. Lett., 2003, 36(2): 95 - 100.

[15] Lu W B, Cui T J, Yin X X, et al. Fast algorithms for large-scale periodic structures using subentire domain basis functions[J]. IEEE Transactions on Antennas and Propagation, 2005, 53(3): 1154 - 1162.

[16] Matekovits L, Laza V A, Vecchi G. Analysis of large complex structures with the synthetic-functions approach[J]. IEEE Transactions on Antennas and Propagation, 2007, 55(9): 2509 - 2521.

[17] Greengard L, Rokhlin V. A fast algorithm for particle simulations [J]. Journal of Computational Physics, 1997, 135(2): 280 - 292.

[18] Song J. Multilevel fast multipole algorithm for electromagnetic scattering by large complex objects[J]. IEEE Transactions Anntennas and Propagation, 1997, 45(10): 1488 - 1493.

[19] Chew W C, Jin J M, Michielssen E, et al. Fast efficient algorithms in computational electromagnetics[M]. Boston: Artech House, 2001.

[20] Bleszynski E, Bleszynski M, Jaroszewicz T. AIM: Adaptive integral method for solving large-scale electromagnetic scattering and radiation problems [J]. Radio Science, 1996, 31(5): 1225 - 1251.

[21] Phillips J R, White J K. A precorrected-FFT method for electrostatic analysis of complicated 3-D structures [J]. IEEE Transactions on Computer-Aided Design of Integrated Circuits and Systems, 1997, 16(10): 1059 - 1072.

[22] Seo S M, Lee J F. A fast IE-FFT algorithm for solving PEC scattering problems[J]. IEEE

Transactions on Magnetics, 2005, 41(5): 1476 - 1479.

[23] Kapur S, Long D E. IES^3: A fast integral equation solver for efficient 3-dimensional extraction[C]. San Jose: IEEE/ACM International Conference on Computer-aided Design, 1997.

[24] Gope D, Jandhyala V. Oct-tree-based multilevel low-rank decomposition algorithm for rapid 3-D parasitic extraction[J]. IEEE Transactions on Computer-Aided Design of Integrated Circuits and Systems, 2004, 23(11): 1575 - 1580.

[25] Gope D, Jandhyala V. Efficient solution of EFIE via low-rank compression of multilevel predetermined interactions[J]. IEEE Transactions on Antennas and Propagation, 2005, 53(10): 3324 - 3333.

[26] Ozdemir N A, Lee J F. A low-rank IE-QR algorithm for matrix compression in volume integral equations[J]. IEEE Transactions on Magnetics, 2004, 40(2): 1017 - 1020.

[27] Seo S M, Lee J F. A single-level low rank IE-QR algorithm for PEC scattering problems using EFIE formulation[J]. IEEE Transactions on Antennas and Propagation, 2004, 52(8): 2141 - 2146.

[28] Zhao K, Lee J F. A single-level dual rank IE-QR algorithm to model large microstrip antenna arrays[J]. IEEE Transactions on Antennas and Propagation, 2004, 52(10): 2580 - 2585.

[29] Burkholder R J, Lee J F. Fast dual-MGS block-factorization algorithm for dense MoM matrices[J]. IEEE Transactions on Antennas and Propagation, 2004, 52(7): 1693 - 1699.

[30] Jiang Z, Xu Y, Sheng Y, et al. Efficient analyzing em scattering of objects above a lossy half-space by the combined MLQR/MLSSM[J]. IEEE Transactions on Antennas and Propagation, 2011, 59(12): 4609 - 4614.

[31] Tsang L, Li Q, Xu P, et al. Wave scattering with UV multilevel partitioning method: 2. Three-dimensional problem of nonpenetrable surface scattering[J]. Radio Science, 2004, 39(5).

[32] Ong C J, Tsang L. Full-wave analysis of large-scale interconnects using the multilevel UV method with the sparse matrix iterative approach (SMIA)[J]. IEEE Transactions on Advanced Packaging, 2008, 31(4): 818 - 829.

[33] Xu P, Tsang L. Propagation over terrain and urban environment using the multilevel UV method and a hybrid UV/SDFMM method[J]. IEEE Antennas and Wireless Propagation Letters, 2004, 3(1): 336 - 339.

[34] Deng F S, He S Y, Chen H T, et al. Numerical simulation of vector wave scattering from the target and rough surface composite model with 3-D multilevel UV method[J]. IEEE Transactions on Antennas and Propagation, 2010, 58(5): 1625 - 1634.

[35] Li M M, Ding J J, Ding D Z, et al. Multiresolution preconditioned multilevel UV method for analysis of planar layered finite frequency selective surface[J]. Microwave & Optical

Technology Letters, 2010, 52(7): 1530 - 1536.

[36] Bebendorf M. Approximation of boundary element matrices[J]. Numerische Mathematik, 2000, 86(4): 565 - 589.

[37] Zhao K, Vouvakis M N, Lee J F. The adaptive cross approximation algorithm for accelerated method of moments computations of EMC problems[J]. IEEE Transactions on Electromagnetic Compatibility, 2005, 47(4): 763 - 773.

[38] Maaskant R, Mittra R, Tijhuis A. Fast analysis of large antenna arrays using the characteristic basis function method and the adaptive cross approximation algorithm [J]. IEEE Transactions on Antennas and Propagation, 2008, 56(11): 3440 - 3451.

[39] Jiang Z, Chen R S, Fan Z, et al. Modified adaptive cross approximation algorithm for analysis of electromagnetic problems[J]. ACES Journal, 2011, 26(2): 160 - 169.

[40] Jiang Z, Liu Z, Zhu M, et al. Matrix interpolation of the adaptive cross approximation matrix for multilayer structures problems [C]. Shenzhen: International Conference on Microwave & Millimeter Wave Technology. IEEE, 2012.

[41] Liu Z, Chen R, Chen M, et al. Using adaptive cross approximation for efficient calculation of monostatic scattering with multiple incident angles [J]. ACES Journal, 2011, 26 (4): 325 - 333.

[42] Hu X Q, Zhang C, Xu Y, et al. An improved multilevel simple sparse method with adaptive cross approximation for scattering from target above lossy half space [J]. Microwave & Optical Technology Letters, 2012, 54(3): 573 - 577.

[43] Chen R, Fan Z, Ding D, et al. An equivalent dipole-moment method combined with multilevel adaptive cross approximation for PEC targets [C]. Kaohsiung: Asia-Pacific Microwave Conference. IEEE, 2013.

[44] 宋卓然，丁大志，姜兆能，等.表面积分方程结合自适应交叉近似分析有耗介质和金属混合目标的电磁散射特性[C].深圳：2011 年全国微波毫米波会议论文集(下册)，2011.

[45] 安玉元，许平平，姜兆能，等.高阶叠层基函数结合 ACA 分析电磁散射问题[C].深圳：全国微波毫米波会议，2011.

[46] Michielssen E, Boag A. A multilevel matrix decomposition algorithm for analyzing scattering from large structures [J]. IEEE Transactions on Antennas and Propagation, 1996, 44(8): 1086 - 1093.

[47] Rius J M, Parrón J, Úbeda E, et al. Multilevel matrix decomposition algorithm for analysis of electrically large electromagnetic problems in 3-D[J]. Microwave & Optical Technology Letters, 2015, 22(3): 177 - 182.

[48] Rius J M, Parrón J, Heldring A, et al. Fast iterative solution of integral equations with method of moments and matrix decomposition algorithm-singular value decomposition [J]. IEEE Transactions on Antennas and Propagation, 2008, 56(8): 2314 - 2324.

[49] Hackbusch W. A sparse matrix arithmetic based on $\mathcal{H}$ - matrices. Part I. Introduction to $\mathcal{H}$ - matrices[J]. Computing, 1999, 62(2): 89 - 108.

[50] Hackbusch W, Khoromskij B N. A sparse $\mathcal{H}$ - matrix arithmetic. Part II: Application to multi-dimensional problems[J]. Computing, 2000, 64: 21 - 47.

[51] Li M, Francavilla M A, Vipiana F, et al. Nested equivalent source approximation for the modeling of multiscale structures[J]. IEEE Transactions on Antennas and Propagation, 2014, 62(7): 3664 - 3678.

[52] Li M, Francavilla M A, Chen R, et al. Wideband fast kernel-independent modeling of large multiscale structures via nested equivalent source approximation[J]. IEEE Transactions on Antennas and Propagation, 2015, 63(5): 2122 - 2134.

[53] Li M, Francavilla M A, Chen R, et al. Nested equivalent source approximation for the modeling of penetrable bodies[J]. IEEE Transactions on Antennas and Propagation, 2017, 65(2): 954 - 959.

[54] Li M, Ding D, Li J, et al. Nested equivalence source approximation with adaptive group size for multiscale simulations[J]. Engineering Analysis with Boundary Elements, 2017, 83: 188 - 194.

[55] Li M, Francavilla M A, Ding D Z, et al. Mixed-form nested approximation for wideband multiscale simulations[J]. IEEE Transactions on Antennas and Propagation, 2018, 66(11): 6128 - 6136.

[56] Canning F X, Rogovin K. Simply sparse, a general compression/solution method for MoM programs[C]. San Antonio: 2002 Antennas & Propagation Society International Symposium, IEEE, 2002.

[57] Zhu A, Adams R J, Canning F X. Modified simply sparse method for electromagnetic scattering by PEC [C]. Washington: 2005 IEEE Antennas & Propagation Society International Symposium, 2005.

[58] Cheng J, Maloney S A, Adams R J, et al. Efficient fill of a nested representation of the EFIE at low frequencies[C]. San Diego: 2008 IEEE Antennas & Propagation Society International Symposium, 2008.

[59] Jiang Z, Xu Y, Sheng Y, et al. Efficient analyzing em scattering of objects above a lossy half-space by the combined MLQR/MLSSM[J]. IEEE Transactions on Antennas and Propagation, 2011, 59(12): 4609 - 4614.

[60] Heldring A, Rius J M, Tamayo J M, et al. Compressed block-decomposition algorithm for fast capacitance extraction[J]. IEEE Transactions on Computer-Aided Design of Integrated Circuits and Systems, 2008, 27(2): 265 - 271.

[61] Heldring A, Rius J M, Tamayo J M, et al. Multilevel MDA-CBI for fast direct solution of large scattering and radiation problems [C]. Honolulu: 2007 IEEE Antennas & Propagation Society International Symposium, 2007.

[62] Heldring A, Tamayo J M, Rius J M, et al. Multiscale CBD for fast direct solution of mom linear system[C]. San Diego: 2008 IEEE Antennas & Propagation Society International Symposium, 2008.

[63] Jiang Z, Chen R S, Fan Z, et al. Modified compressed block decomposition preconditioner for electromagnetic problems[J]. Microwave & Optical Technology Letters, 2011, 53(8): 1915 - 1919.

[64] Liu H, Jiao D. Existence of $\mathcal{H}$ - Matrix representations of the inverse finite-element matrix of electrodynamic problems and h-based fast direct finite-element solvers [J]. IEEE Transactions on Microwave Theory & Techniques, 2010, 58(12): 3697 - 3709.

[65] Chai W, Dan J. Linear-complexity direct and iterative integral equation solvers accelerated by a new rank-minimized H^2-representation for large-scale 3-D interconnect extraction [J]. IEEE Transactions on Microwave Theory & Techniques, 2013, 61(8): 2792 - 2805.

[66] Chai W, Jiao D. Direct matrix solution of linear complexity for surface integral-equation-based impedance extraction of complicated 3-D structures[J]. Proceedings of the IEEE, 2013, 101(2): 372 - 388.

[67] Chai W, Jiao D. An H-matrix-based method for reducing the complexity of integral-equation-based solutions of electromagnetic problems[C]. San Diego: 2008 IEEE Antennas and Propagation Society International Symposium, 2008.

[68] Chai W, Jiao D. H-and H^2-matrix-based fast integral-equation solvers for large-scale electromagnetic analysis[J]. IET Microwaves Antennas & Propagation, 2010, 4(10): 1583.

[69] Liu H, Jiao D. Existence of H-matrix representations of the inverse finite-element matrix of electrodynamic problems and H-based fast direct finite-element solvers [J]. IEEE Transactions on Microwave Theory and Techniques, 2010, 58(12): 3697 - 3709.

[70] Wan T, Hu X Q, Chen R S. Hierarchical LU decomposition-based direct method with improved solution for 3D scattering problems in FEM [J]. Microwave & Optical Technology Letters, 2011, 53(8): 1687 - 1694.

[71] Wan T, Chen R S, Hu X Q. Data-sparse LU-decomposition preconditioning combined with multilevel fast multipole method for electromagnetic scattering problems [J]. IET Microwaves Antennas & Propagation, 2011, 5(11): 1288 - 0.

[72] Wan T, Jiang Z N, Sheng Y J. Hierarchical matrix techniques based on matrix decomposition algorithm for the fast analysis of planar layered structures [J]. IEEE Transactions on Antennas and Propagation, 2011, 59(11): 4132 - 4141.

[73] Wang K C, Li M, Ding D Z, et al. A parallelizable direct solution of integral equation methods for electromagnetic analysis[J]. Engineering Analysis with Boundary Elements, 2017, 85: 158 - 164.

第 2 章　低秩压缩分解方法的基本理论

矩量法分析三维复杂目标电磁特性已经被证明是一个有效的方法[1,2]。直接采用矩量法可以精确计算得到近、远场作用，但是存储内存和填充时间复杂度为 $O(N^2)$，使用直接解法求解矩量法离散产生的矩阵方程的复杂度为 $O(N^3)$，N 为未知量数目。低秩压缩分解方法已经广泛应用于矩量法中，用于压缩阻抗矩阵中的远场作用块矩阵。本章主要介绍矩量法基础及低秩压缩分解方法的基本理论。

2.1　矩量法基础

2.1.1　矩量法的基本原理

矩量法(method of moments，MoM)是将算子方程化为矩阵方程，然后求解该矩阵方程，对于电磁问题，积分方程可以用下面的算子方程来描述：

$$L \cdot f = g \tag{2.1.1}$$

其中，L 是线性算子；f 是未知函数；g 是已知函数如激励函数，线性算子 L 的值域为算子在其定义域上运算而得的函数 g 的集合。算子方程的通常求解方法是将 f 在 L 的定义域内展开成$\{f_1, f_2, \cdots, f_N\}$的线性组合，为

$$f \approx \sum_{n=1}^{N} a_n f_n \tag{2.1.2}$$

其中，a_n 为展开系数；f_n 为一组线性无关的基函数；N 为未知量数目。如果 $N \to \infty$，则方程的解是精确解。然而在实际应用中，N 通常是有限大的，此时方程式(2.1.2)的右边项是待求函数 f 的近似解。将式(2.1.2)代入式(2.1.1)，再由线性算子 L 的线性性质可以得到

$$\sum_{n=1}^{N} a_n L \cdot f_n \approx g \tag{2.1.3}$$

为了求解方程式(2.1.3)中未知函数 f 的系数 a_n，需要选取一组测试基函数 $\{w_1, w_2, \cdots, w_N\}$，每个测试基函数都与式(2.1.3)做内积，可以得到如下的一个方程组：

$$\sum_{n=1}^{N} a_n \langle W_m, L \cdot f_n \rangle = \langle W_m, g \rangle, m=1, 2, \cdots, N \tag{2.1.4}$$

可以将方程(2.1.4)写成如下的形式：

$$\boldsymbol{Z}a = g \tag{2.1.5}$$

其中，

$$g = \langle w_m, g \rangle \tag{2.1.6}$$

$$\boldsymbol{Z} = \langle w_m, L \cdot f_n \rangle \tag{2.1.7}$$

通过求解方程式(2.1.5)，得到未知函数 f 的展开系数 a_n，从而可以获得算子方程的近似解。上述便是矩量法完整的离散化过程。

2.1.2　积分方程的建立

如图 2.1.1 所示，首先考虑一个处于自由空间中的理想金属散射体，假设均匀平面波 $\boldsymbol{E}^i$, $\boldsymbol{H}^i$ 入射到该金属体的表面 S，导体表面的感应电流 $\boldsymbol{J}$ 将产生散射场 $\boldsymbol{E}^S$ 和 $\boldsymbol{H}^S$，其中，

$$\boldsymbol{E}^S = -\frac{\mathrm{j}\omega\mu}{4\pi}\int_S \boldsymbol{G}(\boldsymbol{r}, \boldsymbol{r}') \cdot \boldsymbol{J}(\boldsymbol{r}')\mathrm{d}S' \tag{2.1.8}$$

$$\boldsymbol{H}^S = -\frac{1}{4\pi} \nabla\times\int_S g(\boldsymbol{r}, \boldsymbol{r}')\boldsymbol{J}(\boldsymbol{r}')\mathrm{d}S' \tag{2.1.9}$$

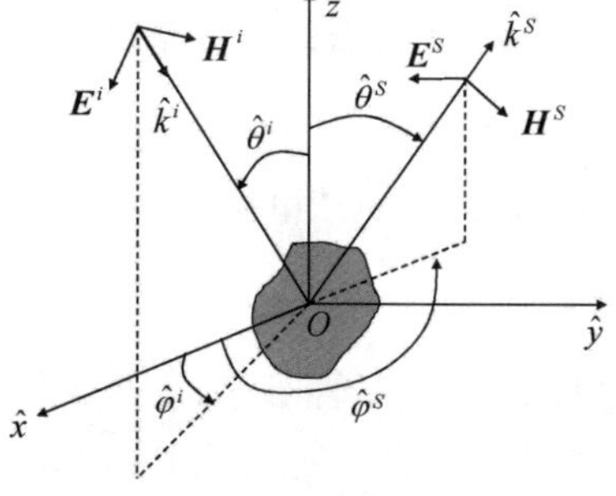

图 2.1.1　任意形状物体散射场示意图

其中，$\boldsymbol{G}$ 为自由空间的并矢格林函数。

$$\boldsymbol{G}(\boldsymbol{r}, \boldsymbol{r}') = \left(\boldsymbol{I} - \frac{1}{k^2} \nabla\nabla'\right) g(\boldsymbol{r}, \boldsymbol{r}') \tag{2.1.10}$$

其中，$k=\omega\sqrt{\mu_0\varepsilon_0}$ 是自由空间中的波数，ω 为角频率；$\boldsymbol{I}$ 为单位张量；$g(\boldsymbol{r}, \boldsymbol{r}')$是自由空间中的标量格林函数

$$g(\boldsymbol{r}, \boldsymbol{r}') = \frac{\mathrm{e} - \mathrm{j}k \mid \boldsymbol{r} - \boldsymbol{r}' \mid}{\mid \boldsymbol{r} - \boldsymbol{r}' \mid} \tag{2.1.11}$$

对于理想导体，根据总电场在理想导体表面切向分量为零的边界条件可以得

$$\hat{\boldsymbol{t}} \cdot \boldsymbol{E}^S(\boldsymbol{r}) = -\hat{\boldsymbol{t}} \cdot \boldsymbol{E}^i(\boldsymbol{r}) \tag{2.1.12}$$

将其代入式(2.1.8)中，可以得

$$\hat{\boldsymbol{t}} \cdot \boldsymbol{E}^i(\boldsymbol{r}) = -\frac{\mathrm{j}\omega\mu}{4\pi}\int_S \hat{\boldsymbol{t}} \cdot \boldsymbol{G}(\boldsymbol{r}, \boldsymbol{r}') \cdot \boldsymbol{J}(\boldsymbol{r}')\mathrm{d}S', \ \boldsymbol{r} \in S \tag{2.1.13}$$

同样,在理想导体表面磁场存在如下的边界条件:

$$\hat{\boldsymbol{n}} \times [\boldsymbol{H}^S(\boldsymbol{r}) + \boldsymbol{H}^i(\boldsymbol{r})] = \boldsymbol{J}(\boldsymbol{r}) \tag{2.1.14}$$

代入式(2.1.9)中,可以得

$$\hat{\boldsymbol{n}} \times \boldsymbol{H}^i(\boldsymbol{r}) = \boldsymbol{J}(\boldsymbol{r}) - \frac{1}{4\pi}\hat{\boldsymbol{n}} \times \nabla \times \int_S g(\boldsymbol{r}, \boldsymbol{r}')\boldsymbol{J}(\boldsymbol{r}')\mathrm{d}S', \ \boldsymbol{r} \in S \tag{2.1.15}$$

其中,$\hat{\boldsymbol{t}}$、$\hat{\boldsymbol{n}}$分别为边界切向单位矢量与方向单位矢量。当 $\boldsymbol{r}=\boldsymbol{r}'$ 时,磁场积分方程式(2.1.15)存在奇异点,奇异项为$-\boldsymbol{J}(\boldsymbol{r})\Omega/(4\pi)$,可方便地剔除。这里,$\Omega$ 是奇异点所展成的立体角。对于常见的光滑曲面,$\Omega=2\pi$,这样去掉奇异性之后的磁场积分方程式(2.1.15)可写成

$$\hat{\boldsymbol{n}} \times \boldsymbol{H}^i(\boldsymbol{r}) = \frac{1}{2}\boldsymbol{J}(\boldsymbol{r}) - \frac{1}{4\pi}\hat{\boldsymbol{n}} \times \nabla \times \mathrm{P.V.}\int_S g(\boldsymbol{r}, \boldsymbol{r}')\boldsymbol{J}(\boldsymbol{r}')\mathrm{d}S', \ \boldsymbol{r} \in S \tag{2.1.16}$$

其中,P.V.表示磁场积分方程中的主值积分项。与电场积分方程相比,磁场积分方程产生的矩阵性态更好,但其缺点是只能用于闭合结构,且精度没有电场积分方程高。与电场积分方程相同,磁场积分方程存在谐振点,即在某些频率点存在伪解。为了避免这一问题,引入混合场积分方程(combined field integral equation, CFIE)。其表达形式可以写为

$$\alpha(\mathrm{EFIE}) + (1-\alpha)\eta\,\hat{\boldsymbol{t}}(\mathrm{MFIE}) \tag{2.1.17}$$

其中,$\eta=\sqrt{\mu/\varepsilon}$ 为波阻抗。将电场积分方程和磁场积分方程代入式(2.1.17),可以得到混合场积分方程的一般形式:

$$\begin{aligned} &-\hat{\boldsymbol{t}} \cdot \left[\mathrm{j}\alpha\omega + \frac{\eta(1-\alpha)}{\mu}\hat{\boldsymbol{n}} \times \nabla \times\right]\boldsymbol{A}(\boldsymbol{r}) + \alpha\,\hat{\boldsymbol{t}} \cdot \nabla\varphi(\boldsymbol{r}) + \frac{\eta(1-\alpha)}{2}t \cdot \boldsymbol{J}(t) \\ &= \hat{\boldsymbol{t}} \cdot [\alpha\boldsymbol{E}^i(\boldsymbol{r}) + (1-\alpha)\eta\,\hat{\boldsymbol{n}} \times \boldsymbol{H}^i(\boldsymbol{r})], \ \boldsymbol{r} \in S \end{aligned} \tag{2.1.18}$$

其中,α 取值为 0~1 的实数。当 $\alpha=1$ 时,式(2.1.18)的混合场积分方程转换为电场积分方程;当 $\alpha=0$ 时,混合积分方程转化为磁场积分方程。对于开放结构只能使用电场积分方程,而闭合结构既可以使用电场积分方程又可以使用磁场积分方程。然而实际运用中对于闭合结构,若使用单一的电场积分方程或者磁场积分方程,当工作频率在目标电场或者目标磁场的谐振频率附近时,两种积分方程都会失效。为了避免这一现象的发生,对于闭合结构问题的求解,α 通常取为 0.5。与电

场积分方程和磁场积分方程相比，混合场积分方程产生的矩阵性态最好，且可以避免谐振问题的存在。

2.1.3 积分方程的离散

利用矩量法求解电磁散射问题的时候，根据求解问题的不同来合理地选择基函数。例如，线天线问题，可以选择线基函数来分析天线的方向图；对于三维目标问题，可以选择面基函数。本小节采用 Rao 等[2] 提出的 Rao-Wilton-Glisson (RWG)基函数，该基函数采用三角形面，能灵活地模拟任意表面电流，使得计算精度和效率大大提高。

如图 2.1.2 所示，RWG 基函数[2]是一种分域基。T_n^+、T_n^- 为第 n 个基函数所对应的两个共边三角形，基函数的构造就是采用这两个共边三角形作为基本面元形式。l_n 为两个共边三角形公共边的长度。A_n^+、A_n^- 分别为三角形 T_n^+、T_n^- 的面积。$\boldsymbol{\rho}_n^+$、$\boldsymbol{\rho}_n^-$ 分别为三角形 T_n^+ 的顶点指向该三角形上的场点、三角形 T_n^- 上的场点指向该三角形顶点的矢量。电流就是定义在这两个共边三角形面元上，是一个电流对。第 n 条边对应的电流基函数表达式如下：

$$\boldsymbol{f}_n(\boldsymbol{r})=\begin{cases}\dfrac{l_n}{2A_n^+}\boldsymbol{\rho}_n^+, & \boldsymbol{r}\in T_n^+\\ \dfrac{l_n}{2A_n^-}\boldsymbol{\rho}_n^-, & \boldsymbol{r}\in T_n^-\\ 0, & \text{其他}\end{cases} \tag{2.1.19}$$

RWG 基函数的表面散度为

$$\nabla\cdot\boldsymbol{f}_n(\boldsymbol{r})=\begin{cases}\dfrac{l_n}{A_n^+}, & \boldsymbol{r}\in T_n^+\\ -\dfrac{l_n}{A_n^-}, & \boldsymbol{r}\in T_n^-\\ 0, & \text{其他}\end{cases} \tag{2.1.20}$$

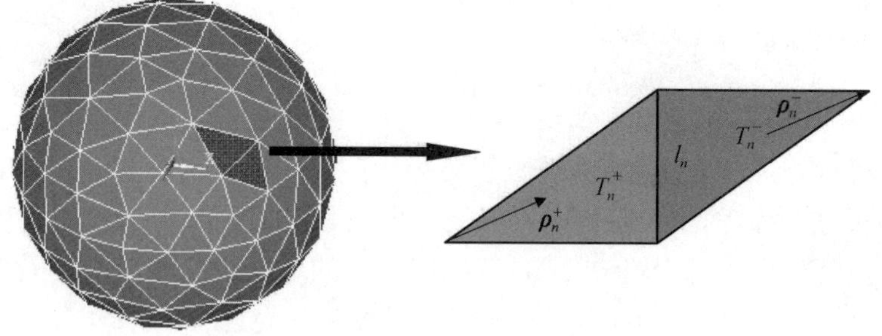

图 2.1.2 RWG 三角形对及其几何参数

RWG 基函数具有两个重要的特性，一是棱边法向分量的连续，保证了电流流过公共边时连续；二是两个三角形基函数的散度大小相等、符号相反，保证了与 RWG 基函数对应的电荷总和为零。目标表面的电流用 RWG 基函数展开，并对 CFIE 实施伽辽金测试，从而得到混合场的线性方程组为

$$\boldsymbol{ZI} = \boldsymbol{V} \tag{2.1.21}$$

其中，$\boldsymbol{Z}$ 为阻抗矩阵；$\boldsymbol{I}$ 为代求电流系数；$\boldsymbol{V}$ 为右边激励向量。阻抗矩阵 $\boldsymbol{Z}$ 的表达式为

$$\begin{aligned} \boldsymbol{Z}_{mn} = & \int \left[-\hat{\boldsymbol{t}} \cdot \left[\mathrm{j}\alpha\omega + \frac{\eta(1-\alpha)}{\mu} \hat{\boldsymbol{n}} \times \nabla \times \right] \frac{\mu}{4\pi} \int_{S'} \boldsymbol{f}_n(\boldsymbol{r}') g(\boldsymbol{r}, \boldsymbol{r}') \mathrm{d}S' \right] \cdot \boldsymbol{f}_m(\boldsymbol{r}) \mathrm{d}S \\ & + \int \left[\alpha \hat{\boldsymbol{t}} \cdot \nabla - \frac{1}{\mathrm{i}\omega 4\pi\varepsilon} \int_{S'} \nabla' \cdot \boldsymbol{f}_n(\boldsymbol{r}') g(\boldsymbol{r}, \boldsymbol{r}') \mathrm{d}S' \right] \cdot \boldsymbol{f}_m(\boldsymbol{r}) \mathrm{d}S \\ & + \int \left[\frac{\eta(1-\alpha)}{2} \hat{\boldsymbol{t}} \cdot \boldsymbol{f}_n(\boldsymbol{r}') \right] \cdot \boldsymbol{f}_m(\boldsymbol{r}) \mathrm{d}S \end{aligned} \tag{2.1.22}$$

右边激励向量 $\boldsymbol{V}$ 的元素表达式为

$$\boldsymbol{V}_m = \int_S \{ \hat{\boldsymbol{t}} \cdot [\alpha \boldsymbol{E}^i(\boldsymbol{r}) + (1-\alpha)\eta \hat{\boldsymbol{n}} \times \boldsymbol{H}^i(\boldsymbol{r})] \} \cdot \boldsymbol{f}_m(\boldsymbol{r}) \mathrm{d}S \tag{2.1.23}$$

至此，已从理论上得到了阻抗矩阵和右边激励向量的表达形式，矩量法阻抗矩阵求解过程的难点是场点和源点重合或者二者较近时带来的奇异性处理的问题。目前，这方面的工作已经有很多报道，这里就不再详细阐述。

2.1.4　三维电磁问题的计算

1. 雷达散射截面积

求解表面积分方程离散后的线性方程组，即可获得整个物体表面的电流分布。对于电磁散射问题，根据电流分布即可获得目标在远处的散射场。通过散射场可以求得目标的雷达散射截面积（radar cross section，RCS）。远场散射的电场可以近似地表达为

$$\boldsymbol{E}^S(\boldsymbol{r}) = \mathrm{j}k\eta \int_S \left[\boldsymbol{I} + \frac{1}{k^2} \nabla\nabla \right] \frac{\mathrm{e}^{-\mathrm{j}k|\boldsymbol{r}-\boldsymbol{r}'|}}{4\pi |\boldsymbol{r}-\boldsymbol{r}'|} \cdot \boldsymbol{J}(\boldsymbol{r}) \mathrm{d}S' \tag{2.1.24}$$

利用远场近似 $|\boldsymbol{r}-\boldsymbol{r}'| \approx |\boldsymbol{r}|$，$\mathrm{e}^{\mathrm{j}k|\boldsymbol{r}-\boldsymbol{r}'|} \approx \mathrm{e}^{\mathrm{j}k\boldsymbol{r}} \mathrm{e}^{\mathrm{j}k\hat{\boldsymbol{r}}\cdot\boldsymbol{r}'}$，标量格林函数可近似表达为

$$g(\boldsymbol{r}, \boldsymbol{r}') = \frac{\mathrm{e}^{\mathrm{j}k\boldsymbol{r}}}{\boldsymbol{r}} \mathrm{e}^{-\mathrm{j}k\hat{\boldsymbol{r}}\cdot\boldsymbol{r}'} \tag{2.1.25}$$

代入式(2.1.24),远区散射电场可以表示为

$$\boldsymbol{E}^S(\boldsymbol{r}) = \mathrm{j}k\eta \times \left[\int_S \mathrm{e}^{\mathrm{j}k\hat{\boldsymbol{r}}\cdot\boldsymbol{r}} \cdot J(\boldsymbol{r}')S' \times \boldsymbol{r}\right] \tag{2.1.26}$$

得到散射场后,很容易求得目标的 RCS 为

$$\sigma(\theta, \phi) = \lim_{r\to 0} 10\lg \frac{4\pi |\boldsymbol{E}^S|^2}{|\boldsymbol{E}^i|^2} \tag{2.1.27}$$

2. 四点法提取微带电路 S 参数

对于微带电路问题,在求得微带电路的表面电流分布后,可以由四点法提取微带电路的散射参数[3]。图 2.1.3 所示二端口网络,$\boldsymbol{I}_1$和 $\boldsymbol{I}_2$分别是端口 1 和端口 2 的总电流,将其分成入射部分(A, C)和反射部分(B, D),则端口 1 的两个连续的采样点 X_i和 X_{i+1}的电流可以表示为

$$\boldsymbol{I}_i = \boldsymbol{I}_1(x_i) = A\mathrm{e}^{-\mathrm{j}\beta_p x_i} - B\mathrm{e}^{\mathrm{j}\beta_p x_i} \tag{2.1.28}$$

$$\boldsymbol{I}_{i+1} = I_1(x_{i+1}) = A\mathrm{e}^{-\mathrm{j}\beta_p x_{i+1}} - B\mathrm{e}^{\mathrm{j}\beta_p x_{i+1}} \tag{2.1.29}$$

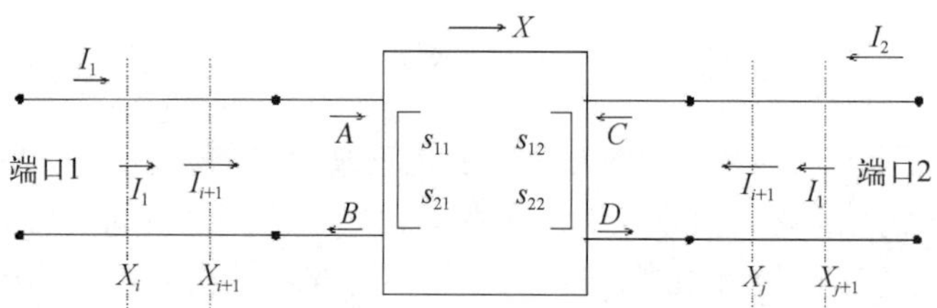

图 2.1.3　二端口网络示意图

其中,β_p 是微带电路的传播常数,与微带结构的自身特性有关。首先在端口 1 处施加电压源激励,将端口 2 开路,通过求解矩阵方程得到电流分布。将采样点 X_i和 X_{i+1}的电流代入式(2.1.28)、式(2.1.29)可求得系数 A 和 B。同理,C 和 D 也可以通过同样的方法获得。同样在端口 2 处施加电压源激励,将端口 1 开路,重新计算一次,便可以求得 A^*、B^*、C^*和 D^*。这样便可以求得散射参量 $\boldsymbol{S}$ 为

$$\boldsymbol{S}_{11} = \frac{BC^* - B^*C}{AC^* - A^*C} \tag{2.1.30}$$

$$\boldsymbol{S}_{21} = \frac{DC^* - D^*C}{AC^* - A^*C} \tag{2.1.31}$$

为了消除电流高次模的干扰,通常情况下选取采样点 X_i和 X_{i+1}在远离不连续区和激励源的区域,且选取的采样点为相邻的两个点 X_i和 X_{i+1}

2.2　QR 分解算法

QR 分解算法[4-10]主要是利用格拉姆-施密特正交化将远场低秩矩阵分解成维数比较小的子矩阵相乘的形式，只需要填充和存储矩阵中 r 行及 r 列，其中 r 为阻抗矩阵的秩，而不需要填充整个矩阵。根据已抽取的行和列判断矩阵的秩，从而保证在预设的近似精度内提取到每个矩阵最小的秩值，这样有效降低了内存的消耗及计算时间。QR 分解算法广泛地用于分析复杂目标电磁散射及天线辐射问题[6-10]。

2.2.1　QR 分解原理

QR 分解算法可以将远场组 i 和 j 之间的相互作用矩阵分解为

$$\boldsymbol{Z}_{mn}^{ij}=\boldsymbol{Q}_{mr}^{ij}\times\boldsymbol{R}_{rn}^{ij} \tag{2.2.1}$$

其中，m 与 n 为矩阵 $\boldsymbol{Z}_{mn}^{ij}$ 的维数；r 为矩阵 $\boldsymbol{Z}_{mn}^{ij}$ 的秩。QR 分解算法的优势在于不需要提前知道 $\boldsymbol{Z}_{mn}^{ij}$。存储 $\boldsymbol{Q}_{mr}^{ij}$ 和 $\boldsymbol{R}_{rn}^{ij}$ 代替存储 $\boldsymbol{Z}_{mn}^{ij}$ 不仅有助于节约每个组相互作用的存储需求还能降低矩阵和矩矢乘的数值计算复杂度。下面详细介绍该算法的流程：

算法 2.2.1　QR 分解算法

第一步：构造 $\boldsymbol{Q}$ 矩阵。

第二步：初始化。

(1) 随机地设置第一个行系数 $\boldsymbol{I}_1$，同时设置 ε 值。

(2) 第一个列系数 J_1 通过 $\|v_{I_1J_1}\|=\max\limits_{j}\{\|v_{I_1j}\|\},\quad 1\leqslant j\leqslant n$。

(3) 更新 $\boldsymbol{Q}$ 矩阵：$\boldsymbol{Q}^{(1)}=[\boldsymbol{q}_1]=\mathrm{MGS}\{\boldsymbol{z}_{J_1}\}$。

(4) $r=1$。

(5) 第二个行系数 $I_2=\mathrm{ROW}_r(\boldsymbol{Q})$。

第三步：迭代循环过程。

(1) $\boldsymbol{B}=\{b_1, b_2, \cdots, b_n\}$，其中 $\boldsymbol{b}_i=\begin{bmatrix}\boldsymbol{v}_{i_1}(i)\\ \vdots\\ \boldsymbol{v}_{i_r}(i)\end{bmatrix}$。

(2) 对 $\boldsymbol{B}$ 进行列置换，$\boldsymbol{B}=(:,1:r)=\{\boldsymbol{b}_{J_1}, \boldsymbol{b}_{J_2}, \cdots, \boldsymbol{b}_{J_n}\}$。

(3) 第 k 个列向量可以由 $\boldsymbol{J}_k=\mathrm{COL}_k(\boldsymbol{B})$ 得到。

(4) 如果 $[\|(\boldsymbol{Q}^{(k-1)})^{\perp}\boldsymbol{z}_{J_k}\|/\|\boldsymbol{z}_k\|]<\varepsilon$，结束迭代过程。

(5) $r=k$。

(6) 更新 $\boldsymbol{Q}$ 矩阵：$\boldsymbol{Q}^{(k)}=[\boldsymbol{q}_1, \boldsymbol{q}_2, \cdots, \boldsymbol{q}_r]=\mathrm{MGS}\{\boldsymbol{z}_{J_1}, \boldsymbol{z}_{J_2}, \cdots, \boldsymbol{z}_{J_r}\}$。

(7) 下一个行系数为 $I_{k+1}=\mathrm{ROW}_r(\boldsymbol{Q})$。

(8) 返回第一步。

第四步：构造 $\boldsymbol{R}$ 矩阵的过程。

$$\begin{aligned}\boldsymbol{R}^{k\times n}&=[\boldsymbol{Q}(1:k;1:k)]^{-1}\boldsymbol{Z}(1:k;1:n)\\&=[\boldsymbol{R}_{11}^{k\times k}=(\boldsymbol{Q}(1:k;1:k))^{-1}\boldsymbol{Z}(1:k;1:k)\boldsymbol{R}_{12}^{k\times(n-k)}\\&\quad(=(\boldsymbol{Q}(1:k;1:k))^{-1}\boldsymbol{Z}(1:k;k+1:n))]\end{aligned}$$

2.2.2 算法定义

定义 1 （改进的格拉姆-施密特正交化(MGS)）：给定 n 个线性独立的列向量 $\boldsymbol{v}_1, \boldsymbol{v}_2, \cdots, \boldsymbol{v}_n$，定义标准正交矩阵 $\boldsymbol{Q}=\mathrm{MGS}\{\boldsymbol{v}_1, \boldsymbol{v}_2, \cdots, \boldsymbol{v}_n\}$，由对这 n 个向量进行 MGS 过程得到，即

$$\boldsymbol{Q}=[\boldsymbol{q}_1, \boldsymbol{q}_2, \cdots, \boldsymbol{q}_n] \tag{2.2.2}$$

且

$$\boldsymbol{q}_i=\boldsymbol{v}_i;\ \boldsymbol{q}_i=\boldsymbol{q}_i-(\boldsymbol{q}_j^t\boldsymbol{q}_i)\boldsymbol{q}_j,\quad j=1, 2, \cdots, (i-1),\ q_i=\frac{\boldsymbol{q}_j}{\|\boldsymbol{q}_i\|} \tag{2.2.3}$$

详细的 MGS 过程见文献[9]。

定义 2 （正交分量）：给定一个正交矩阵 $\boldsymbol{Q}^{m\times n}=[\boldsymbol{q}_1, \boldsymbol{q}_2, \cdots, \boldsymbol{q}_n]$ 与一个列向量 $\boldsymbol{v}$，定义 $\boldsymbol{Q}^{\perp}\boldsymbol{v}$ 为

$$\boldsymbol{Q}^{\perp}\boldsymbol{v}=\boldsymbol{v}-\boldsymbol{Q}(\boldsymbol{Q}^t\boldsymbol{v}) \tag{2.2.4}$$

可以发现，$\boldsymbol{Q}^{\perp}\boldsymbol{v}\perp\boldsymbol{q}_i,\quad i=1, 2, \cdots, n.$

定义 3 定义矩阵 $\boldsymbol{Z}_{mn}^{ij}$ 是 $\boldsymbol{Z}_{mn}$ 的 $i\times j$ 维的近似矩阵，可以得

$$\begin{aligned}\widetilde{\boldsymbol{Z}}(1:i;1:n)&=\boldsymbol{Z}(1:i;1:n)\\\widetilde{\boldsymbol{Z}}(1:m;1:j)&=\boldsymbol{Z}(1:m;1:j)\end{aligned} \tag{2.2.5}$$

可以简写成 $\widetilde{\boldsymbol{Z}}=\Theta_{i\times i}(\boldsymbol{Z})$。

定义 4 （列索引选择）：给定一个 $m\times n$ 的长方形矩阵，且按列分割为 $\boldsymbol{B}_{mn}=[\boldsymbol{b}_1, \boldsymbol{b}_2, \cdots, \boldsymbol{b}_n]$，并假设 $\boldsymbol{Q}=\mathrm{MGS}\{\boldsymbol{b}_1, \boldsymbol{b}_2, \cdots, \boldsymbol{b}_k\}(k<m, n)$，定义为 $\mathrm{COL}_k(\boldsymbol{B})$ 最小索引 p，$k<p\leqslant n$，使得

$$\|\boldsymbol{Q}^{\wedge}\boldsymbol{b}_p\|=\max\{\|\boldsymbol{Q}^{\wedge}\boldsymbol{b}_{k+1}\|\cdots\|\boldsymbol{Q}^{\wedge}\boldsymbol{b}_n\|\} \tag{2.2.6}$$

定义 5 （行索引选择）：给定一个 $m\times n$ 的长方形矩阵，且按行分割为 $\boldsymbol{B}_{mn}=\begin{bmatrix}\boldsymbol{b}_1\\\vdots\\\boldsymbol{b}_m\end{bmatrix}$，根据式(2.2.7)定义 $\{i_1, i_2, \cdots, i_p\}=\mathrm{ROW}_{k,p}(\boldsymbol{B})$

$$\begin{gathered} k < i_1, i_2, \cdots, i_{m-k} \leqslant m \\ \| \boldsymbol{b}_{i1} \| \geqslant \| \boldsymbol{b}_{i2} \| \geqslant \cdots \geqslant \| \boldsymbol{b}_{i_p} \| \geqslant \cdots \geqslant \| \boldsymbol{b}_{i_{m-k}} \| \end{gathered} \tag{2.2.7}$$

定义 6　(近似∞准则)：给定一个 $m \times n$ 阶的长方形矩阵 $\boldsymbol{B}_{mn}$ 和一系列索引 $i_1, i_2, \cdots, i_p$ 定义的 $\boldsymbol{B}_{mn}$ 近似∞准则

$$\| \boldsymbol{B} \|_{\infty, \{i_1, i_2, \cdots, i_p\}} = \max_{i=i_1, i_2, \cdots, i_p} \sum_{j=1}^{n} | \boldsymbol{B}_{ij} | \tag{2.2.8}$$

2.3　UV 方法

UV 方法最初由 L. Tsang 提出，UV 方法和其他的低秩压缩分解方法原理相同，利用了格林函数的空间衰减特性，格林函数随着场源点距离增大逐渐平滑，从而整个矩量法阻抗矩阵中存在许多低秩的矩阵块。这些低秩矩阵块可以使用 UV 方法快速近似表示，节约存储内存和加速矩阵矢量乘运算速度。UV 方法的优点是，构造低秩压缩分解矩阵操作简单。

2.3.1　UV 方法原理

对于电磁分析目标，经过八叉树分组划分远近场，阻抗矩阵可以写成式(2.3.1)的形式：

$$\boldsymbol{Z} = \boldsymbol{Z}_0 + \boldsymbol{Z}_1 + \boldsymbol{Z}_2 + \cdots + \boldsymbol{Z}_{l-1} \tag{2.3.1}$$

其中，$\boldsymbol{Z}_0$ 代表近作用部分；$\boldsymbol{Z}_1$ 及以上代表远作用部分。$\boldsymbol{Z}_0$ 是一个满秩的矩阵，因此不需要做低秩压缩分解。$\boldsymbol{Z}_1(m \times n)$ 及以上，可以依据矩阵的维数采用两种不同的方式做 UV 分解。当矩阵的维数比较小(如 40)时，矩阵直接做奇异值分解(singular value decompostion，SVD)，为

$$\boldsymbol{Z}_i(m \times n) = \boldsymbol{U}(m \times m)\boldsymbol{S}(m \times n)\boldsymbol{V}(n \times n) \tag{2.3.2}$$

其中，矩阵 $\boldsymbol{U}$ 和 $\boldsymbol{V}$ 是正交矩阵；$\boldsymbol{S}$ 是对角矩阵。$\boldsymbol{U}$ 和 $\boldsymbol{V}$ 的列向量为矩阵 $\boldsymbol{Z}$ 的左右特征向量，$\boldsymbol{S}$ 的对角元素大小是矩阵 $\boldsymbol{Z}$ 的特征值，大小是递减的。一般选取

$$\boldsymbol{S}(r, r)/\boldsymbol{S}(1, 1) \leqslant \varepsilon \tag{2.3.3}$$

其中，ε 为截断误差；r 为截断误差下的截断秩。这时式(2.3.2)可以写为

$$\boldsymbol{Z}_i(m \times n) \approx \boldsymbol{U}(1:m, 1:r)\boldsymbol{S}(1:r, 1:r)\boldsymbol{V}(1:r, 1:n) \tag{2.3.4}$$

即

$$\boldsymbol{Z}_i(m \times n) \approx \boldsymbol{U}(1:m, 1:r)\boldsymbol{V}(1:r, 1:n) \tag{2.3.5}$$

其中，$\boldsymbol{V}(1:r,1:n)=\boldsymbol{S}(1:r,1:r)\boldsymbol{V}(1:r,1:n)$。这样维数小于 40 的矩阵通过 SVD，变成了式(2.3.5)的形式。当矩阵维数大于 40 时，直接采用 SVD 构造 $\boldsymbol{U}$ 和 $\boldsymbol{V}$ 矩阵时，效率会变低，此时采用 UV 低秩分解技术。UV 低秩分解技术的流程如图 2.3.1 所示。图 2.3.1 中执行算法 2.3.1，第一步 $\boldsymbol{r}_0$ 的选择很重要，选择大了，则第三步做奇异值分解的时间会增加，选择小了，则会重复执行第 1～3 步。由于算法的执行是由底层向上层执行，底层的组里的基函数一般小于 40，所以本书的做法是：本层需要执行 UV 分解算法的 $\boldsymbol{r}_0$ 选择为子层直接 SVD 的截断秩的大小增加 20%～30%；同一组和它所有的远场组的作用矩阵构造 $\boldsymbol{U}$ 和 $\boldsymbol{V}$ 矩阵时，采用上一次执行完 UV 分解算法所得到的截断秩的大小增加 10%～20%，这个做法是科学的，因为对于同一个组它的远场组和其形成的阻抗矩阵的秩大小基本相等，并且算法中第三步的 SVD 可以把多选的冗余信息去除。所以，整个算法的流程如图 2.3.1 所示。通过 UV 分解维数为 $m\times n$ 的矩阵 $\boldsymbol{Z}$，可以在设定精度条件内将其分解为 $\boldsymbol{U}(m\times r)$ 和 $\boldsymbol{V}(r\times n)$ 的乘积。那么矩阵的存储内存复杂度变为 $\boldsymbol{O}[r(m+n)]$ 而不是原来的 $\boldsymbol{O}(mn)$，矩阵和向量的乘操作的复杂度变为 $\boldsymbol{O}[r(m+n)]$ 而不是原来的 $\boldsymbol{O}(mn)$。

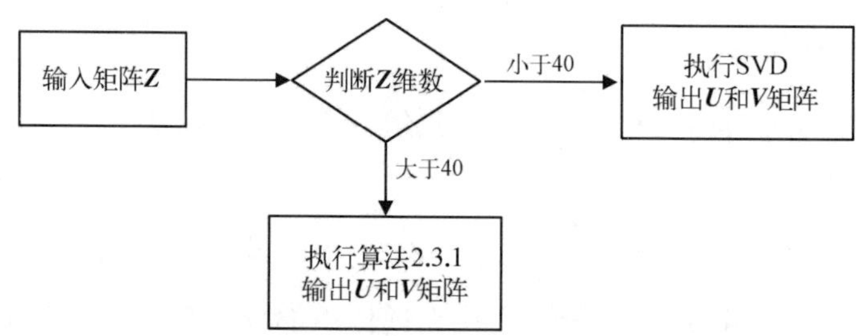

图 2.3.1　UV 方法执行示意图

对于 UV 方法，填充阻抗矩阵得到 $\boldsymbol{U}$ 和 $\boldsymbol{V}$ 矩阵通常比较费时，尤其对于分层介质，格林函数时间变得更长。为了减少矩阵的填充时间，本书做了一些改进：首先对于 UV 分解，本书采用了采样填充[11-15]，仅填充两个 $m\times r'$ 和 $r'\times n$ 的矩阵而不是填充整个 $m\times n$ 矩阵来构造 $\boldsymbol{U}$ 和 $\boldsymbol{V}$ 矩阵。一般 r' 比 SVD 得到的截断秩 r 大 10%～20%。其次对于平面分层介质，格林函数可以做一个插值列表，格林函数的值可以方便地通过插值得到。最后对于周期性结构如频率选择表面(frequency selective surface，FSS)、电磁带隙(electromagnetic band gap，EBG)结构，整个子阻抗矩阵可以做一个插值列表，具有相同相对位置的子矩阵可以通过插值得到[16]。

2.3.2　UV 方法流程

算法 2.3.1　UV 低秩分解。

输入：第 l 层低秩矩阵 $\boldsymbol{Z}(m\times n)$ 及截断误差 ε。

（1）从 $\boldsymbol{Z}$ 中均匀选取 r_0 列形成矩阵 $\boldsymbol{U}_0=[\boldsymbol{Z}(:, i_1), \boldsymbol{Z}(:, i_2), \cdots, \boldsymbol{Z}(:, i_0)]$。

（2）从 $\boldsymbol{U}_0$ 中均匀选取 r_0 行形成矩阵 $\boldsymbol{W}_0=[\boldsymbol{Z}(1:r_0, i_1), \boldsymbol{Z}(1:r_0, i_2), \cdots, \boldsymbol{Z}(1:r_0, i_{r0})]$。

（3）对 $\boldsymbol{W}_0$ 做 SVD，根据截断误差判断矩阵的截断秩 r，如果 $r \leqslant r_0/3$，则增加为 $2r_0$ 重新执行第（1）步和第（2）步。

（4）从 $\boldsymbol{Z}$ 中均匀选取 r_0 行形成矩阵 $\boldsymbol{V}_0=[\boldsymbol{Z}(i_1, :), \boldsymbol{Z}(i_2, :), \cdots, \boldsymbol{Z}(i_{r0}, :)]^{\mathrm{T}}$。

（5）形成矩阵 $\boldsymbol{U}$ 和 $\boldsymbol{V}$，$\boldsymbol{U}=\boldsymbol{U}_0 \cdot \boldsymbol{V}'^{\mathrm{T}}(:, 1:r) \cdot \boldsymbol{S}(:, 1:r)$，$\boldsymbol{V}=\boldsymbol{U}'^{\mathrm{T}}(:, 1:r)\boldsymbol{V}_0$，其中 $\boldsymbol{W}_0 \approx \boldsymbol{U}'(:, 1:r)\boldsymbol{S}(1:r, 1:r)\boldsymbol{V}'(1:r, :)$。

输出：低秩分解后的矩阵 $\boldsymbol{U}$ 和 $\boldsymbol{V}$。

2.4　ACA 算 法

ACA 算法最初由 Bebendorf[17]提出，应用于边界元方程。Zhao 等[18]将 ACA 算法应用于矩量法中分析电磁兼容（Electromagnetic compatibility，EMC）问题。Shaeffer[19]提出了基于 ACA 算法的快速直接解法。ACA 算法主要利用远场子矩阵低秩特性，对远场进行信息压缩，它不需要填充整个远场子矩阵的信息，只需要采样填充秩数目的行向量及列向量，对远场子矩阵进行分解，从而降低存储内存和计算时间。ACA 算法是在给定近似误差的前提下，通过自适应的采样方法确定远场子矩阵的秩，即在抽取原矩阵的行和列的过程中，根据已抽取的行和列来判断矩阵的秩。ACA 算法近似采样过程如图 2.4.1 所示，这样就不需要填充整个矩阵，从而降低了计算时间与内存消耗。

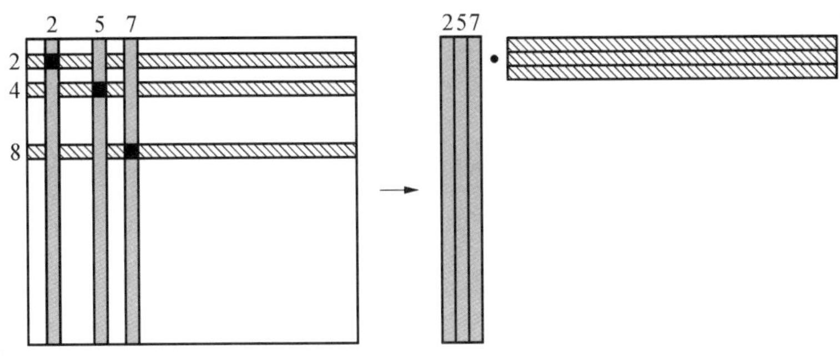

图 2.4.1　ACA 算法近似采样过程

在 ACA 算法执行的过程中，将远场低秩矩阵表示成两个维数比较小的矩阵相乘：

$$\boldsymbol{Z}_{mn}=\boldsymbol{U}_{mr}\boldsymbol{V}_{rn} \tag{2.4.1}$$

其中，$\boldsymbol{Z}_{mn}$ 是由两个远场组互相作用形成的矩阵；m 与 n 分别表示两个组的基函数个数；r 表示矩阵 $\boldsymbol{Z}_{mn}$ 的秩，它远小于 n 和 m。因此，ACA 算法只需要存储 $(m+n)\times r$ 个元素，而不用保存所有 $m\times n$ 个元素。ACA 算法分解的误差定义为

$$\|\boldsymbol{R}_{mn}\| = \|\boldsymbol{Z}_{mn} - \boldsymbol{U}_{mr}\boldsymbol{V}_{rn}\| \leqslant \varepsilon \|\boldsymbol{Z}_{mn}\| \tag{2.4.2}$$

其中，ε 为允许误差；$\boldsymbol{R}$ 为误差矩阵；$\|\cdot\|$ 是矩阵的 Frobenus 范数。

在对 ACA 算法进行描述之前有必要说明一些符号的含义：$\boldsymbol{I}=[\boldsymbol{I}_1, \boldsymbol{I}_2, \cdots, \boldsymbol{I}_r]$ 和 $\boldsymbol{J}=[\boldsymbol{J}_1, \boldsymbol{J}_2, \cdots, \boldsymbol{J}_r]$ 为从矩阵 $\boldsymbol{Z}_{mn}$ 中有选择地挑选出的行索引和列索引的数组；u_k 为矩阵 $\boldsymbol{U}$ 的第 k 列，v_k 为矩阵 $\boldsymbol{V}$ 的第 k 行；其中，$\boldsymbol{R}(I_1, :)$，代表矩阵 $\boldsymbol{R}$ 的第 I_1 行；$\boldsymbol{Z}^{(k)}$ 为第 k 次迭代得到的矩阵 $\boldsymbol{Z}$。

算法 2.4.1　ACA 算法流程。

初始化：

(1) 初始化第一个行索引 $\boldsymbol{I}_1=\boldsymbol{1}$，令 $\boldsymbol{Z}=\boldsymbol{0}$。

(2) 初始化近似误差矩阵的第一行：$\boldsymbol{R}(\boldsymbol{I}_1, :)=\boldsymbol{Z}(\boldsymbol{I}_1, :)$。

(3) 找到第一,列索引 $\boldsymbol{J}_1$：$|\boldsymbol{R}(\boldsymbol{I}_1, \boldsymbol{J}_1)|=\max_j(|\boldsymbol{R}(\boldsymbol{I}_1, j)|)$。

(4) $\boldsymbol{v}_1=\boldsymbol{R}(\boldsymbol{I}_1, :)/\boldsymbol{R}(\boldsymbol{I}_1, \boldsymbol{J}_1)$。

(5) 初始化近似误差矩阵的第一列：$\boldsymbol{R}(:, \boldsymbol{J}_1)=\boldsymbol{Z}(:, \boldsymbol{J}_1)$。

(6) $\boldsymbol{u}_1=\boldsymbol{R}(:, \boldsymbol{J}_1)$。

(7) $\|\boldsymbol{Z}^{(1)}\|^2=\|\boldsymbol{Z}^{(0)}\|^2+\|\boldsymbol{u}_1\|^2\|\boldsymbol{v}_1\|^2$。

(8) 找到第二个行索引 $\boldsymbol{I}_2$：$|\boldsymbol{R}(\boldsymbol{I}_2, \boldsymbol{J}_1)|=\max_i(|\boldsymbol{R}(i, \boldsymbol{J}_1)|)$，$\boldsymbol{i}\neq\boldsymbol{I}_1$。

第 k 步迭代：

(1) 更新误差矩阵的第 I_k 行：$\boldsymbol{R}(\boldsymbol{I}_k, :)=\boldsymbol{Z}(\boldsymbol{I}_k, :)-\sum\limits_{l=1}^{k-1}(\boldsymbol{u}_l)_{I_k}\boldsymbol{v}_l$。

(2) 找到第 k 个列索引 $\boldsymbol{J}_k$：$|\boldsymbol{R}(\boldsymbol{I}_k, \boldsymbol{J}_k)|=\max_j(|\boldsymbol{R}(\boldsymbol{I}_k, j)|)$，$j\neq\boldsymbol{J}_1, \boldsymbol{J}_2, \cdots, \boldsymbol{J}_{k-1}$。

(3) $\boldsymbol{v}_k=\boldsymbol{R}(\boldsymbol{I}_k, :)/\boldsymbol{R}(\boldsymbol{I}_k, \boldsymbol{J}_k)$。

(4) 更新误差矩阵的第 $\boldsymbol{J}_k$ 列：$\boldsymbol{R}(:, \boldsymbol{J}_k)=\boldsymbol{Z}(:, \boldsymbol{J}_k)-\sum_{l=1}^{k-1}(\boldsymbol{v}_l)_{J_k}\boldsymbol{u}_l$。

(5) $\boldsymbol{u}_k=\boldsymbol{R}(:, \boldsymbol{J}_k)$。

(6) $\|\boldsymbol{Z}\|^2=\|\boldsymbol{Z}^{(k-1)}\|^2+\boldsymbol{2}\sum_{j=1}^{k-1}|\boldsymbol{u}_j^{\mathrm{T}}\boldsymbol{v}_k|\cdot|\boldsymbol{v}_j^{\mathrm{T}}\boldsymbol{v}_k|+\|\boldsymbol{u}_k\|^2\|\boldsymbol{v}_k\|^2$。

(7) 检查收敛情况：如果 $\|\boldsymbol{u}_k\|\|\boldsymbol{v}_k\|\leqslant\varepsilon\|\boldsymbol{Z}^{(k)}\|$，则迭代结束。

(8) 找下一个行索引 $|\boldsymbol{I}_{k+1}:|\boldsymbol{R}(\boldsymbol{I}_{k+1}, \boldsymbol{J}_k)|=\max_i(|\boldsymbol{R}(\boldsymbol{i}, \boldsymbol{J}_k)|)$，$\boldsymbol{i}\neq\boldsymbol{I}_1, I_2, \cdots, \boldsymbol{I}_k$。

可以看出，这个算法只需要知道原始矩阵的部分元素便可以近似估计出原始矩阵。上述程序的步骤需要 $O[r(m+n)]$ 内存存储量。因为第 k 步迭代中的第(1)步和第(4)步在每次迭代过程中需要 $O[r(m+n)]$ 次操作，总共要进行 r 次迭

代，所以 CPU 计算时间的量级为 $O[r^2(m+n)]$ [18]。

为了更深入地理解 ACA 算法，将检验误差矩阵 $\boldsymbol{R}^{(k)}=\boldsymbol{Z}-\boldsymbol{Z}^{(k-1)}$，其中 $\boldsymbol{Z}^{(k-1)}=\boldsymbol{U}^{m\times(k-1)}\boldsymbol{V}^{(k-1)\times n}=\sum\limits_{i=1}^{k-1}\boldsymbol{u}_i^{m\times 1}\boldsymbol{v}_i^{1\times n}$，为在第 $k-1$ 次循环中得到的秩为 $k-1$ 的近似矩阵。注意，当维数与讨论的问题不相关或者当维数显而易见时，描述矩阵维数的上标经常被省略。用 $\boldsymbol{e}_{i,n}$ 来表示单位矩阵 $\boldsymbol{I}^{n\times n}$ 的第 i 列，$\boldsymbol{e}_{i,m}^{\mathrm{T}}$ 来表示单位矩阵 $\boldsymbol{I}^{m\times m}$ 的第 i 行。起初，当 $k=0$ 时，有 $\boldsymbol{Z}^{(0)}=\boldsymbol{0}$，$\boldsymbol{R}^{(1)}=\boldsymbol{Z}-\boldsymbol{Z}^{(0)}=\boldsymbol{Z}$。根据 ACA 算法来更新近似矩阵 $\boldsymbol{Z}$。在第 k 次循环中，随着行和列的索引 I_k 和 J_k 分别被选出来，可以得

$$\boldsymbol{R}^{(k)}=\boldsymbol{R}^{(k-1)}-\boldsymbol{\gamma}_{k-1}\boldsymbol{R}^{(k-1)}\boldsymbol{e}_{J_{k-1},n}\boldsymbol{e}_{I_{k-1},m}^{\mathrm{T}}\boldsymbol{R}^{(k-1)} \tag{2.4.3}$$

$$\boldsymbol{\gamma}_{k-1}=\frac{\boldsymbol{1}}{\boldsymbol{R}^{(k-1)}(\boldsymbol{I}_{k-1},\boldsymbol{J}_{k-1})} \tag{2.4.4}$$

接下来，新的列向量和行向量通过式(2.4.5)和式(2.4.6)计算得到。

$$\boldsymbol{u}_k=\boldsymbol{R}^{(k)}\boldsymbol{e}_{J_k,n} \tag{2.4.5}$$

$$\boldsymbol{v}_k=\boldsymbol{\gamma}_k\boldsymbol{e}_{I_k,m}^{\mathrm{T}}\boldsymbol{R}^{(k)} \tag{2.4.6}$$

此外，第 k 次循环得到的秩为 k 的近似矩阵表达式为

$$\boldsymbol{Z}^{(k)}=\boldsymbol{Z}^{(k-1)}+\boldsymbol{\gamma}_k\boldsymbol{R}^{(k)}\boldsymbol{e}_{J_k,n}\boldsymbol{e}_{I_k,m}^{\mathrm{T}}\boldsymbol{R}^{(k)} \tag{2.4.7}$$

需要注意的是，在第 $k+1$ 次循环中的误差矩阵的第 I_k 行和第 J_k 列有如下特性：

$$\boldsymbol{R}^{(k+1)}(\boldsymbol{I}_k,:)=\boldsymbol{R}^{(k)}(\boldsymbol{I}_k,:)-\boldsymbol{R}^{(k)}(\boldsymbol{I}_k,\boldsymbol{J}_k)\cdot\frac{\boldsymbol{R}^{(k)}(\boldsymbol{I}_k,:)}{\boldsymbol{R}^{(k)}(\boldsymbol{I}_k,\boldsymbol{J}_k)}=\boldsymbol{0} \tag{2.4.8}$$

$$\boldsymbol{R}^{(k+1)}(:,\boldsymbol{J}_k)=\boldsymbol{R}^{(k)}(:,\boldsymbol{J}_k)-\boldsymbol{1}\cdot\boldsymbol{R}^{(k)}(:,\boldsymbol{J}_k)=\boldsymbol{0} \tag{2.4.9}$$

这意味着，乘积 $\boldsymbol{u}_k\cdot\boldsymbol{v}_k$ 能够精确地再生出误差矩阵 $R^{(k)}$ 中原始的第 I_k 行和第 J_k 列。因此，乘积 $u_1\cdot v_1$ 能够精确地复原原始矩阵 $\boldsymbol{Z}^{m\times n}$ 中的第 I_1 行和第 J_1 列，将 $\boldsymbol{u}_2\cdot\boldsymbol{v}_2$ 与 $\boldsymbol{u}_1\cdot\boldsymbol{v}_1$ 结合能够精确地复原第 I_2 行和第 J_2 列。这个过程将自适应地延续下去，直到算法的收敛条件 $\|\boldsymbol{R}^{(k)}\|\leqslant\varepsilon\|\boldsymbol{Z}^{(k)}\|$ 得到满足。

假设 $\boldsymbol{I}_k=\boldsymbol{k}$、$\boldsymbol{J}_k=\boldsymbol{k}$，则误差矩阵为如下的形式：

$$\boldsymbol{R}^{(k)}=\begin{bmatrix}0 & \cdots & 0 & 0 & 0 & \cdots & 0\\ \vdots & & \vdots & \vdots & \vdots & & \vdots\\ 0 & \cdots & 0 & 0 & 0 & \cdots & 0\\ 0 & \cdots & 0 & X & \cdots & & X\\ 0 & \cdots & 0 & \vdots & & & \\ \vdots & & \vdots & & & & \\ 0 & \cdots & 0 & X & & & \end{bmatrix} \tag{2.4.10}$$

其中,被标注 X 的行和列分别为第 k 行和第 k 列。由式(2.4.5)和式(2.4.6),可得

$$\boldsymbol{u}_k = \begin{bmatrix} 0 \\ \vdots \\ 0 \\ \boldsymbol{R}^{(k)}(k, k) \\ \boldsymbol{R}^{(k)}(k+1, k) \\ \vdots \\ \boldsymbol{R}^{(k)}(m, k) \end{bmatrix} \tag{2.4.11}$$

$$\boldsymbol{v}_k = \begin{bmatrix} 0 & \cdots & 0 & 1 & \dfrac{\boldsymbol{R}^{(k)}(k, k+1)}{\boldsymbol{R}^{(k)}(k, k)} & \cdots & \dfrac{\boldsymbol{R}^{(k)}(k, n)}{\boldsymbol{R}^{(k)}(k, k)} \end{bmatrix} \tag{2.4.12}$$

如果矩阵 $\boldsymbol{Z}^{m\times n}$ 是满秩的,也就是说,$r=\min(m, n)$,此时 $\boldsymbol{U}^{m\times r}=[\boldsymbol{u}_1, \boldsymbol{u}_2, \cdots, \boldsymbol{u}_r]$ 为下三角形矩阵,$\boldsymbol{v}^{r\times n}=\begin{bmatrix}\boldsymbol{v}_1\\ \vdots \\ \boldsymbol{v}_r\end{bmatrix}$ 为单位上三角形矩阵。这样的特点说明 ACA 算法与 LU 分解很相似。

对于一个给定的误差迭代门限 ε,当满足 $\|\boldsymbol{R}^{(k)}\| \leqslant \varepsilon\|\boldsymbol{Z}\|$ 时,ACA 算法的循环过程便终止了。然而,对 $\|\boldsymbol{R}^{(k)}\|$ 和 $\|\boldsymbol{Z}\|$ 的精确计算需要完全知道矩阵 $\boldsymbol{Z}$。为了使执行更加有效率,需要一种估算 $\|\boldsymbol{R}^{(k)}\|$ 的方法。本书通过将 $\boldsymbol{R}^{(k)}$ 的第 k 行和第 k 列作为 $\boldsymbol{R}^{(k)}$ 的主行和主列来解决这个问题,即

$$\begin{aligned}\|\boldsymbol{R}^{(k)}\| &= \|\boldsymbol{Z}-\widetilde{\boldsymbol{Z}}^{(k-1)}\| \approx \|\boldsymbol{u}_k\| \cdot \|\boldsymbol{v}_k\| \; \|\boldsymbol{R}^{(k)}\| \\ &= \|\boldsymbol{Z}-\widetilde{\boldsymbol{Z}}^{(k-1)}\| \approx \|\boldsymbol{u}_k\| \cdot \|\boldsymbol{V}_k\|\end{aligned} \tag{2.4.13}$$

类似地,$\|\boldsymbol{Z}\|$ 也可以用 $\|\widetilde{\boldsymbol{Z}}^{(k)}\|=\|\boldsymbol{U}^{(k)}\cdot\boldsymbol{V}^{(k)}\|$ 进行近似,这样便可以通过判断得到的 k 是否满足以下不等式来决定是否需要进行下一步迭代过程。

$$\|\boldsymbol{u}_k\| \cdot \|\boldsymbol{v}_k\| \leqslant \varepsilon\|\boldsymbol{U}^{(k)}\cdot\boldsymbol{V}^{(k)}\| \tag{2.4.14}$$

2.5 矩阵分解算法

矩阵分解算法(matrix decomposition algorithm,MDA)[20-22]是利用等效原理,通过放置等效源的方法,将远场互作用组的实际源信息利用数目与秩相近的等效源信息替代,构造低秩分解矩阵,这样可以提高矩阵填充的效率。E. Michielssen 和 Boag[20]提出利用点等效源分析二维电大尺寸散射问题,但是这种等效源在三维问题时效率比较低。为此 Rius 等[21,22]提出了用 RWG 基函数作为等效源,这种等效

源已经被用于快速分析三维目标散射问题。等效 RWG 基函数的个数与秩 r 的量级相当，它是由远场互作用盒子的尺寸及盒子间的距离决定的，主要分布在分组产生盒子的表面。

2.5.1　MDA 原理

下面描述 MDA 分解矩阵的过程，假设两个远场互作用盒子，源盒子的初始 RWG 基函数和观察盒子的初始 RWG 测试函数分别由 n 和 m 表示。p 和 q 分别指代源盒子和观察盒子的等效 RWG 基函数。如图 2.5.1 所示，可以按以下三个步骤进行矩阵矢量乘运算：

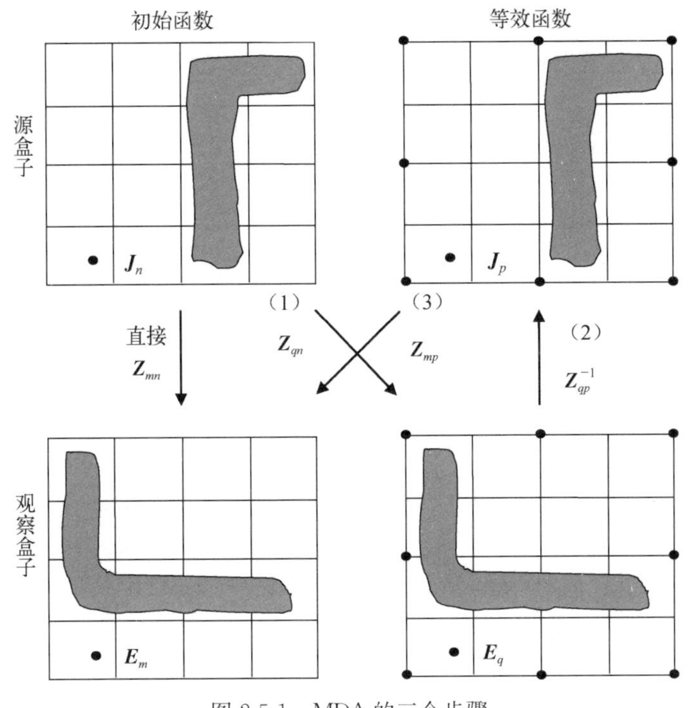

图 2.5.1　MDA 的三个步骤

(1) 计算场，其场为在观察盒子处的等效 RWG 基函数测试源盒子初始 RWG 基函数所产生的。

$$\boldsymbol{E}_q = \boldsymbol{Z}_{qn}\boldsymbol{I}_n \tag{2.5.1}$$

(2) 可以发现源盒子内等效 RWG 基函数处的电流系数 $\boldsymbol{I}_p$ 与初始 RWG 基函数处的电流系数 $\boldsymbol{I}_n$ 在观察盒子等效 RWG 基函数处产生相同的场。

$$\boldsymbol{E}_q = \boldsymbol{Z}_{qn}\boldsymbol{I}_n = \boldsymbol{Z}_{qp}\boldsymbol{I}_p,\ \boldsymbol{I}_p = \boldsymbol{Z}_{qp}^{-1}\boldsymbol{Z}_{qn}\boldsymbol{I}_n \tag{2.5.2}$$

(3) 在观察盒子初始 RWG 基函数处，等效 RWG 基函数处的电流系数 $\boldsymbol{I}_p$ 产生了与源盒子初始 RWG 基函数处的电流系数 $\boldsymbol{I}_n$ 相同的场。

$$\boldsymbol{E}_m = \boldsymbol{Z}_{mp}\boldsymbol{I}_p = \boldsymbol{Z}_{mp}\boldsymbol{Z}_{qp}\boldsymbol{Z}_{qn}\boldsymbol{I}_n \tag{2.5.3}$$

根据上面的三个步骤可以将远场互作用矩阵 $\boldsymbol{Z}_{mn}$ 表示成稀疏形式，即

$$\boldsymbol{Z}_{mn} = \boldsymbol{Z}_{mp}\boldsymbol{Z}_{qp}^{-1}\boldsymbol{Z}_{qn} \tag{2.5.4}$$

上面整个过程的操作数为

$$\boldsymbol{Q}n + c\boldsymbol{Q}^3 + m\boldsymbol{Q} \tag{2.5.5}$$

其中，$c \ll 1$。等效 RWG 基函数数目很小，即 $\boldsymbol{Q} \ll n$ 且 $\boldsymbol{Q} \ll m$，从而采用 MDA 方法较直接矩矢乘显著降低了计算复杂度。

2.5.2 等效源的选取方式

下面给出了 MDA 方法的等效源选取方式，二维等效源的选取与三维等效源的选取是不一样的。

1. 三维等效源的选取

在文献[20]中选取点作为等效源，这样的等效源产生的压缩矩阵误差较大，同时等效源的数目比较大，导致算法的计算效率比较低。文献[21]提出了一种新的等效源类型，即如图 2.5.2 所示的等效 RWG 基函数，等效 RWG 基函数是由 RWG 基函数组合成的，同时它主要选取在盒子的面、棱边及棱角的地方。每个等效 RWG 基函数由三个 RWG 基函数构成，其中两个 RWG 基函数平行于盒子边界，而第三个 RWG 基函数垂直于盒子边界。这里要指出，必须存在垂直方向的 RWG 基函数，从而使已有自由度的等效源可以辐射所有可能的极化场，这符合等效原理[22]。

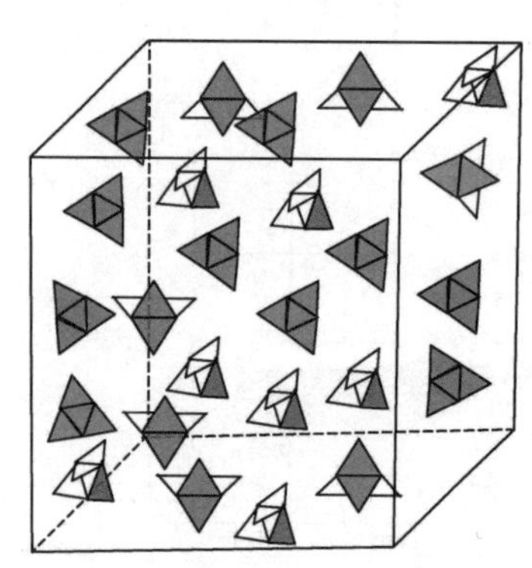

图 2.5.2　三维等效 RWG 基函数

2. 二维等效源的选取

对于二维目标，由于没有垂直方向的电流，如图 2.5.3 所示，等效 RWG 基函数只需要由平行于盒子表面的 RWG 基函数构成，同时这些等效 RWG 基函数只需要选取在盒子的棱边与棱角[21]。

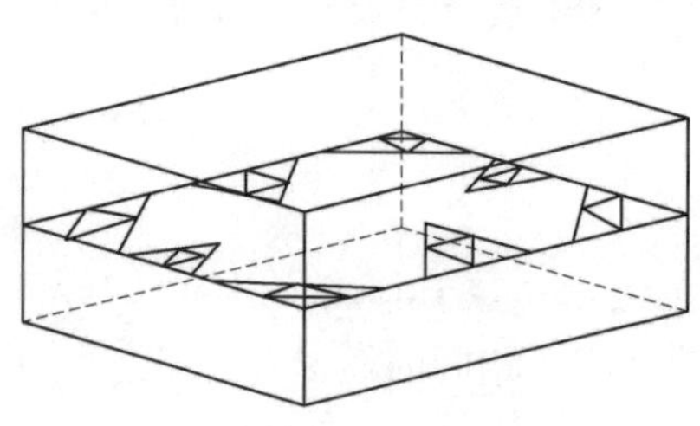

图 2.5.3　二维等效 RWG 基函数

2.5.3　等效源的选取标准

用 MDA 方法填充远场矩阵的相对误差及计算效率取决于等效 RWG 基函数的数目 Q。文献[22,23]给出了精确计算的最小等效源数 Q 的理论研究。等效 RWG 基函数的数目为

$$Q \geqslant 10\sqrt{k\frac{S_S S_0}{d}} \tag{2.5.6}$$

其中，k 是波数；S_S 和 S_0 分别是源盒子和观察盒子的维数；d 是两盒子的中心距离。

2.6　$\mathcal{H}$-矩阵方法

2.6.1　方法概述

$\mathcal{H}$-矩阵(hierarchical matrix，$\mathcal{H}$-matrix)提供了一种有效处理稠密矩阵的方式，它采用“数据稀疏”(data-sparse)的格式来表示稠密矩阵，其核心思想是，通过适当的矩阵元素排序，将矩阵中的某些子块压缩成低秩矩阵相乘的形式，即 $\boldsymbol{M}=\boldsymbol{A}\boldsymbol{B}^{\mathrm{T}}$(其中，$\boldsymbol{M}\in\mathbf{R}^{m\times n}$，$\boldsymbol{A}\in\mathbf{R}^{m\times k}$，$\boldsymbol{B}\in\mathbf{R}^{n\times k}$ 且 $k\ll m, n$)[24,25]。压缩生成的数据稀疏格式只使用少量数据信息来表达原始稠密矩阵，基于数据稀疏格式的算法将大大降低传统稠密矩阵运算的计算复杂度和存储需求，这也是 $\mathcal{H}$-矩阵方法的主要目的之一。

$\mathcal{H}$-矩阵方法基于如下两个理论：① 积分算子能用相应核函数(kernel function)的展开式来高效处理；② 如果将格林函数看作施瓦茨核(Schwarz kernel)，那么椭圆形偏微分算子的逆算子具有积分算子的性质[24,25]。因此，数值离散积分方程所生成的稠密矩阵能用 $\mathcal{H}$-矩阵来高效近似，而数值离散偏微分方程尽管生成稀疏矩阵，但其逆矩阵是稠密的，该逆矩阵同样能用 $\mathcal{H}$-矩阵来高效近似。$\mathcal{H}$-矩阵方法的实施有两个主要步骤，即 $\mathcal{H}$-矩阵的构造和 $\mathcal{H}$-矩阵的运算。经典的 $\mathcal{H}$-矩阵方法通过对积分核的插值方式来构造阻抗矩阵的 $\mathcal{H}$-矩阵表达式。$\mathcal{H}$-矩阵格式化的相关算法，包括加法、乘法、矩阵-矢量乘、求逆和 LU 分解等。能够将传统算法的复杂度降低到 $O(k^a N\lg^b N)$，其中，k 表示压缩矩阵的秩，a 和 b 为适当常数[24-26]。

2.6.2　基本思想

以积分方程为模型问题来引出 $\mathcal{H}$-矩阵的概念。考虑如下形式的积分算子：

$$\mathcal{L}[u](x)=\int_{\Omega} g(x, y) u(y) \mathrm{d} y \tag{2.6.1}$$

$\mathcal{L}$ 定义在 d 维区域 $\Omega \in \mathbf{R}^d$ 上，其中

$$g: \mathbf{R}^d \times \mathbf{R}^d \rightarrow \mathbf{R} \tag{2.6.2}$$

为核函数。在电磁仿真中，g 通常表示非局部的格林函数 G。采用伽辽金法离散[1,2]，选取一组测试基函数：

$$\varphi_0, \varphi_1, \cdots, \varphi_{n-1}, \varphi_i: \Omega \in \mathbf{R} \tag{2.6.3}$$

获得积分方程的离散形式

$$\boldsymbol{L u}=\boldsymbol{f}, \quad \boldsymbol{L}_{i, j}=\int_{\Omega} \int_{\Omega} \varphi_i(x) g(x, y) \varphi_j(y) \mathrm{d} x \mathrm{d} y, i, j \in 0, 1, \cdots, n-1 \tag{2.6.4}$$

和数值离散微分算子生成稀疏矩阵的情况不同，由于 g 是非局部的，离散 $\mathcal{L}$ 所生成的矩阵 $\boldsymbol{L}$ 是稠密矩阵。稠密矩阵的存储和运算所需消耗的计算资源是巨大的，因此产生了多种方法来避免处理稠密矩阵。

在实际应用中，核函数 g 通常是渐近光滑的，即奇异性只发生在 $\Omega \times \Omega$ 的对角线，而在其他地方 g 均是光滑的。利用截断的泰勒展开，可以获得 g 的近似形式为

$$\widetilde{g}=\sum_{i=1}^{k} \boldsymbol{\Psi}_i(x) \boldsymbol{\Phi}_i(y) \tag{2.6.5}$$

将式(2.6.6)中的核函数 g 用其退化形式$\widetilde{g}$替换，可以得到 $\boldsymbol{L}$ 的近似表达式

$$\widetilde{\boldsymbol{L}}_{i, j}=(\boldsymbol{A} \boldsymbol{B}^{\mathrm{T}})_{i, j} \tag{2.6.6}$$

其中，

$$\begin{aligned} \boldsymbol{A}_{i, k} &=\int_{\Omega} \boldsymbol{\Psi}_k(x) \varphi_i(x) \mathrm{d} x \\ \boldsymbol{B}_{j, k} &=\int_{\Omega} \boldsymbol{\Phi}_k(y) \varphi_j(y) \mathrm{d} y \end{aligned} \tag{2.6.7}$$

核函数 g 不能在整个区域全局地用其退化形式来近似，因此其只能在核函数光滑的子域来局部近似。设基函数集 $s, t \in I=\{0, 1, \cdots, n-1\}$ 以及各自的子集 $\Omega_S=U_{i \in S} \operatorname{supp} \varphi_i$ 和 $\Omega_i=U_{j \in t} \operatorname{supp} \varphi_j$。因此，子矩阵$\widetilde{\boldsymbol{L}}_{s, t}$ 可表示为 $\widetilde{\boldsymbol{L}}_{s, t}=\boldsymbol{A}_{s \times k} \boldsymbol{B}_{k \times t}^{\mathrm{T}}$ 且其秩最大为 k，其中 k 是不依赖 s 和 t 的常量。将基函数集 I 按照分层方式组合，再将满阵 $\boldsymbol{L}$ 中的部分子矩阵块表示成上述低秩矩阵相乘的形式，便获得了 $\boldsymbol{L}$ 的数据稀疏表达式，这也就是 $\mathcal{H}$-矩阵方法的基本思想。

边界元方法生成的矩阵可以视作由一组边界单元基$(\varphi_i)_{i \in I}$离散积分算子所

生成的里兹-伽辽金矩阵(Ritz-Galerkin matrix)或者刚度矩阵(stiffness matrix)。

$$\boldsymbol{L}_{i,j}=\langle \varphi_i,\ \mathcal{L}\varphi_j\rangle_{L^2} \tag{2.6.8}$$

$\mathcal{H}$-矩阵方法的目的是将这个稠密矩阵 L 以接近线性的复杂度近似表示成一个 $\mathcal{H}$-矩阵 $\boldsymbol{L}_{\mathcal{H}}$，其近似误差 ε

$$\|\boldsymbol{L}-\boldsymbol{L}_{\mathcal{H}}\|<\varepsilon \tag{2.6.9}$$

必须在适当的秩 k(k 表示低秩矩阵块的秩)下获得，即 k 需满足

$$k=O\,|\,\lg^q\varepsilon\,| \tag{2.6.10}$$

其中，$q=O(d)$，d 为空间维数[24-26]。

2.6.3　基本算法

1. $\mathcal{H}$-矩阵的矩阵-矢量乘

设 $\boldsymbol{L}\in\mathbf{R}^{I\times J}$ 是一个 $\mathcal{H}$-矩阵，$\boldsymbol{L}$ 和任意向量 $\boldsymbol{x}$ 的矩阵-矢量乘 $\boldsymbol{y}=\boldsymbol{Lx}$ ($\boldsymbol{x}$，$\boldsymbol{y}\in\mathbf{R}^I$) 可以通过递归算法来完成。如果矩阵块为 $\mathbf{R}\boldsymbol{k}$-矩阵，那么执行 $\mathbf{R}\boldsymbol{k}$-矩阵的矩阵-矢量乘；如果矩阵块为满阵，那么执行满阵的矩阵-矢量乘；如果矩阵块可继续细分，那么到其子层执行 $\mathcal{H}$-矩阵的矩阵-矢量乘。$\mathcal{H}$-矩阵的矩阵-矢量乘的程序伪代码描述如下：

```
Procedure H - MVM (L, t×s, x, y)
Start with : t=s=I
if S(t×s)≠ϕ then
        for t'×s'∈S(t×s) do
            H - MVM (L ,t'×s', x, y)
        end
else
        y_t : =y_t+L_{t×s}x_t(满阵或 Rk -矩阵的矩阵-矢量乘)
end
```

$\mathcal{H}$-矩阵的矩阵-矢量乘的计算复杂度为 $O(kN\lg N)$。

2. $\mathcal{H}$-矩阵的矩阵加法

设 $\boldsymbol{L}_1$、$\boldsymbol{L}_2\in\mathbf{R}^{I\times I}$ 均是秩为 k 的 $\mathcal{H}$-矩阵，那么 $\boldsymbol{L}_1+\boldsymbol{L}_2=\boldsymbol{L}\in\mathbf{R}^{I\times I}$ 是一个秩为 $2k$ 的 $\mathcal{H}$-矩阵。$\mathcal{H}$-矩阵的加法一般在具有相同树形结构的两个 $\mathcal{H}$-矩阵之间进行，因此 $\boldsymbol{L}_1$、$\boldsymbol{L}_2$ 和 $\boldsymbol{L}$ 具有相同的块群树 $T_{I\times I}$ 和容许划分 $\mathcal{P}$。基于此，$\mathcal{H}$-矩阵格式化加法 $\widetilde{\boldsymbol{L}}:=\boldsymbol{L}_1\oplus_{\mathcal{H}}\boldsymbol{L}_2$ 仅包含两种情况：一种针对容许块，是两个 $\mathbf{R}\boldsymbol{k}$-矩阵之间

的格式化加法；另一种针对非容许块，是两个满阵之间的加法。$\mathcal{H}$-矩阵格式化加法的伪代码描述如下：

Procedure $\mathcal{H}$ - Add ($\widetilde{\boldsymbol{L}}$, $t\times s$, $\boldsymbol{L}_1$, $\boldsymbol{L}_2$)

Start with ：$t=s=I$ and $L=0$

if $S(t\times s)\neq\phi$ then

for $t'\times s'\in S(t\times s)$ do

$\mathcal{H}$ - Add ($\widetilde{\boldsymbol{L}}$, $t'\times s'$, $\boldsymbol{L}_1$, $\boldsymbol{L}_2$)

end

else

$\widetilde{\boldsymbol{L}}_{t\times s}:=\boldsymbol{L}_1|_{t\times s}\oplus\boldsymbol{L}_2|_{t\times s}$（满阵加法或 **R*k*** -矩阵的格式化加法）

end

$\mathcal{H}$-矩阵加法的计算复杂度为$O(k^2N\lg N)$。

3. $\mathcal{H}$-矩阵的矩阵乘法

设$\boldsymbol{L}_1\in\mathbf{R}^{I\times J}$ 和$\boldsymbol{L}_2\in\mathbf{R}^{J\times K}$ 均是$\mathcal{H}$-矩阵，它们的乘积$\boldsymbol{L}_1\times\boldsymbol{L}_2=\boldsymbol{L}\in\mathbf{R}^{I\times K}$ 也是$\mathcal{H}$-矩阵。在$\mathcal{H}$-矩阵格式化加法的基础上，可定义$\mathcal{H}$-矩阵的格式化乘法$\widetilde{\boldsymbol{L}}:=\boldsymbol{L}\oplus_{\mathcal{H}}\boldsymbol{L}_1\otimes_{\mathcal{H}}\boldsymbol{L}_2$。参与$\mathcal{H}$-矩阵乘法的两个$\mathcal{H}$-矩阵$\boldsymbol{L}_1$ 和 $\boldsymbol{L}_2$，以及乘积$\boldsymbol{L}$ 通常具有不同的树形结构。因此，$\mathcal{H}$-矩阵乘法的运算过程相对复杂，依赖参与计算的两个$\mathcal{H}$-矩阵及乘积目标$\mathcal{H}$-矩阵的树形结构，可以归纳为以下四种情况。

(1) $\boldsymbol{L}_1$、$\boldsymbol{L}_2$ 和 $\boldsymbol{L}$ 均可继续细分，如图 2.6.1(a)所示，那么到其子层执行$\mathcal{H}$-矩阵乘法。

(2) $\boldsymbol{L}$ 可继续细分，$\boldsymbol{L}_1$ 和 $\boldsymbol{L}_2$ 至少有一个不可细分，如图 2.6.1(b)所示，先将$\boldsymbol{L}_1$ 和 $\boldsymbol{L}_2$ 乘成一个 **R*k*** -矩阵或者满阵，然后按照$\boldsymbol{L}$ 的树形结构对该乘积进行划分并加到$\boldsymbol{L}$ 中。

(3) $\boldsymbol{L}$ 是一个满阵，如图 2.6.1(c)所示，那么调用分层乘法，获得对应的一系列

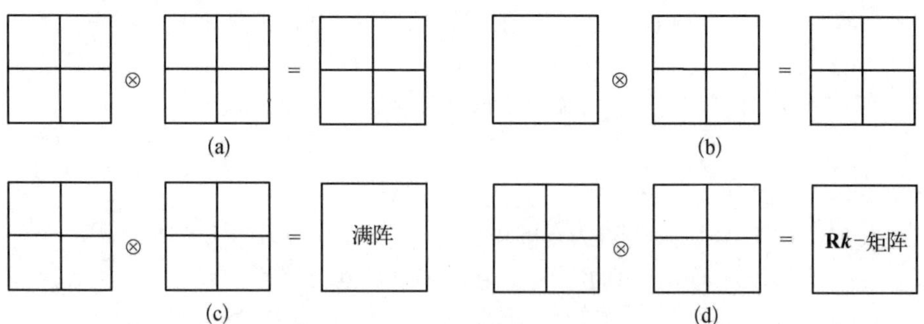

图 2.6.1　$\mathcal{H}$-矩阵乘法的四种情况

满阵，然后加到 $\boldsymbol{L}$ 中。

(4) $\boldsymbol{L}$ 是一个 **R*k*** -矩阵，如图 2.6.1(d)所示，那么调用分层乘法和截断算法，获得对应的一系列 **R*k*** -矩阵，然后如图 2.6.2 所示，加到 $\boldsymbol{L}$ 中。

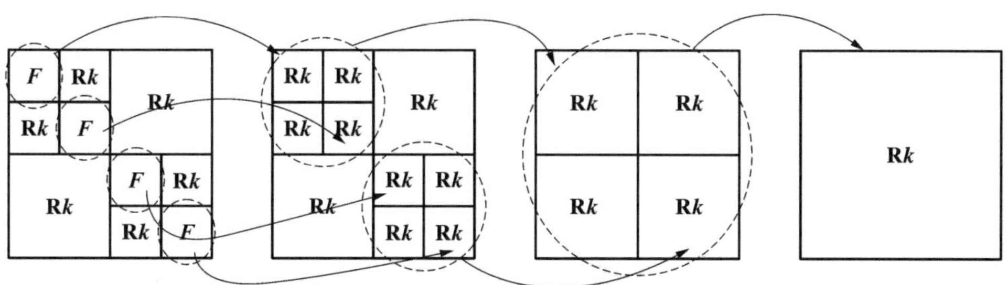

图 2.6.2　$\mathcal{H}$ -矩阵向 **R*k*** -矩阵的转换(其中，“***F***”表示满阵，“**R*k***”表示 **R*k*** -矩阵)

$\mathcal{H}$ -矩阵格式化乘法的执行流程可用伪代码描述如下：

```
Procedure H - MulAdd (L̃, r, s, t, L₁, L₂)
Start with ：r=s=t=I and L=0
if S(r×s)≠ϕ and S(s×t)≠ϕ and S(r×t)≠ϕ then
    {第一种情况：所有矩阵均可细分}
    for r′∈S(r), s′∈S(s), t′∈S(t) do
          H - MulAdd (L̃, t′×s′, L₁, L₂)
    end
else
    if S(r×t)≠ϕ then
        {第二种情况：目标矩阵可细分}
        计算乘积 L′ ：=L₁|r×s ×L₂|s×t 再
        将 L′加到 L̃r×t(H -矩阵格式化加法)
    else
     {第三种情况和第四种情况：目标矩阵不可细分}
     H - MulAddRk(L̃, r, s, t, L₁, L₂)
end
```

上面的算法流程中，第(3)种和第(4)种情况均是将两个可细分的矩阵乘成一系列小的矩阵(满阵或 **R*k*** -矩阵)，然后加到目标矩阵中，这一过程执行的伪代码描述如下：

```
Procedure H - MulAddRk (L̃, r, s, t, L₁, L₂)
if S(r×s)=ϕ or S(s×t)=ϕ then
    计算乘积 L′ ：=L₁|r×s ×L₂|s×t 再
    将 L′加到 L̃r×t(满阵加法或 Rk -矩阵格式化加法)
```

```
else
    for each r′∈S(r), t′∈S(t) do
      初始化: L′_{r×t} : =0
      for each s′∈S(s) do
            H-MulAddRk (L′_{r×r}, r′, s′, t′, L_1, L_2)
            L̃ : =L⊕Σ_{r′∈S(r)} Σ_{t′∈S(t)} L′_{r×t}
      end
    end
end
```

$\mathcal{H}$-矩阵乘法的计算复杂度为$O(k^2 N\lg^2 N)$。

2.7 插值分解方法

Martinsson 等[27]提出了一种插值分解(interpolative decomposition,ID)矩阵压缩方法,其指出,ID 相比 QR 和 SVD 具有更高的计算效率,来获取矩阵的稀疏表达形式。Pan 等[28,29]把 ID 应用于矩量法中,压缩 MLFMA 的近场,分析多尺度问题,即 ID-MLFMA。Wei 等[30]使用 ID 构造矩量法矩阵的逆矩阵[30]。

如图 2.7.1 所示,组 o 与组 s 为一对远相互作用组,组中分别有 N_o 和 N_s 个基

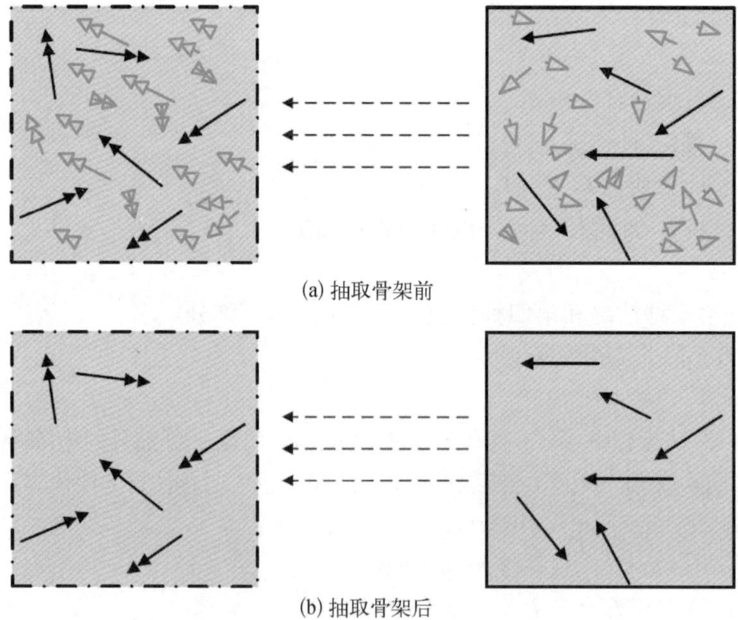

图 2.7.1 ID 近似远作用矩阵示意图

函数。如图 2.7.1(a)所示，基函数用箭头表示，测试基函数用双箭头表示，组 o 与组 s 的骨架用实线箭头表示。假定 $\boldsymbol{Z}_{o,s}$ 为组 o 与组 s 形成的低秩近似矩阵，使用 ID 对 $\boldsymbol{Z}_{o,s}$ 近似为

$$\boldsymbol{Z}_{o,sN_o\times N_s}=\boldsymbol{B}_{o,sN_o\times k_s}\boldsymbol{R}_{sk_s\times N_s}\tag{2.7.1}$$

其中，$\boldsymbol{R}_s$ 只与组 s 有关。继续对 $\boldsymbol{B}_{o,s}$ 做 ID 分解式(2.7.1)可以写为

$$\boldsymbol{Z}_{o,sN_o\times N_s}=\boldsymbol{L}_{oN_o\times k_s}\boldsymbol{S}_{o,sk_o\times k_s}\boldsymbol{R}_{sk_s\times N_s}\tag{2.7.2}$$

其中，k_o 和 k_s 分别为组 o 与组 s 中的骨架个数；$\boldsymbol{L}_o$ 只与组 o 有关。所以，源组和场组作用只需要计算和存储 $\boldsymbol{L}$ 和 $\boldsymbol{R}$ 矩阵，两个组之间存储一个尺寸小于原尺寸的 $\boldsymbol{S}$ 矩阵。$\boldsymbol{L}$ 和 $\boldsymbol{R}$ 相当于投影矩阵和插值矩阵，把原有的源投影或插值到骨架上。

本 章 小 结

本章首先简要介绍了矩量法的基本原理，然后系统地介绍了几种不同低秩压缩分解方法，包括 QR 分解算法、UV 分解方法、ACA 算法、矩阵分解算法、$\mathcal{H}$-矩阵方法及插值分解方法。这些低秩压缩分解方法分别采用不同的原理来将稠密矩阵分解成小维数矩阵相乘的形式，从而降低了内存消耗与计算复杂度。其中，QR 分解算法主要是利用格拉姆-施密特正交化将远场低秩矩阵分解成维数比较小的子矩阵相乘的形式；UV 方法首先要判断好矩阵的秩表，然后根据秩表对矩阵进行分解；ACA 算法根据设定近似误差，自适应采样矩阵行向量与列向量进行加速填充；MDA 引入等效 RWG 函数，将远场互作用组的实际源信息利用数目与秩差不多的等效源信息替代，来加快矩阵填充的效率；$\mathcal{H}$-矩阵方法通过对积分核的插值方式来构造阻抗矩阵的 $\mathcal{H}$-矩阵表达式。

参 考 文 献

[1] Harrington R F. Field computation by moment methods[M]. New York: MacMillan Publisher Limited, 1968.

[2] Rao S M, Wilton D R. Glisson A W. Electromagnetic scattering by surfaces of arbitrary shape[J]. IEEE Transactions on Antennas and Propagation, 1982, 30(3): 409 - 418.

[3] Tsai M J, De Flaviis F, Fordham O, et al. Modeling planar arbitrarily shaped microstrip elements in multilayered media[J]. IEEE Transactions on Microwave Theory and Techniques, 1997, 45(3): 330 - 337.

[4] Gope D, Jandhyala V. Oct-tree-based multilevel low-rank decomposition algorithm for rapid 3-D parasitic extraction[J]. IEEE Transactions on Computer-Aided Design, 2004, 23(4): 1575 - 1580.

[5] Gope D, Jandhyala V. Efficient solution of EFIE via low-rank compression of multilevel predetermined interactions[J]. IEEE Transactions on Antennas and Propagation, 2005, 53(10): 3324-3333.

[6] Ozdemir N A, Lee J F. A low-rank IE-QR algorithm for matrix compression in volume integral equations[J]. IEEE Transactions on Magnetics, 2004, 40(2): 1017-1020.

[7] Seo S M, Lee J F. A single-level low rank IE-QR algorithm for PEC scattering problems using EFIE formulation[J]. IEEE Transactions on Antennas and Propagation, 2004, 52(8): 2141-2146.

[8] Zhao K Z, Lee J F. A single-level dual rank IE—QR algorithm to model large microstrip antenna arrays[J]. IEEE Transactions on Antennas and Propagation, 2004, 52(10): 2580-2585.

[9] BurkholderR J, Lee J F. Fast dual-MGS block-factorization algorithm for dense MoM matrices[J]. IEEE Transactions on Antennas and Propagation, 2004, 52(10): 1693-1699.

[10] Jiang Z N, Xu Y, Sheng Y J, et al. Efficient analyzing EM scattering of objects above a lossy half space by the combined MLQR/MLSSM[J]. IEEE Transactions on Antennas and Propagation, 2011, 59(12): 4609-4614.

[11] Tsang L, Li Q, Xu P, et al. Wave scattering with UV multilevel partitioning method: 2. Three-dimensional problem of nonpenetrable surface scattering[J]. Radio Science, 2004, 39: RS5011.

[12] Ong C J, Tsang L. Full-wave analysis of large-scale interconnects using the multilevel UV method with the sparse matrix iterative approach (SMIA)[J]. IEEE Transactions on Advanced Packaging, 2008, 31(4): 818-829.

[13] Xu P, Tsang L. Propagation over terrain and urban environment using the multilevel UV method and a hybrid UV/SDFMM method[J]. IEEE Antennas and Wireless Propagation Letters, 2004, 3: 336-339.

[14] Deng F S, He S Y, Chen H T, et al. Numerical simulation of vector wave scattering from the target and rough surface composite model with 3-D multilevel UV method[J]. IEEE Transactions on Antennas and Propagation, 2010, 58(5): 1625-1634.

[15] Li M M, Ding J J, Ding D Z, et al. Multiresolution preconditioned multilevel UV method for analysis of planar layered finite frequency selective surface[J]. Microwave and Optical Technology Letters, 2010, 52(7): 1530-1536.

[16] Mittra R, Chan C H, Cwik T. Techniques for analyzing frequency selective surfaces-a review[J]. Proceedings of the IEEE, 1988, 76(12): 1593-1614.

[17] Bebendorf M. Approximation of boundary element matrices[J]. Numerische Mathematik, 2000, 86(4): 565-589.

[18] Zhao K, Vouvakis M N, Lee J F. The adaptive cross approximation algorithm for accelerated method of moments computations of EMC problems[J]. Transaction on Electronic Computers, 2005, 47(4): 763-773.

[19] Shaeffer J. Direct solve of electrically large integral equations for problem sizes to 1 M unknowns [J]. IEEE Transactions on Antennas and Propagation, 2008, 56 (8): 2306 - 2313.

[20] Michielssen E, Boag A. A multilevel matrix decomposition algorithm for analyzing scattering from large structures[J]. IEEE Transactions on Antennas and Propagation, 1996,44(8): 1086 - 1093.

[21] Rius J M, Parron J, Ubeda E, et al. Multilevel matrix decomposition algorithm for analysis of electrically large electromagnetic problems in 3-D[J]. Microwave and Optical Technology Letters,1999,22(3): 177 - 182.

[22] Rius J M, Parron J, Heldring A, et al. Fast iterative solution of integral equations with method of moments and matrix decomposition algorithm-singular value decomposition [J]. IEEE Transactions on Antennas and Propagation,2008,56(8): 2314 - 2324.

[23] Bucci O, Francescetti G. On the degress of freedom of scattered fields [J]. IEEE Transactions on Antennas and Propagation,1989,37(7): 918 - 926.

[24] Hackbusch W. A sparse matrix arithmetic based on $\mathcal{H}$ - matrices. Part I. Introduction to $\mathcal{H}$ - matrices[J]. Computing,1999,62(2): 89 - 108.

[25] Hackbusch W, Khoromskij B. A sparse $\mathcal{H}$ - matrix arithmetic. Part II: Application to multi-dimensional problems[J]. Computing,2000,64: 21 - 47.

[26] Wan T, Jiang Z N, Sheng Y J. Hierarchical matrix techniques based on matrix decomposition algorithm for the fast analysis of planar layered structures [J]. IEEE Transactions on Antennas and Propagation,2011,59(11): 4132 - 4141.

[27] Cheng H, Gimbutas Z, Martinsson P G, et al. On thecompression of low rank matrices [J]. SIAM Journal on Scientific Computing,2005,26: 1389 - 1404.

[28] Pan X M, Wei J G, Peng Z, et al. A fast algorithm for multiscale electromagnetic problems using interpolative decomposition and multilevel fast multipole algorithm [J]. Radio Science,2012,47(1): 1 - 11.

[29] Pan X M, Sheng X Q. Hierarchical interpolative decomposition multilevel fast multipole algorithm for dynamic electromagnetic simulations [J]. Progress in Electromagnetics Research, PIER,2013,134: 79 - 94.

[30] Wei J G, Peng Z, Lee G F. A fast direct matrix solver for surface integral equation methods for electromagnetic wave scattering from non-penetrable targets [J]. Radio Science,2012,47(5): 1 - 9.

第 3 章　低秩压缩分解方法加速矩量法

低秩压缩分解方法相比多层快速多极子方法[1,2]，快速傅里叶变换方法[3-5]的优点是，该方法与格林函数无关，可以简单地加速现有的矩量法程序。本章把第 1 章介绍的低秩压缩分解方法如 UV 方法[6,7]、ACA 算法[8,9]、矩阵分解方法[10-12]用于加速频域、时域矩量法。

3.1　多分辨预条件与 UV 方法结合分析频率选择表面

矩量法结合分层介质格林函数分析平面分层集成电路相比有限元法和时域有限差分方法有着明显的优势。但是矩量法离散产生的阻抗矩阵是一个稠密矩阵。采用直接求解技术求解方程所需的内存和计算复杂度分别为 $O(N^2)$ 和 $O(N^3)$。采用迭代解法的计算复杂度为 $O(n_{\text{iter}}N^2)$，n_{iter} 为迭代步数。本节采用一种低秩压缩分解方法——多层 UV 方法[6,7]，来减少数值仿真时所需的时间和内存。通过多层 UV 方法对远场低秩矩阵进行压缩分解可以把内存和计算复杂度降为 $O(rN\lg N)$，r 为最粗层远场矩阵的平均秩。虽然多层 UV 方法减少了内存和计算复杂度，但是矩阵方程的迭代求解步数和传统矩量法是一致的，对于精细结构问题，如频率选择表面，会碰到收敛很慢或者不收敛的情况。这是由于如果对频率选择表面进行统一的网格离散尺度，则会产生很大的未知量，从而给矩阵方程求解带来困难。采用不均匀剖分，对平缓的部分采用大的剖分尺度，对精细的部分采用小的剖分尺度，可以减少矩阵方程的未知量数目，但是会使方程的性态变差[13,14]。本章研究一种基于物理模型的预条件——多分辨(multi-resolution，MR)预条件技术来加速混合位积分方程的求解[15-17]，并且讨论 MR 预条件在快速积分方法加速的情况下的构造过程和对方程求解的加速效果。

3.1.1　MR 预条件的多层 UV 方法

一般选取阻抗矩阵 $\boldsymbol{Z}_{\text{near}}$ 的强相互作用来构造预条件矩阵 $\boldsymbol{D}$。因此，本小节讨论 MR 预条件的多层 UV 方法，通过使用 $\boldsymbol{Z}_{\text{near}}$ 构造预条件矩阵[13]。

$$\widetilde{\boldsymbol{D}} = \boldsymbol{T}^{\mathrm{T}} \boldsymbol{Z}_{\mathrm{near}} \boldsymbol{T} \tag{3.1.1}$$

定义原矩阵预条件矩阵为

$$\widetilde{\boldsymbol{S}} = \boldsymbol{T} \widetilde{\boldsymbol{D}}^{-1/2} \tag{3.1.2}$$

所以多层 UV 方法加速的矩阵方程变为

$$\widetilde{\boldsymbol{S}}^{\mathrm{T}} (\boldsymbol{Z}_{\mathrm{near}} + \boldsymbol{Z}_{\mathrm{UV}}) \widetilde{\boldsymbol{S}} \widetilde{\boldsymbol{I}} = \widetilde{\boldsymbol{S}}^{\mathrm{T}} \boldsymbol{V} \tag{3.1.3}$$

式(3.1.3)可以写为

$$\widetilde{\boldsymbol{D}}^{-1/2} \boldsymbol{T}^{\mathrm{T}} (\boldsymbol{Z}_{\mathrm{near}} + \boldsymbol{Z}_{\mathrm{UV}}) \boldsymbol{T} \widetilde{\boldsymbol{D}}^{-1/2} \widetilde{\boldsymbol{I}} = \widetilde{\boldsymbol{D}}^{-1/2} \boldsymbol{T}^{\mathrm{T}} \boldsymbol{V} \tag{3.1.4}$$

式(3.1.4)可以写为

$$\widetilde{\boldsymbol{D}}^{-1/2} (\boldsymbol{Z}_{\mathrm{near-MR}} + \boldsymbol{Z}_{\mathrm{UV-MR}}) \widetilde{\boldsymbol{D}}^{-1/2} \widetilde{\boldsymbol{I}} = \widetilde{\boldsymbol{D}}^{-1/2} \boldsymbol{T}^{\mathrm{T}} \boldsymbol{V} \tag{3.1.5}$$

其中，$\boldsymbol{Z}_{\mathrm{UV}}$为多层 UV 方法低秩分解后矩阵表达形式；$\boldsymbol{Z}_{\mathrm{near\text{-}MR}}$和 $\boldsymbol{Z}_{\mathrm{UV\text{-}MR}}$分别为基于 MR 基函数的近场强相互作用矩阵部分和远场多层 UV 方法处理的部分。同理，原方程的解通过转换 $\boldsymbol{I} = \widetilde{\boldsymbol{S}} \widetilde{\boldsymbol{I}} = \boldsymbol{T} \widetilde{\boldsymbol{D}}^{-1/2} \widetilde{\boldsymbol{I}}$ 得到 $\theta(°)$。

3.1.2　数值算例与讨论

本小节通过一些数值算例来说明本章 MR 预条件的多层 UV 方法的有效性。首先分析分层介质有限单元频率选择表面，来证明多层 UV 方法相较矩量法的效率，其次分析一系列的八边形频率选择表面结构，来讨论 MR 预条件加速迭代收敛的效果。最后使用 MR 预条件的多层 UV 方法分析有限单元多分辨，并与商业软件 Ansoft Designer®进行对比。多层 UV 方法的中低秩压缩过程的构造矩阵 $\boldsymbol{U}$ 和 $\boldsymbol{V}$ 的截断误差为 10^{-4}，计算过程采用双精度来保证计算的精度。所有的数值结果都是在 Intel (R) Core (TM) 2 3.0 GHz 主频和 4 GB 内存的个人计算机上得到的。

如图 3.1.1 所示，首先分析印刷在三层介质表面的 10×10 单元八边形贴片单元频率选择表面。三层介质的介电常数分别为 $\varepsilon_{\mathrm{r1}}=3.0$、$\varepsilon_{\mathrm{r2}}=1.0006$ 和 $\varepsilon_{\mathrm{r3}}=3.0$。介质层厚度分别为 $d_1=0.18$ mm、$d_2=10.0$ mm 和 $d_3=0.18$ mm。沿着 x 轴与 y 轴的周期分别为 $T_x = T_y = 8$ mm。八边形外半径 $r_{\mathrm{out}}=3.5$ mm，内半径 $r_{\mathrm{in}}=3$ mm。频率选择表面金属单元表面被离散成 8 400 个三角形单元，产生了 8 000个 RWG 基函数未知量。图 3.1.2 给出频率为 15 GHz、10×10 单元八边形贴片单元频率选择表面，用矩量法和多层 UV 方法计算的双站 RCS(雷达散射截面积)曲线。入射波角度和观察角度分别为 $(\theta_{\mathrm{i}}=30°, \varphi_{\mathrm{i}}=0°)$、$(0° \leqslant \theta_{\mathrm{s}} \leqslant$

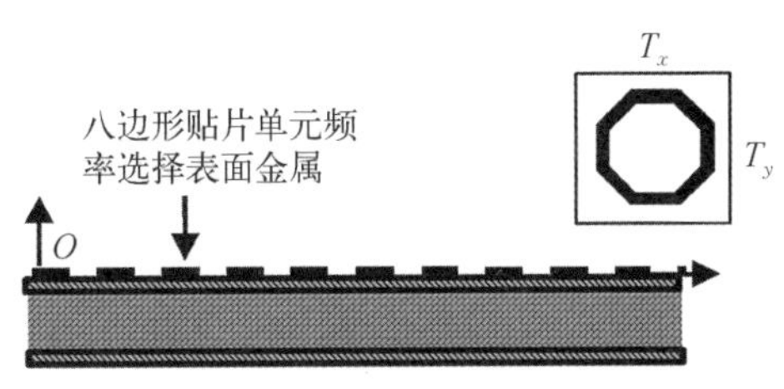

图 3.1.1　八边形贴片单元频率选择表面结构示意图

89°，$\varphi_s=0^\circ$）。由图 3.1.2 可以看出，两种方法的计算结果吻合很好。矩量法需要 2.1 h 而三层 UV 方法只需要8.5 min。图 3.1.3 给出了矩量法和多层 UV 方法所需要的计算机内存随未知量数目变化的对比。由图 3.1.3 可以看出，多层 UV 方法需要的内存远小于 MoM。由此证明了多层 UV 方法相比矩量法的优势。图 3.1.4 给出 15 GHz 频率下 10×10 八边形贴片单元频率选择表面 MR 预条件前后的(generalized minimal residual，GMRES)求解器的迭代收敛余差变化过程比较。从图 3.1.4 可以看出，MR 预条件导致多层 UV 方法迭代步数一个显著的减少。图 3.1.5 给出 10×10 八边形贴片单元频率选择表面在收敛精度为 10^{-3}时，MR 预条

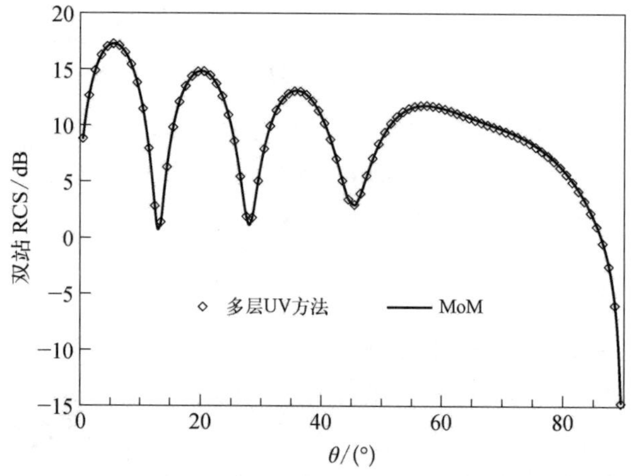

图 3.1.2　MoM 和多层 UV 方法分析 10×10、分析频率为 15 GHz 八边形贴片单元频率选择表面结构双站 RCS 结果比较

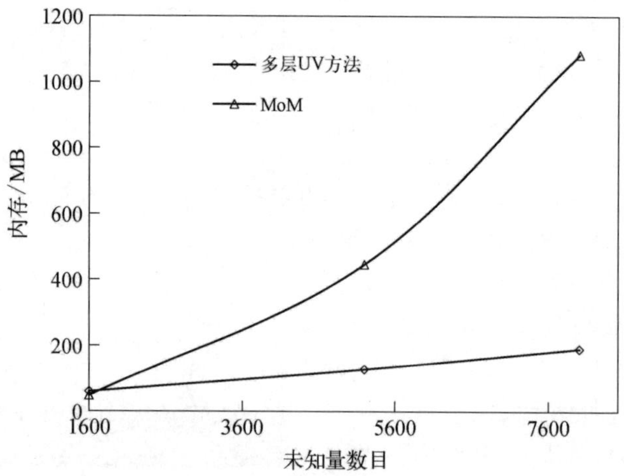

图 3.1.3　MoM 和多层 UV 方法分析频率为 15 GHz、10×10 八边形贴片单元频率选择表面所需内存随未知量数目变化比较

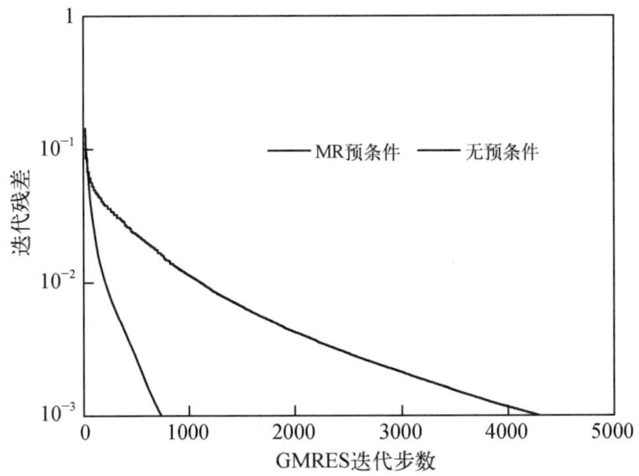

图 3.1.4　预条件前后的多层 UV 方法分析频率为 15 GHz、10×10 八边形贴片单元频率选择表面 GMRES 迭代收敛情况比较

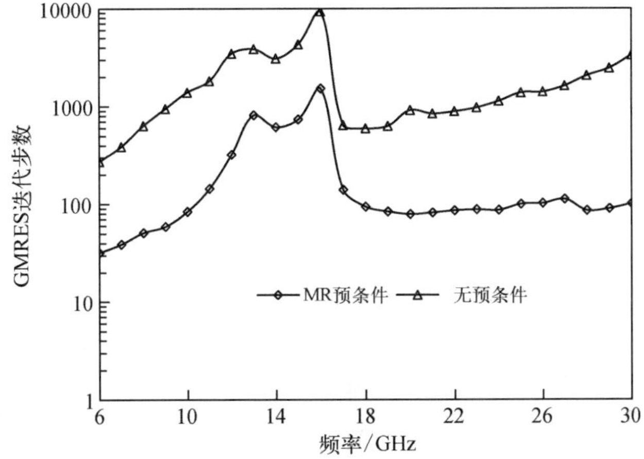

图 3.1.5　频率在 6～30 GHz 预条件前后的多层 UV 方法分析 10×10 八边形贴片单元频率选择表面 GMRES 收敛误差为 10^{-3} 时迭代步数比较

件前后迭代步数在频率 6～30 GHz 内的比较结果。由图 3.1.5 可以看出,MR 预条件在整个频率带宽内都可以明显地减少迭代步数,MR 预条件在频率 6～30 GHz 内至少可以得到 4.5 倍的加速比。所以,方程总的求解时间可以大大减少。

由于判断一个预条件是否有效不只依赖矩阵方程的迭代收敛加速效果,还依赖预条件的构造效率。因此,下面本书通过分析频率为 15 GHz 时一系列的八边形贴片单元频率选择表面阵列来研究 MR 预条件的效果。粗层离散网格,每个阵列单元有 16 个三角形,经过两层网格细分,每个频率选择表面贴片单元有 64 个三角形,产生 80 个 RWG 基函数。因此,分析的 7×7、10×10、15×15 和 20×20 未知量数目分别为 3 920、8 000、18 000 和 32 000。表 3.1.1 列出 GMRES 迭代求解器 MR 预条件前后所需的 CPU 时间对比。MR 预条件构造时间包括构造稀疏转换矩阵 $\boldsymbol{T}$ 和预条件矩阵 $\widetilde{\boldsymbol{S}}$。可以看出，表 3.1.1 中第四列的预条件矩阵的构造时间远小于第六列的矩阵求解时间，MR 预条件的构造效率很高，并且还可以发现使用 MR 预条件使 GMRES 迭代求解器每步时间增加了一点点，但是迭代步数的显著减少使整个矩阵的求解时间大大减少。这里指出，$\boldsymbol{T}$ 矩阵的构造占据了大部分 MR 预条件的构造时间，$\boldsymbol{T}$ 矩阵只与离散网格有关，与频率无关。由于在一个小的频率范围内，网格不需要变化就可以满足计算精度要求，所以 $\boldsymbol{T}$ 矩阵在一个频带范围内是不变的，这是 MR 预条件在扫频时的一个优势，也是本书选择它作为预条件的原因之一。并且随着频率的升高只需要增加 MR 预条件的网格层数就可以不断加密网格用以满足计算精度，避免了一个宽频带需要几个网格的问题。

表 3.1.1 多层 UV 方法分析一系列八边形贴片单元频率选择表面阵列频率为 15 GHz 时，预条件前后 GMRES 迭代求解器所需计算时间对比(迭代收敛误差为 10^{-3})

单　元	MR 预条件的多层 UV 方法		未加 MR 预条件的 UV		
	单步迭代时间/s	求解时间/s	构造时间/s	单步迭代时间/s	求解时间/s
7×7	0.07	257.3	0.4	0.07	48.3
10×10	0.32	1 387.4	1.7	0.33	240.1
15×15	0.60	3 377.5	8.7	0.61	765.3
20×20	1.38	7 892.4	27.0	1.42	1 959.4

最后用 MR 预条件的多层 UV 方法分析有限单元频率选择表面阵列的透射特性[13]。众所周知，商业软件 Ansoft Designer® 利用周期格林函数可以分析频率选择表面阵列的透射特性，但是实际设计中的单元阵列都是有限大的。本节提出的 MR 预条件的多层 UV 方法可以精确分析有限单元频率选择表面阵列的透射特性，并与商业软件 Ansoft Designer® 对比，从而为设计提供理论依据。在图 3.1.6 中“Ansoft Designer”代表 Ansoft Designer® 仿真的周期频率选择表面阵列的透射系数曲线；“本节方法”为 MR 预条件的多层 UV 方法的仿真结果。图 3.1.6 给出 10×10 八边形贴片单元频率选择表面阵列的透射特性，入射角度 $\theta_i=30°$，$\varphi_i=0°$，TM 极化。从图 3.1.6 可以看出，本节提出的 MR 预条件的多层 UV 方法仿真 10×10 八边形贴片单元频率选择表面阵列的结果和 Ansoft Designer® 仿真周期性八边形贴片单元的结果吻合很好。本节方法得到的 10×10 八边形贴片单元频率选择表面阵列的谐振频率点在 15 GHz 和商业软件仿真的周期阵列相同，并且本节方法得到的频率选择表面的带通和带阻与商业软件仿真的周期阵列吻合很好。这些信息对于设计实际频率选择表面阵列单元有重要的指导意义。

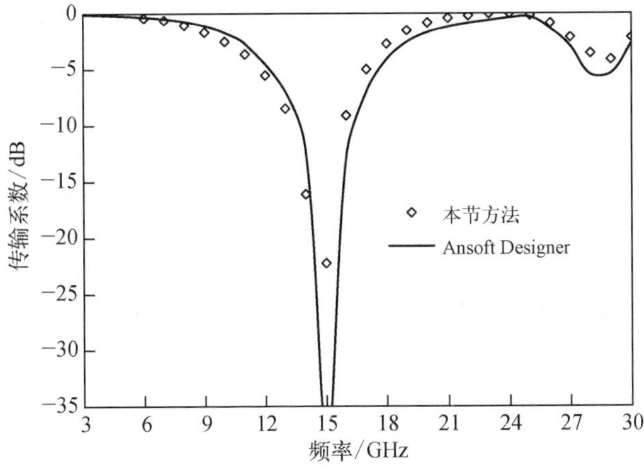

图 3.1.6　10×10 八边形贴片单元频率选择表面阵列 3～30 GHz 频带内的传输系数曲线

图 3.1.7 给出 Y 形贴片单元频率选择表面阵列的结构示意图。Y 形臂的长和宽分别为 4 mm 和 1 mm，单元周期 $T_x=17$ mm，$T_y=14.5$ mm，周期的夹角为 60°。介电常数 $\varepsilon_r=2.85$，介质厚度 $d=0.5$ mm。入射波角度 $\theta^i=0.01°$，$\varphi^i=0°$，TE 极化。图 3.1.8 给出 15×15 Y 形贴片单元频率选择表面阵列的透射系数曲线。由图 3.1.8 可以看出，本节方法仿真的 15×15 Y 形

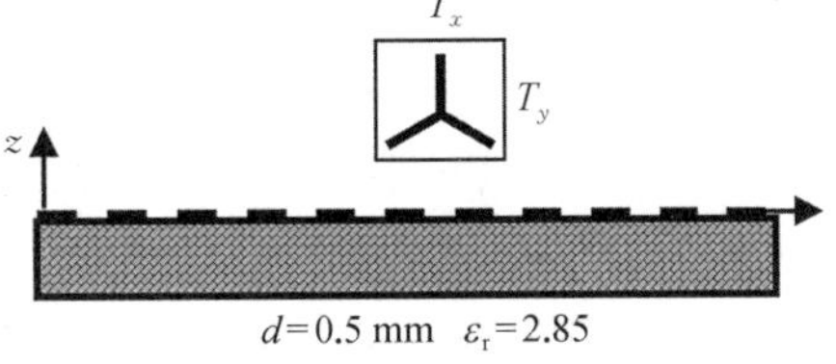

图 3.1.7　Y 形贴片单元频率选择表面阵列结构示意图

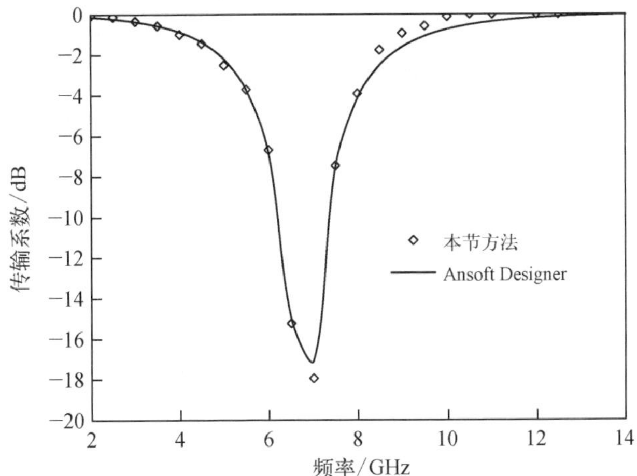

图 3.1.8　15×15 Y 形贴片单元频率选择表面阵列 2～14 GHz 频带内的传输系数曲线

贴片单元频率选择表面阵列的透射系数曲线和商业软件 Ansoft Designer® 仿真的周期单元频率选择表面阵列的透射系数曲线吻合很好，这些信息对于设计实际频率选择表面阵列单元有重要的指导意义。

3.2 多分辨预条件与低秩压缩分解方法结合电磁分析

3.2.1 密网格问题的难点与解决

在实际电磁散射问题中，为了有效地描述目标的形状，离散目标的网格在很多情况下会出现(局部)网格密度过大的情形[14]。很不幸，这种网格过密现象会导致矩量法矩阵成一个病态矩阵。为了解决这种网格过密产生的问题，可以使用预条件技术来改善矩阵性态。目前，已有多种预条件技术(如超松弛、不完全 LU 分解、稀疏近似逆预条件等)应用于矩量法中，但是这些预条件技术往往在网格过密时失效[15]。相对而言，MR 预条件对于网格过密问题更为有效[15,16]，因此本节采用 MR 预条件来解决网格过密产生的病态矩阵问题。

在矩量法应用中的另一个挑战是矩阵方程的求解计算量过大，即使使用迭代求解器来求解矩阵方程，其计算量仍然为 $O(N^2)$。为了减少计算量，出现了多种快速算法，如多层快速多极子方法、自适应积分方法(adaptive integral method，AIM)、UV 方法等，有效地将矩阵矢量乘运算的计算量降为 $O(N\lg N)$。传统的 MLFMA 对目标的八叉树分组要求最底层盒子的尺寸不小于 0.2λ。对于网格过密的目标，这种分组方法将会导致最底层盒子中含有大量的未知量，从而产生一个密集的近场矩阵。显然，这样会导致计算近场矩阵及矩阵矢量乘时计算量过大。MDA[10]是一种基于矩阵压缩的有效的快速算法，尤其是在文献[12]中引入了 SVD 后处理，简称为 MDA－SVD(矩阵分解-奇异值分解方法)。对一般的目标而言，MDA－SVD 无论在计算时间和计算内存上均可与 MLFMA 相比拟。而且，MDA－SVD 对八叉树分组的盒子的尺寸并没有要求。因此，MDA－SVD 比传统的 MLFMA 更加适合应用于密网格问题。

基于上述考虑，本节将 MR 预条件与 MDA 结合来分析密网格问题。由于基于代数方式产生的 MR 基函数在频率较高时更为稳定，本节选择基于代数方式产生的 MR 基函数来构造 MR 预条件。在应用 MDA 时，对空间的八叉树的盒子分组的依据是网格密度。

3.2.2 矩阵分解算法

在矩量法中，当观察区域远离源区域时，产生的相应的矩量法子矩阵是一个低秩的矩阵。因此，MDA 在盒子边界上采用远远少于盒子内部基函数的等效基函数来代表盒子内部的基函数，从而可以大大地减少迭代法求解矩阵方程时矩阵矢量乘的运算量。

1. 目标的多层分解

当源区域和观察区域之间相隔的距离变大时，两者之间的自由度随之变小。为了充分利用这个性质，MDA 应用的第一步是将目标进行多层分组，层数为 L。如图 3.2.1 所示，包围目标的盒子按照八叉树的形式被划分为一系列的子盒子($L=3$)。从图 3.2.1 中可以看出，第 3 层的盒子最小，而具有分离(不相互接触)的最大的盒子位于第 2 层。矩量法矩阵可以分解为

$$\boldsymbol{Z}=\boldsymbol{Z}_N=\sum_{l=2}^{L}\boldsymbol{Z}^l \tag{3.2.1}$$

其中，$\boldsymbol{Z}_N$ 表示第 L 层的盒子的自作用和相连盒子间作用，该矩阵由矩量法之间填充；$\boldsymbol{Z}^l$ 表示第 l 层非相连的盒子之间的相互作用，该矩阵通过 MDA 加速计算。

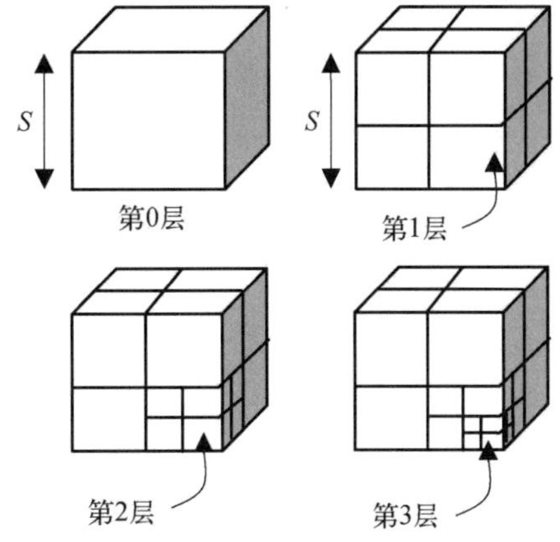

图 3.2.1 目标的多层分组示意图

2. 矩阵分解算法

对于第 l 层非相连盒子之间的相互作用，盒子内的 RWG 基函数[18]由盒子边界上的等效 RWG 基函数表示。假设在源盒子和观察盒子中分别有 N_{b} 和 M_{b} 个 RWG 基函数，在两者边界上的等效 RWG 基函数个数为 Q，那么，由源盒子中的 RWG 基函数经观察盒子中的 RWG 基函数测试得到场 $\boldsymbol{E}_m=\boldsymbol{Z}_{mn}\boldsymbol{I}_n$ 的计算量为 $N_{\mathrm{b}}M_{\mathrm{b}}$。将观察盒子边界上的等效 RWG 基函数对源盒子中的 RWG 基函数和盒子边界上的等效 RWG 基函数分别进行测试，得到的场相等。

$$\boldsymbol{E}_q=\boldsymbol{Z}_{qn}\boldsymbol{I}_n=\boldsymbol{Z}_{qp}\boldsymbol{I}_p \tag{3.2.2}$$

从而，等效 RWG 基函数的系数可以写为

$$\boldsymbol{I}_p=\boldsymbol{Z}_{qp}^{-1}\boldsymbol{Z}_{qn}\boldsymbol{I}_n\boldsymbol{I}_p \tag{3.2.3}$$

进而由源盒子中的 RWG 基函数产生的场可以表示为

$$\boldsymbol{E}_m=\boldsymbol{Z}_{mp}\boldsymbol{I}_p=\boldsymbol{Z}_{mp}\boldsymbol{Z}_{qp}^{-1}\boldsymbol{Z}_{qn}\boldsymbol{I}_n \tag{3.2.4}$$

通过式(3.2.4)，$\boldsymbol{E}_m$ 的计算量减少为 $QN_{\mathrm{b}}+cQ^3+M_{\mathrm{b}}Q$，其中 $c\ll 1$、$Q\ll M_{\mathrm{b}}$，N_{b}。因此，表示源盒子和观察盒子之间相互作用的子矩阵 $\boldsymbol{Z}_{mn}$ 可以分解为

$$\boldsymbol{Z}_{mn}=\boldsymbol{Z}_{mp}\boldsymbol{Z}_{qp}^{-1}\boldsymbol{Z}_{qn} \tag{3.2.5}$$

3. MR 预条件与 MDA－SVD 的结合

在矩量法中应用 MDA 后，整体矩阵不再填充，只填充近场矩阵 $\boldsymbol{Z}_{\mathrm{N}}$。因此，对角预条件矩阵 $\boldsymbol{D}$ 不再能够直接获得。此时，可以通过近场矩阵 $\boldsymbol{Z}_{\mathrm{N}}$ 得到近似对角预条件矩阵 $\boldsymbol{D}_{\mathrm{N}}$：

$$\boldsymbol{D}_{\mathrm{N}}=\operatorname{diag}(\boldsymbol{T}^{\mathrm{T}}\boldsymbol{Z}_{\mathrm{N}}\boldsymbol{T})\boldsymbol{D}_{\mathrm{N}} \tag{3.2.6}$$

从而与 MDA 结合后 MR 预条件矩阵可以构造为

$$\boldsymbol{S}_{\mathrm{N}}=\boldsymbol{T}\boldsymbol{D}_{\mathrm{N}}^{-1/2} \tag{3.2.7}$$

对于矩量法矩阵方程 $\boldsymbol{Z}\boldsymbol{I}=\boldsymbol{b}$，MR 预条件应用如下：

$$\boldsymbol{S}_{\mathrm{N}}^{\mathrm{T}}\boldsymbol{Z}\boldsymbol{S}_{\mathrm{N}}\widetilde{\boldsymbol{I}}=\boldsymbol{S}_{\mathrm{N}}^{\mathrm{T}}\boldsymbol{b} \tag{3.2.8}$$

最后，矩量法矩阵的解可以通过 $\boldsymbol{I}=\boldsymbol{S}_{\mathrm{N}}\widetilde{\boldsymbol{I}}$ 得到。

3.2.3 数值算例与讨论

首先分析如图 3.2.2 所示的球锥，离散的三角形数量为 3 224。该球锥的球体部分的半径为 2.947 in[①]，锥尖的半角为 7°，锥长 23.821 in，锥体与球体部分相切。该球锥的所有结果由纯 MoM、MR 预条件后的矩量法、MDA 加速后的矩量法和 MR 预条件结合 MDA 加速后的矩量法计算。

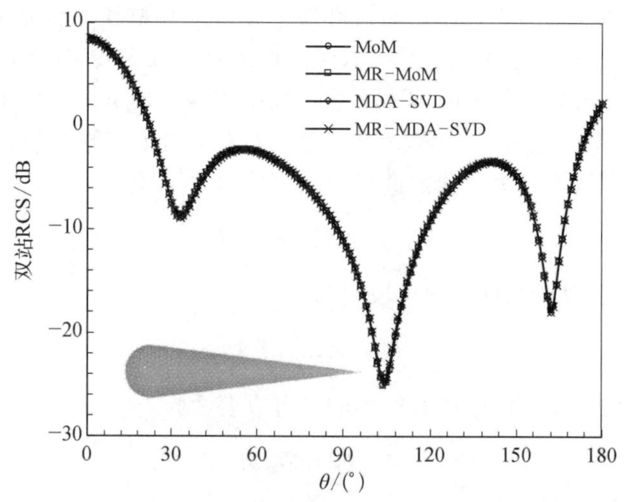

图 3.2.2 球锥在入射波频率为 800 MHz，HH 极化时的双站 RCS

① 1 in＝2.54 cm。

图 3.2.2 给出应用上述方法计算的该球锥在入射波频率为 800 MHz，HH 极化时的双站 RCS，从图中可以看出，应用 MR 预条件和 MDA 并不影响结果精度。图 3.2.3 给出应用上述方法的 GMRES(30)的收敛曲线，从图中可以看出，MDA 并不影响迭代求解器的收敛速度，而 MR 预条件则可以有效地加快收敛速度。图 3.2.4 和图 3.2.5 分别给出应用上述方法计算该球锥时的 GMRES(30)的迭代步数和总的迭代时间在频率 100～900 MHz 的变化。从图 3.2.4 同样可以看出，在整个频带范围内应用 MDA 加速矩量法后对迭代求解器的收敛速度基本没有影响，而将 MR 预条件应用于纯矩量法及经 MDA - SVD 加速的矩量法均可以大大提高迭

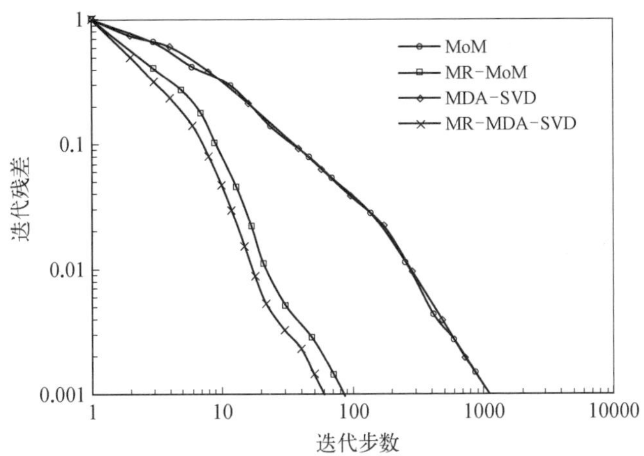

图 3.2.3　球锥在入射波频率为 800 MHz，HH 极化时的 GMRES(30)收敛曲线

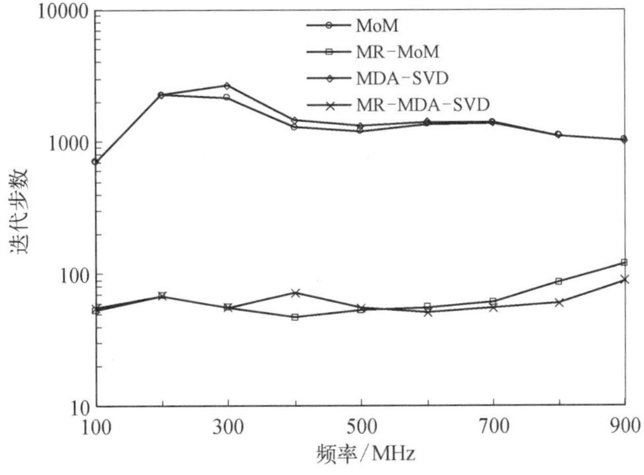

图 3.2.4　球锥的 GMRES(30)迭代步数随频率的变化

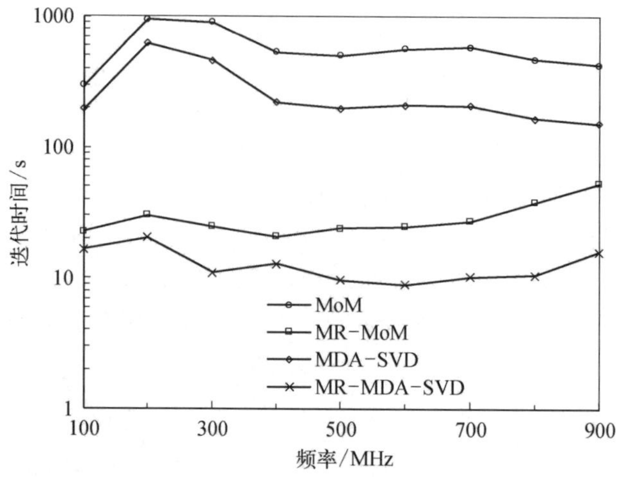

图 3.2.5 球锥总的迭代时间随频率的变化

代求解器的收敛速度。从图 3.2.5 可以看出，应用 MDA 加速后，总的迭代求解时间大大减少，这是由于 MDA 有效地减少了矩阵矢量乘计算中的计算量。从图 3.2.5 中同样可以看出，应用 MR 预条件后，总的求解时间也大大减少，这是由于 MR 预条件有效地减少了迭代求解器的迭代步数。从图 3.2.5 中还可以看出，将 MR 预条件与 MDA 结合加速矩量法后，总的求解时间最少，这说明了 MR 预条件可以与 MDA 进行有效的结合来分析密网格问题。

下面分析如图 3.2.6 所示飞行器，离散的三角形数为 11 644。该飞行器长、宽、高分别为 12.1 m、8.5 m 和 2.7 m。由于纯矩量法不能计算大未知量的目标，所以该飞行器由 MDA 加速后的矩量法和 MR 预条件与 MDA 结合加速后的矩量法计

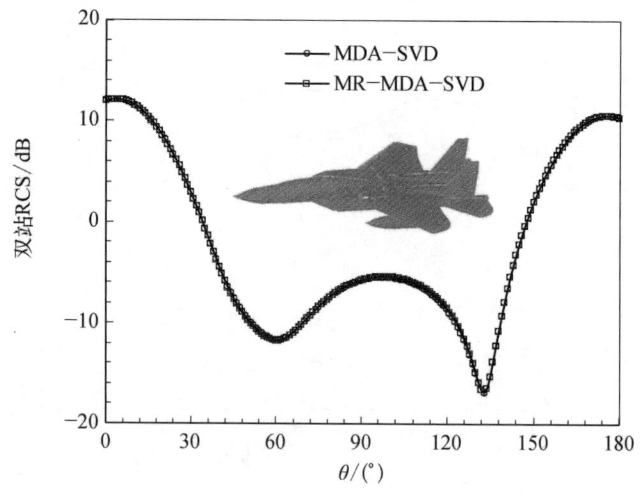

图 3.2.6 飞行器在入射波频率为 50 MHz，HH 极化时的双站 RCS

算。图 3.2.6 和图 3.2.7 分别给出该飞行器在入射波频率为 50 MHz，HH 极化时的双站 RCS 和 GMRES(30)的收敛曲线。从图 3.2.6 中可以看出，使用上述方法得到的结果是一致的。从图 3.2.7 可以看出，经过 MR 预条件后，求解经过 MDA 加速后的矩量法矩阵的迭代求解器的迭代步数大大减少。相应地，经过 MR 预条件后的迭代求解总时间由 54 206 s 降为 1 697 s。图 3.2.8 给出该飞行器在频率 10～50 MHz 内的迭代步数，从图中可以看出，在频带内大多数频率点处如果不经过 MR 预条件，迭代求解器在 10^6 步内不能达到收敛，而经过 MR 预条件后，迭代求解器在整个频带内均可迅速得到收敛。这个例子同样说明，MR 预条件与 MDA - SVD结合可以有效地分析密网格结构。

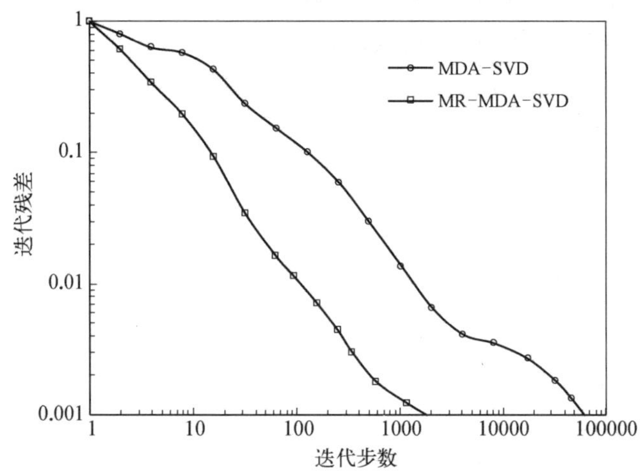

图 3.2.7　飞行器在 50 MHz，HH 极化时的 GMRES(30)收敛曲线

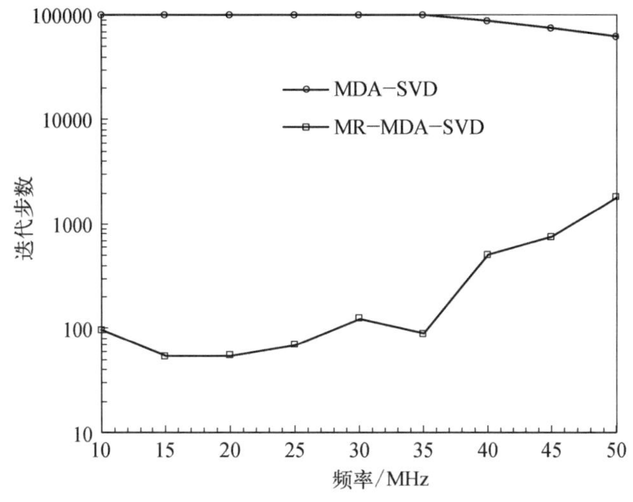

图 3.2.8　飞行器的迭代步数随频率的变化

3.3 ACA 算法在宽带宽角电磁散射计算中的应用

快速获取目标的宽频带、宽角度的电磁散射特性在目标识别、雷达成像等领域具有很重要的意义。雷达成像仿真需要计算目标在宽频带和宽角度下的单站回波信息。如果采用精确的数值方法计算，将是一个非常耗时的过程，尤其是针对电大尺寸目标。文献[19]利用傅里叶逼近结合奇异值分解压缩激励向量矩阵。文献[20]与文献[21]利用自适应样条插值方法快速计算单站 RCS。然而，尽管全波分析方法具有很高的计算精度，但是其计算复杂度较高，即使利用多层快速多极子算法，仍然很难快速计算电大尺寸目标的宽频带、宽角度单站 RCS。

与全波方法相比，高频近似方法，如物理光学法、几何光学法，可以在误差允许的范围内快速计算目标的 RCS。设 R 为最小包围目标球的半径，并令 $N=kR$，其中 k 表示波数。考虑目标的宽带宽角单站 RCS，不难发现直接利用物理光学法计算，其计算复杂度是 $O(N^4)$[22]。如此高的计算复杂度在分析电大尺寸时将很难快速实现。

最近，Boag 等提出了用于快速计算宽频带和宽角度单站 RCS 的多层物理光学(multi level physics optics，MLPO)法[22-26]，该方法通过逐层插值获得最终频带和角度上的单站 RCS，其计算复杂度为 $O(N^2\lg N)$。该方法基于有限大目标的散射方向图关于角度和频率是一个带限的函数[22]。MLPO 法的实施步骤主要有：相位补偿、插值和聚合、相位恢复。由于插值是局域的，所以由阴影遮挡效应所导致的误差可以通过插值得以降低。

数值结果表明，宽带宽角电磁散射计算中形成的矩阵经过相位补偿后是一个低秩矩阵，这可以通过低秩压缩分解方法，如 UV 方法[6,25]、ACA 算法[27,28]进行压缩。本章利用 ACA 算法对各层的宽带宽角电磁散射计算中形成的矩阵进行压缩[29]，以降低计算时间。

3.3.1 快速物理光学法原理

如图 3.3.1 所示，R_0 表示包围目标的最小长方体盒子的对角线的 1/2。根据物理光学法原理，在观察方向处的后向散射场可以表示为

$$\begin{aligned}\boldsymbol{E}_{\mathrm{s}}(\theta,\ \varphi,\ f)&=2\mathrm{j}k\eta\,\frac{\mathrm{e}^{-\mathrm{j}kR}}{4\pi R}\int_S\hat{\boldsymbol{S}}\times[\hat{\boldsymbol{S}}\times(\hat{\boldsymbol{n}}\times\boldsymbol{H}_{\mathrm{in}}\mathrm{e}^{-\mathrm{j}k\hat{\boldsymbol{k}}\cdot\boldsymbol{r}'})]\cdot\mathrm{e}^{\mathrm{j}k\hat{\boldsymbol{s}}\cdot\boldsymbol{r}'}\mathrm{d}s'\\&=2\mathrm{j}k\eta\,\frac{\mathrm{e}^{-\mathrm{j}kR}}{4\pi R}\int_S\hat{\boldsymbol{S}}\times[\hat{\boldsymbol{S}}\times(\hat{\boldsymbol{n}}\times\boldsymbol{H}_{\mathrm{in}})]\cdot\mathrm{e}^{2\mathrm{j}k\hat{\boldsymbol{s}}\cdot\boldsymbol{r}'}\mathrm{d}s'\end{aligned}\tag{3.3.1}$$

其中，θ 和 φ 表示观察方向；$\hat{\boldsymbol{S}}$表示观察方向的单位矢量；f 表示频率；k 表示波数；

η 表示波阻抗；R 表示源点和观察点之间的距离；$\hat{\boldsymbol{n}}$表示目标表面的单位外法向矢量；$\boldsymbol{H}_{\text{in}}$ 表示入射磁场的幅度。式(3.3.1)变换用到了后向场的入射方向和观察方向满足 $\hat{\boldsymbol{k}}=-\hat{\boldsymbol{S}}$ 的关系。为了完成式(3.3.1)积分，首先需要对目标表面进行网格离散，这里采用三角形网格离散，因此式(3.3.1)可以写为

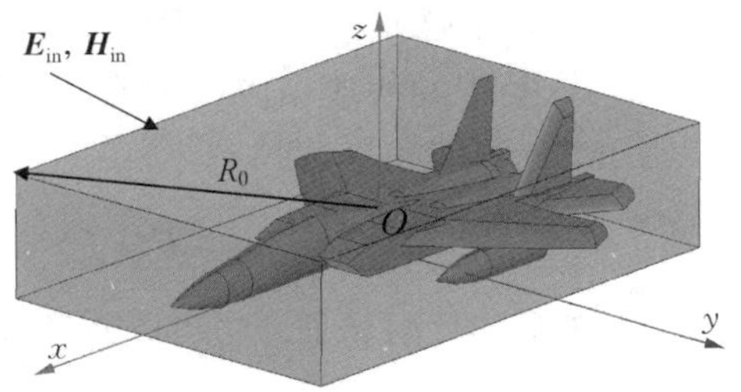

图 3.3.1　目标散射模型

$$
\begin{aligned}
\boldsymbol{E}_{\text{s}}(\theta,\varphi,f) &= 2\text{j}k\eta\frac{\text{e}^{-\text{j}kR}}{4\pi R}\sum_{i=1}^{N_t}\int_{S_i}\hat{\boldsymbol{S}}\times[\hat{\boldsymbol{S}}\times(\hat{\boldsymbol{n}}\times\boldsymbol{H}_{\text{in}})]\cdot\text{e}^{2\text{j}k\hat{\boldsymbol{s}}\cdot\boldsymbol{r}'}\text{d}s' \\
&= 2\text{j}k\eta\frac{\text{e}^{-\text{j}kR}}{4\pi R}\sum_{i=1}^{N_t}\int_{S_i}p\cdot\text{e}^{2\text{j}k\hat{\boldsymbol{s}}\cdot\boldsymbol{r}'}\text{d}s'
\end{aligned}
\tag{3.3.2}
$$

本章采用 Gordon 积分法[30]完成式(3.3.2)中的积分。式(3.3.2)中 p 是一个缓慢变化的函数。设所要分析的频带范围为$[f_{\min}, f_{\max}]$，间隔为 Δf。如果采用插值方法计算，根据 Nyquist 采样定理，频率上的采样间隔应该满足 $\Delta f'<c/(4R_0)$，其中 c 表示光速。因此，采样点数为

$$
N_f=4\Omega_f R_0(f_{\max}-f_{\min})/c \tag{3.3.3}
$$

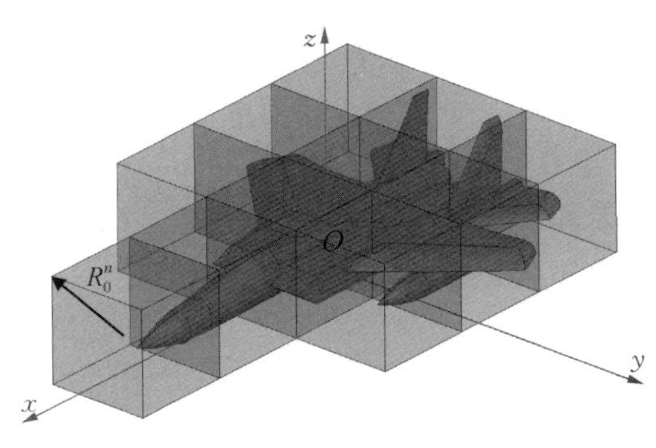

图 3.3.2　目标分组示意图

其中，Ω_f 表示过采样率，满足 $\Omega_f>1$。从式(3.3.3)可以看出，采样点数 N_f 正比于目标的尺寸 R_0。根据快速物理光学法的原理，将目标结构分成许多互相不重叠的组，如图 3.3.2 所示，将式(3.3.3)中的 R_0 用 R_0^i 替换得到每组的采样点数 N_f^i。由于 $R_0^i<R_0$，所以 $N_f^i<N_f$。这样可以对各组的后向散射场进行插值，然后将各组对应频点的场累加就可以得到所需频点的值。但是这样直接插值得到的结果是不准确的，为了减小误差，在进行插值前首先对采样点处的后向散射场进行相位补偿，第 n 组的相位补偿场可以表示为

$$
\widetilde{\boldsymbol{E}}_{\text{s}}^{n}(f)=2\text{j}k\eta\frac{\text{e}^{-\text{j}kR}}{4\pi R}\sum_{i=1}^{N_{\text{t}}^{n}}\int_{s_i}p\cdot\text{e}^{2\text{j}k\hat{\boldsymbol{s}}\cdot(\boldsymbol{r}'-\boldsymbol{r}_{\text{c}}^{n})}\text{d}s' \tag{3.3.4}
$$

其中，N_t^n 表示第 n 组中三角形个数，$\boldsymbol{r}_c^n$ 表示第 n 组的组中心坐标。相位补偿消除了式(3.3.4)中的快速相位振荡项，使得插值更精确。在插值之后，后向反射场可以通过相位恢复得到，即

$$\boldsymbol{E}_s^n(f)=\widetilde{\boldsymbol{E}}_s^n(f)\mathrm{e}^{2jk\hat{\boldsymbol{s}}\cdot\boldsymbol{r}_c^n} \tag{3.3.5}$$

总的后向反射场 $\boldsymbol{E}_s(f)$ 可以通过对各组的后向反射场累加得到，单站 RCS 可以表示为

$$\mathrm{RCS}(f)=\lim_{R\to\infty}4\pi R^2\frac{|\boldsymbol{E}_s(f)|^2}{|\boldsymbol{E}_{in}(f)|^2} \tag{3.3.6}$$

上述过程是针对宽频带的计算，宽角度的单站 RCS 计算可以类似得到。但根据 Nyquist 采样定理，2π 范围内角度的采样点数需满足：

$$\begin{aligned}N_\theta &=\Omega_\theta 8\pi R f_{\max}/c\\ N_\varphi &=\Omega_\varphi 8\pi R f_{\max}/c\end{aligned} \tag{3.3.7}$$

其中，Ω_θ，$\Omega_\varphi>1$ 表示对应角度上的过采样率。

3.3.2 多层物理光学法结合 ACA 算法分析宽带宽角电磁散射问题

为了进一步降低计算复杂度，文献[24]提出了多层物理光学法，利用区域分解方法将目标连续进行分组，直到达到规定的最小分组尺寸，常用的分组结构如八叉树分组。在最细层，计算每个组在采样点处的相位补偿场，在父层组首先将对应的子层组的相位补偿场插值到新的采样点并进行相位恢复，然后将该父层组对应的所有子层组累加得到父层组的场，并进行新的相位补偿，依次递推直到最粗层。

针对宽带宽角单站 RCS 计算，需要计算的单站 RCS 形成一个二维矩阵，图 3.3.3 给出多层物理光学法分析宽角散射问题示意图。每一层每个组的相位补偿场也构成一个二维矩阵，数值结果表明该矩阵是一个低秩矩阵，这里利用 ACA 算法对该矩阵进行压缩[27,28]。

3.3.3 数值算例与讨论

首先验证相位补偿场的低秩特性。考虑一边长为 2 m 的矩形平板，分别考虑扫角-扫角(case 1)和扫频-扫角(case 2)的情形，表 3.3.1 列出其参数设置，case 1 中分别考虑 1 GHz、2 GHz、5 GHz 和 10 GHz 的情况。最细层组的尺寸为 0.4 m。ACA 截断精度为 10^{-3}。表 3.3.2 列出直接计算后向散射场和相位补偿场构成的二维矩阵的秩。从表 3.3.2 中可以看出，两种情况下相位补偿场的秩都小于直接计算后向反射场的秩。考察参数的选取对矩阵秩的影响，参数设置如表 3.3.1 所示，改变过采样率。表 3.3.3 列出不同情况下二维矩阵的秩，对比表 3.3.2 可以看

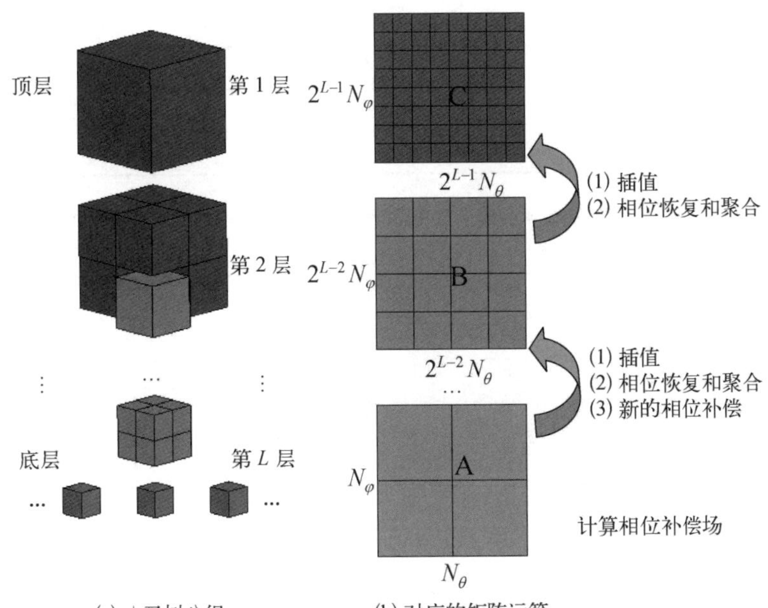

(a) 八叉树分组　　(b) 对应的矩阵运算

图 3.3.3　多层物理光学法分析扫角-扫角问题示意图

出，矩阵的秩随着过采样率的变化几乎不变，这表明随着过采样率的增加，利用 ACA 算法进行压缩的效果会更明显。

表 3.3.1　case 1 和 case 2 的参数设置

case 1				
f/GHz	θ	φ	Ω_θ	Ω_φ
1,2,5,10	0°～90°	0°～90°	4	4
case 2				
f/GHz	θ	φ	Ω_f	Ω_φ
5～10	45°	0°～90°	8	4

表 3.3.2　直接计算后向散射场和相位补偿场构成的二维矩阵的秩

(a) case 1($\Omega_\theta=4$, $\Omega_\varphi=4$)

频　率	矩阵大小	秩	
		直接计算后向散射场	相位补偿场
1 GHz	20×20	8	5
2 GHz	40×40	12	6
5 GHz	100×100	23	10
10 GHz	200×200	36	16

(b) case 2 ($\Omega_f=8$, $\Omega_\varphi=4$)

矩阵大小	秩	
	直接计算后向散射场	相位补偿场
20×20	23	13

表 3.3.3 直接计算后向散射场和相位补偿场构成的二维矩阵的秩

(a) case 1 ($\Omega_\theta=8$, $\Omega_\varphi=8$)

频率	矩阵大小	秩	
		直接计算后向散射场	相位补偿场
1 GHz	40×40	8	5
2 GHz	100×100	13	6
5 GHz	200×200	22	10
10 GHz	400×400	35	16

(b) case 2 ($\Omega_f=16$, $\Omega_\varphi=8$)

矩阵大小	秩	
	直接计算后向散射场	相位补偿场
257×400	22	13

由于采用了插值技术和 ACA 压缩技术，将引入计算误差，所以有必要考察其计算精度。对于后向散射场，定义如下误差计算公式：

$$\text{error}=20\lg\left(\frac{\|\boldsymbol{C}^{\text{MLPO+ACA}}-\boldsymbol{C}^{\text{D}}\|}{\|\boldsymbol{C}^{\text{D}}\|}\right) \tag{3.3.8}$$

其中，$\boldsymbol{C}^{\text{MLPO+ACA}}$表示利用本章方法计算的后向散射场矩阵(扫角-扫角或扫频-扫角)；$\boldsymbol{C}^{\text{D}}$ 表示直接计算的后向散射场矩阵；$\|\cdot\|$ 表示取二范数。考察如图 3.3.2 所示的 F15 飞机模型，飞机尺寸为 4.78 m×3.35 m×1.06 m，剖分的三角形网格数目为 25 030，入射波频率为 1 GHz。扫角范围为 $\theta\in[90°, 180°]$，$\varphi\in[0°, 90°]$。图 3.3.4 给出不同 ACA 截断精度下的计算误差，可以发现，随着 ACA 阶段精度的降低，计算误差减小。但是当 ACA 截断精度小于 10^{-2}时，误差几乎不变，这部分误差可能是由插值原因导致的，在以下算例中，ACA 截断精度取 10^{-3}。

下面继续研究算法的计算复杂度。选取不同尺寸的矩形平板，表 3.3.4 给出两种情况的参数设置。定义未知量 $N=kR$，对于 case 2，$N=k_{\max}R$。表 3.3.5 给出 case 1 的 MLPO 和本章方法各层的计算时间与总时间。表 3.3.6 给出 case 2 的 MLPO 和本章方法各层的计算时间与总时间。其中，“l_8”表示第 8 层的计算时间，“l_8 to l_7”表示第 8 层向第 7 层的插值计算时间，以此类推。从表 3.3.5 和表 3.3.6 可以看出，本章方法可以大大节省计算时间，但是在某些层上该方法并不是很高

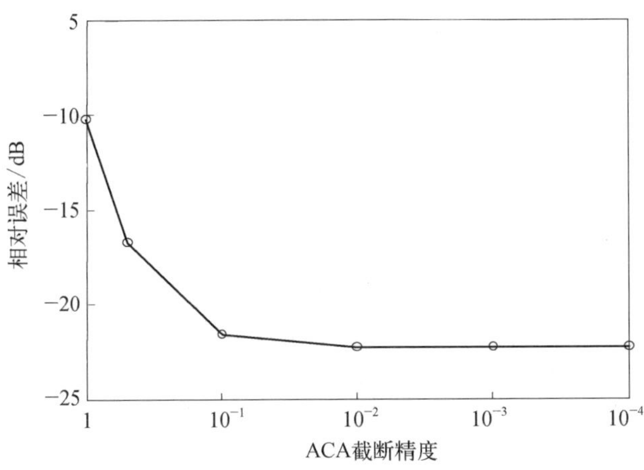

图 3.3.4　不同 ACA 截断精度下的计算误差

效，可能的原因是在细层上 ACA 算法的压缩效率并不是很高。图 3.3.5 和图 3.3.6 分别给出 case 1 和 case 2 不同方法的计算复杂度，从图中可以看出，MLPO 和本章方法也都近似满足 $O(N^2 \lg N)$ 的复杂度。另外图 3.3.5 和图 3.3.6 中还给出了不同过采样率的计算结果，可以发现，过采样率越高，节省的时间越多。

表 3.3.4　两种情况的参数设置

case 1				
f/GHz	θ	φ	Ω_θ	Ω_φ
1	0°～90°	0°～90°	8	8
case 2				
f/GHz	θ	φ	Ω_f	Ω_φ
0.5～1	45°	0°～90°	16	8

表 3.3.5　case 1 的 MPLO 和本章方法各层的计算时间总时间

(a) MPLO 法各层计算时间和总时间($\Omega_\theta=8$, $\Omega_\varphi=8$)

N	插值时间/s									总计算时间/s
	l_8	l_8 to l_7	l_7 to l_6	l_6 to l_5	l_5 to l_4	l_4 to l_3	l_3 to l_2	l_2 to l_1	总插值时间	
74	6	0.2	0.23	0.28	0.8	—	—	—	1.5	7.5
148	23	0.84	0.84	0.87	1.3	4.8	—	—	8.7	31.7
370	221	5.1	5	5	5.8	12.1	62	—	95	317
740	875	27.5	20.3	20.1	20.6	27.1	68.8	467	652	1 530

(b) 本章方法各层计算时间和总时间($\Omega_\theta=8$，$\Omega_\varphi=8$)

N	插值时间/s									总计算时间/s
	l_8	l_8 to l_7	l_7 to l_6	l_6 to l_5	l_5 to l_4	l_4 to l_3	l_3 to l_2	l_2 to l_1	总插值时间	
74	1.8	0.14	0.11	0.14	0.14	—	—	—	0.53	2.35
148	7.1	0.51	0.45	0.58	0.67	0.5	—	—	2.7	9.9
370	57.7	3	3.26	3.8	4.2	5.9	9.4	—	29.7	88
740	266.5	14.8	13.4	15.5	16.2	25.7	79.7	95.7	261.1	530

表 3.3.6　case 2 的 MLPO 和本章方法各层的计算时间与总时间

(a) MPLO 法各层计算时间和总时间($\Omega_f=16$，$\Omega_\varphi=8$)

N	插值时间/s									总计算时间/s
	l_8	l_8 to l_7	l_7 to l_6	l_6 to l_5	l_5 to l_4	l_4 to l_3	l_3 to l_2	l_2 to l_1	总插值时间	
111	11.1	0.4	0.5	0.6	2	—	—	—	3.45	14.6
222	42.7	1.6	1.6	1.7	3	12.6	—	—	20.5	63.4
555	409	9.7	9.6	9.7	11.9	29.8	171	—	243	652
1 000	1 105	42.5	30.9	31	32.3	45.6	137	966	1 286	2 395

(b) 本章方法各层计算时间和总时间($\Omega_f=16$，$\Omega_\varphi=8$)

N	插值时间/s									总计算时间/s
	l_8	l_8 to l_7	l_7 to l_6	l_6 to l_5	l_5 to l_4	l_4 to l_3	l_3 to l_2	l_2 to l_1	总插值时间	
111	2.6	0.2	0.2	0.25	0.3	—	—	—	0.97	3.6
222	9.8	0.86	0.8	1	1.3	1.8	—	—	5.8	15.8
555	84.6	5	5.2	6.6	9.8	20.5	39.8	—	87	172.5
1000	281	19.6	17.6	21.2	30.1	67.8	159	199	515.8	799

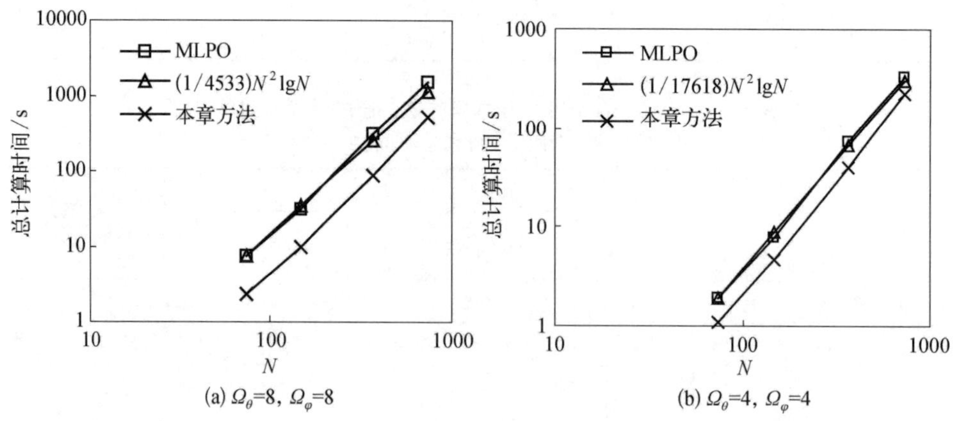

图 3.3.5　case 1 不同方法的计算复杂度

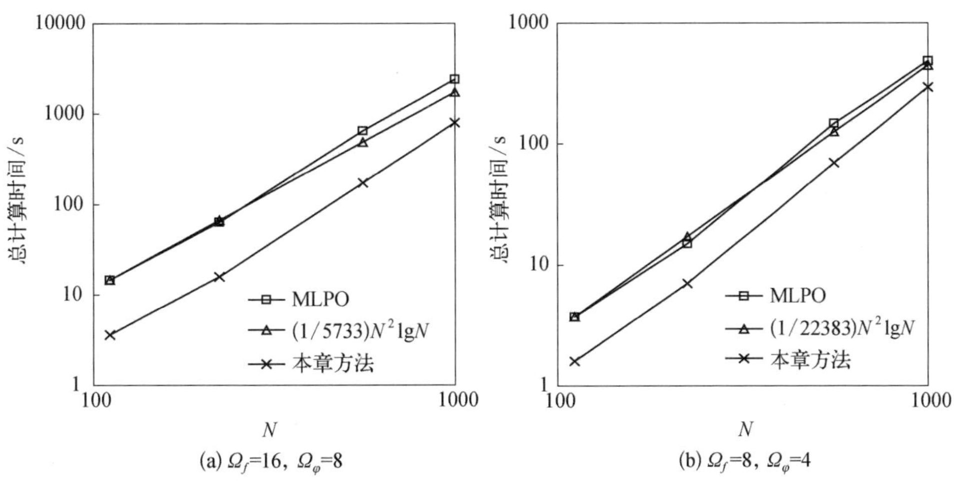

(a) $\Omega_f=16$, $\Omega_\varphi=8$　(b) $\Omega_f=8$, $\Omega_\varphi=4$

图 3.3.6　case 2 不同方法的计算复杂度

3.3.4　ACA 算法加速多激励源单站 RCS 计算

利用积分方程求解三维目标的电磁散射问题可以简单描述为对线性方程组的求解，目标被平面三角形贴片离散之后，表面电流用 RWG 基函数模拟，并对表面积分方程实施 Galerkin 测试，从而形成线性方程组为

$$\boldsymbol{A}\cdot\boldsymbol{x}=\boldsymbol{b} \tag{3.3.9}$$

其中，$\boldsymbol{A}$ 为阻抗矩阵；$\boldsymbol{x}$ 为 RWG 基函数的系数；$\boldsymbol{b}$ 为目标表面的入射场经测试后形成的右边向量。通过求解该线性方程组，得到 RWG 基函数的系数，便可以计算任意理想导体目标的散射问题。

单站 RCS 的计算，则对应求解多个右边向量的方程组，描述如下：

$$\boldsymbol{A}\cdot[\boldsymbol{x}(\theta_1),\ \boldsymbol{x}(\theta_2),\ \cdots,\ \boldsymbol{x}(\theta_n)]=[\boldsymbol{b}(\theta_1),\ \boldsymbol{b}(\theta_2),\ \cdots,\ \boldsymbol{b}(\theta_n)] \tag{3.3.10}$$

其中，$\boldsymbol{A}$ 为阻抗矩阵；$\boldsymbol{x}$ 为电流向量；$\boldsymbol{b}$ 为右边向量。写成矩阵形式如下：

$$\boldsymbol{A}\cdot\boldsymbol{X}=\boldsymbol{B} \tag{3.3.11}$$

其中，$\boldsymbol{X}=[\boldsymbol{x}(\theta_1),\ \boldsymbol{x}(\theta_2),\ \cdots,\ \boldsymbol{x}(\theta_n)]$；$\boldsymbol{B}=[\boldsymbol{b}(\theta_1),\ \boldsymbol{b}(\theta_2),\ \cdots,\ \boldsymbol{b}(\theta_n)]$。直接对方程求解，求逆的次数为 n，当 n 很大时，逐次求解将会造成巨大的计算负担。

对右边矩阵 $\boldsymbol{B}$ 做 ACA 分解，方程可以转化为

$$\boldsymbol{A}\cdot\boldsymbol{X}=\boldsymbol{U}\cdot\boldsymbol{V}^{\mathrm{H}} \tag{3.3.12}$$

其中，$\boldsymbol{B}=\boldsymbol{U}\cdot\boldsymbol{V}^{\mathrm{H}}$。矩阵 $\boldsymbol{U}_k$ 和 $\boldsymbol{V}_k$ 为矩阵 $\boldsymbol{B}$ 做 ACA 分解得到的长条形矩阵，从而得到方程的解 $\boldsymbol{X}$ 为

$$X = (A^{-1} \cdot U_k) \cdot \Sigma_k \cdot V_k^{H} \tag{3.3.13}$$

从上面的式子可以看出，方程求逆的操作全部集中在计算 $A^{-1} \cdot U_k$ 上，求逆的次数为 k，因此可以得出，在损失很少精度的前提下，求解方程的次数可以从 n 次降到 k 次[18,27,28]。一般情况下，当 n 很大时，$k \ll n$。

在整个计算过程中，截断误差 ε 的选择非常重要。如果 ε 选择太小，则增加不必要的计算负担；如果 ε 选择太大，则精度得不到保证。在本书中，选择 $\varepsilon = 10^{-3}$。

3.3.5　数值算例与讨论

利用 3.3.4 节算法，既可以避免逐点计算带来的计算时间的负担，又可以避免采样点的选择，从而可以灵活、快速地分析任意目标的二维单站 RCS。下面利用几个数值算例来说明该方法的效果。入射波选择平面波，扫描范围均为俯仰角 0°～180°和方位角 0°～180°，扫描间隔为 1°。由于右边向量个数非常多，这里采用自适应采样算法和 ACA 算法混合的方法。

图 3.3.7～图 3.3.13 通过分析 NASA Almond、ogive、Double-ogive 的单站 RCS，未知量数目 N 分别为 1 815、2 571 和 4 635，给出了采用 ACA、算法计算的 RCS 精度。

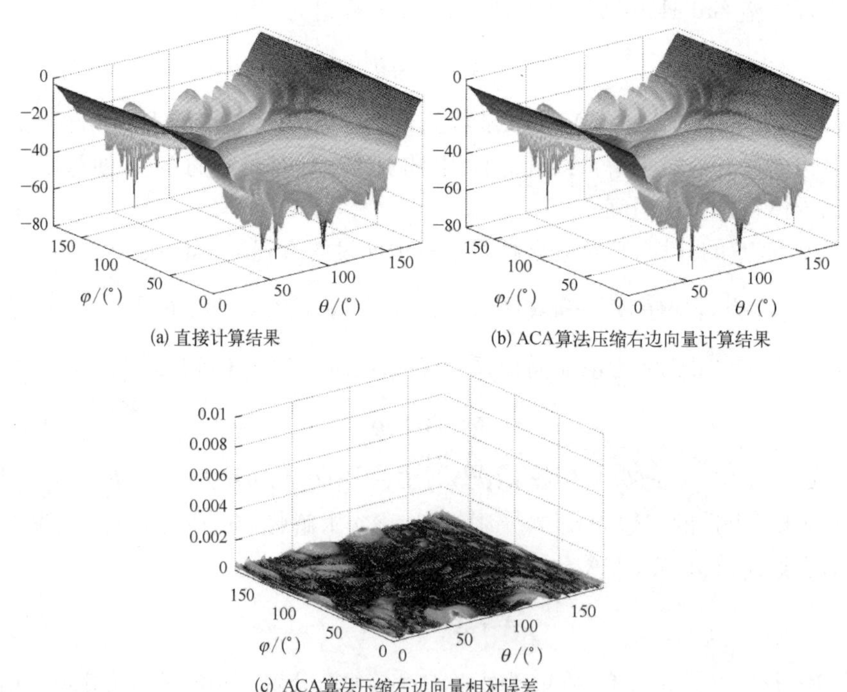

(a) 直接计算结果　　(b) ACA算法压缩右边向量计算结果

(c) ACA算法压缩右边向量相对误差

图 3.3.7　NASA Almond 单站 RCS(频率 5 GHz，$\theta\theta$ 极化，俯仰角 0°～180°，方位角 0°～180°)

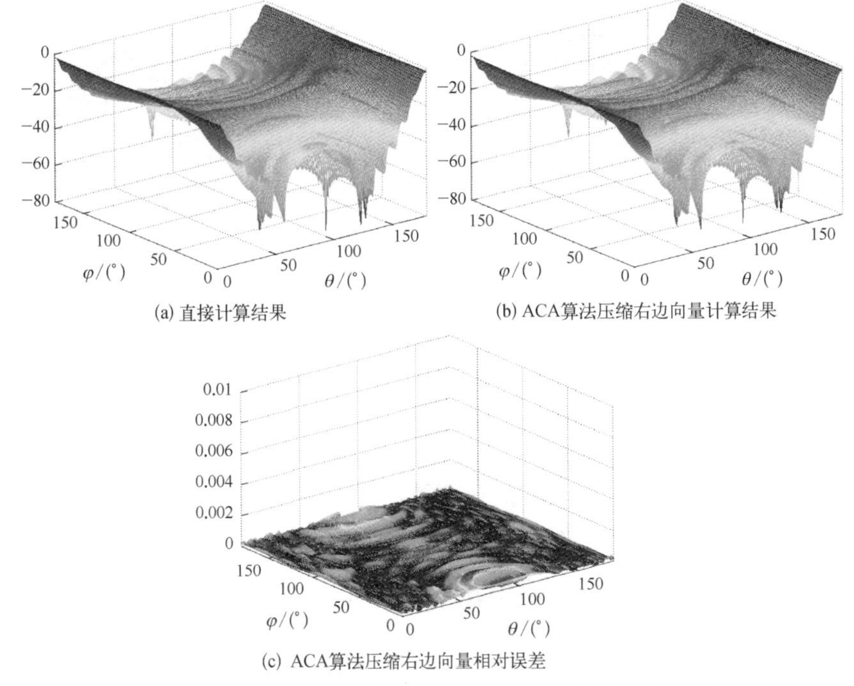

图 3.3.8　NASA Almond 单站 RCS(频率 5 GHz，$\varphi\varphi$ 极化，俯仰角 0°～180°，方位角 0°～180°)

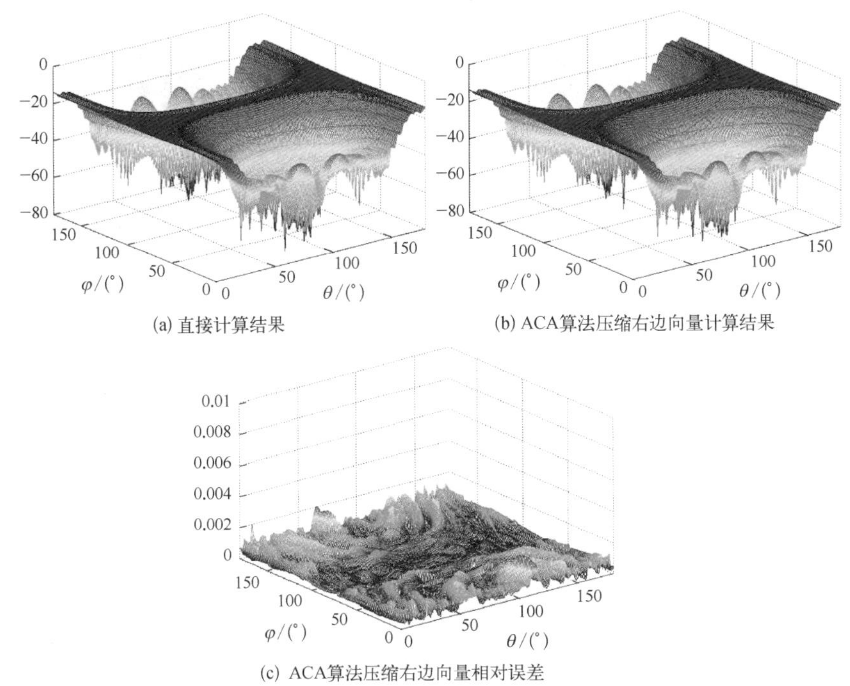

图 3.3.9　金属 ogive 单站 RCS(频率 8 GHz，$\theta\theta$ 极化，俯仰角 0°～180°，方位角 0°～180°)

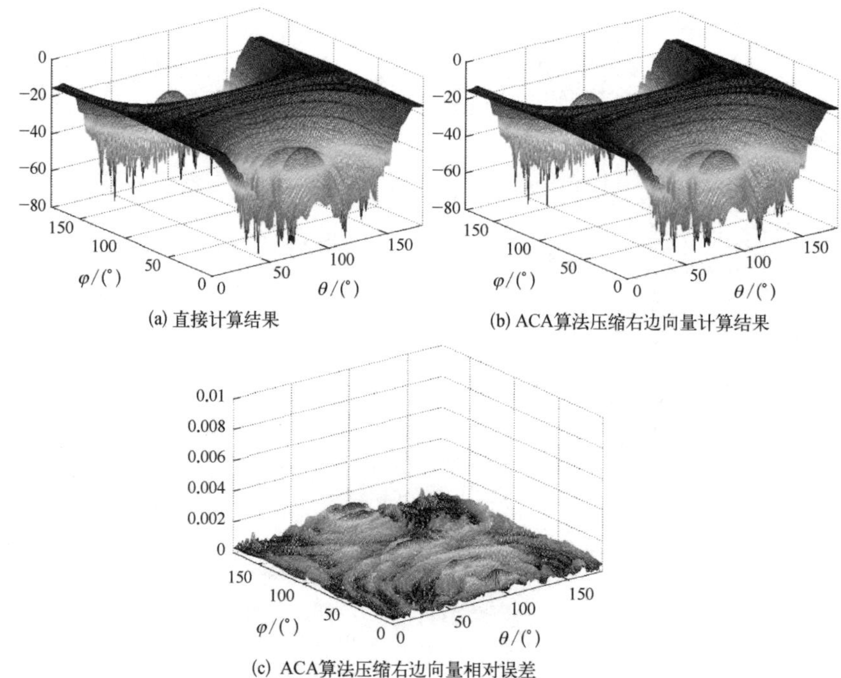

图 3.3.10 金属 ogive 单站 RCS(频率 8 GHz，$\varphi\varphi$ 极化，俯仰角 0°～180°，方位角 0°～180°)

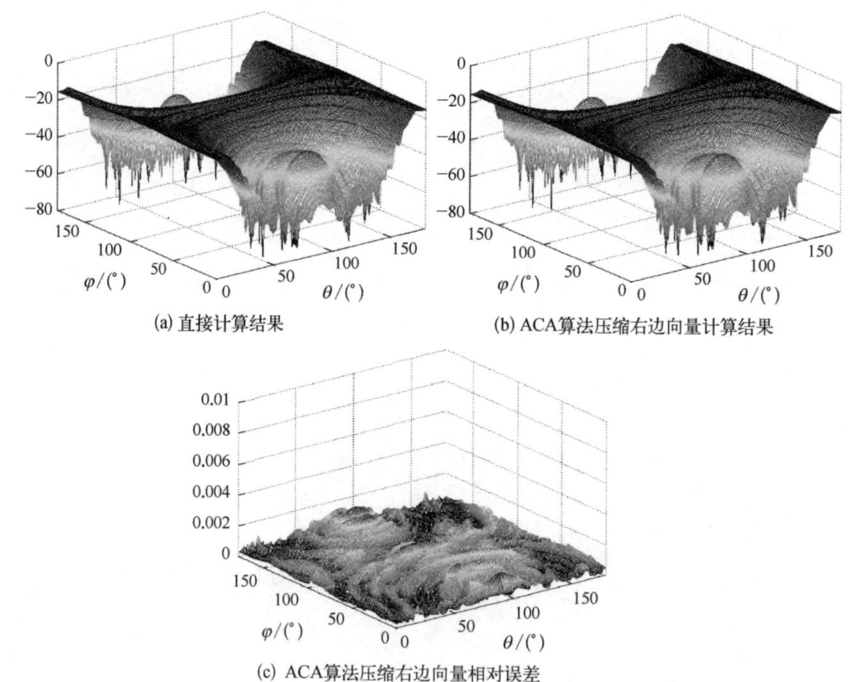

图 3.3.11 金属 ogive 单站 RCS(频率 8 GHz，$\varphi\varphi$ 极化，俯仰角 0°～180°，方位角 0°～180°)

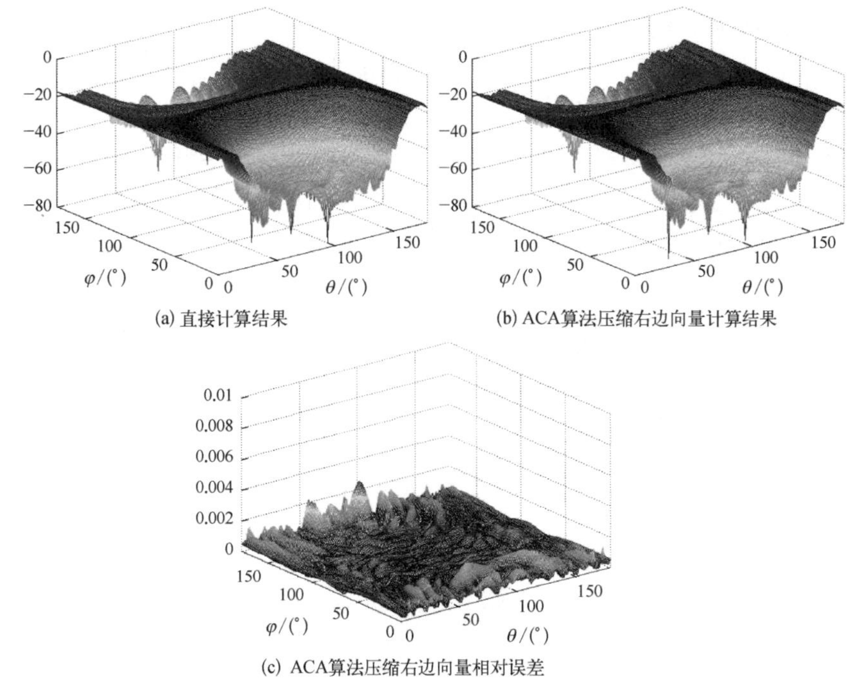

(a) 直接计算结果

(b) ACA算法压缩右边向量计算结果

(c) ACA算法压缩右边向量相对误差

图 3.3.12　金属 Double-ogive 单站 RCS(频率 12 GHz,$\theta\theta$ 极化,俯仰角 0°～180°,方位角 0°～180°)

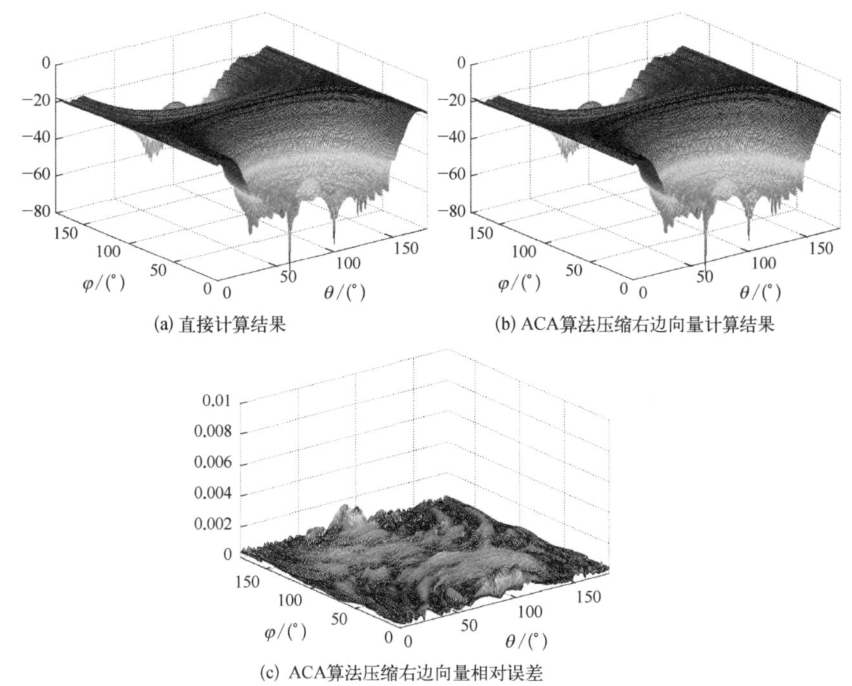

(a) 直接计算结果

(b) ACA算法压缩右边向量计算结果

(c) ACA算法压缩右边向量相对误差

图 3.3.13　金属 Double-ogive 单站 RCS(频率 12 GHz,$\varphi\varphi$ 极化,俯仰角 0°～180°,方位角 0°～180°)

所有算例中,误差定义为

$$\text{Error}=\frac{|\boldsymbol{E}_{\text{approx}}-\boldsymbol{E}_{\text{direct}}|}{|\boldsymbol{E}_{\text{direct}}|_{\max}} \tag{3.3.14}$$

其中,$\boldsymbol{E}_{\text{approx}}$为利用本章方法估计的散射场;$\boldsymbol{E}_{\text{direct}}$为直接计算得到的精确的散射场;$|\boldsymbol{E}_{\text{direct}}|_{\max}$表示直接计算得到的散射场中的最大值。表 3.3.7 直接计算和 ACA 算法压缩多右边向量的计算时间对比。从计算时间的比较可以发现,采用 ACA 算法压缩多右边向量能够极大地降低单站 RCS 扫描的计算时间。

表 3.3.7 算例 ogive、double-ogive 和 NASA almond 插值计算与非插值计算时间的对比

目　标	未知量数目	极　化	直接计算	ACA 算法压缩多右边向量	
			时间/s	求解次数	时间/s
NASA Almond	1 815	$\theta\theta$ 极化	19 195	173	252
		$\varphi\varphi$ 极化	20 315	174	272
ogive	2 571	$\theta\theta$ 极化	31 654	240	419
		$\varphi\varphi$ 极化	34 470	241	404
double-ogive	4 635	$\theta\theta$ 极化	59 303	307	738
		$\varphi\varphi$ 极化	60 832	309	753

3.4 ACA 算法加速旋转对称矩量法

3.4.1 引言

旋转对称体(body of revolution,BoR)是绕某一个轴旋转对称的,由于这种旋转对称性,可以将表面电磁流用关于 ϕ(方位角)的正交完备的傅里叶级数形式表示。由于不同模式间的正交完备性,可以将整个问题分解成多个相互独立的模式进行求解,从而将三维问题降成一系列的二维问题。与传统方法相比其内存需求和计算时间的消耗都会得到很大的节省。

对于每个模式,它形成的阻抗矩阵仍是稠密的,计算过程所需要的存储量、填充稠密阵的时间及矩阵矢量乘运算耗时大致呈 $O(N^2)$的函数关系,其中 N 为未知量数目。对于电大尺寸的散射体,在计算其散射特性时,其对计算资源的消耗仍然相当可观。MLFMA[1,2]能够大量地节省计算成本而广泛应用在计算电磁学中,但是由于 MLFMA 中含有平面波展开、指数的展开,以及球谐函数的插值运算等一些复杂的数学运算,BoR 积分方程积分核是模式格林函数,并不适合上述计算方法,所以 MLFMA 不能用于加速旋转对称矩量法的求解。

ACA 算法作为一种低秩类压缩算法广泛用于分析电磁辐射和散射问题,由于整个阻抗矩阵中表示远场相互作用的矩阵块并不是满秩的，所以可以对其进行低秩分解，形成两个简易的子矩阵，用这两个子矩阵来代表矩量法中的远场相互作用矩阵块。ACA 算法计算的复杂度为 $O(N^{4/3}\lg N)$。ACA 算法与 MLFMA 算法相比，ACA 算法是纯粹的数学处理，该算法不依赖格林函数的形式，因此本书将 ACA 算法引入旋转对称矩量法中，以提高旋转对称矩量法计算散射问题时的能力。

3.4.2　旋转对称矩量法简介

如图 3.4.1 所示，旋转对称体是由一条母线围绕旋转对称轴转动一周而形成的物体。自 1965 年开始，众多学者对该类目标的电磁散射问题做了广泛而深入的研究[31,32]。旋转对称矩量法(MoM - BoR)是分析该类问题的方法中研究最成熟的方法之一。根据 BoR 的旋转对称性定义一组半全域半分域的基函数来展开 BoR 表面电流。该基函数在周向方向上为一系列傅里叶级数，在母线方向上为三角基函数，BoR 表面的电流被展开成[33-37]：

$$\boldsymbol{J}(\boldsymbol{r})=\sum_{\alpha=-\infty}^{\infty}\sum_{n=1}^{N^B}\left[a_{\alpha n}^{t}\boldsymbol{f}_{\alpha n}^{t}(\boldsymbol{r})+a_{\alpha n}^{\phi}\boldsymbol{f}_{\alpha n}^{\phi}(\boldsymbol{r})\right] \tag{3.4.1}$$

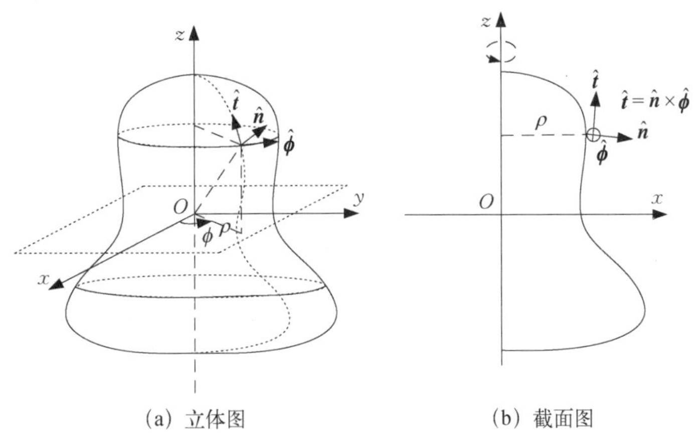

(a) 立体图　　(b) 截面图

图 3.4.1　旋转对称体及其柱坐标系、局部坐标系示意图

其中，$\boldsymbol{f}_{\alpha n}^{t}(\boldsymbol{r})$、$\boldsymbol{f}_{\alpha n}^{\phi}(\boldsymbol{r})$分别表示第 α 个模式数对应的$\hat{\boldsymbol{t}}$方向和$\hat{\boldsymbol{\phi}}$方向的第 n 个基函数；$a_{\alpha n}^{t}$、$a_{\alpha n}^{f}$分别是对应的基函数展开系数；N^B 为母线方向基函数个数。其表达式为

$$\begin{aligned}\boldsymbol{f}_{\alpha n}^{t}(\boldsymbol{r})&=\frac{T_n(t)}{\rho(t)}\mathrm{e}^{\mathrm{j}\alpha\phi}\,\hat{t}(\boldsymbol{r})\\ \boldsymbol{f}_{\alpha n}^{\phi}(\boldsymbol{r})&=\frac{T_n(t)}{\rho(t)}\mathrm{e}^{\mathrm{j}\alpha\phi}\,\hat{\phi}(\boldsymbol{r})\end{aligned} \tag{3.4.2}$$

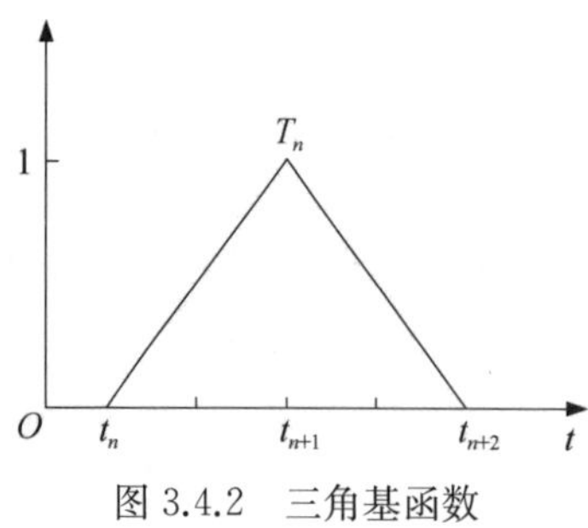

图 3.4.2　三角基函数

其中，$T_n(t)$为第 n 个三角基函数，如图 3.4.2 所示，定义为

$$T_n(t)=\begin{cases}\dfrac{t-t_n}{t_{n+1}-t_n}, & t_n\leqslant t\leqslant t_{n+1}\\ \dfrac{t_{n+2}-t}{t_{n+2}-t_{n+1}}, & t_{n+1}^{-}\leqslant t\leqslant t_{n+2}^{-}\\ 0, & 其他\end{cases}\tag{3.4.3}$$

其中，t_n 和 t_{n+1} 分别表示第 n 条剖分线段的起点和终点；t_{n+1} 和 t_{n+2} 分别表示第 $n+1$ 条剖分线段的起点和终点；t 为剖分线段上的一点在局部坐标系 $tn\phi$ 中$\hat{\boldsymbol{t}}$方向的分量。测试函数取基函数的共轭：

$$\begin{aligned}\boldsymbol{f}_{\beta m}^{t}(\boldsymbol{r})&=\frac{T_m(t)}{\rho(t)}\mathrm{e}^{-\mathrm{j}\beta\phi}\hat{\boldsymbol{t}}(\boldsymbol{r})\\ \boldsymbol{f}_{\beta m}^{\phi}(\boldsymbol{r})&=\frac{T_m(t)}{\rho(t)}\mathrm{e}^{-\mathrm{j}\beta\phi}\hat{\boldsymbol{\phi}}(\boldsymbol{r})\end{aligned}\tag{3.4.4}$$

其中，β 表示测试基函数的模式数。将式(3.4.2)和式(3.4.4)代入积分方程中，得到矩阵方程为

$$\begin{bmatrix}\boldsymbol{Z}^{tt} & \boldsymbol{Z}^{tf}\\ \boldsymbol{Z}^{ft} & \boldsymbol{Z}^{ff}\end{bmatrix}\begin{bmatrix}\boldsymbol{I}^{t}\\ \boldsymbol{I}^{f}\end{bmatrix}=\begin{bmatrix}\boldsymbol{V}^{t}\\ \boldsymbol{V}^{f}\end{bmatrix}\tag{3.4.5}$$

其中，阻抗矩阵为

$$\begin{aligned}\boldsymbol{Z}_{mn}^{pq}=&\frac{\gamma}{4\pi}\iint_{f_{\beta m}^{t,\phi}}\iint_{f_{\alpha n}^{t,\phi}}\left\{\boldsymbol{f}_{\beta m}^{t,\phi}(\boldsymbol{r})\cdot\boldsymbol{f}_{\alpha n}^{t,\phi}(\boldsymbol{r}')-\frac{1}{k^2}[\nabla\cdot\boldsymbol{f}_{\beta m}^{t,\phi}(\boldsymbol{r})][\nabla'\cdot\boldsymbol{f}_{\alpha n}^{t,\phi}(\boldsymbol{r}')]\right\}\\ &\frac{\mathrm{e}^{-\mathrm{j}k|\boldsymbol{r}-\boldsymbol{r}'|}}{|\boldsymbol{r}-\boldsymbol{r}'|}\mathrm{d}r'\mathrm{d}r+\frac{\eta(1-\gamma)}{4\pi}\iint_{f_{\beta m}^{t,\phi}}\iint_{f_{\alpha n}^{t,\phi}}\boldsymbol{f}_{\beta m}^{t,\phi}(\boldsymbol{r})\cdot\hat{\boldsymbol{n}}(\boldsymbol{r})\times[(\boldsymbol{r}-\boldsymbol{r}')\\ &\times\boldsymbol{f}_{\alpha n}^{t,\phi}(\boldsymbol{r}')][1+\mathrm{j}k\,|\boldsymbol{r}-\boldsymbol{r}'|]\,\frac{\mathrm{e}^{-\mathrm{j}k|\boldsymbol{r}-\boldsymbol{r}'|}}{|\boldsymbol{r}-\boldsymbol{r}'|^3}\mathrm{d}r'\mathrm{d}r\\ &+\frac{\eta(1-\gamma)}{2}\iint_{f_{\beta m}^{t,\phi}}\boldsymbol{f}_{\beta m}^{t,\phi}(\boldsymbol{r})\cdot\boldsymbol{f}_{\alpha n}^{t,\phi}(\boldsymbol{r}')\mathrm{d}r\end{aligned}\tag{3.4.6}$$

右边向量为

$$\begin{aligned}\boldsymbol{V}^{t,f}=&\gamma\int_{tm}\int_0^{2\pi}\boldsymbol{f}_{\beta m}^{t,\phi}(\boldsymbol{r})\cdot[\boldsymbol{E}^{\mathrm{inc}}(\boldsymbol{r})]\rho\,\mathrm{d}\phi\,\mathrm{d}t\\ &+\eta(1-\gamma)\int_{tm}\int_0^{2\pi}\boldsymbol{f}_{\beta m}^{t,\phi}(\boldsymbol{r})\cdot[\hat{\boldsymbol{n}}\times\boldsymbol{H}^{\mathrm{inc}}(\boldsymbol{r})]\rho\,\mathrm{d}\phi\,\mathrm{d}t\end{aligned}\tag{3.4.7}$$

式(3.4.6)中包含如下关系：

$$\int_0^{2\pi} \mathrm{e}^{\mathrm{j}(\alpha-\beta)\phi}\mathrm{d}\phi = \begin{cases} 0, & \alpha \neq \beta \\ 2\pi, & \alpha = \beta \end{cases} \tag{3.4.8}$$

因此,仅当 $\alpha=\beta$ 时阻抗矩阵元素才不为零,方程式(3.4.5)的求解问题转换成求解一系列独立的子矩阵方程,大大降低了计算的复杂度。

3.4.3 BoR - MoM - ACA 算法

旋转对称矩量法计算矩阵元素的积分核为模式格林函数的形式:

$$\begin{aligned} g_{n,\alpha} &= \int_0^{\pi} \frac{\mathrm{e}^{-\mathrm{j}kR}}{R^n} \cos\alpha\phi \mathrm{d}\phi \\ g_{n,c\alpha} &= \int_0^{\pi} \frac{\mathrm{e}^{-\mathrm{j}kR}}{R^n} \cos\phi\cos\alpha\phi \mathrm{d}\phi \\ g_{n,s\alpha} &= \int_0^{\pi} \frac{\mathrm{e}^{-\mathrm{j}kR}}{R^n} \cos\phi\sin\alpha\phi \mathrm{d}\phi \end{aligned} \tag{3.4.9}$$

上述模式格林函数不能直接使用加法定理展开,MLFMA 不能用于加速 BoR - MoM的计算,而低秩类压缩算法仍然有效。这里将使用 ACA 算法来加速 BoR - MoM。

BoR - MoM 求解金属旋转对称体电磁散射问题得到的模式阻抗矩阵有如下形式:

$$\begin{bmatrix} \boldsymbol{Z}_\alpha^{tt} & \boldsymbol{Z}_\alpha^{tf} \\ \boldsymbol{Z}_\alpha^{ft} & \boldsymbol{Z}_\alpha^{ff} \end{bmatrix} \begin{bmatrix} \boldsymbol{I}_\alpha^{t} \\ \boldsymbol{I}_\alpha^{f} \end{bmatrix} = \begin{bmatrix} \boldsymbol{V}_\alpha^{t} \\ \boldsymbol{V}_\alpha^{f} \end{bmatrix} \tag{3.4.10}$$

其中,$\boldsymbol{Z}_\alpha$ 表示第 α 个模式对应的阻抗矩阵;t 表示母线方向分量;ϕ 表示周向方向分量;$\boldsymbol{I}_\alpha$ 表示第 α 个模式对应的 BoR 基函数展开的电流系数;$\boldsymbol{V}_\alpha$ 表示第 α 个模式激励向量。ACA 算法将被用来加速填充每个模式阻抗矩阵和矩阵矢量乘。如前所述,BoR 基函数沿母线方向是分域基函数的形式,沿周向方向是傅里叶级数形式。因此,周向方向不能分组,仅对母线方向的基函数进行分组,即将所有母线方向的剖分段数采用二叉树分组,直到最细层的总线段长度刚好小于一个波长。最细层邻近组使用 BoR - MoM 直接计算,其他组之间的互作用矩阵使用 ACA 算法计算。为方便表示,将以上整个算法记为 BoR - MoM - ACA。

由式(3.4.10)可以看出,第 α 个模式对应的阻抗矩阵由四个子模式阻抗矩阵 $\boldsymbol{Z}_\alpha^{tt}$, $\boldsymbol{Z}_\alpha^{tf}$, $\boldsymbol{Z}_\alpha^{ft}$, $\boldsymbol{Z}_\alpha^{ff}$ 组成。由于四个子模式阻抗矩阵含有相同的模式格林函数,所以其具有相似的低秩特性,可以通过抽取其中一个子模式阻抗矩阵,其他三个子模式阻抗矩阵共享它的索引。在本书中测试的算例都是以 $\boldsymbol{Z}_\alpha^{tt}$ 为标准来抽取。

以下的算例的测试环境是一台 2.8 GHz 双核处理器个人计算机,Windows

XP 系统。矩阵方程使用 GMRES 迭代求解器求解，收敛精度为 10^{-3}。

3.4.4 数值算例与讨论

1. ACA 算法截断精度的选取测试

计算一个半径为1 m，高为100 m的金属圆柱的电磁散射。入射角度为 ($\theta_{inc}=0°$, $\varphi_{inc}=0°$)，工作频率为 300 MHz，水平极化，总模式数为 1。母线按照 0.1λ 剖分，最细层分组设为 1λ。方程总未知量数目 N 为 2 038。ACA 算法的精度主要取决于截断精度 ε 的选取。定义电流系数向量相对误差为

$$\frac{\| \boldsymbol{I}_{\text{BoR-ACA}} - \boldsymbol{I}_{\text{BoR-MoM}} \|}{\| \boldsymbol{I}_{\text{BoR-MoM}} \|} 100\% \tag{3.4.11}$$

其中，$\| \cdot \|$ 表示 2 范数；$\boldsymbol{I}_{\text{BoR-MoM}}$表示由 BoR - MoM 直接计算得到的圆柱表面电流系数，作为参考准确值；$\boldsymbol{I}_{\text{BoR-ACA}}$表示由 BoR - MoM - ACA 算法得到的电流系数。表 3.4.1 中给出不同的截断精度下电流系数的相对误差，从表中可见，当 $\tau < 10^{-2}$ 时，相对误差小于 0.03%。因此，在 BoR - MoM 中应用 ACA 算法时截断精度可以设置为 $\tau = 10^{-2}$。图 3.4.3 给出观测角 $\theta_{scat} = [0°, 180°]$，$\varphi = 0°$ 时的双站 RCS，它和由 BoR - MoM 计算得到的结果吻合。

表 3.4.1 不同截断精度下电流系数的相对误差

τ	相对误差 r/%	τ	相对误差 r/%
10^{-1}	0.094 9	10^{-4}	0.021 9
10^{-2}	0.027 9	10^{-5}	0.021 9
10^{-3}	0.025 6	10^{-6}	0.021 9

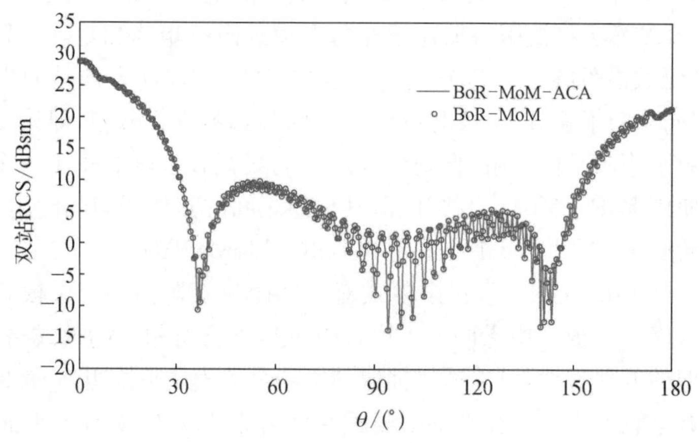

图 3.4.3 半径为 1 m，高为 100 m 金属圆柱的双站 RCS(φ=0°)

2. BoR-MoM-ACA 算法效率测试

继续测试固定半径为 1 m 的金属圆柱，高从 100 m 增加到 500 m。入射角度为 ($\theta_{inc}=0°$, $\varphi_{inc}=0°$)，工作频率为 300 MHz，水平极化，总模式数为 1。截断精度 $\tau=0.01$。表 3.4.2 中给出矩阵的填充时间对比，相比于直接使用 BoR-MoM 计算，填充时间缩短 1/10 以下。图 3.4.4 和图 3.4.5 分别给出远场内存消耗随未知量数目变化和矩阵矢量乘时间随未知量数目变化的曲线，从图中可以看出，对于这类问题 BoR-MoM-ACA 算法计算复杂度及存储复杂度约为 $O(N)$。由此可见，ACA 算法在 BoR-MoM 中的应用是十分有效的。

表 3.4.2　矩阵填充时间对比

每个模式方程未知量数目	填充时间/s			加速比
	BoR-MoM	BoR-MoM-ACA		
		近场填充时间	远场填充时间	
4 078	22.1	1.1	1.6	13.6
6 118	49.7	1.6	2.4	12.4
8 158	88.5	2.1	3.2	16.7
10 098	138	2.6	4.1	20.6

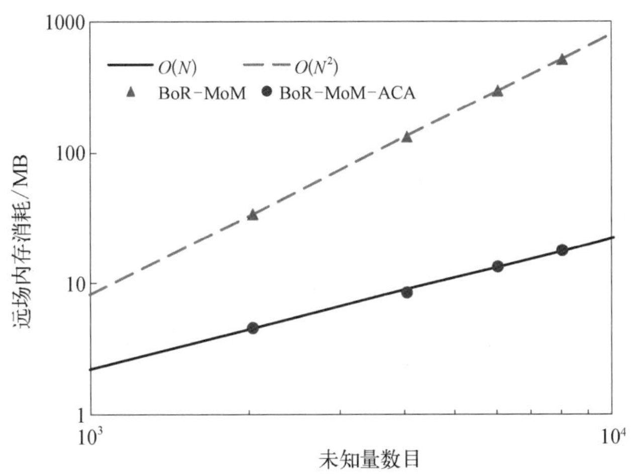

图 3.4.4　BoR-MoM-ACA 算法计算不同高度的金属圆柱时远场内存消耗随未知量数目变化的曲线

图 3.4.6 给出一个简易导弹模型，入射角度为 ($\theta_{inc}=30°$, $\varphi_{inc}=0°$)，工作频率为 3 GHz，水平极化。母线按照 0.1λ 剖分，最细层分组设为 1λ。每个方程的未知量数目为 15 840，总模式数为 66，ACA 算法的截断精度 $\tau=0.01$。表 3.4.3 给出矩

阵填充时间和内存消耗对比，可以看出，使用 ACA 算法加速后对于给出的 4 个模式阻抗矩阵的填充时间和内存消耗都下降了 90%以上。表 3.4.4 给出迭代步数和迭代时间，从表中可以看出，使用 ACA 算法加速后，方程求解的迭代步数变化不大，总的迭代时间则减少到原来的 1/20 左右。对于整个 66 个模式矩阵方程 BoR－MoM 总的求解时间需要 220 h，而 BoR－MoM－ACA 算法仅需要 11 h。图 3.4.7 中给出使用 ACA 算法加速前后导弹模型的双站 RCS 对比图，两者吻合较好。

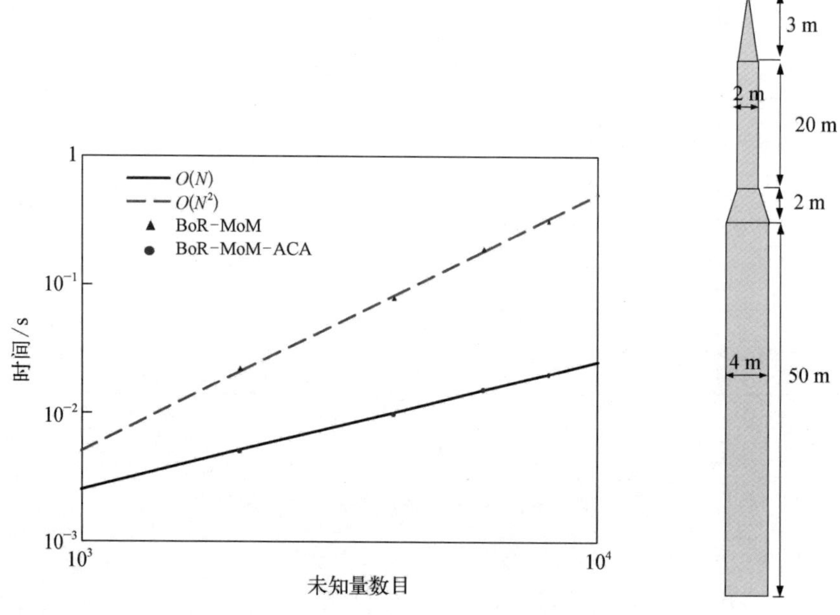

图 3.4.5 BoR－MoM－ACA 计算不同高度的金属圆柱时矩阵矢量乘的时间随未知量变化的曲线

图 3.4.6 简易导弹模型

表 3.4.3 矩阵填充时间和内存消耗对比

模 式	矩阵填充时间/s			内存消耗/MB		
	BoR－MoM	BoR－MoM－ACA		BoR－MoM	BoR－MoM－ACA	
		近场组	远场组		近场组	远场组
0	9 751.5	26.5	619.2	1 879.4	7.4	24.6
20	9 791.4	26.4	572.6	1 879.3	7.4	22.6
40	9 805.3	26.5	449.8	1 879.6	7.4	19.8
60	9 811.7	26.4	325.2	1 879.4	7.4	15.6

表 3.4.4　迭代步数和迭代时间对比

模　式	迭代步数		迭代时间/s	
	BoR - MoM	BoR - MoM - ACA	BoR - MoM	BoR - MoM - ACA
0	132	137	162.8	8.0
20	632	647	781.0	39.5
40	740	744	921.1	43.3
60	695	697	861.5	35.3

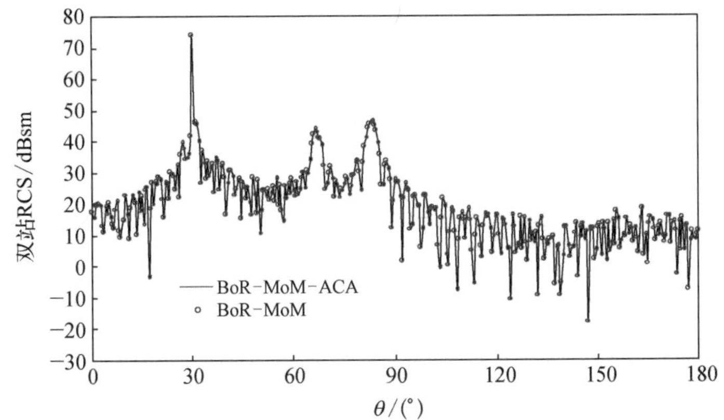

图 3.4.7　使用 ACA 算法前后导弹模型的双站 RCS($\varphi=0°$)

3.5　ACA 算法加速阶数步进时域积分方程方法

时域积分方程(time domain integral equation,TDIE)方法十分适合分析金属或均匀介质的瞬态电磁散射。现有的时域积分方程的求解方法主要有两种:一种是时间步进(marching-on-in-time,MOT)法[38,39];另一种是阶数步进(marching-on-in-degree,MOD)法[40-42],其中时间步进法出现较早,也较为成熟,但其长期以来存在晚时不稳定问题,美国雪城大学 Tapan Kumar Sarkar 教授课题组采用加权 Laguerre 多项式作为全域时间基函数对时间变量进行离散,使得采用伽辽金测试后形成的矩阵方程消除了时间变量,将时间步进转化为阶数步进,形成了一种独特的具有晚时无条件稳定特性的时域积分方程阶数步进法。

虽然阶数步进法解决了时间步进法面临的晚时不稳定问题,但其在矩阵填充阶段需要计算并存储大量的稠密矩阵,在求解阶段需要大量矩阵矢量乘运算,因此需要消耗大量的内存和计算时间,这一问题也成为阶数步进法的发展瓶颈。文献[43]把 UV 方法[6,25]用于加速阶数步进时域积分方程中,本章将 ACA[27,28]算法应用于阶数步进时域积分方程中[44],以降低阶数步进法的计算复杂度和内存需求。

3.5.1　阶数步进时域积分方程方法

如图 3.5.1 所示，考虑在自由空间一个表面积为 S 的理想导体被入射电磁场 $\{\boldsymbol{E}^{\mathrm{i}}(\boldsymbol{r},t),\boldsymbol{H}^{\mathrm{i}}(\boldsymbol{r},t)\}$ 照射，$\hat{\boldsymbol{n}}(\boldsymbol{r})$是 S 在 $\boldsymbol{r}$ 处的单位外法向矢量，导体表面产生的感生电流记为 $\boldsymbol{J}(\boldsymbol{r},t)$，由此产生的散射电磁场记为 $\{\boldsymbol{E}^{\mathrm{S}}(\boldsymbol{r},t),\boldsymbol{H}^{\mathrm{S}}(\boldsymbol{r},t)\}$。假设当 $t\leqslant 0$ 时，入射电磁场不作用在 S 上，则 $t\leqslant 0$ 时，$\boldsymbol{J}(\boldsymbol{r},t)=0$。

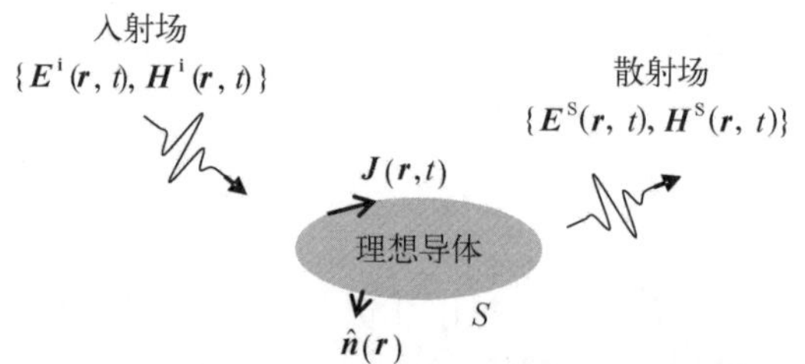

图 3.5.1　理想导体被入射电磁场照射的瞬态响应模型

时域电场积分方程(time-domain electric field integral equation，TD－EFIE)和时域磁场积分方程(time-domain magnetic field integral equation，TD－MFIE)分别为

$$\hat{\boldsymbol{n}}(\boldsymbol{r})\times\left[\frac{\mu_0}{4\pi}\int_S \mathrm{d}S'\,\frac{1}{R}\,\frac{\partial\boldsymbol{J}(\boldsymbol{r}',t-R/c)}{\partial\tau}-\frac{\nabla}{4\pi\varepsilon_0}\int_S \mathrm{d}S'\,\frac{\int_{-\infty}^{t-R/c}\nabla'\cdot\boldsymbol{J}(\boldsymbol{r}',t)\mathrm{d}t}{R}\right]$$
$$=\hat{\boldsymbol{n}}(\boldsymbol{r})\times\boldsymbol{E}^{\mathrm{i}}(\boldsymbol{r},t) \tag{3.5.1}$$

$$\frac{\boldsymbol{J}(\boldsymbol{r},t)}{2}-\hat{\boldsymbol{n}}(\boldsymbol{r})\times\frac{1}{4\pi}\,\nabla\times\int_S \mathrm{d}S'\,\frac{\boldsymbol{J}(\boldsymbol{r}',t-R/c)}{R}=\hat{\boldsymbol{n}}(\boldsymbol{r})\times\boldsymbol{H}^{\mathrm{i}}(\boldsymbol{r},t) \tag{3.5.2}$$

其中，μ_0 和 ε_0 分别是自由空间的磁导率和介电常数；c 是自由空间中的光速；$R=|\boldsymbol{r}-\boldsymbol{r}'|$ 是源点 $\boldsymbol{r}'$和观察点 $\boldsymbol{r}$ 间的距离。由于

$$\nabla\times\frac{\boldsymbol{J}(\boldsymbol{r}',t-R/c)}{R}=\frac{1}{c}\,\frac{\partial\boldsymbol{J}(\boldsymbol{r}',t-R/c)}{\partial t}\times\frac{\boldsymbol{R}}{R^2}+\boldsymbol{J}(\boldsymbol{r}',t-R/c)\times\frac{\boldsymbol{R}}{R^3} \tag{3.5.3}$$

其中，$\boldsymbol{R}=\boldsymbol{r}-\boldsymbol{r}'$。将式(3.5.3)代入式(3.5.2)，可得后续推导过程中使用的时域磁场积分方程表达式：

$$\frac{\boldsymbol{J}(\boldsymbol{r},t)}{2}-\hat{\boldsymbol{n}}(\boldsymbol{r})\times\int_S \mathrm{d}S'\,\frac{1}{c}\,\frac{\partial\boldsymbol{J}(\boldsymbol{r}',t-R/c)}{\partial t}\times\frac{\boldsymbol{R}}{4\pi R^2}$$

$$-\hat{\boldsymbol{n}}(\boldsymbol{r})\times\int_S \mathrm{d}S'\boldsymbol{J}(\boldsymbol{r}',t-R/c)\times\frac{\boldsymbol{R}}{4\pi R^3}=\hat{\boldsymbol{n}}(\boldsymbol{r})\times\boldsymbol{H}^{\mathrm{i}}(\boldsymbol{r},t) \tag{3.5.4}$$

通常情况下，时域磁场积分方程生成的阻抗矩阵的条件数要优于时域电场积分方程。但时域磁场积分方程在分析非闭合结构问题时不适用，并且在分析闭合结构问题时，它们都会碰到一个问题，会出现内谐振现象，即在某些频率点，右边向量置零时电流有非零解。通常时域电场积分方程与时域磁场积分方程的谐振点并不一样。为了避免这一问题，同时为了改善矩阵方程收敛性态，引入时域混合场积分方程。时域混合场积分方程的形式为

$$\alpha(\text{TD-EFIE})+(1-\alpha)\eta(\text{TD-MFIE}) \tag{3.5.5}$$

本小节在分析闭合结构时，采用 $\alpha=0.5$。

选择定义在三角形对上的 RWG 基函数[18]作为空间基函数，使用加权拉盖尔多项式作为时间基函数，则理想导体表面的感应电流 $\boldsymbol{J}(\boldsymbol{r},t)$可展开为

$$\boldsymbol{J}(\boldsymbol{r},t)\cong\sum_{n=1}^{N_S}\boldsymbol{J}_n(t)\boldsymbol{f}_n(\boldsymbol{r})\cong\sum_{n=1}^{N_S}\sum_{j=0}^{N_L}\boldsymbol{J}_{n,j}\boldsymbol{f}_n(\boldsymbol{r})\varphi_j(\bar{t}) \tag{3.5.6}$$

其中，$\boldsymbol{f}_n(\boldsymbol{r})$是第 n 个 RWG 基函数；$\varphi_j(\bar{t})$为 j 阶加权拉盖尔多项式；N_S 是 RWG 基函数个数；N_L 是采用的加权拉盖尔多项式的最高阶数。N_L 的取值与脉冲持续时间 T 和频带宽度 B 相关[40]：

$$N_L\geqslant 2BT+1 \tag{3.5.7}$$

$\varphi_j(\bar{t})$的表达式为

$$\varphi_j(\bar{t})=\mathrm{e}^{-\bar{t}/2}L_j(\bar{t}) \tag{3.5.8}$$

其中，$\bar{t}=st$，s 是时间尺度因子；L_j 是第 j 阶拉盖尔多项式，其表达式为

$$L_j(t)=\frac{\mathrm{e}^t}{j!}\frac{\mathrm{d}^j}{\mathrm{d}t^j}(t^j\mathrm{e}^{-t}),\ 0\leqslant t<\infty \tag{3.5.9}$$

将式(3.5.6)代入式(3.5.5)，并分别进行空间和时间伽辽金测试，可得

$$\sum_{n=1}^{N_S}\sum_{j=0}^{i}\left[s\boldsymbol{J}_{n,j}^{D}\boldsymbol{A}_{mn}+\frac{2}{s}\boldsymbol{J}_{n,j}^{I}\boldsymbol{B}_{mn}-\boldsymbol{J}_{n,j}\boldsymbol{D}_{mn}\right]\varphi_{i,j}(sR/c)+\sum_{n=1}^{N_S}\boldsymbol{J}_{n,i}\boldsymbol{C}_{mn}$$
$$=\int_0^{\infty}\varphi_i(\bar{t})R_m\mathrm{d}\bar{t} \tag{3.5.10}$$

其中，

$$\boldsymbol{A}_{mn}=\frac{\alpha\mu_0}{4\pi}\iint_{SS'}\frac{S_m(\boldsymbol{r})\cdot S_n(\boldsymbol{r}')}{R}\mathrm{d}S'\mathrm{d}S-\frac{(1-\alpha)\eta}{4\pi c}\int_S S_m(\boldsymbol{r})\cdot\hat{\boldsymbol{n}}$$

$$\times \int_{S_0} S_n(\boldsymbol{r}') \times \frac{\boldsymbol{R}}{R^2} \mathrm{d}S' \mathrm{d}S \tag{3.5.11}$$

$$\boldsymbol{B}_{mn} = \frac{\alpha}{4\pi\varepsilon_0} \iint_{SS'} \frac{\nabla \cdot S_m(\boldsymbol{r}) \ \nabla' \cdot S_n(\boldsymbol{r}')}{R} \mathrm{d}S' \mathrm{d}S \tag{3.5.12}$$

$$\boldsymbol{C}_{mn} = \frac{(1-\alpha)\eta}{2} \int_S S_m(\boldsymbol{r}) \cdot S_n(\boldsymbol{r}') \mathrm{d}S \tag{3.5.13}$$

$$\boldsymbol{D}_{mn} = \frac{(1-\alpha)\eta}{4\pi} \int_S S_m(\boldsymbol{r}) \cdot \hat{\boldsymbol{n}} \times \int_{S_0} S_n(\boldsymbol{r}') \times \frac{\boldsymbol{R}}{R^3} \mathrm{d}S' \mathrm{d}S \tag{3.5.14}$$

$$R_m = \alpha \int_S S_m(\boldsymbol{r}) \cdot \boldsymbol{E}^{\mathrm{i}}(\boldsymbol{r}, t) \mathrm{d}S + (1-\alpha)\eta \int_S S_m(\boldsymbol{r}) \cdot \hat{\boldsymbol{n}} \times \boldsymbol{H}^{\mathrm{i}}(\boldsymbol{r}, t) \mathrm{d}S \tag{3.5.15}$$

$$\varphi_{i,j}(sR/c) = \int_0^\infty \varphi_i(\bar{t})\varphi_j(\bar{t} - sR/c) \mathrm{d}\bar{t} = \begin{cases} \varphi_{i-j}(sR/c) - \varphi_{i-j-1}(sR/c), & i > j \\ \mathrm{e}^{\frac{-sR}{2c}}, & i = j \\ 0, & i < j \end{cases} \tag{3.5.16}$$

$$\boldsymbol{J}_{n,j}^D = 0.5\boldsymbol{J}_{n,j} + \sum_{k=0}^{j-1} \boldsymbol{J}_{n,k} \tag{3.5.17}$$

$$\boldsymbol{J}_{n,j}^I = \boldsymbol{J}_{n,j} + 2\sum_{k=0}^{j-1} \boldsymbol{J}_{n,k}(-1)^{j+k} \tag{3.5.18}$$

上述推导过程中用到了 $\boldsymbol{J}_n(t)$ 对时间的导数和积分：

$$\frac{\partial \boldsymbol{J}_n(t)}{\partial t} = s\sum_{j=0}^{N_L} \left(0.5\boldsymbol{J}_{n,j} + \sum_{k=0}^{j-1} \boldsymbol{J}_{n,k}\right)\varphi_j(\bar{t}) \stackrel{\Delta}{=} s\sum_{j=0}^{N_L} \boldsymbol{J}_{n,j}^D \varphi_j(\bar{t}) \tag{3.5.19}$$

$$\int_0^t \boldsymbol{J}_n(t) \mathrm{d}t = \frac{2}{s} \sum_{j=0}^{N_L} \left(\boldsymbol{J}_{n,j} + 2\sum_{k=0}^{j-1} \boldsymbol{J}_{n,k}(-1)^{j+k}\right)\varphi_j(\bar{t}) \stackrel{\Delta}{=} \frac{2}{s} \sum_{j=0}^{N_L} \boldsymbol{J}_{n,j}^I \varphi_j(\bar{t}) \tag{3.5.20}$$

将式(3.5.10)中的 $j = i$ 项放在等号左边，$j < i$ 项放在等号右边，可得以下阶数步进矩阵方程：

$$\boldsymbol{Z}_{mn}\boldsymbol{J}_{n,i} = \boldsymbol{V}_{m,i} + \boldsymbol{P}_{m,i} \tag{3.5.21}$$

其中，

$$\boldsymbol{Z}_{mn} = \left[0.5s\boldsymbol{A}_{mn} + \frac{2}{s}\boldsymbol{B}_{mn} - \boldsymbol{D}_{mn}\right]\mathrm{e}^{\frac{-sR}{2c}} + \boldsymbol{C}_{mn} \tag{3.5.22}$$

$$\mathbf{V}_{m,i}=\int_0^{\infty}\varphi_i(\bar{t})R_m\mathrm{d}\,\bar{t} \tag{3.5.23}$$

$$\begin{aligned}\boldsymbol{P}_{m,i}=&-\sum_{j=0}^{i-1}\left[s\boldsymbol{J}_{n,j}^{D}\boldsymbol{A}_{mn}+\frac{2}{s}\boldsymbol{J}_{n,j}^{I}\boldsymbol{B}_{mn}-\boldsymbol{J}_{n,j}\boldsymbol{D}_{mn}\right]\varphi_{i,j}(sR/c)\\&-\left[s\sum_{k=0}^{i-1}\boldsymbol{J}_{n,k}\boldsymbol{A}_{mn}+\frac{2}{s}\left(2\sum_{k=0}^{i-1}\boldsymbol{J}_{n,k}(-1)^{j+k}\right)\boldsymbol{B}_{mn}\right]\mathrm{e}^{\frac{-sR}{2c}}\end{aligned} \tag{3.5.24}$$

在式(3.5.21)中,$\boldsymbol{J}_{n,i}$是第 i 阶待求电流系数;$\mathbf{V}^i$ 表示在求解第 i 阶电流系数时的激励。由于第 i 阶以前的电流系数 $\boldsymbol{J}_{n,j}$ 在求解第 i 阶电流系数时都是已知的,$j=0, 1, 2, \cdots, i-1$,所以和 $\boldsymbol{J}_{n,j}$ 有关的矩阵元素全部放在式(3.5.21)等号右边。这样逐阶求解式(3.5.21)的矩阵方程,就可以得到每阶的电流系数,故将这种求解方式称为阶数步进法。本小节采用广义最小余量(generalized minimal residual, GMRES)法求解每阶的矩阵方程,迭代收敛精度设为 10^{-3}。使用调制高斯平面波作为入射波,其形式为

$$\boldsymbol{E}^{\mathrm{i}}(\boldsymbol{r},t)=\hat{\boldsymbol{e}}_x\cos(2\pi f_0\tau)\exp[-(\tau-t_p)^2/2\sigma^2] \tag{3.5.25}$$

其中,f_0 为入射波中心频率;$\tau=t-\hat{\boldsymbol{k}}\cdot\boldsymbol{r}/c$,$\hat{\boldsymbol{k}}$为入射波的传播方向;$\hat{\boldsymbol{e}}_x$ 表示入射波的极化方向;$t_{\mathrm{p}}=3.5\sigma$ 是脉冲的时延,$\sigma=6/(2\pi f_{\mathrm{bw}})$,$f_{\mathrm{bw}}$ 为入射波的频带宽度。

3.5.2　ACA-奇异值分解加速阶数步进时域积分方程的基本原理

由式(3.5.10)～式(3.5.14)可知,时域积分方程阶数步进法中需要计算和存储四种矩阵 $\boldsymbol{M}_1$、$\boldsymbol{M}_2$、$\boldsymbol{M}_3$、$\boldsymbol{M}_4$,其矩阵元素分别为

$$\boldsymbol{M}_{1,mn}=\boldsymbol{Z}_{mn}=\left[0.5s\boldsymbol{A}_{mn}+\frac{2}{s}\boldsymbol{B}_{mn}-\boldsymbol{D}_{mn}\right]\mathrm{e}^{\frac{-sR}{2c}}+\boldsymbol{C}_{mn} \tag{3.5.26}$$

$$\boldsymbol{M}_{2,mn,k}=s\boldsymbol{A}_{mn}\varphi_{k,k-1}(sR/c),\ k=0, 1, 2, \cdots, N_L \tag{3.5.27}$$

$$\boldsymbol{M}_{3,mn,k}=\frac{2}{s}\boldsymbol{B}_{mn}\varphi_{k,k-1}(sR/c),\ k=0, 1, 2, \cdots, N_L \tag{3.5.28}$$

$$\boldsymbol{M}_{4,mn,k}=\boldsymbol{D}_{mn}\varphi_{k,k-1}(sR/c),\ k=0, 1, 2, \cdots, N_L \tag{3.5.29}$$

其中,

$$\varphi_{k,k-1}(sR/c)=\begin{cases}\mathrm{e}^{\frac{-sR}{2c}}, & k=0\\ \varphi_k(sR/c)-\varphi_{k-1}(sR/c), & k\in[1, N_L]\end{cases} \tag{3.5.30}$$

其中,$\boldsymbol{M}_1$ 指的是当前阶阻抗矩阵;$\boldsymbol{M}_2$、$\boldsymbol{M}_3$、$\boldsymbol{M}_4$ 分别表示微分项、积分项和正常

项的各阶矩阵；s 为缩放因子。这样，在阶数步进法中共需要存储 $N_s \times N_s \times [1+3\times(1+N_L)]$ 个阻抗矩阵元素，其内存消耗会随着物体电尺寸的增大快速增大。下面介绍如何利用自适应交叉近似-奇异值分解(ACA－SVD)算法降低阶数步进法的内存消耗，并加速迭代求解过程中的矩阵矢量乘操作。

当采用 ACA－SVD 技术时，首先要进行分层分组操作，采用与多层快速多极子算法中相同的八叉树分组方式[1,2]，根据建立的八叉树结构，类似多层快速多极子算法，每个基函数组有自身的近场组和远场组。近场组之间的相互作用矩阵通过式(3.5.26)～式(3.5.29)直接计算，而远场组之间的相互作用矩阵则是通过 ACA－SVD 算法计算，由于本书介绍的方法对 $\boldsymbol{M}_1$、$\boldsymbol{M}_2$、$\boldsymbol{M}_3$、$\boldsymbol{M}_4$ 四种矩阵远场部分处理方式相同，为了描述清晰，下面以 $\boldsymbol{M}_1$ 矩阵远场元素计算为例进行说明。

记任意两个远场组内基函数相互作用形成的子矩阵为 $\boldsymbol{M}_1^{p\times q}$，$p$ 和 q 分别是两个远场组内基函数的个数，上标 $p\times q$ 代表子矩阵的大小，下标“1”表示对应第一种矩阵 $\boldsymbol{M}_1$，首先利用 ACA 算法将 $\boldsymbol{M}_1^{p\times q}$ 表示为两个子矩阵相乘：

$$\boldsymbol{M}_1^{p\times q} = \boldsymbol{U}_1^{p\times r_1}(\boldsymbol{W}_1^{q\times r_1})^{\mathrm{T}} \tag{3.5.31}$$

其中，r_1 表示子矩阵 $\boldsymbol{M}_1^{p\times q}$ 的秩，r_1 远小于 p 和 q。

由于矩阵 $\boldsymbol{U}_1^{p\times r_1}$ 和 $\boldsymbol{W}_1^{q\times r_1}$ 的列通常情况下互不正交，可以利用 SVD 算法进一步去除这两个矩阵中的冗余[28]。分别记这两个矩阵的 QR 分解为

$$\boldsymbol{U}_1^{p\times r_1} = \boldsymbol{Q}_u^{p\times r_1}\boldsymbol{R}_u^{r_1\times r_1} \tag{3.5.32}$$

$$\boldsymbol{W}_1^{q\times r_1} = \boldsymbol{Q}_w^{q\times r_1}\boldsymbol{R}_w^{r_1\times r_1} \tag{3.5.33}$$

对矩阵 $\boldsymbol{R}_u^{r_1\times r_1}$ 和 $\boldsymbol{R}_w^{r_1\times r_1 T}$ 的乘积进行 SVD，可得

$$\boldsymbol{R}_u^{r_1\times r_1}(\boldsymbol{R}_w^{r_1\times r_1})^{\mathrm{T}} = \widetilde{\boldsymbol{U}}^{r_1\times r_1}\widetilde{\Sigma}^{r_1\times r_1}(\widetilde{\boldsymbol{V}}^{r_1\times r_1})^{\mathrm{T}} \tag{3.5.34}$$

抛弃 $\widetilde{\Sigma}^{r_1\times r_1}$ 中的较小奇异值及 $\widetilde{\boldsymbol{U}}^{r_1\times r_1}$、$\widetilde{\boldsymbol{V}}^{r_1\times r_1}$ 中对应较小奇异值的列，可得

$$\boldsymbol{R}_u^{r_1\times r_1}(\boldsymbol{R}_w^{r_1\times r_1})^{\mathrm{T}} = \overline{\boldsymbol{U}}^{r_1\times \bar{r}_1}\widetilde{\Sigma}^{\bar{r}_1\times \bar{r}_1}(\overline{\boldsymbol{V}}^{r_1\times \bar{r}_1})^{\mathrm{T}} \tag{3.5.35}$$

最终子矩阵 $\boldsymbol{M}_1^{p\times q}$ 可分解为

$$\begin{aligned}\boldsymbol{M}_1^{p\times q} &= \boldsymbol{U}_1^{p\times r_1}(\boldsymbol{W}_1^{q\times r_1})^{\mathrm{T}} \\ &= \boldsymbol{Q}_u^{p\times r_1}\overline{\boldsymbol{U}}^{r_1\times \bar{r}_1}\widetilde{\Sigma}^{\bar{r}_1\times \bar{r}_1}(\overline{\boldsymbol{V}}^{r_1\times \bar{r}_1})^{\mathrm{T}}(\boldsymbol{Q}_w^{q\times r_1})^{\mathrm{T}} \\ &= \boldsymbol{X}^{p\times \bar{r}_1}\boldsymbol{Y}_1^{\bar{r}_1\times q}\end{aligned} \tag{3.5.36}$$

其中，

$$\boldsymbol{X}_1^{p\times \bar{r}_1} = \boldsymbol{Q}_u^{p\times r_1}\, \bar{\boldsymbol{U}}^{r_1\times \bar{r}_1}\, \bar{\Sigma}^{\bar{r}_1\times \bar{r}_1} \tag{3.5.37}$$

$$\boldsymbol{Y}_1^{\bar{r}_1\times q} = (\bar{\boldsymbol{V}}^{r_1\times \bar{r}_1})^{\mathrm{T}} (\boldsymbol{Q}_w^{q\times r_1})^{\mathrm{T}} \tag{3.5.38}$$

由于 $\bar{r}_1 < r_1$，则 $\boldsymbol{X}_1^{p\times \bar{r}_1}$ 和 $\boldsymbol{Y}_1^{\bar{r}_1\times q}$ 的存储量小于 $\boldsymbol{Y}_1^{p\times r_1}$ 和 $\boldsymbol{W}_1^{q\times r_1}$ 的存储量。显然，如果直接计算并存储对应 $\boldsymbol{M}_1$、$\boldsymbol{M}_2$、$\boldsymbol{M}_3$、$\boldsymbol{M}_4$ 的远场阻抗矩阵元素，需要计算并存储 $p\times q\times[1+3\times(1+N_t)]$，而采用上述 ACA - SVD 算法，仅需计算并存储 $(p+q)\bar{r}_1 + \sum_{m=2}^{4}\sum_{k=0}^{N_t}(p+q)\bar{r}_{m,k}$ 个矩阵元素，$\bar{r}_{m,k}$ 通常远小于 p 和 q。

3.5.3　数值算例与讨论

本小节利用若干数值算例来验证使用曲面 ACA - SVD 算法加速阶数步进时域积分方程方法的正确性和高效性。计算平台为主频 2.67 GHz 的处理器。采用式(3.5.25)定义的调制高斯脉冲作为入射波，$\hat{\boldsymbol{k}}$ 沿 z 轴方向，极化方向沿 $+x$ 轴方向。

首先考虑一个边长为 1.4 m 的金属平板，其位于 xoy 平面，中心位于坐标原点，该问题被离散为 1 044 个 RWG 基函数和 50 个时间基函数，缩放因子 $s=1.2\times 10^9$。采用单层 ACA - SVD 算法。调制高斯脉冲的频带宽度 $f_{\mathrm{bw}}=300$ MHz，中心频率 $f_0=150$ MHz。求解式(3.5.21)所示的阶数步进矩阵方程后，可以得到每条边上的各阶电流系数 $\boldsymbol{J}_{n,i}$，然后第 n 条边上电流的时间系数可通过式(3.5.39)计算：

$$\boldsymbol{J}_n(t) = \sum_{j=0}^{N_t} \boldsymbol{J}_{n,j}\varphi_j(\bar{t}) \tag{3.5.39}$$

随机选择一条内边，其两个端点坐标分别为(0.149 9，−0.003 7，0)和(0.153 1，−0.085 6，0)，与矩量法傅里叶逆变换结果进行对比，结果如图 3.5.2 所示，图中 IDFT 表示矩量法傅里叶逆变换的结果，MOD - ACA - SVD 指的是本节方法的计算结果，可见，二者完全吻合，证明了本节方法的正确性。

接下来分析一个金属尖拱体(ogive)，该结构作为 EMCC 的基准目标广泛用于验证数值程序可靠与否[45]，三个方向的最大尺寸分别为 3.81 m、0.76 m 和 0.76 m。该问题共离散了 8 463 个 RWG 基函数和 125 个时间基函数，缩放因子 $s=1.2\times 10^9$，采用三层 ACA - SVD 算法。调制高斯脉冲的频带宽度 $f_{\mathrm{bw}}=450$ MHz，中心频率 $f_0=225$ MHz。图 3.5.3 给出覆盖入射波频带内低、中、高频段的几个代表性频点的双站 RCS，并与矩量法计算结果进行对比，在本例中为 45 MHz、150 MHz、300 MHz 和 390 MHz，从图中结果可以看出，二者吻合很好，证明了本节方法的正确性。

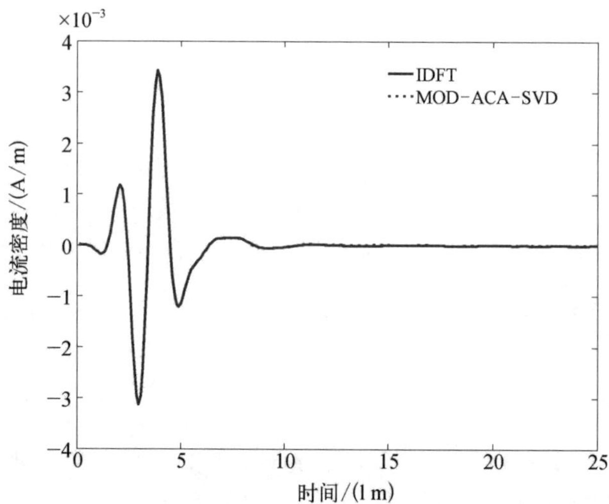

图 3.5.2　采用本节方法计算随机选取内边的电流与矩量法傅里叶逆变换结果对比(横坐标时间单位 1 m 表示光在真空中传播 1 m 所需的时间)

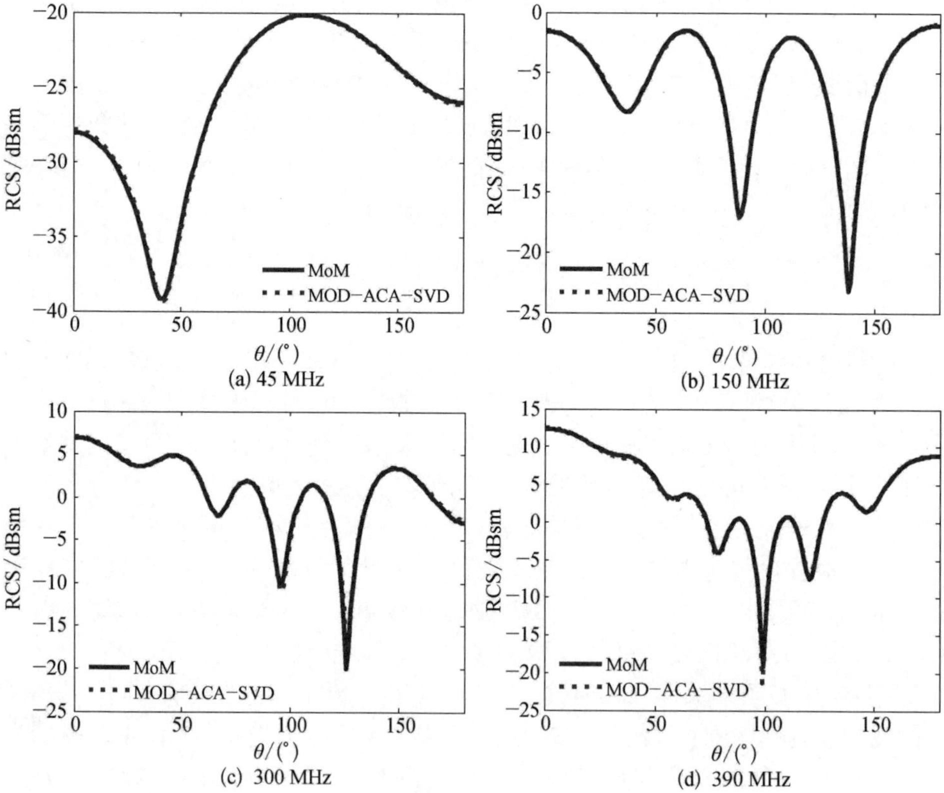

(a) 45 MHz

(b) 150 MHz

(c) 300 MHz

(d) 390 MHz

图 3.5.3　$\varphi=0°$平面内金属尖拱体的双站 RCS

表 3.5.1 对比本节方法与传统 MOD 方法的内存消耗，其中传统 MOD 方法的内存消耗通过公式 $N_s \times N_s \times [1+3\times(1+N_t)]\times 4/1\,024^3$ GHz 计算得到。可见，MOD-ACA-SVD 算法能够极大地节省内存，尤其在分析大未知量数目问题时。

表 3.5.1　MOD-ACA-SVD 算法与传统 MOD 方法的内存消耗

算　例	内存消耗/GB	
	MOD-ACA-SVD	MOD
平　板	0.288	0.428
尖拱体	32.66	103.55

为了分析 MOD-ACA-SVD 算法的内存需求和计算复杂度，下面分析一理想导体球，采用不同频带的调制高斯脉冲照射该导体球，调制高斯脉冲的频带范围为 $[0,\ f_{\max}]$，$f_{\max}$ 为最高频率，在 200～667 MHz 变化，由于本节采用的剖分规则为平均边长约等于 $0.1c/f_{\max}$，故不同频率对应剖分产生的未知量数目分别为 1 692、6 102、7 989、10 998、15 918 和 19 674，本算例中时间基函数最高阶数设置为 3 阶，统计不同未知量数目情况下的内存需求和每步迭代的 CPU 时间（平均值）。图 3.5.4 画出该复杂度曲线，通过观察发现，MOD-ACA-SVD 算法的内存需求和平均每步迭代的 CPU 时间按 $O(N_s^{4/3}\lg N_s)$ 变化。

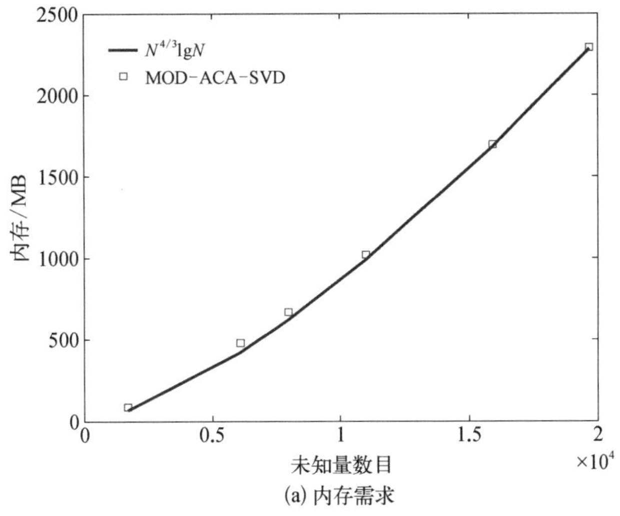

(a) 内存需求

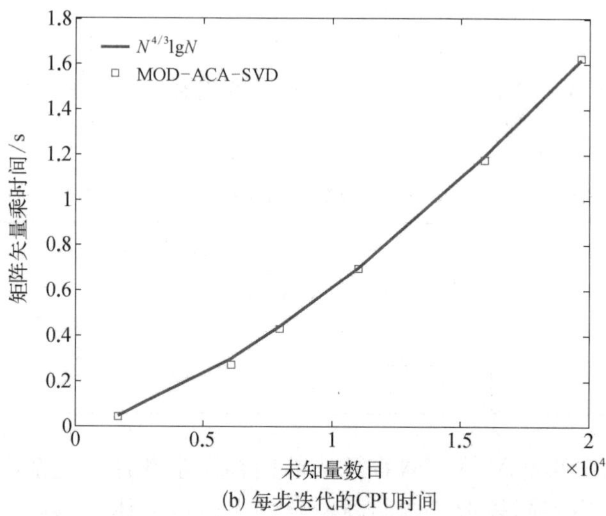

(b) 每步迭代的CPU时间

图 3.5.4　分析导体球时复杂度随未知量数目的变化

参考文献

[1] Greengard L, Rokhlin V. A fast algorithm for particle simulations[J]. Journal of Computational Physics, 1987, 73(2): 325-348.

[2] Song J, Lu C, Chew W. Multilevel fast multipole algorithm for electromagnetic scattering by large complex objects[J]. IEEE Transactions on Antennas and Propagation, 1997, 45 (10): 1488-1493.

[3] Bleszynski E, Bleszynski M, Jaroszewicz T. AIM: Adaptive integral method for solving large-scale electromagnetic scattering and radiation problems[J]. Radio Science, 1996, 31 (5): 1225-1251.

[4] Phillips J R, White J K. A precorrected-FFT method for electrostatic analysis of complicated 3-D structures[J]. IEEE Transactions on Computer-Aided Design of Integrated Circuits and Systems, 1997, 16 (10): 1059-1072.

[5] Seo S M, Lee J F. A fast IE-FFT algorithm for solving PEC scattering problems[J]. IEEE Transactions on Magnetics, 2005, 41(5): 1476-1479.

[6] Tsang L, Li Q, Jandhyala V, et al. Wave scattering with UV multilevel partitioning method: 2. Three-dimensional problem of nonpenetrable surface scattering[J]. Radio Science, 2004, 39(5): 1-13.

[7] Ong C J, Tsang L. Full-wave analysis of large-scale interconnects using the multilevel UV method with the sparse matrix iterative approach (SMIA)[J]. IEEE Transactions on Advanced Packaging, 2008, 31 (4): 818-829.

[8] Bebendorf M. Approximation of boundary element matrices[J]. Numerische Mathematik,

2000, 86 (4): 565 - 589.

[9] Zhao K, Vouvakis M N, Lee J F. The adaptive cross approximation algorithm for accelerated method of moments computations of EMC problems[J]. IEEE Transactions on Electromagnetic Compatibility, 2005, 47 (4): 763 - 773.

[10] Michielssen E, Boag A. A multilevel matrix decomposition algorithm for analyzing scattering from large structures[J]. IEEE Transactions on Antennas and Propagation, 1996, 44 (8): 1086 - 1093.

[11] Rius J M, Ubeda E, Mosig J, et al. Multilevel matrix decomposition algorithm for analysis of electrically large electromagnetic problems in 3 - D[J]. Microwave and Optical Technology Letters, 1999, 22 (3): 177 - 182.

[12] Rius J M, Tamayo J M, Ubeda E, et al. Fast iterative solution of integral equations with method of moments and matrix decomposition algorithm-singular value decomposition [J]. IEEE Transactions on Antennas and Propagation, 2008, 56 (8): 2314 - 2324.

[13] Li M M, Ding D Z, Fan Z H, et al. Multiresolution preconditioned multilevel UV method for analysis of planar layered finite frequency selective surface[J]. Microwave and Optical Technology Letters, 2010, 52 (7): 1530 - 1536.

[14] Vikram M, Huang H, Shanker B, et al. A novel wideband FMM for fast integral equation solution of multiscale problems in electromagnetics[J]. IEEE Transactions on Antennas and Propagation, 2009, 57 (7): 2094 - 2104.

[15] Vipiana F, Francavilla M A, Vecchi G. EFIE modeling of high-definition multiscale structures[J]. IEEE Transactions on Antennas and Propagation, 2010, 58(7): 2362 - 2374.

[16] Vipiana F, Pirinoli P, Vecchi G. A multiresolution method of moments for triangular meshes[J]. IEEE Transactions on Antennas and Propagation, 2005, 53 (7): 2247 - 2258.

[17] Chen R S, Ding D Z, Wang D X, et al. A multiresolution curvilinear Rao-Wilton-Glisson basis function for fast analysis of electromagnetic scattering[J]. IEEE Transactions on Antennas and Propagation, 2009, 57 (10): 3179 - 3188.

[18] Rao S M, Wilton D R, Glisson A W. Electromagnetic scattering by surfaces of arbitrary shape[J]. IEEE Transactions on Antennas and Propagation, 1982, 30 (5): 409 - 418.

[19] Peng Z, Stephanson M B, Lee J F. Fast computation of angular responses of large-scale three-dimensional electromagnetic wave scattering[J]. IEEE Transactions on Antennas and Propagation, 2010, 58 (9): 3004 - 3012.

[20] Ding D Z, Fan Z H, Chen R S, et al. Adaptive sampling bicubic spline interpolation method for fast calculation of monostatic RCS[J]. Microwave and Optical Technology Letters, 2008, 50 (7): 1851 - 1857.

[21] Liu Z W, Chen R S, Chen J Q. Adaptive sampling cubic-spline interpolation method for efficient calculation of monostatic RCS[J]. Microwave and Optical Technology Letters, 2010, 50 (3): 751 - 755.

[22] Boag A. A fast physical optics (FPO) algorithm for high frequency scattering[J]. IEEE

Transactions on Antennas and Propagation, 2004, 52 (1): 197 - 204.

[23] Boag A, Letrou C. Multilevel fast physical optics algorithm for radiation from non-planar apertures [J]. IEEE Transactions on Antennas and Propagation, 2005, 53 (6): 2064 - 2072.

[24] Letrou C, Boag A. Generalized multilevel physical optics (MLPO) for comprehensive analysis of reflector antennas[J]. IEEE Transactions on Antennas and Propagation, 2012, 60 (2): 1182 - 1186.

[25] Manyas A, Gurel L. Memory-efficient multilevel physical optics algorithm for fast computation of scattering from three-dimensional complex targets [C]. Zmir: 2007 Computational Electromagnetics Workshop. IEEE, 2007.

[26] Gurel L, Manyas A. Multilevel physical optics algorithm for fast solution of scattering problems involving nonuniform triangulations [C]. IEEE International Symposium on Antennas and Propagation Society, 2007: 3277 - 3280.

[27] Liu Z W, Zhang Y, Zhang X. Using adaptive cross approximation for efficient calculation of monostatic scattering with multiple incident angles [J]. Applied Computional Electromagnetics Society Journal, 2011, 26 (4): 325 - 333.

[28] Liu Z W, Zhang Y, Zhang X. Adaptive compressed sampling method for fast computation of monostatic scattering[C]. Moscow: Progress in Electromagnetic Research Symposium Preceedings, 2012.

[29] An Y Y, Wang D X, Chen R S. Improved multilevel physical optics algorithm for fast computation of monostatic radar cross section [J]. IET Microwaves, Antennas & Propagation, 2014, 8 (2): 93 - 98.

[30] Gordon W B. Far-field approximations to the Kirchhoff-Helmholtz representations of scattered fields [J]. IEEE Transactions on Antennas and Propagation, 1975, 23 (4): 590 - 592.

[31] Andreasen M G. Scattering from bodies of revolution[J]. IEEE Transactions on Antennas and Propagation, 1965, 13 (2): 303 - 310.

[32] Mautz J R, Harrington R F. Radiation and scattering from bodies of revolution[J]. Applied Scientific Research, 1969, 20 (1): 405 - 435.

[33] 张剑锋.旋转对称介质壳体的矩量法分析[D].南京：南京电子技术研究所，2004.

[34] 俞文明.旋转对称频域和时域积分方程方法及其软件实现和应用[D].南京：南京理工大学，2007.

[35] 包伟.旋转对称体的电磁散射研究[D].南京：南京理工大学，2007.

[36] 阳晓丽.旋转对称体散射特性的高效分析[D].南京：南京理工大学，2008.

[37] 李振举.旋转对称体电磁散射的高阶矩量法并行分析[D].南京：南京理工大学，2012.

[38] Rao S M, Wilton D R. Transient scattering by conducting surfaces of arbitrary shape [J]. IEEE Transactions on Antennas and Propagation, 1991, 39 (1): 56 - 61.

[39] Shanker B, Ayügn K, Michielssen E, et al. Analysis of transient electromagnetic scattering

from closed surfaces using a combined field integral equation[J]. IEEE Transactions on Antennas and Propagation，2000，48 (7)：1064 - 1074.

[40] Chung Y S, Sarkar T K, Kim K J, et al. Solution of time domain electric field integral equation using the Laguerre polynomials [J]. IEEE Transactions on Antennas and Propagation，2004，52 (9)：2319 - 2328.

[41] Jung B H, Sarkar T K, Kim K J, et al. Transient electromagnetic scattering from dielectric objects using the electric field integral equation with Laguerre polynomials as temporal basis functions[J]. IEEE Transactions on Antennas and Propagation，2004，52 (9)：2329 - 2340.

[42] Lee Y J, So J H, Sarkar T K, et al. A stable solution of time domain electric field integral equation using weighted Laguerre polynomials[J]. Microwave and Optical Technology Letters，2007，49 (11)：2789 - 2793.

[43] Wang Q Q, Li M M, Chen R S, et al. Analysis of transient electromagnetic scattering using UV method enhanced time-domain integral equations with Laguerre polynomials[J]. Microwave and Optical Technology Letters，2011，53 (1)：158 - 163.

[44] Zhang H H, Shi Y F, Chen R S, et al. Efficient marching-on-in-degree solver of time domain integral equation with adaptive cross approximation algorithm-singular value decomposition [J]. Applied Computional Electromagnetics Society Journal，2012，27 (6)：475 - 482.

[45] Woo A C, Wang H T G, Sanders M L, et al. Benchmark radar targets for the validation of computational electromagnetics programs[J]. IEEE Antennas and Propagation Magazine，1993，35 (1)：84 - 89.

第 4 章　低秩压缩分解方法的进一步加速技术

4.1　引　　言

MLFMA[1]自提出以来，广泛应用于电大尺寸电磁问题的求解中[2,3]。然而 MLFMA 需要对格林函数进行加法定理展开，这导致其很难用于分析具有复杂核函数的问题，如分层介质问题等。此外，MLFMA 在进行八叉树(oct-tree)分组时，对组尺寸的要求较高，一般需要大于 0.2λ。如果组尺寸小于 0.2λ，MLFMA 将会出现“低频崩溃”现象[4]。另一种用于分析电磁散射/辐射问题的快速方法——低秩压缩分解方法，主要利用远场矩阵的低秩特性，将远场矩阵分解成维数较小的矩阵相乘的形式[5-9]。与 MLFMA 相比，低秩压缩分解方法是一种纯代数方法，不需要预先对格林函数进行特殊处理，很容易加速现有的矩量法程序，并且低秩压缩分解方法具有低频稳定特性[10,11]。

基于低秩分解类的快速方法因其操作简单成为近年来应用较为广泛的快速算法之一。如第 1 章介绍，传统的低秩压缩分解方法将远场阻抗矩阵分解成矩阵维数比较小的 $\boldsymbol{U}$ 和 $\boldsymbol{V}$ 矩阵相乘的形式，然而，矩阵 $\boldsymbol{U}$ 和 $\boldsymbol{V}$ 不一定是标准正交矩阵，这两个矩阵通常还存在冗余信息，还能够被进一步压缩[9]。因此，当分析电大尺寸问题时，传统低秩压缩分解方法的计算效率仍然比较低。本章介绍基于几种低秩压缩分解方法的进一步压缩技术，包括 SVD 再压缩技术[9,12-16]、改进的矩阵分解算法(modified MDA)[17]、多层矩阵压缩方法(multilevel matrix compression method，MLMCM)[18]、多层简易矩阵稀疏方法(multilevel simple sparse method MLSSM)[19-27]及 $\mathcal{H}^2$-矩阵方法[28-33]等。这些改进后的方法能够减少计算内存的消耗，同时加快迭代求解矩阵矢量乘操作的速度。

4.2　多层树形结构的构造

多层低秩压缩分解方法是基于多层树形结构[1-3]构造的。对于二维情况，它将求解区域用一正方形包围，然后细分为 4 个子正方形，该层记为第一层。将每个子正方形再细分为 4 个更小的子正方形，则得到第二层，此时共有 4^2 个正方形。依次类推得到更高层。对于三维情况，则用一正方体包围，第一层得到 8 个子正方体。随着层数增加，每个子正方体再细分为 8 个更小的子正方体。显然，对于二维、三维情况，第 i 层子正方形和子正方体的数目分别为 4^i、8^i。这种分层结构示意图如图 4.2.1 所示。

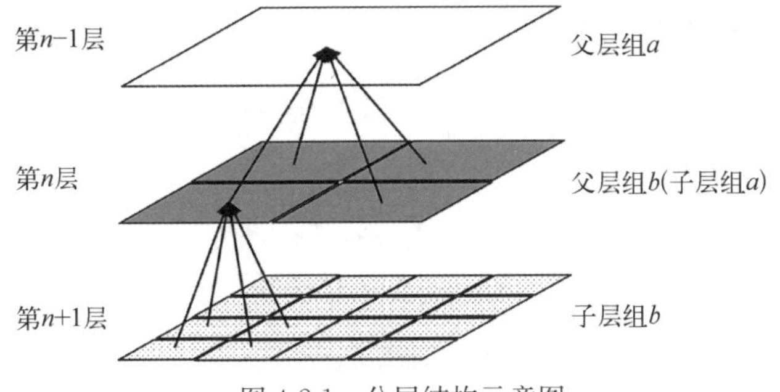

图 4.2.1　分层结构示意图

对于三维情况，则用一正方体盒子包围，第一层得到 8 个子正方体盒子。随着层数增加，每个子正方体盒子再细分为 8 个更小的子正方体。在图 4.2.2 中，包含物体的盒子在多层次上以八叉树形式被细分为更小的盒子。相互不接触的最顶层盒子是第 2 层，而最细层的盒子是第 L 层。

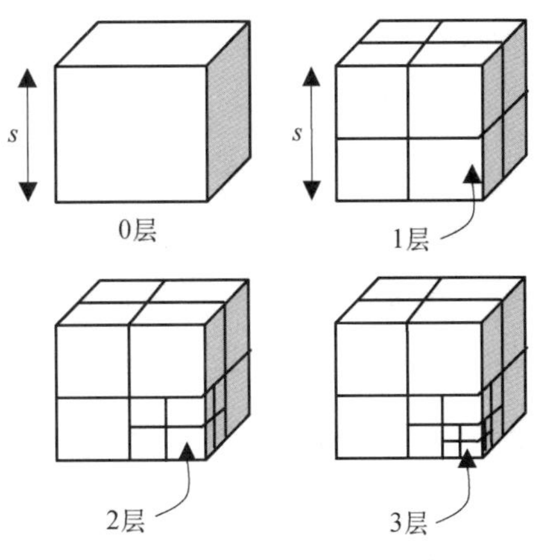

图 4.2.2　三维的分层结构示意图

因此，这里将介绍一个开始于 2 层终止于最佳层数 L 的迭代程序。对于一对属于相同细分层 $l(2 \leqslant l \leqslant L)$ 的非空源组和观察组，存在以下两种可能情况：

(1) 相互接触的盒子或是相同的盒子(对角线情况下)。它们可细分为 $l+1$ 层盒子，直到达到最佳层数 $l=L$。在这种情况下，接触的盒子相互作用可由矩量法直接得到。

(2) 盒子相互不接触。远场相互作用矩阵可通过第 1 章介绍的低秩压缩分解方法有效地填充。通过树形结构分组，可以将阻抗矩阵 $\boldsymbol{Z}$ 表示成如下形式：

$$\boldsymbol{Z}=\boldsymbol{Z}_{\text{near}}+\boldsymbol{Z}_2+\boldsymbol{Z}_3+\cdots+\boldsymbol{Z}_l \tag{4.2.1}$$

其中，矩阵 $\boldsymbol{Z}_{\text{near}}$ 表示近场矩阵；$\boldsymbol{Z}_l$ 表示第 l 层的远场矩阵(它由低秩压缩分解方法快速填充得到)。

4.3　矩阵分解算法的奇异值分解再压缩技术

由于远场矩阵 $\boldsymbol{Z}_{mn}$ 是一个低秩矩阵，并且等效 RWG 基函数的个数 Q 通常要

大于矩阵 $\boldsymbol{Z}_{mn}$ 的秩，所以 $\boldsymbol{Z}_{mn}$ 可以做进一步 SVD 压缩，从而节省矩阵矢量乘的计算量[9,12-16]。如果直接对矩阵 $\boldsymbol{Z}_{mn}$ 进行 SVD，会导致计算量要比用 MDA 的大很多。

4.3.1 奇异值分解再压缩技术原理

可以通过如下过程实现对矩阵 $\boldsymbol{Z}_{mn}$ 的 SVD 处理[9,12-16]：首先将矩阵 $\boldsymbol{Z}_{mn}$ 用 MDA 分解成下面的形式：

$$\boldsymbol{Z}_{mn}=\boldsymbol{Z}_{mp}\boldsymbol{Z}_{qp}^{-1}\boldsymbol{Z}_{qn} \tag{4.3.1}$$

其中，q 和 p 表示等效源的个数。其次，对小矩阵 $\boldsymbol{Z}_{qp}$ 做 SVD 得

$$\boldsymbol{Z}_{qp}=\boldsymbol{U}'\boldsymbol{\omega}'\boldsymbol{V}'^{\mathrm{T}} \tag{4.3.2}$$

舍弃 $\boldsymbol{\omega}'$ 中奇异值比较小的数值。将式(4.3.2)代入式(4.3.1)可以将矩阵 $\boldsymbol{Z}_{mn}$ 转换成

$$\boldsymbol{Z}_{mn}=\boldsymbol{Z}_{mp}\boldsymbol{V}'(1/\boldsymbol{\omega}')\boldsymbol{U}'^{\mathrm{T}}\boldsymbol{Z}_{qn} \tag{4.3.3}$$

这样可以将矩阵 $\boldsymbol{Z}_{mn}$ 表示成 $\boldsymbol{Z}_{mp}\boldsymbol{V}'$、$1/\boldsymbol{\omega}'$ 与 $\boldsymbol{U}'^{\mathrm{T}}\boldsymbol{Z}_{qn}$ 三个矩阵相乘的形式。由于 $\boldsymbol{Z}_{mp}\boldsymbol{V}'$ 和 $\boldsymbol{U}'^{\mathrm{T}}\boldsymbol{Z}_{an}$ 不一定是标准正交矩阵，存在冗余的信息，所以可以进一步压缩。为此下面分别对这两个矩阵进行 QR 分解，得

$$\boldsymbol{Z}_{mp}\boldsymbol{V}'=\boldsymbol{Q}_1\boldsymbol{R}_1,\ \boldsymbol{Z}_{qn}^{\mathrm{T}}\boldsymbol{U}'=\boldsymbol{Q}_2\boldsymbol{R}_2 \tag{4.3.4}$$

其中，$\boldsymbol{Q}_i$ 为标准正交矩阵；$\boldsymbol{R}_i$ 是上三角矩阵。这一步操作的算法复杂度为 $O[c^2(m+n)]$，$c=\max(p,\ q)$。利用式(4.3.4)可以将式(4.3.3)表示成

$$\boldsymbol{Z}_{mn}=\boldsymbol{Q}_1\boldsymbol{R}_1(1/\boldsymbol{\omega}')\boldsymbol{R}_2^{\mathrm{T}}\boldsymbol{Q}_2^{\mathrm{T}} \tag{4.3.5}$$

为了将矩阵 $\boldsymbol{Z}_{mn}$ 表示成两边的矩阵是标准正交矩阵与中间矩阵是对角矩阵相乘的形式，利用 SVD 对式(4.3.5)的中间矩阵 $\boldsymbol{R}_1(1/\boldsymbol{\omega}')\boldsymbol{R}_2^{\mathrm{T}}$ 进行截断分解为

$$\boldsymbol{R}_1(1/\boldsymbol{\omega}')\boldsymbol{R}_2^{\mathrm{T}}=\boldsymbol{U}''\boldsymbol{\omega}''\boldsymbol{V}''^{\mathrm{T}} \tag{4.3.6}$$

计算 $\boldsymbol{R}_1(1/\boldsymbol{\omega}')\boldsymbol{R}_2^{\mathrm{T}}$ 及对其进行 SVD 操作的运算复杂度为 $O(c^3)$。这样得到比较高效的对矩阵 $\boldsymbol{Z}_{mn}$ 进行 SVD 的过程，矩阵 $\boldsymbol{Z}_{mn}$ 的最终表示形式为

$$\boldsymbol{Z}_{mn}=\boldsymbol{Q}_1\boldsymbol{U}''\boldsymbol{\omega}''\boldsymbol{V}''^{\mathrm{T}}\boldsymbol{Q}_2^{\mathrm{T}} \tag{4.3.7}$$

其中，$\boldsymbol{Q}_1\boldsymbol{U}''$ 与 $\boldsymbol{V}''^{\mathrm{T}}\boldsymbol{Q}_2^{\mathrm{T}}$ 都是标准正交矩阵，并且 $\boldsymbol{\omega}''$ 是一个对角矩阵。对秩为 k 的矩阵进行 SVD 操作总共的算法复杂度为 $O[k^2(m+n+k)]$。经过以上操作后，由 MDA 得到的两个 $m\times p$ 和 $q\times n$ 的矩阵 $\boldsymbol{U}_{mp}$ 和 $\boldsymbol{V}_{qn}$ 便转化为大小分别为 $m\times k$ 和 $k\times n$ 的矩阵 $\boldsymbol{Q}_1\boldsymbol{U}''$ 和 $\boldsymbol{V}''^{\mathrm{T}}\boldsymbol{Q}_2^{\mathrm{T}}$，其中 $k<\min(p,\ q)$，从而在 MDA 的基础上进一步降低了内存消耗。SVD 再压缩技术的具体操作示意图如图 4.3.1 所示。

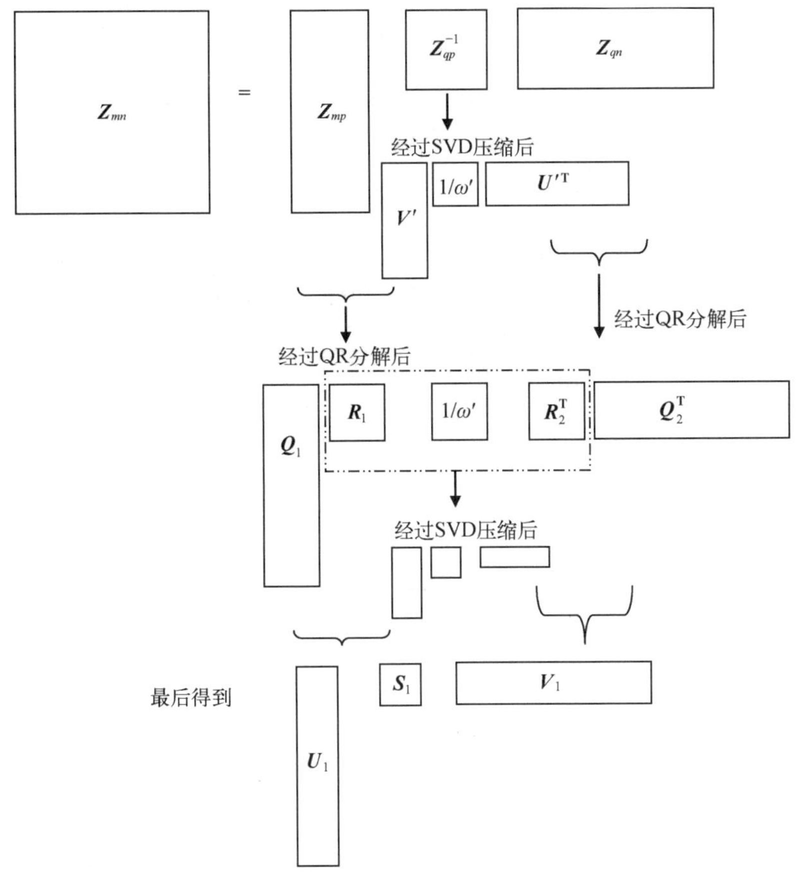

图 4.3.1　SVD 再压缩技术具体操作示意图

4.3.2　计算结果

首先考虑位于地面上方 0.5 m 汽车模型(图 4.3.2)的双站 RCS 来验证此方法的正确性，汽车模型的长、宽、高分别为 15.3 m、5.7 m 和 3.6 m，入射波的频率为 100 MHz，三层介质的介电常数设置为 $\varepsilon_1=1.0$、$\varepsilon_2=10.8$、$\varepsilon_3=2.65$，介质层厚度为 1.0 m，目标位于第一层。未知量数目为 10 871。平面波的入射角度 $\theta_{\text{inc}}=60°$ 和 $\varphi_{\text{inc}}=0°$。双站 RCS 观察角度 $\varphi_{\text{scat}}=60°$，$\theta_{\text{scat}}$ 由 $-180°\sim180°$ 变化。图 4.3.3 给出此方法的双站 RCS 结果与仿真软件 FEKO 的结果，两者吻合得比较好。为了说明此方法的效率，图 4.3.4 给出此方

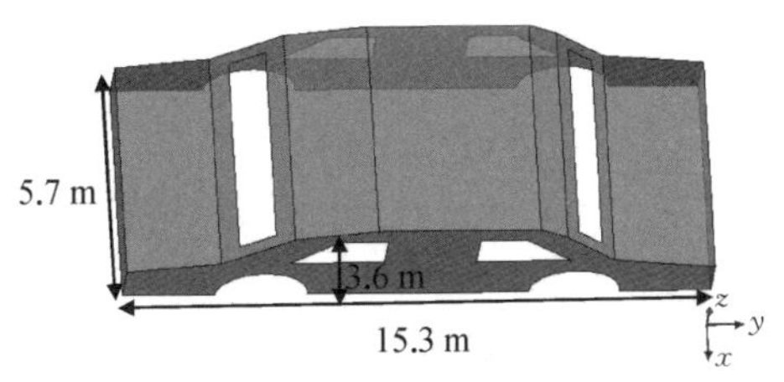

图 4.3.2　汽车模型

法与 MLMDA 的内存及矩阵矢量乘速度的比较，从图中可以看出，此方法不仅内存比 MLMDA 的要少，同时矩阵矢量乘的速度要比 MLMDA 快很多。

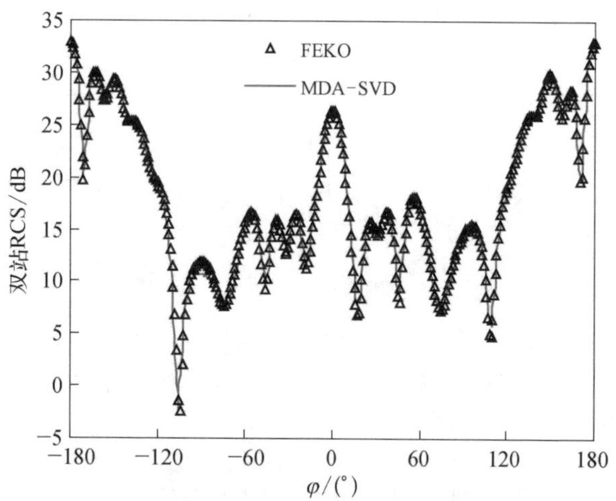

图 4.3.3 汽车模型的双站 RCS 结果与仿真软件 FEKO 的结果

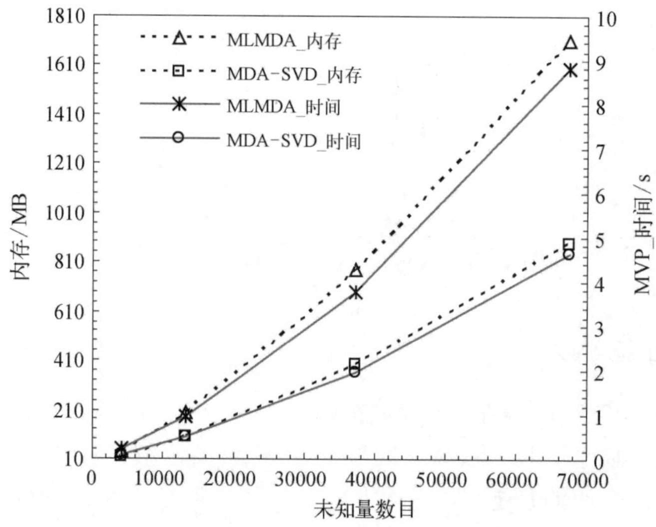

图 4.3.4 此方法与 MLMDA 内存及矩阵矢量乘速度的比较

4.4 改进的矩阵分解算法

文献[8]提出了一种用来分析电磁散射/辐射问题的快速方法——矩阵分解算法。文献[9]与文献[12－16]研究了 MDA－SVD 算法，利用 SVD 算法有效地再压缩 MDA 矩阵，提高了 MDA 的计算效率。当分析电大尺寸问题时，MDA - SVD 算法的计算效率还是比较低。为此本节提出一种新型再压缩技术[14,15]来改进 MDA，它融合了 SVD 技术对 MDA 矩阵进行再压缩。仿真结果表明，改进的矩阵分解算法较之 MLMDA 和 MDA - SVD 算法在计算效率上更为有效。

4.4.1　改进的矩阵分解算法原理

由于通过 MDA 生成的矩阵 $\boldsymbol{U}$ 和 $\boldsymbol{V}$ 通常不是标准正交的，说明它们可能含有冗余的信息，这可以通过代数的压缩技术来去除。MDA - SVD 算法利用 SVD 技术将观察组和源组的相互作用 $\boldsymbol{U}$、ω 和 $\boldsymbol{V}$ 转换成 $\widetilde{\boldsymbol{U}}$、$\widetilde{\boldsymbol{w}}$ 和 $\widetilde{\boldsymbol{V}}$，其中 $\widetilde{\boldsymbol{U}}$ 和 $\widetilde{\boldsymbol{V}}$ 是标准正交矩阵。阻抗矩阵可以表示成下面的形式：

$$\boldsymbol{Z} = \boldsymbol{Z}_{\mathrm{N}} + \sum_{l=2}^{L} \sum_{i=1}^{M(l)} \sum_{j=1}^{\mathrm{Far}(l(i))} \widetilde{\boldsymbol{U}}_{lij} \widetilde{\boldsymbol{w}}_{lij}^{-1} \widetilde{\boldsymbol{V}}_{lij}^{\mathrm{H}} \tag{4.4.1}$$

其中，乘积 $\widetilde{\boldsymbol{U}}_{lij} \widetilde{\boldsymbol{w}}_{lij}^{-1} \widetilde{\boldsymbol{V}}_{lij}^{\mathrm{H}}$ 是关于观察组 $\boldsymbol{l}(i)$ 和源组 $\boldsymbol{l}(j)$ 之间的相互作用矩阵。对于给定观察组 $\boldsymbol{l}(i)$，与每个远场源组 $\boldsymbol{l}(i)$ 都产生一个矩阵 $\boldsymbol{V}_{lij}$［同时对于给定源组 $\boldsymbol{l}(j)$，与每个远场观察组 $\boldsymbol{l}(i)$ 都产生一个矩阵 $\boldsymbol{U}_{lij}$］，这样增加了对内存的需求，同时增加了计算时间；为了进一步降低 MDA 的计算时间和内存，本节提出新型再压缩技术对 MDA 进行再压缩，这样既可以减少内存也可以减少计算时间，这就是下面给出的改进矩阵分解算法[14,15]的流程。

本节提出一种新型再压缩技术来进一步降低 MDA 的计算时间和内存。在分析二维和三维电磁散射问题时，它形成的阻抗矩阵要比 MDA - SVD 算法的还要稀疏，实现了一种更为有效的矩阵矢量乘。改进的矩阵分解算法在计算复杂度和存储量上，可以和 MLMDA 和 MDA - SVD 算法的相比拟，并且存在系数上的改进[22,23]。引人注目的是，新的公式能够显著降低计算时间和内存，并拥有很好的精度。

利用这种新型再压缩技术可以将式(4.4.1)转换成下面的形式：

$$\boldsymbol{Z} = \boldsymbol{Z}_{\mathrm{N}} + \sum_{l=2}^{L} \sum_{i=1}^{M(l)} \boldsymbol{R}_{li} \sum_{j=1}^{\mathrm{Far}(l(i))} \boldsymbol{T}_{lij} \boldsymbol{F}_{lj} \tag{4.4.2}$$

从式(4.4.2)中可以发现，对于给定的观察组 $\boldsymbol{l}(i)$，这种方法只需要存储一次矩阵 $\boldsymbol{R}_{li}$［同样对于给定的源组 $\boldsymbol{l}(j)$，这种方法只需要存储一次矩阵 $\boldsymbol{F}_{lj}$］，这是它和 MDA - SVD 算法最主要的不同，可以很大程度地减少 MDA 的内存消耗。矩阵 $\boldsymbol{T}_{lij}$ 是一个维数很小的矩阵。因此，式(4.4.2)中的远场内存需求要比式(4.4.1)中的少很多。假设目标按八叉树结构分成 3 层，图 4.4.1 和 4.4.2 中分别给出第三层和第二层中矩阵 $\boldsymbol{R}_l$、$\boldsymbol{T}_l$ 和 $\boldsymbol{F}_l$ 的形式。

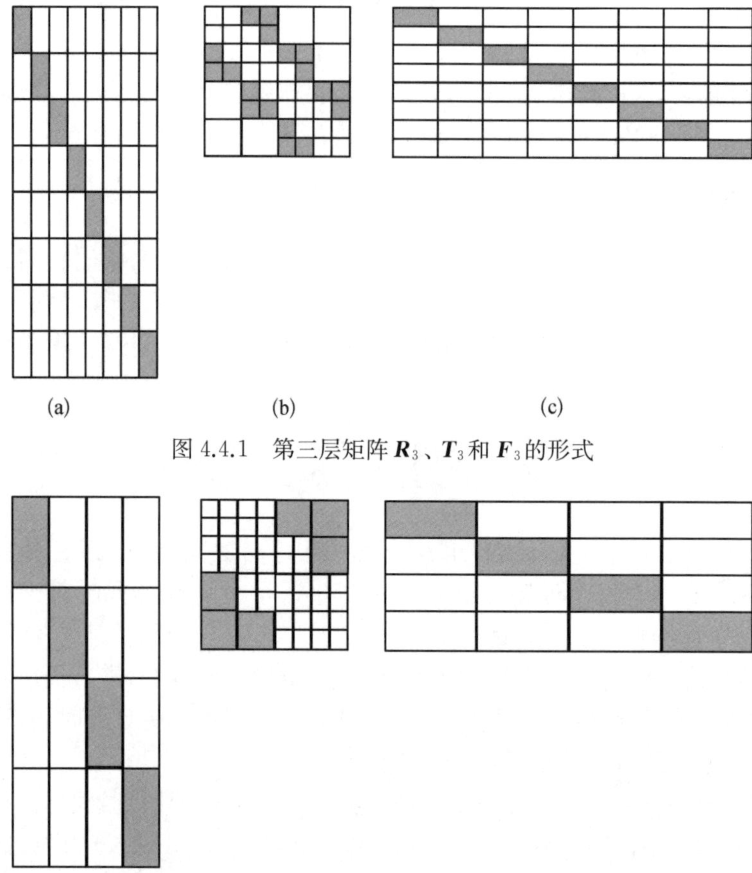

(a)　　(b)　　(c)

图 4.4.1　第三层矩阵 $\boldsymbol{R}_3$、$\boldsymbol{T}_3$ 和 $\boldsymbol{F}_3$ 的形式

(a)　　(b)　　(c)

图 4.4.2　第二层矩阵 $\boldsymbol{R}_2$、$\boldsymbol{T}_2$ 和 $\boldsymbol{F}_2$ 的形式

下面描述获得矩阵 $\boldsymbol{R}$、$\boldsymbol{T}$ 和 $\boldsymbol{F}$ 的过程：

(1) 利用矩量法对近场作用矩阵 $\boldsymbol{Z}_{\mathrm{N}}$ 进行直接填充。

(2) 首先利用 MDA 对远场子矩阵进行快速填充。下面阐述构造矩阵 $\boldsymbol{R}_l$ 的过程：在第 l 层，对于观察组 $\boldsymbol{l}(i)$，合并所有远场作用组 $\boldsymbol{l}(j)$ 与 $\boldsymbol{l}(i)$ 作用形成的 MDA 子矩阵 $\boldsymbol{U}_{lij}$（$\boldsymbol{U}_{lij}$ 通过 MDA 得到），$l(j) \in \mathrm{Far}[l(i)]$，可以得到中间矩阵 $\boldsymbol{A}$。控制允许误差 ε，利用截断的 SVD 用来压缩矩阵 $\boldsymbol{A}$。

$$
\begin{aligned}
[\boldsymbol{A}]_{mp} &= \{[\boldsymbol{U}_{li1}]\cdots[\boldsymbol{U}_{li2}]\cdots[\boldsymbol{U}_{liM}]\}_{mp},\ j \in \mathrm{Far}[l(i)],\ M = \mathrm{Sum}\{\mathrm{Far}[l(i)]\} \\
&= \{[\boldsymbol{U}'_{li}]_{mk}[\boldsymbol{S}'_{lij}][\boldsymbol{V}'_{lij}]\}^{\mathrm{H}}_{pk},\ k < \min(p,\ m)
\end{aligned}
\tag{4.4.3}
$$

其中，m 是盒子 $\boldsymbol{l}(i)$ 中基函数个数；p 是观察组 $\boldsymbol{l}(i)$ 所有远场作用组 $\boldsymbol{l}(j)$ 中等效 RWG 基函数的总和；k 表示矩阵 $\boldsymbol{A}$ 的秩。在式(4.4.3)中，$[\boldsymbol{U}'_{li}]_{mk}$ 表示观察组 $\boldsymbol{l}(i)$ 与其所有的远场作用组 $\boldsymbol{l}(j)$ 作用的共用子矩阵，它是 $\boldsymbol{R}_l$ 的第 i 个对角块。对于式

(4.4.3)，需要 $O[k(m+k+p)] \ll O(mp)$ 来存储∞。其余的 $\boldsymbol{R}_l$ 对角块矩阵可以通过对所有观察组 $\boldsymbol{l}(i)$ 执行上述过程来获得。

(3) 然后给出构造矩阵 $\boldsymbol{F}_l$ 的过程：将式(4.4.3)中的剩余矩阵 $[\boldsymbol{S}'_{lij}]_{kk}[\boldsymbol{V}'_{lij}]^{\mathrm{H}}_{pk}$ 与式(4.4.3)中的 $\boldsymbol{w}_{lij}^{-1}\boldsymbol{V}_{lij}^{\mathrm{H}}$ 相乘，矩阵 $\boldsymbol{F}_l$ 就通过截断 SVD 对这个乘积矩阵作用得到。对于给定的源组 $\boldsymbol{l}(j)$，合并所有远场作用组 $\boldsymbol{l}(i)$ 与源组 $\boldsymbol{l}(j)$ 作用形成的子矩阵 $[\boldsymbol{S}'_{lij}]_{kk}[\boldsymbol{V}'_{lij}]^{\mathrm{H}}_{pk}[\boldsymbol{w}_{lij}]^{-1}[\boldsymbol{V}_{lij}]^{\mathrm{H}}$，可以得到中间矩阵 $\boldsymbol{B}$。对矩阵 $\boldsymbol{B}$ 进行截断 SVD 得

$$
\begin{aligned}
[\boldsymbol{B}]_{qn} &= \left\{\begin{matrix} [\boldsymbol{S}'_{l1j}][\boldsymbol{V}'_{l1j}]^{\mathrm{H}}[\boldsymbol{w}_{l1j}]^{-1}[\boldsymbol{V}_{l1j}]^{\mathrm{H}} \\ \vdots \\ [\boldsymbol{S}'_{lij}][\boldsymbol{V}'_{lij}]^{\mathrm{H}}[\boldsymbol{w}_{lij}]^{-1}[\boldsymbol{V}_{lij}]^{\mathrm{H}} \\ \vdots \\ [\boldsymbol{S}'_{lMj}][\boldsymbol{V}'_{lMj}]^{\mathrm{H}}[\boldsymbol{w}_{lMj}]^{-1}[\boldsymbol{V}_{lMj}]^{\mathrm{H}} \end{matrix}\right\}_{qn}, \ i \in \mathrm{Far}[l(j)],\ M = \mathrm{Sum}\{\mathrm{Far}[l(j)]\} \\
&= [\boldsymbol{U}''_{lij}]_{qg}[\boldsymbol{S}''_{lij}]_{gg}[\boldsymbol{V}''_{lj}]^{\mathrm{H}}_{ng},\ g < \min(q,\ n)
\end{aligned}
\tag{4.4.4}
$$

其中，n 是盒子 $\boldsymbol{l}(j)$ 中基函数的个数；q 是子矩阵 $[\boldsymbol{S}'_{lij}]_{kk}[\boldsymbol{V}'_{lij}]^{\mathrm{H}}_{pk}[\boldsymbol{w}_{lij}]^{-1}[\boldsymbol{V}_{lij}]^{\mathrm{H}}$ 维数之和；g 是矩阵 $\boldsymbol{B}$ 的秩。$[\boldsymbol{V}''_{lj}]^{\mathrm{H}}_{ng}$ 表示源组 $\boldsymbol{l}(j)$ 与其所有的远场作用组 $\boldsymbol{l}(i)$ 作用的共用子矩阵，它是 $\boldsymbol{F}_l$ 的第 j 个对角块。其余的 $\boldsymbol{F}_l$ 对角块可以通过对所有源组 $\boldsymbol{l}(j)$ 执行上述过程来得到。剩余矩阵 $[\boldsymbol{U}''_{lij}]_{qg}[\boldsymbol{S}''_{lij}]_{gg}$ 形成了矩阵 $\boldsymbol{T}_l$。和前面的结论类似，需要 $O[g(q+g+n)] \ll O(qn)$ 来存储矩 $[\boldsymbol{U}''_{lij}]_{qg}[\boldsymbol{S}''_{lij}]_{gg}[\boldsymbol{V}''_{lj}]^{\mathrm{H}}_{gn}$。当通过步骤(2)和步骤(3)得到矩阵 $\boldsymbol{R}_l$、$\boldsymbol{T}_l$ 和 $\boldsymbol{F}_l$ 后，$\boldsymbol{Z}$ 在 l 层的远场子矩阵 $\boldsymbol{Z}_l^{\mathrm{far}}$ 可以表示成

$$
\boldsymbol{Z}_l^{\mathrm{far}} = \boldsymbol{R}_l\boldsymbol{T}_l\boldsymbol{F}_l = \sum_{i=1}^{M(l)}\boldsymbol{R}_{li}\sum_{j=1}^{\mathrm{Far}[l(i)]}\boldsymbol{T}_{lij}\boldsymbol{F}_{lj}
\tag{4.4.5}
$$

其中，$\boldsymbol{R}_{li} \in \boldsymbol{R}^{m\times k}$ 和 $\boldsymbol{F}_{li} \in \boldsymbol{R}^{n\times k}$。注意到，计算复杂度是 $O\{M(l)[k^2(m+n+k)]\}$，k 要比 m 和 n 小得多。改进的 MDA 在第 l 层的计算量近似为 $O(k^2N)$，N 是未知量数目。MDA - SVD 算法在第 l 层的计算量也近似为 $O(k^2N)$。改进的矩阵分解算法在第 l 层的计算复杂度和 MDA - SVD 算法一样，但有一定的系数(独立于 N)的改进(下面算例中给出说明)。

(4) 重复步骤(2)和步骤(3)可以得到第 $l-1$ 层 $\boldsymbol{Z}_{l-1}^{\mathrm{far}}$ 的表达式 $\boldsymbol{Z}_{l-1}^{\mathrm{far}} = \boldsymbol{R}_{l-1}\boldsymbol{T}_{l-1}\boldsymbol{F}_{l-1}$，其中 $[\boldsymbol{Z}_{l-1}^{\mathrm{far}}]$ 代表阻抗矩阵 $\boldsymbol{Z}$ 在第 $l-1$ 层的远场矩阵。

上面详细地描述了新型再压缩技术对 MDA 矩阵压缩过程。在改进的矩阵分解算法中，内存开销的大部分用来存储矩阵 $\boldsymbol{R}$、$\boldsymbol{T}$ 和 $\boldsymbol{F}$。矩阵 $\boldsymbol{T}$ 是一个维数比较小的矩阵。而矩阵 $\boldsymbol{R}$ 和 $\boldsymbol{F}$ 是非常稀疏的，且都是归一化块对角矩阵。

4.4.2　计算结果

下面考虑的是一个 Y 形 FSS 阵列(图 4.4.3)，Y 形臂的臂长和臂宽分别为

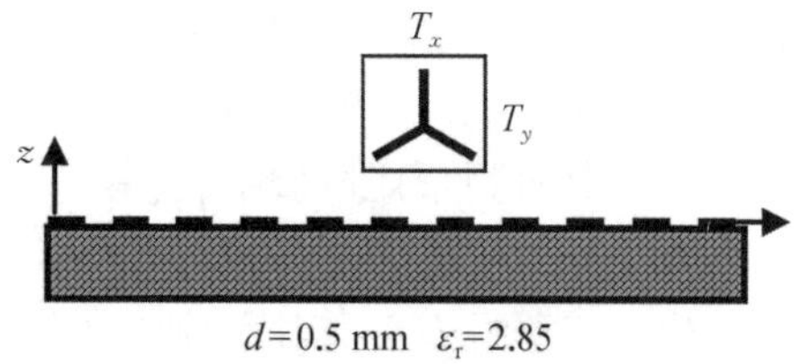

图 4.4.3 Y形 FSS 阵列结构示意图

4 mm和1 mm，周期单元的长和宽分别为 $T_x=17$ mm和 $T_y=14.5$ mm，臂的倾斜角为60°，介质衬底的厚度为 $d=0.5$ mm，介电常数为 $\varepsilon_r=2.85$，入射平面波为TM极化波，入射角度为 $\theta=30°$ 和 $\varphi=0°$。频带变化范围为2～15 GHz。为了验证本节方法仿真结果的正确性，如图4.4.4所示，使用Ansoft Designer仿真软件仿真无限大FSS阵列结果作为比较的标准，这是因

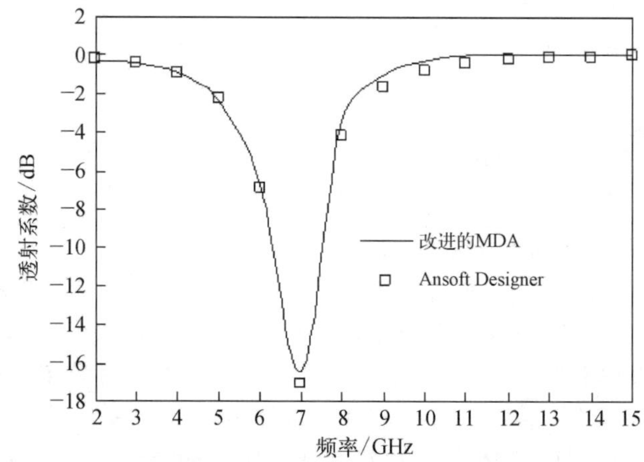

图 4.4.4 Y形 FSS 阵列的传输系数

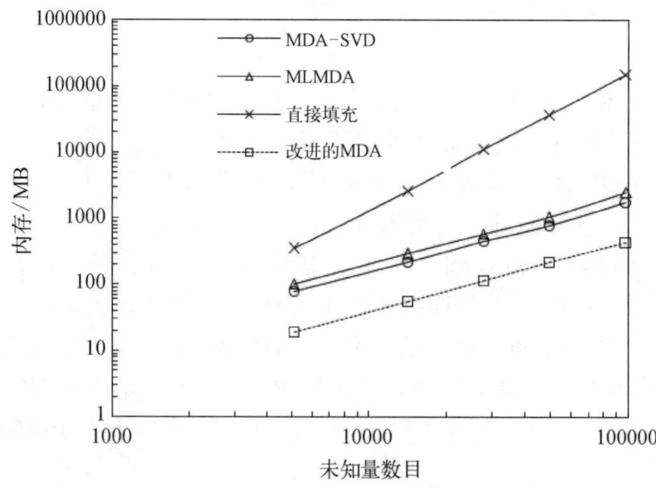

图 4.4.5 本节方法分析Y形 FSS 阵列的内存消耗随未知量数目变化曲线

为足够大的有限 FSS 阵列和无限大的 FSS 阵列具有类似的传输特性。从图 4.4.4 可以看出,此方法的结果与 Ansoft Designer 仿真软件的结果吻合得比较好。为了验证本节方法的效率,图 4.4.5 与图 4.4.6 分别给出本节方法的内存消耗及矩阵矢量乘速度与 MLMDA 及 MDA - SVD 算法的比较。从两个图中可以发现,改进的 MDA 的内存消耗相比直接填充、MLMDA、MDA - SVD 算法显著减少,同样的现象可以在矩阵矢量乘中发现。

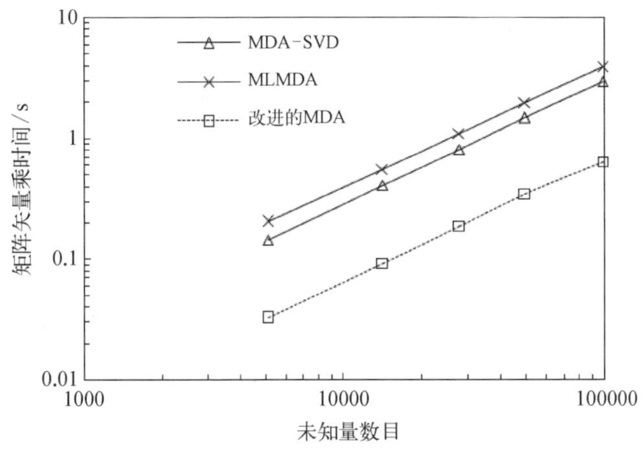

图 4.4.6　本节方法分析 Y 形 FSS 阵列的矩阵矢量乘速度随未知量数目变化曲线

4.5　多层矩阵压缩方法

由第 2 章知道,低秩压缩分解方法只需要对最终形成的阻抗做数学分解,因此这些方法在编程过程中不需要考虑格林函数的形式、基函数的形式,甚至积分方程的形式。这些方法广泛用于解决粗糙面散射、微带集成电路、封装互连线和大规模互连线电容参数提取等问题。但是这些方法也面临一些问题,例如,矩阵低秩压缩分解过程非常耗时。如图 4.5.1 所示,对于每对远场相互作用组需要构造一次 $\boldsymbol{U}$ 和 $\boldsymbol{V}$ 矩阵。所以,对于图 4.5.1 中组 i 的 12 个远场相互作用组需要重复构造 12 次 $\boldsymbol{U}$ 和 $\boldsymbol{V}$ 矩阵。众所周知 MLFMA[1-3] 方法对于图 4.5.1 中组 i 只需要构造一次聚合和配置因子,那么是否可以构造类似于 MLFMA 形式的低秩压缩分解形式?这就是本节将要详细阐述的方法——多层矩阵压缩方

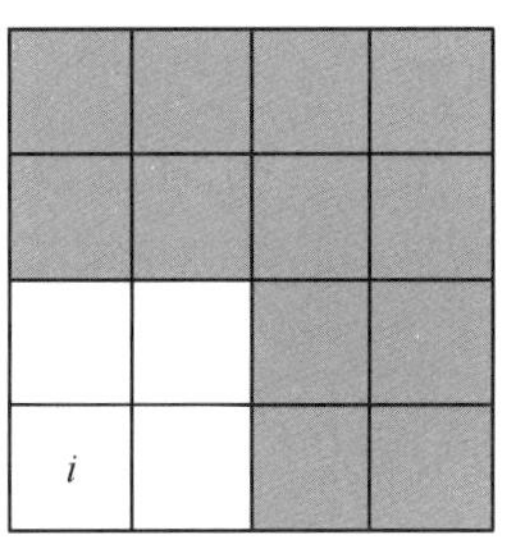

图 4.5.1　组 i 及其对应的远场相互作用组区域

法(MLMCM)[18]的基本实现方式。

4.5.1 多层矩阵压缩方法原理

MLMCM 建立在八叉树形结构的基础上,如图 4.5.2 所示,组 i 和组 j 是彼此的远场作用组,假定组 i 和组 j 分别有 m 和 n 个基函数,相互作用的子矩阵为 $\boldsymbol{Z}_{mn}$。MLMCM 的目的是把 $\boldsymbol{Z}_{mn}$ 写为式(4.5.1)的形式:

$$\boldsymbol{Z}_{mn} = \boldsymbol{U}_{mk} \cdot \boldsymbol{D}_{kk} \cdot \boldsymbol{V}_{kn} \tag{4.5.1}$$

其中,k 是 $\boldsymbol{Z}_{mn}$ 的数值秩;$\boldsymbol{U}_{mk}$、$\boldsymbol{D}_{kk}$、$\boldsymbol{V}_{kn}$ 分别对应低秩分解得到的三个小稠密矩阵。对于低秩矩阵 ($k \ll \min(m, n)$),内存和计算时间可以显著减少。MLMCM 低秩压缩分解过程如下:

(1) 如图 4.5.2(a)所示,对于组 i 和它所有的远场相互作用组通过截断误差为 ε 的 ACA 算法[7]采样,它们之间形成的阻抗矩阵写为

$$\boldsymbol{Z}_{m\times I_m} = [\boldsymbol{Z}_{i,1}, \boldsymbol{Z}_{i,2}, \boldsymbol{Z}_{i,3}, \cdots] \tag{4.5.2}$$

其中,$\boldsymbol{Z}_{m\times I_m}$ 是采样组 i 与其同层的所有远场相互作用区域组形成的矩阵;$\boldsymbol{I}_m$ 为 ACA 算法采样的远场矩阵总列数。采用基于 MGS[43] 的 QR 分解对冗余的列向量做正交化,为

$$\boldsymbol{U}_{i_{m\times k}} = \mathrm{MGS}(\boldsymbol{Z}_{m\times I_m}) \tag{4.5.3}$$

其中,k 为 MGS 中截断误差 ε 确定的正交向量的个数。$\boldsymbol{U}_i$ 包含了组 i 的远场相互作用矩阵的列空间,本书把 $\boldsymbol{U}_i$ 定义为组 i 的“接收矩阵”(receving matrix)。

(2) 如图 4.5.2(b)所示,对于组 j 和它所有的远场相互作用组,与(1)类似,通过 ACA 算法[7]采样,它们之间形成的阻抗矩阵写为

$$\boldsymbol{Z}_{I_n\times n} = [\boldsymbol{Z}_{1,j}, \boldsymbol{Z}_{2,j}, \boldsymbol{Z}_{3,j}, \cdots]^{\mathrm{T}} \tag{4.5.4}$$

对 $\boldsymbol{Z}^{\dagger}_{I_n\times n}$ 执行 MGS QR 分解得到一组正交的行向量,$(\cdot)^{\dagger}$ 表示共轭转置。

$$\boldsymbol{V}_{j_{k\times n}} = \mathrm{MGS}(Z^{\dagger}_{I_n\times n}) \tag{4.5.5}$$

其中,$\boldsymbol{V}_{j_{k\times n}}$ 为 MGS 算法得到的正交行向量。$\boldsymbol{V}_j$ 包含了组 j 的远场相互作用矩阵的行空间,本书把 $\boldsymbol{V}_j$ 定义为组 j 的“辐射矩阵”(radiation matrix)。

(3) 因为 $\boldsymbol{U}_i$ 和 $\boldsymbol{V}_j$ 分别包含了 $\boldsymbol{Z}_{mn}$ 的行和列空间。所以定义

$$\boldsymbol{D}_{i,j} = \boldsymbol{U}_i^{\dagger} \cdot \boldsymbol{U}_i \cdot \boldsymbol{D}_{i,j} \cdot \boldsymbol{V}_j \cdot \boldsymbol{V}_j^{\dagger} = \boldsymbol{U}_i^{\dagger} \cdot \boldsymbol{Z}_{i,j} \cdot \boldsymbol{V}_j^{\dagger} \tag{4.5.6}$$

为转移矩阵(translation matrix)。

(4) 直接计算 $\boldsymbol{D}_{i,j} = \boldsymbol{U}_i^{\dagger} \cdot \boldsymbol{Z}_{i,j} \cdot \boldsymbol{V}_j^{\dagger}$ 非常费时,因为 $\boldsymbol{Z}_{i,j}$ 是 MoM 对应的满矩阵。因此,本书采用 ACA 算法[7]采样填充 $\boldsymbol{Z}_{i,j}$,具有式(4.5.7)的形式:

$$\boldsymbol{D}_{i,j}=\boldsymbol{U}_i^{\dagger}\cdot\boldsymbol{U}'\cdot\boldsymbol{V}'\cdot\boldsymbol{V}_j^{\dagger} \tag{4.5.7}$$

其中，$\boldsymbol{U}'$和$\boldsymbol{V}'$是 ACA 算法低秩分解后得到的长条形矩阵。

(5) 对于式(4.5.7)，$\boldsymbol{U}_i$和$\boldsymbol{V}_j$的列空间和行空间一般比两个组之间形成的阻抗矩阵$\boldsymbol{Z}_{i,j}$的列空间和行空间大，因此 $\boldsymbol{D}_{i,j}$ 中含有冗余的信息。本书继续对 $\boldsymbol{D}_{i,j}$ SVD

$$\boldsymbol{D}_{i,j}=\boldsymbol{U}''\cdot\boldsymbol{S}''\cdot\boldsymbol{V}'' \tag{4.5.8}$$

其中，$\boldsymbol{D}_{i,j}$定义为组 j 到组 i “转移矩阵”(translation matrix)。

(6) 得到组 i 和组 j 的相互作用矩阵$\boldsymbol{Z}_{i,j}$的低秩分解形式：

$$\boldsymbol{Z}_{i,j}=\boldsymbol{U}_i\cdot\boldsymbol{U}''\cdot\boldsymbol{S}''\cdot\boldsymbol{V}''\cdot\boldsymbol{V}_j \tag{4.5.9}$$

如果定义$\boldsymbol{U}=\boldsymbol{U}_i\cdot\boldsymbol{U}''$、$\boldsymbol{V}=\boldsymbol{V}''\cdot\boldsymbol{V}_j$ 和$\boldsymbol{D}=\boldsymbol{S}''$，式(4.5.9)可以写为$\boldsymbol{Z}=\boldsymbol{U}\cdot\boldsymbol{D}\cdot\boldsymbol{V}$。其中 $\boldsymbol{U}$ 和 $\boldsymbol{V}$ 为正交矩阵，$\boldsymbol{D}$ 为对角矩阵。

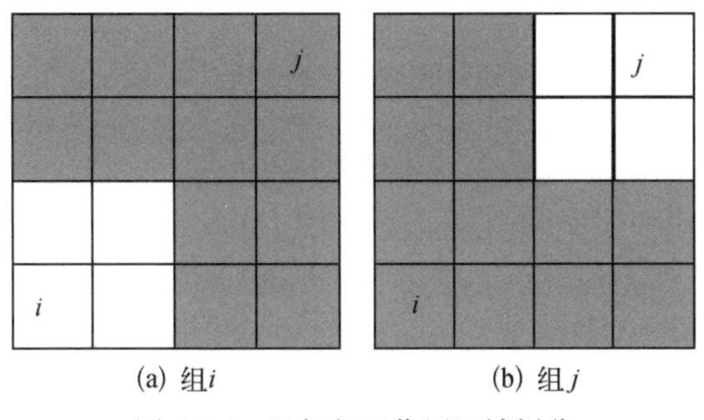

(a) 组i　　(b) 组j

图 4.5.2　远场相互作用区域划分

当组 i 和组 j 及其远场组簇如图 4.5.2 作用时，接收矩阵 $\boldsymbol{U}$ 和辐射矩阵 $\boldsymbol{V}$ 是相同的，变化的仅是规模比较小的转移矩阵 $\boldsymbol{D}$，这是 MLMCM 的可以节省计算时间和内存的奥妙所在[18]。从 MLMCM 的构造过程可以看出，仅对远场相互作用组之间阻抗矩阵的操作是与格林函数无关的。并且 MLMCM 的低秩分解是误差可控的。合理地选择截断误差 ε 可以保证算法的精度，这在本书下面的数值算例中会详细讨论。

4.5.2　互易型多层矩阵压缩方法原理

本小节在 MLMCM 的基础上继续研究一种互易型的 MLMCM(reciprocal MLMCM，rMLMCM)，rMLMCM 的思想来源于[34,35]构建了互易的插值分解近似矩阵。该方法的主要原理是重新定义式(4.5.2)为

$$\boldsymbol{Z}_{m\times Im}=[\boldsymbol{Z}_{i,1},\ \boldsymbol{Z}_{i,2},\ \boldsymbol{Z}_{i,3},\ \cdots,\ \boldsymbol{Z}_{1,i}^{\mathrm{T}},\ \boldsymbol{Z}_{2,i}^{\mathrm{T}},\ \boldsymbol{Z}_{3,i}^{\mathrm{T}},\ \cdots] \tag{4.5.10}$$

可以发现式(4.5.10)既包含了组 i 对其远场组的作用，也包含了远场组对组 i 的作用。当使用 EFIE 时，有

$$[\boldsymbol{Z}_{i,1}, \boldsymbol{Z}_{i,2}, \boldsymbol{Z}_{i,3}, \cdots] = [\boldsymbol{Z}_{1,i}^{\mathrm{T}}, \boldsymbol{Z}_{2,i}^{\mathrm{T}}, \boldsymbol{Z}_{3,i}^{\mathrm{T}}, \cdots] \tag{4.5.11}$$

此时可以定义

$$\boldsymbol{Z}_{m\times I_m} = [\boldsymbol{Z}_{i,1}, \boldsymbol{Z}_{i,2}, \boldsymbol{Z}_{i,3}, \cdots] \tag{4.5.12}$$

根据加速的 MoM 阻抗矩阵是否对称，分别对式(4.5.10)或式(4.5.12)采用 MGS 算法，得到的接收矩阵 $\boldsymbol{U}_{i_{m\times k}}$ 和辐射矩阵 $\boldsymbol{V}_{i_{k\times m}}$ 互为转置关系，即

$$\boldsymbol{U}_{i_{m\times k}} = \boldsymbol{V}_{i_{k\times m}}^{\mathrm{T}} \tag{4.5.13}$$

所以，对于一个特定的非空组，只需要构造和存储一个接收矩阵 $\boldsymbol{U}_{i_{m\times k}}$，进一步减少 MLMCM 低秩压缩分解时间。rMLMCM 与 MLMCM 具有相同的计算复杂度，但是减小了计算复杂度前面的系数[36]。

4.5.3 多层矩阵压缩方法流程和计算复杂度分析

MLMCM 矩阵矢量乘过程 $\boldsymbol{b}=\boldsymbol{ZI}$ 如算法 4.5.1 所示，L 为八叉树层数，n_l 和 k_l 分别为第 l 层平均每个组的基函数个数和平均秩大小，M_l 为第 l 层非空组个数，Q 当前源组远场组的个数，最大为 189。$\boldsymbol{S}$ 为矩阵矢量乘中的临时变量。

算法 4.5.1 MLMCM 计算 $\boldsymbol{b}=\boldsymbol{ZI}$。

for $l=1,P$

  for $i=1,M_l$ and $j=1,n_l$

   计算 $\boldsymbol{S}_{l,i}=\boldsymbol{S}_{l,i}+\boldsymbol{V}_{l,i,j}\boldsymbol{I}_j$

   计算复杂度为 $O(Nk_l)$因为 M_l 和 n_l 的乘积为 N(Upward process)

   for $i=1$, M_l and $j=1,Q$

      计算 $\boldsymbol{S}'_{l,i,j}=\boldsymbol{S}'_{l,i,j}+\boldsymbol{D}_{l,i,j}\boldsymbol{S}_{l,j}$

      计算复杂度为 $O(M_lQk_l^2)$(Translation process)

   for $i=1$, M_l and $j=1$

      计算 $\boldsymbol{b}_{ij}=\boldsymbol{b}_{ij}+\boldsymbol{U}_{l,i,j}\boldsymbol{S}'_{l,i}n_l$

      计算复杂度为 $O(Nk_l)$ (Downward process)

end for

for $j=1,N$ 在最细层

    累加近场作用 $\boldsymbol{b}_j=\boldsymbol{b}_j+\boldsymbol{Z}_{\mathrm{near}}\boldsymbol{I}_j$

    计算复杂度为 $O(N)$

从算法 4.5.1 可以得出结论：$\lg N$ 层的 MLMCM 的内存和 MVP 为

$$O[(Nk + MQk^2 + Nk + N)\lg N] \tag{4.5.14}$$

对于式(4.5.14)第二项

$$MQk^2 = \frac{N}{n_l}Qk^2 \leqslant \frac{N}{n_l} \cdot 189k^2 \tag{4.5.15}$$

因为平均秩小于平均基函数个数，所以式(4.5.15)可以写为

$$MQk^2 \leqslant \frac{N}{n_l} \cdot 189k^2 \leqslant 189 \cdot Nk \tag{4.5.16}$$

所以式(4.5.16)第二项的复杂度为$O(Nk)$。因此，MLMCM的内存和MVP的复杂度为$O(kN\lg N)$。从文献[9]、[37]可知，平均秩和源点场的自由度等价，场的自由度由式(4.5.17)确定：

$$c_1 \frac{k_\lambda a^s a^o}{d} + c_2 \ln\left(\frac{1}{\varepsilon}\right) \tag{4.5.17}$$

其中，c_1和c_2为常数；k_λ为波数；a^s和a^o为场源组的尺寸；d为场源组组中心之间的距离；ε为等效源点在场点处产生等价场的作用的误差。在MLMCM中场源组的尺寸相同，并且和组中心之间的距离是成比例的，所以式(4.5.17)可以化简成

$$c_1 k_\lambda a^s + c_2 \ln\left(\frac{1}{\varepsilon}\right) \tag{4.5.18}$$

可以看出，矩阵的平均秩与组的尺寸、频率和近似误差有关。

4.5.4　计算结果

本小节通过数值算例证明MLMCM的有效性。首先分析大规模互连线和MoM计算结果比较证明MLMCM的正确性。然后通过计算资源消耗数据对比来说明MLMCM的计算复杂度。本小节的单机计算平台是在Intel 64位主频2.83 GHz的CPU、8 GB内存的个人计算机上。MLMCM低秩压缩分解的截断误差除了有特殊说明外均为10^{-3}，迭代求解器收敛误差为10^{-3}。

1. 正确性验证

首先分析电尺寸为12.8波长的金属球的电磁散射问题。离散三角形网格的尺寸为0.1波长，从而金属球表面离散成110 216个三角形，形成165 324个RWG基函数，即未知量数目。入射平面波和散射观察角分别为($\theta_i=0°$, $\varphi_i=0°$)和($0° \leqslant \theta_s \leqslant 180°$, $\varphi_s=0°$)。最细层组的尺寸为0.2波长，对应的MLMCM的层数为5。图4.5.3给出金属球的双站RCS曲线，可以看出，MLMCM的计算结果和解

析结果吻合很好。这里定义 RCS 的相对误差为$\frac{\| RCS_{MLMCM} - RCS_{Mie} \|}{\| RCS_{Mie} \|}$,所得计算结果的相对误差为 0.9%。

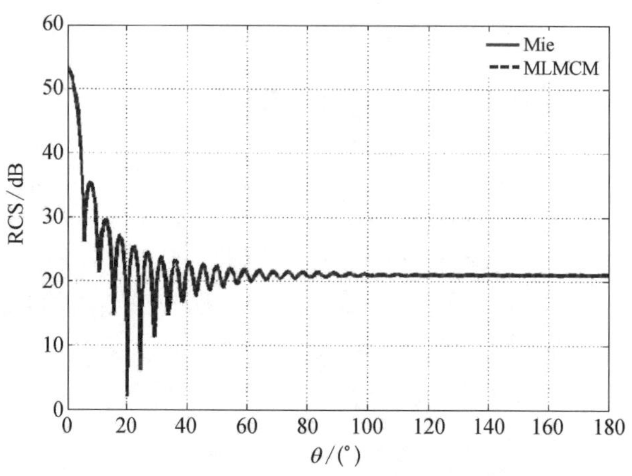

图 4.5.3 金属球的双站 RCS 曲线

然后分析封装互连线,图 4.5.4 是全波分析的稠密封装的弯曲互连线结构和加源示意图。互连线的面积占整个印刷电路板面积的 31%,互连线宽 1 mm,介质层厚度为 0.25 mm,介质层介电常数为 4,全波分析的频率为 20 GHz。从左边数第二根为加源边,加源位置为左下角端口,采用 delta gap 电压源。图 4.5.5 是 8 根图 4.5.4 中尺寸的稠密封装的弯曲互连线结构示意图。图 4.5.6(a)和图 4.5.6(b)分别给出 MoM、ACA 和 MLMCM 分析 8 根弯曲互连线左边第二根加源线上的电流分布结果,可以发现得到的结果吻合很好。同样定义 ACA 和 MLMCM 相对

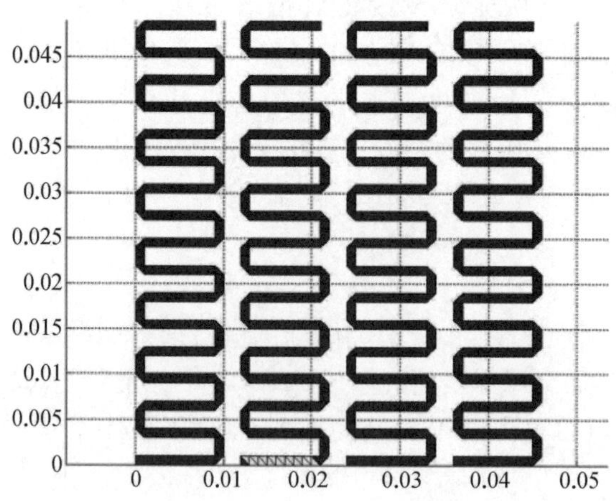

图 4.5.4 全波分析的稠密封装的弯曲互连线结构与加源示意图

MoM 的相对误差为 $\dfrac{\| \boldsymbol{J}_{\text{Fast method}} - \boldsymbol{J}_{\text{MoM}} \|}{\| \boldsymbol{J}_{\text{MoM}} \|}$，分别为 1.1%和 1.0%。

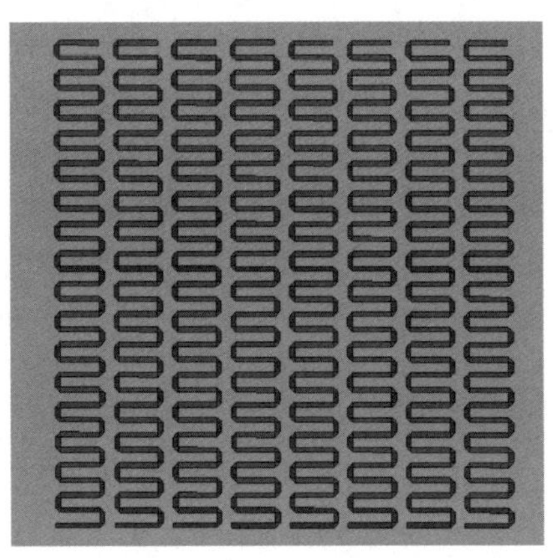

图 4.5.5　8 根图 4.5.4 中尺寸的稠密封装的弯曲互连线结构示意图

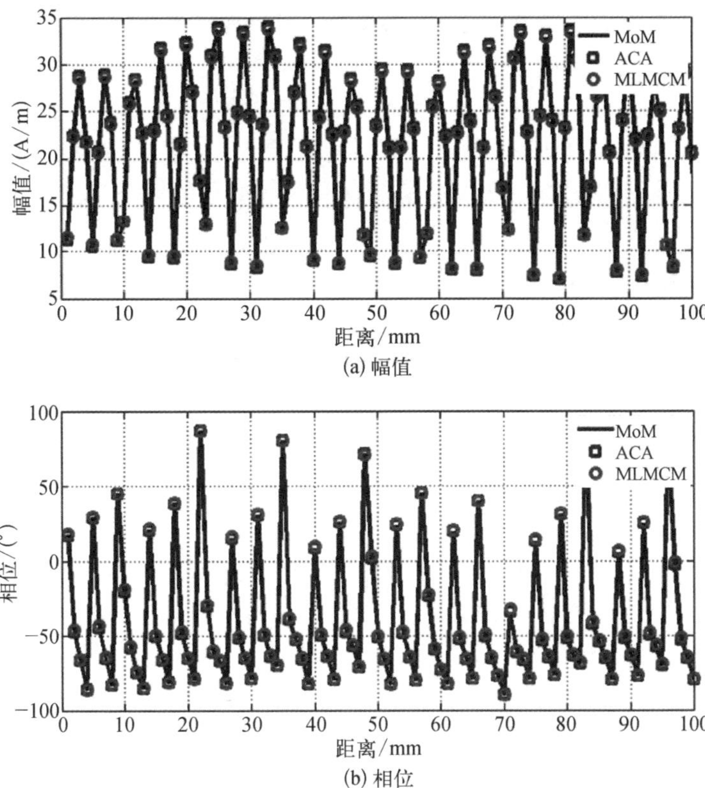

图 4.5.6　MoM、ACA 和 MLMCM 分析 8 根弯曲互连线左边第二根加源线上的电流分布结果

2. ACA 算法和 MLMCM 计算效率比较

通过电磁散射和互连线全波分析电流分布证明了 MLMCM 的计算精度。接下来本书继续通过数值算例证明 MLMCM 的计算复杂度，比较 ACA 算法和 MLMCM 的计算资源消耗。本书首先测试一个球锥问题，球的半径为 2 m，球锥三个方向的尺寸比例为 1∶1∶2。本书采取不断提高仿真频率、固定离散尺寸的方式来测试 MLMCM。本书选取 60 MHz、120 MHz、240 MHz 和 480 MHz 四个频率，对应球锥最大电尺寸为 1.6λ、3.2λ、6.4λ 和 12.8λ，离散尺度固定为 $h=0.1\lambda$，因而分别产生了 942、3 792、15 531 和 63 195 的未知量。MLMCM 的八叉树层数分别为 2、3、4 和 5。本书列出 ACA 算法和 MLMCM 分别分析 240 MHz 下未知量数目为 15 531 的球锥低秩压缩矩阵的资源消耗，如表 4.5.1 所示。不失一般性地，这里选取 MLMCM 第 3 层第 9 组，来说明 MLMCM 的计算效率表现。组中包含未知量数目为 107，远场相互作用组个数为 49，ACA 算法和 MLMCM 的平均数值秩的大小分别为 12 和 26。因此，ACA 算法需要分别存储 49 个大小为 107×12 的 $\boldsymbol{U}$ 和 $\boldsymbol{V}$ 矩阵。然而 MLMCM 需要存储 2 个大小均为 107×26 的 $\boldsymbol{U}$ 和 $\boldsymbol{V}$ 矩阵，以及 49 个大小为 26×26 的 $\boldsymbol{D}$ 矩阵。其相对 ***ACA*** 算法可以节约 75%计算机内存和矩阵矢量乘时间。

图 4.5.7 给出一系列球锥的计算内存和时间的 log－log 曲线，可以发现 MLMCM 相比 ACA 算法获得了显著的计算资源节省，与 4.5.3 节理论分析的结果相符，MLMCM 的内存和矩阵矢量乘复杂度为 $O(kN\lg N)$ [18]。本书测试 ACA 算法的复杂度为 $O(N^{4/3}\lg N)$，这与文献[7]中测试结果吻合。

表 4.5.1　ACA 算法和 MLMCM 低秩压缩分解计算资源消耗比较

	矩阵秩	$\boldsymbol{U}$	$\boldsymbol{V}$	$\boldsymbol{D}$
ACA 算法	12	49×107×12	40×107×12	—
MLMCN	26	107×26	107×26	49×26×26

表 4.5.2 列出 ACA 算法和 MLMCM 分析 4、8、16、32 根弯曲互连线，离散未知量数目分别为 1 628、6 328、24 943 和 99 040 的计算机内存和计算时间消耗对比。第 3 列为近场和远场矩阵内存，可以发现 MLMCM 比 ACA 算法显著地节约了远场矩阵内存，并且远场矩阵内存占总内存消耗的大部分，所以 MLMCM 显著地减少了总内存的消耗。第四列为 MLMCM 和 ACA 算法的构造时间，分别包括构造辐射、转移、接收矩阵和 ACA 算法低秩分解。因为 MLMCM 的低秩分解技术是在 ACA 算法的基础上进一步压缩，所以 MLMCM 的构造时间长于 ACA 算法。由于这个过程具有高度的并行性，所以可以方便地并行来提高效率，并且构造时间可以从 MLMCM 更高效的 MVP 得到补偿。所以从第五列可以发现 MLMCM 在总的计算时间上仍然占优势。

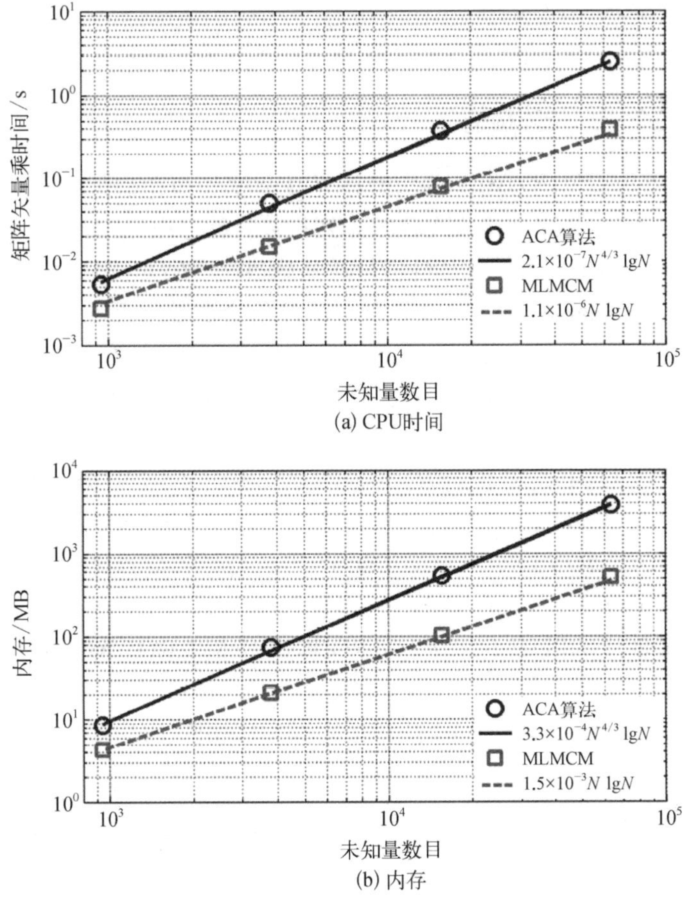

(a) CPU时间

(b) 内存

图 4.5.7　分析固定离散尺寸 $h=0.1\lambda$ 的球锥，计算资源消耗随着未知量数目变化比较

表 4.5.2　ACA 算法和 MLMCM 分析 4、8、16 和 32 弯曲互连线的计算内存和计算时间消耗对比

		近场/远场矩阵内存/MB	构造时间/(mm∶ss)	总时间/(hh∶mm∶ss)
4 根	ACA 算法 MLMCM	5/17 5/5	00∶04 00∶04	00∶00∶44 00∶00∶27
8 根	ACA 算法 MLMCM	20/129 20/23	00∶31 00∶32	00∶06∶15 00∶03∶11
16 根	ACA 算法 MLMCM	80/783 80/129	03∶02 04∶19	00∶26∶24 00∶16∶58
32 根	ACA 算法 MLMCM	320/4 816 320/694	18∶37 36∶13	02∶19∶49 01∶18∶36

4.6 一致性的 $\mathcal{H}$ -矩阵方法

4.6.1 一致性的 $\mathcal{H}$ -矩阵构造

从文献[7]可以看出,ACA 算法的计算复杂度和内存需求是 $O(N^{4/3})$。当目标的电尺寸很大时,矩量法离散得到的未知量数目就会很大,对计算资源提出更高的要求。本小节利用纯代数方法构造一种一致性的 $\mathcal{H}$ -矩阵(uniform H-matrix)结构,相对于 $\mathcal{H}$ -矩阵算法[41],一致性的 $\mathcal{H}$ -矩阵方法在内存需求和矩阵矢量乘的计算复杂度上有较大优势。因此,在相同的计算平台上,Uniform $\mathcal{H}$ - Matrix 可以分析更大电尺寸目标。同时由于迭代求解时间更短,其有利于求解多右边向量问题。

定义 4.6.1 令 $T_{I\times I}$是块簇树,$I=\{1, 2, \cdots, N\}$ 是一个有限指标集,矩阵 $\boldsymbol{Z}\in C^{N\times N}$ 是 $\mathcal{H}$ - Matrix。对任意满足容许条件的块簇 $\sigma=t\times s(t, s\in T_I)$,存在酉矩阵$\boldsymbol{U}_t\in C^{t\times k}$,$\boldsymbol{U}_s\in C^{k_s\times s}$,耦合矩阵$\boldsymbol{M}_{t,s}\in C^{k_l\times k_s}$,使得$\boldsymbol{Z}|_\sigma=\boldsymbol{U}_t\boldsymbol{M}_{t,s}\boldsymbol{U}_s$。这样的矩阵 $\boldsymbol{Z}$ 就称为 Uniform $\mathcal{H}$ - Matrix。

由以上可见,Uniform $\mathcal{H}$ - Matrix 形式主要由耦合矩阵 $\boldsymbol{M}_{t,s}$和矩阵集合 $\boldsymbol{U}=(\boldsymbol{U}_t)_{t\in T_I}$ 组成。为了在 $\mathcal{H}$ - Matrix 基础上构造 Uniform $\mathcal{H}$ - Matrix,首先对第 l 层每个非空基函数组 i 构造一个酉矩阵$\hat{\boldsymbol{U}}_{li}$,称为基矩阵,这里 $(\hat{\boldsymbol{U}}_{li})^{\mathrm{H}}\hat{\boldsymbol{U}}_{li}=\boldsymbol{I}$;对于第 l 层任意非空基函数组i 与j,利用基矩阵$\boldsymbol{U}_i$ 和$\boldsymbol{U}_j$ 构造它们之间远场作用的耦合矩阵$\boldsymbol{M}_{i,j}$。令$\hat{\boldsymbol{Z}}(l)$表示第 l 层的所有耦合矩阵,k_l 为第 l 层非空盒子的数目。从数学公式的角度来看,Uniform $\mathcal{H}$ - Matrix 就是将第 l 层远场作用子矩阵 $\boldsymbol{Z}(l)$ 表示成

$$\boldsymbol{Z}(l)=\mathrm{diag}(\hat{\boldsymbol{U}}_{li})\,\hat{\boldsymbol{Z}}(l)[\mathrm{diag}(\hat{\boldsymbol{U}}_{li})]^{\mathrm{T}} \tag{4.6.1}$$

其中,

$$\mathrm{diag}(\hat{\boldsymbol{U}}_{li})=\begin{bmatrix}\hat{\boldsymbol{U}}_{l1} & & \\ & \ddots & \\ & & \hat{\boldsymbol{U}}_{lk_l}\end{bmatrix} \tag{4.6.2}$$

如图 4.6.1 所示,可以用简单图形表示式(4.6.1)。从本质上来看,构造 Uniform $\mathcal{H}$ - Matrix 的过程就是对 $\mathcal{H}$ - Matrix 表示的阻抗矩阵远场作用部分进一步压缩,去掉其中冗余信息。为了叙述的方便,引入一些符号。对于第 l 层的非空基函数组i,其所有远场作用非空基函数组的集合记为 $\mathrm{Far}(l_i)$,组 i 中基函数数目设为m,集合 $\mathrm{Far}(l_i)$中所有组包含基函数数目之和设为t_i。设$j\in\mathrm{Far}(l_i)$,则非空基函数组 i 和j 之间相互作用矩阵记为$\boldsymbol{Z}_l^{i\times j}$。

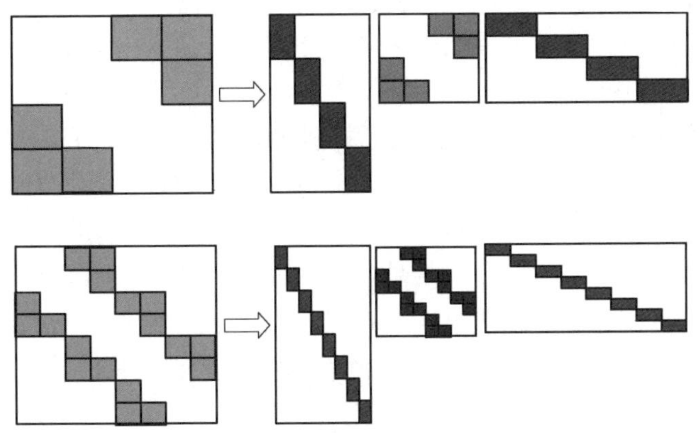

图 4.6.1　阻抗矩阵按层分解的示意图

构造 Uniform $\mathcal{H}$ - Matrix 主要分为两部分：① 对每一个非空基函数组构造对应的基矩阵；② 根据基矩阵构造对应耦合矩阵。下面给出具体构造过程如下：

(1) 对于第 l 层的非空基函数组 i，$j \in \mathrm{Far}(l_i)$，由低秩压缩分解方法可以得

$$\boldsymbol{Z}_l^{i\times j} = \boldsymbol{U}^{i\times k^{ij}} \boldsymbol{S}^{k^{ij}\times k^{ij}} \boldsymbol{V}^{k^{ij}\times j} \tag{4.6.3}$$

对于 $j \in \mathrm{Far}(l_i)$，将相应的 $\boldsymbol{U}^{i\times k^{ij}} \boldsymbol{S}^{k^{ij}\times k^{ij}}$ 按照行排列得到如下中间矩阵：

$$\boldsymbol{B}_{li} = (\cdots,\ \boldsymbol{U}^{i\times k^{ij}} \boldsymbol{S}^{k^{ij}\times k^{ij}},\ \cdots) \tag{4.6.4}$$

(2) 对中间矩阵 $\boldsymbol{B}_{li}$ 做 SVD，根据事先设定的截断误差 $\varepsilon_{\mathrm{SVD}}$，得

$$\boldsymbol{B}_{li} = \hat{\boldsymbol{U}}_{li} \hat{\boldsymbol{S}}_{li} (\hat{\boldsymbol{V}}_{li})^{\mathrm{H}} \tag{4.6.5}$$

其中，$\hat{\boldsymbol{S}}_{li} = \mathrm{diag}(s_{li}^1,\ s_{li}^2,\ \cdots,\ s_{li}^{k_i})$ 且 $s_{li}^1 \geqslant s_{li}^2 \geqslant \cdots \geqslant s_{li}^{k_i} > 0$；$\hat{\boldsymbol{U}}_{li} = C^{m\times k}$ 和 $\hat{\boldsymbol{V}}_{li} = C^{m\times k_i}$ 均为酉矩阵。这里，对于第 l 层的非空基函数组 i，矩阵 $\hat{\boldsymbol{U}}_{li}$ 就是基矩阵。上述操作过程如图 4.6.2 所示。

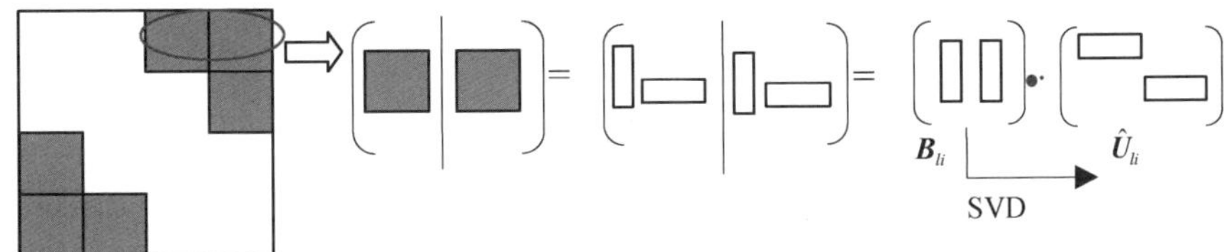

图 4.6.2　基矩阵快速构造示意图

(3) 对于第 l 层的非空基函数组 i，$j \in \mathrm{Far}(l_i)$，令上面求得 $(\hat{\boldsymbol{V}}_{li})^{\mathrm{H}}$ 表示为 $(\hat{\boldsymbol{V}}_{li})^{\mathrm{H}} = (\cdots,\ \hat{\boldsymbol{V}}_{li}^j,\ \cdots)^{\mathrm{H}}$，$\hat{\boldsymbol{Z}}_l^{i\times j}$ 表示非空基函数组 i 和 j 之间的耦合矩阵。则

$$\hat{\boldsymbol{Z}}_l^{i\times j} = \hat{\boldsymbol{S}}_{li} (\hat{\boldsymbol{V}}_{li}^i) \boldsymbol{V}^{k^{ij}\times j} (\hat{\boldsymbol{U}}_{lj})^{\mathrm{c}} \tag{4.6.6}$$

其中，$(\hat{\boldsymbol{U}}_{lj})^{c}$ 表示$\hat{\boldsymbol{U}}_{lj}$的共轭；$(\hat{\boldsymbol{V}}_{li})^{\mathrm{H}}$ 表示$\hat{\boldsymbol{V}}_{li}$的共轭转置。

(4) 对于 $l(2\leqslant l\leqslant L)$，每个非空基函数组执行(1)～(3)步骤，即可得到基矩阵和相应的耦合矩阵。

在这里有必要对上面的构造过程进行详细的说明(主要是解释这样构造的原因)。

(1) 首先，对于第 l 层的非空基函数组 i，$j\in \mathrm{Far}(l_i)$，将所有的 $\boldsymbol{Z}_l^{i\times j}$ 按照行排列得到新的矩阵 $\boldsymbol{C}_{\mathrm{row}}=(\cdots,\ \boldsymbol{Z}_l^{i\times j},\ \cdots)$，则 $\boldsymbol{C}_{\mathrm{row}}\in C^{m\times t_i}$。实际上，计算基矩阵是通过奇异值分解 $\boldsymbol{C}_{\mathrm{row}}$ 得到的。但是，直接对 $\boldsymbol{C}_{\mathrm{row}}$ 做奇异值分解的计算量是 $O(mt_i^2)$。由于 $\boldsymbol{Z}_l^{i\times j}$ 存在低秩表示形式 $\boldsymbol{U}^{i\times k^{ij}}\boldsymbol{S}^{k^{ij}\times k^{ij}}\boldsymbol{V}^{k^{ij}\times j}$，所以可以用来降低计算量。将相应的 $\boldsymbol{U}^{i\times k^{ij}}\boldsymbol{S}^{k^{ij}\times k^{ij}}$ 按照行排列得到中间矩阵 $\boldsymbol{B}_{li}$，具体表示为

$$
\begin{aligned}
\boldsymbol{C}_{\mathrm{row}} &= (\cdots,\ \boldsymbol{U}^{i\times k^{ij}}\boldsymbol{S}^{k^{ij}\times k^{ij}}\boldsymbol{V}^{k^{ij}\times j},\ \cdots) \\
&= (\cdots,\ \boldsymbol{U}^{i\times k^{ij}}\boldsymbol{S}^{k^{ij}\times k^{ij}},\ \cdots)\begin{pmatrix}\ddots & & \\ & \boldsymbol{V}^{k^{ij}\times j} & \\ & & \ddots\end{pmatrix} \\
&= \boldsymbol{B}_{li}\begin{pmatrix}\ddots & & \\ & \boldsymbol{V}^{k^{ij}\times j} & \\ & & \ddots\end{pmatrix}
\end{aligned}
\tag{4.6.7}
$$

对中间矩阵 $\boldsymbol{B}_{li}$进行奇异值分解并根据误差 $\varepsilon_{\mathrm{SVD}}$做截断可以得

$$
\begin{aligned}
\boldsymbol{C}_{\mathrm{row}} = \boldsymbol{B}_{li}\begin{pmatrix}\ddots & & \\ & \boldsymbol{V}^{k^{ij}\times j} & \\ & & \ddots\end{pmatrix} &\xleftrightarrow{\mathrm{SVD}} \widetilde{\boldsymbol{U}}_{li}\widetilde{\boldsymbol{S}}_{li}(\widetilde{\boldsymbol{V}}_{li})^{\mathrm{H}}\begin{pmatrix}\ddots & & \\ & \boldsymbol{V}^{k^{ij}\times j} & \\ & & \ddots\end{pmatrix} \\
&= \widetilde{\boldsymbol{U}}_{li}\widetilde{\boldsymbol{S}}_{li}(\cdots,\ \widetilde{\boldsymbol{V}}_{li}^{j},\ \cdots)^{\mathrm{H}}\begin{pmatrix}\ddots & & \\ & \boldsymbol{V}^{k^{ij}\times j} & \\ & & \ddots\end{pmatrix} \\
&\xleftrightarrow{\text{进行截断}} \widetilde{\boldsymbol{U}}_{li}\widetilde{\boldsymbol{S}}_{li}(\cdots,\ \widetilde{\boldsymbol{V}}_{li}^{j},\ \cdots)^{\mathrm{H}}\begin{pmatrix}\ddots & & \\ & \boldsymbol{V}^{k^{ij}\times j} & \\ & & \ddots\end{pmatrix}
\end{aligned}
\tag{4.6.8}
$$

由于 $\boldsymbol{V}^{k^{ij}\times j}$ 和 $(\cdots,\ \widetilde{\boldsymbol{V}}_{li}^{j},\ \cdots)^{\mathrm{H}}$ 都是酉矩阵，所以式(4.6.8)最后的两个矩阵的乘积也是酉矩阵。因此，式 (4.6.8)即为 $\boldsymbol{C}_{\mathrm{row}}$ 的奇异值分解的形式。从上面可以看出，$\boldsymbol{B}_{li}\in C^{m\times k_{li}}$，且由于 $\boldsymbol{Z}_l^{i\times j}$ 的低秩特性，$k_{li}\ll t_i$，其中

$$
k_{li}=\sum_{j\in \mathrm{Far}(l_i)} k^{ij} \tag{4.6.9}
$$

对 $\boldsymbol{B}_{li}$进行奇异值分解的计算量是 $O(mk_{li}^2)$，显然这比直接对 $\boldsymbol{C}_{\mathrm{row}}$做奇异值分

解的计算量$O(mt_i^2)$小很多。这就是采取拼接方式的主要原因。

(2) 对于第 l 层的非空基函数组 i，$j\in \mathrm{Far}(l_i)$，对应 $\boldsymbol{Z}_l^{i\times j}$ 的近似表示是 $\hat{\boldsymbol{U}}_{li}\hat{\boldsymbol{Z}}_l^{i\times j}(\hat{\boldsymbol{U}}_{lj})^{\mathrm{T}}$，而 $\hat{\boldsymbol{Z}}_l^{i\times j}$ 又可以表示为 $\hat{\boldsymbol{Z}}_l^{i\times j}=\hat{\boldsymbol{S}}_{li}(\hat{\boldsymbol{V}}_{li}^i)^{\mathrm{H}}\ \hat{\boldsymbol{V}}^{k^{ij}\times j}(\hat{\boldsymbol{U}}_{lj})^{\mathrm{c}}$。其实，$\hat{\boldsymbol{U}}_{li}\hat{\boldsymbol{Z}}_l^{i\times j}(\hat{\boldsymbol{U}}_{lj})^{\mathrm{T}}$ 最初表示式为

$$\hat{\boldsymbol{U}}_{li}\hat{\boldsymbol{Z}}_l^{i\times j}(\hat{\boldsymbol{U}}_{lj})^{\mathrm{T}}=\hat{\boldsymbol{U}}_{li}(\hat{\boldsymbol{U}}_{li})^{\mathrm{c}}\boldsymbol{Z}_l^{i\times j}\hat{\boldsymbol{U}}_{lj}(\hat{\boldsymbol{U}}_{lj})^{\mathrm{T}} \tag{4.6.10}$$

实际上，$\hat{\boldsymbol{Z}}_l^{i\times j}=(\hat{\boldsymbol{U}}_{li})^{\mathrm{c}}\boldsymbol{Z}_l^{i\times j}\hat{\boldsymbol{U}}_{lj}$。在线性代数里，$\hat{\boldsymbol{U}}_{li}(\hat{\boldsymbol{U}}_{li})^{\mathrm{c}}$ 可以看作关于$\hat{\boldsymbol{U}}_{li}$子空间的投影映射。很显然，根据(1)可知，这里的基矩阵$\hat{\boldsymbol{U}}_{li}$和$\hat{\boldsymbol{U}}_{li}$恰好分别是$\hat{\boldsymbol{Z}}_l^{i\times j}$ 奇异值分解的左奇异向量和右奇异向量。这就说明，$\hat{\boldsymbol{U}}_{li}\hat{\boldsymbol{Z}}_l^{i\times j}(\hat{\boldsymbol{U}}_{lj})^{\mathrm{T}}$ 可以很好地近似 $\boldsymbol{Z}_l^{i\times j}$。

(3) 本节算法的本质是对 $\mathcal{H}$ - Matrix 表示的阻抗矩阵远场作用部分进行近似。因此，需要对算法的误差做一个适当的、定量的估计。定义相对逼近误差 L_2 如下：

$$L_2=\|\boldsymbol{Z}_l^{i\times j}-\hat{\boldsymbol{U}}_{li}\hat{\boldsymbol{Z}}_l^{i\times j}(\hat{\boldsymbol{U}}_{lj})^{\mathrm{T}}\|_2/\|\boldsymbol{Z}_l^{i\times j}\|_2 \tag{4.6.11}$$

根据本节算法，可以得到相对逼近误差 L_2 估计如下：

$$\begin{aligned}
L_2&=\|\boldsymbol{Z}_l^{i\times j}-\hat{\boldsymbol{U}}_{li}\hat{\boldsymbol{Z}}_l^{i\times j}(\hat{\boldsymbol{U}}_{lj})^{\mathrm{T}}\|_2/\|\boldsymbol{Z}_l^{i\times j}\|_2\\
&=\|\boldsymbol{Z}_l^{i\times j}-\hat{\boldsymbol{U}}_{li}(\hat{\boldsymbol{U}}_{li})^{\mathrm{H}}\boldsymbol{Z}_l^{i\times j}+\hat{\boldsymbol{U}}_{li}(\hat{\boldsymbol{U}}_{li})^{\mathrm{H}}\boldsymbol{Z}_l^{i\times j}-\hat{\boldsymbol{U}}_{li}\hat{\boldsymbol{Z}}_l^{i\times j}(\hat{\boldsymbol{U}}_{lj})^{\mathrm{T}}\|_2/\|\boldsymbol{Z}_l^{i\times j}\|_2\\
&\leqslant[\|\boldsymbol{Z}_l^{i\times j}-\hat{\boldsymbol{U}}_{li}(\hat{\boldsymbol{U}}_{li})^{\mathrm{H}}\boldsymbol{Z}_l^{i\times j}\|_2+\|\hat{\boldsymbol{U}}_{li}(\hat{\boldsymbol{U}}_{li})^{\mathrm{H}}\boldsymbol{Z}_l^{i\times j}\\
&\quad-\hat{\boldsymbol{U}}_{li}\hat{\boldsymbol{Z}}_l^{i\times j}(\hat{\boldsymbol{U}}_{lj})^{\mathrm{T}}\|_2]/\|\boldsymbol{Z}_l^{i\times j}\|_2\\
&=\{\|\boldsymbol{Z}_l^{i\times j}-\hat{\boldsymbol{U}}_{li}(\hat{\boldsymbol{U}}_{li})^{\mathrm{H}}\boldsymbol{Z}_l^{i\times j}\|_2+\|\hat{\boldsymbol{U}}_{li}(\hat{\boldsymbol{U}}_{li})^{\mathrm{H}}[\boldsymbol{Z}_l^{i\times j}\\
&\quad-\boldsymbol{Z}_l^{i\times j}(\boldsymbol{U}_{lj})^{\mathrm{c}}(\hat{\boldsymbol{U}}_{lj})^{\mathrm{T}}]\|_2\}/\|\boldsymbol{Z}_l^{i\times j}\|_2
\end{aligned} \tag{4.6.12}$$

下面就来对上面定义的误差进行估计。令 $\boldsymbol{B}_{li}$的奇异值分解精确表示形式为

$$\boldsymbol{B}_{li}=\widetilde{\boldsymbol{U}}_{li}\widetilde{\boldsymbol{S}}_{li}(\widetilde{\boldsymbol{V}}_{li})^{\mathrm{H}}$$

其中，$\widetilde{\boldsymbol{U}}=(\boldsymbol{u}_{li}^1,\cdots,\boldsymbol{u}_{li}^{k1},\cdots,\boldsymbol{u}_{li}^r)$；$\hat{\boldsymbol{S}}_{li}=\mathrm{diag}(s_{li}^1,s_{li}^{ki},\cdots,s_{li}^r)$；$(\widetilde{\boldsymbol{V}}_{li})^{\mathrm{H}}=(v_{li}^1,\cdots,v_{li}^{k1},\cdots,v_{li}^r)^{\mathrm{H}}$。根据误差 $\varepsilon_{\mathrm{SVD}}$做完截断后，$\boldsymbol{B}_{li}$可以近似表示为

$$\boldsymbol{B}_{li}=\widetilde{\boldsymbol{U}}_{li}\widetilde{\boldsymbol{S}}_{li}(\widetilde{\boldsymbol{V}}_{li})^{\mathrm{H}}$$

其中，$\hat{\boldsymbol{U}}_{li}$和$\widetilde{\boldsymbol{V}}_{li}$分别是$\hat{\boldsymbol{U}}_{li}$和$\widetilde{\boldsymbol{V}}_{li}$的前 k_i 列；$\widetilde{\boldsymbol{S}}_{li}$是$\widetilde{\boldsymbol{S}}_{li}$主对角线前 k_i 个元素。因此，式(4.6.12)最后一行的第一项可以表示为

$$\begin{aligned}
&\|\boldsymbol{Z}_l^{i\times j}-\hat{\boldsymbol{U}}_{li}(\hat{\boldsymbol{U}}_{li})^{\mathrm{H}}\boldsymbol{Z}_l^{i\times j}\|_2/\|\boldsymbol{Z}_l^{i\times j}\|_2\\
=&\|\widetilde{\boldsymbol{U}}_{li}\widetilde{\boldsymbol{S}}_{li}(\widetilde{\boldsymbol{V}}_{li})^{\mathrm{H}}\boldsymbol{V}^{k^{ij}\times j}-\hat{\boldsymbol{U}}_{li}(\hat{\boldsymbol{U}}_{li})^{\mathrm{H}}\widetilde{\boldsymbol{U}}_{li}\widetilde{\boldsymbol{S}}_{li}(\widetilde{\boldsymbol{V}}_{li})^{\mathrm{H}}\boldsymbol{V}^{k^{ij}\times j}\|_2/\|\boldsymbol{Z}_l^{i\times j}\|_2\\
=&\|(\boldsymbol{u}_{li}^{k_i+1},\cdots,\boldsymbol{u}_{li}^r)\mathrm{diag}(s_{li}^{k_i+1},\cdots,s_{li}^r)(\widetilde{\boldsymbol{V}}_{li})^{\mathrm{H}}\boldsymbol{V}^{k^{ij}\times j}\|_2/\|\boldsymbol{Z}_l^{i\times j}\|_2
\end{aligned}$$

$$
\begin{aligned}
&= \| \operatorname{diag}(s_{li}^{k_i+1}, \cdots, s_{li}^{r})(\widetilde{\boldsymbol{V}}_{li})^{\mathrm{H}}\boldsymbol{V}^{k^{ij}\times j} \|_2 / \| \boldsymbol{Z}_l^{i\times j} \|_2 \\
&= \| \operatorname{diag}(s_{li}^{k_i+1}, \cdots, s_{li}^{r}) \|_2 / \| \boldsymbol{Z}_l^{i\times j} \|_2 \leqslant \varepsilon_{\mathrm{SVD}}
\end{aligned} \tag{4.6.13}
$$

式(4.6.13)最后的两等式是根据矩阵奇异值分解的定义得到的。根据矩阵 2 范数的基本性质：$\| \boldsymbol{A} \cdot \boldsymbol{B} \| \leqslant \| \boldsymbol{A} \|_2 \| \boldsymbol{B} \|_2$，式(4.6.12)中最后一行第一项有以下估计：

$$
\begin{aligned}
&\| \hat{\boldsymbol{U}}_{li}(\hat{\boldsymbol{U}}_{li})^{\mathrm{H}}[\boldsymbol{Z}_l^{i\times j} - \boldsymbol{Z}_l^{i\times j}(\hat{\boldsymbol{U}}_{lj})^{\mathrm{c}}(\hat{\boldsymbol{U}}_{lj})^{\mathrm{T}}] \|_2 / \| \boldsymbol{Z}_l^{i\times j} \|_2 \\
\leqslant &\| \hat{\boldsymbol{U}}_{li}(\hat{\boldsymbol{U}}_{li})^{\mathrm{H}} \|_2 \| \boldsymbol{Z}_l^{i\times j} - \boldsymbol{Z}_l^{i\times j}(\hat{\boldsymbol{U}}_{lj})^{\mathrm{c}}(\hat{\boldsymbol{U}}_{lj})^{\mathrm{T}} \|_2 / \| \boldsymbol{Z}_l^{i\times j} \|_2 \\
\leqslant &\| \hat{\boldsymbol{U}}_{li} \|_2 \| (\hat{\boldsymbol{U}}_{li})^{\mathrm{H}} \|_2 \| \boldsymbol{Z}_l^{i\times j} - \boldsymbol{Z}_l^{i\times j}(\hat{\boldsymbol{U}}_{lj})^{\mathrm{c}}(\hat{\boldsymbol{U}}_{lj})^{\mathrm{T}} \|_2 / \| \boldsymbol{Z}_l^{i\times j} \|_2 \\
\leqslant &\| \boldsymbol{Z}_l^{i\times j} - \boldsymbol{Z}_l^{i\times j}(\hat{\boldsymbol{U}}_{lj})^{\mathrm{c}}(\hat{\boldsymbol{U}}_{lj})^{\mathrm{T}} \|_2 / \| \boldsymbol{Z}_l^{i\times j} \|_2
\end{aligned} \tag{4.6.14}
$$

因此，式 (4.6.12)最后一行的第二项只需要做转置就与式(4.6.14)一样，同样有

$$
\| \boldsymbol{Z}_l^{i\times j} - \boldsymbol{Z}_l^{i\times j}(\hat{\boldsymbol{U}}_{lj})^{\mathrm{c}}(\hat{\boldsymbol{U}}_{lj})^{\mathrm{T}} \|_2 / \| \boldsymbol{Z}_l^{i\times j} \|_2 \leqslant \varepsilon_{\mathrm{SVD}} \tag{4.6.15}
$$

因此相对逼近误差 L_2 可以表示为

$$
\begin{aligned}
L_2 &= \| \boldsymbol{Z}_l^{i\times j} - \hat{\boldsymbol{U}}_{lj}\boldsymbol{Z}_l^{i\times j}(\hat{\boldsymbol{U}}_{lj})^{\mathrm{T}} \|_2 / \| \boldsymbol{Z}_l^{i\times j} \|_2 \\
&= \| \boldsymbol{Z}_l^{i\times j} - \hat{\boldsymbol{U}}_{lj}(\hat{\boldsymbol{U}}_{lj})^{\mathrm{H}}\boldsymbol{Z}_l^{i\times j} \|_2 / \| \boldsymbol{Z}_l^{i\times j} \|_2 \\
&\quad + \| \boldsymbol{Z}_l^{i\times j} - \boldsymbol{Z}_l^{i\times j}(\hat{\boldsymbol{U}}_{lj})^{\mathrm{c}}(\hat{\boldsymbol{U}}_{lj})^{\mathrm{T}} \|_2 / \| \boldsymbol{Z}_l^{i\times j} \|_2 \\
&\leqslant 2 \cdot \varepsilon_{\mathrm{SVD}}
\end{aligned} \tag{4.6.16}
$$

也就是说，可以通过截断误差 $\varepsilon_{\mathrm{SVD}}$来控制逼近误差 L_2。这就说明本节算法是误差可控的。

(4) 由于利用矩量法来离散 EFIE，所以得到的阻抗矩阵是对称的。也就是对第 l 层的非空基函数组 $i, j \in \mathrm{Far}(l_i)$，相互作用矩阵满足 $\boldsymbol{Z}_l^{i\times j} = (\boldsymbol{Z}_l^{j\times i})^{\mathrm{T}}$，这里 $\boldsymbol{Z}_l^{i\times j}$ 和 $\boldsymbol{Z}_l^{j\times i}$ 都是阻抗矩阵 $\boldsymbol{Z}$ 的子块。根据此条件，得到一个很有意思结果：在 Uniform $\mathcal{H}$-Matrix 里，第 l 层的耦合矩阵$\hat{\boldsymbol{Z}}(l)$是对称的，即 $\boldsymbol{Z}_l^{i\times j} = (\boldsymbol{Z}_l^{j\times i})^{\mathrm{T}}$。其证明过程如下：

$$
\begin{aligned}
\hat{\boldsymbol{Z}}_l^{i\times j} &= (\hat{\boldsymbol{U}}_{li})^{\mathrm{H}}\boldsymbol{Z}_l^{i\times j}(\hat{\boldsymbol{U}}_{li})^{\mathrm{c}} \\
&= \{(\hat{\boldsymbol{U}}_{li})^{\mathrm{H}}(\boldsymbol{Z}_l^{i\times j})^{\mathrm{T}}[(\hat{\boldsymbol{U}}_{li})^{\mathrm{H}}]^{\mathrm{T}}\}^{\mathrm{T}} \\
&= [(\hat{\boldsymbol{U}}_{li})^{\mathrm{H}}\boldsymbol{Z}_l^{j\times i}(\hat{\boldsymbol{U}}_{li})^{\mathrm{c}}]^{\mathrm{T}} \\
&= (\hat{\boldsymbol{Z}}_l^{j\times i})^{\mathrm{T}}
\end{aligned} \tag{4.6.17}
$$

因此，在计算和存储的过程中，可以利用对称性来加快计算和减少内存需求。

从具体的表示形式来看，Uniform $\mathcal{H}$- Matrix 和单层快速多极子(fast multipole method，FMM)类似。对于阻抗矩阵 $\boldsymbol{Z}$，第 l 层的远场作用部分矩阵 $\boldsymbol{Z}(l)$表示为

$$
\boldsymbol{Z}(l) = \operatorname{diag}(\hat{\boldsymbol{U}}_{li})\,\hat{\boldsymbol{Z}}(l)[\operatorname{diag}(\hat{\boldsymbol{U}}_{li})]^{\mathrm{T}} \tag{4.6.18}
$$

其中,矩阵$[\mathrm{diag}(\hat{\boldsymbol{U}}_{li})]^{\mathrm{T}}$ 对应 FMM 里的聚合过程;$\hat{\boldsymbol{Z}}(l)$对应 FMM 里的转移过程;矩阵 $\mathrm{diag}(\hat{\boldsymbol{U}}_{li})$对应 FMM 里的配置过程。根据 Uniform $\mathcal{H}$ - Matrix 的结构,构造阻抗矩阵与矢量相乘运算如下:

Subroutine **MVP** (x , y)

$y=0$; $y=\boldsymbol{Z}^{NF}\cdot x$;

begin $l=2,L$

begin $i=1,k_l$(聚合)

$\mathbf{x}^i=(\hat{\boldsymbol{U}}_{li})^{\mathrm{T}}\cdot x|_i$

end

begin $i=1,k_l$(转移)

$\mathbf{w}^j=\sum\limits_{j\in \mathrm{Far}(i)}\hat{\boldsymbol{Z}}_l^{i\times j}\cdot x^i$

end

begin $j=1,k_l$(配置)

$\boldsymbol{y}|_j=\boldsymbol{y}|_j+\hat{\boldsymbol{U}}_{li}\cdot \boldsymbol{w}^j$

end

end

4.6.2　计算结果

为了说明本节算法和程序的正确性与有效性,下面用一些常用模型进行测试。本节的计算平台是双核 2.83 GHz CPU、内存为 8GB 的单机,最终导出的线性方程组采用 GMRES[39]迭代算法来求解,迭代求解的精度设置为 0.001。根据 4.6.1 节的误差估计,我们设置奇异值分解的截断误差 $\varepsilon_{\mathrm{SVD}}=5.0\times10^{-4}$。

1. 自由空间的散射问题分析

为了验证 Uniform $\mathcal{H}$ - matrix 方法的正确性,首先考虑一组电尺寸逐渐增大的金属球。假设入射平面波的频率是 300 MHz,入射角是 ($\varphi^{\mathrm{i}}=0°$, $\theta^{\mathrm{i}}=0°$),金属球的半径和波长之比分别为 0.9、1.8、3.6、7.2。在计算过程中,截断误差 $\varepsilon_{\mathrm{SVD}}=5.0\times10^{-4}$。半径为 7.2 m 金属球的双站 RCS 与解析解 Mie 级数比较结果如图 4.6.3 所示,可见 Uniform $\mathcal{H}$ - matrix 和精确解完全吻合。然后分析一个电尺寸为 $30\times6.6\times12.8\lambda$ 巡航导弹模型,假设入射平面波的频率是 1.5 GHz。按照 1/10 波长对目标进行三角剖分得到未知量为 126 261。由于 ACA - SVD 操作简单,所以在散射算例中,采用 ACA - SVD 来快速计算阻抗矩阵的低秩子块[7]。在计算过程中,截断误差 $\varepsilon_{\mathrm{SVD}}=5.0\times10^{-4}$。图 4.6.4 给出 Uniform $\mathcal{H}$ - Matrix 和 ACA - SVD计算的双站 RCS 曲线图,可以看出,两种方法的计算结果吻合得很好。

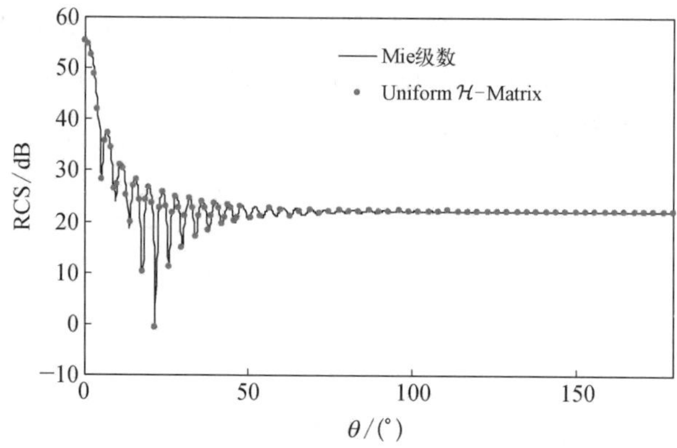

图 4.6.3　未知量数目是 197 499,半径为 7.2 m 的金属球的双站 RCS 曲线图

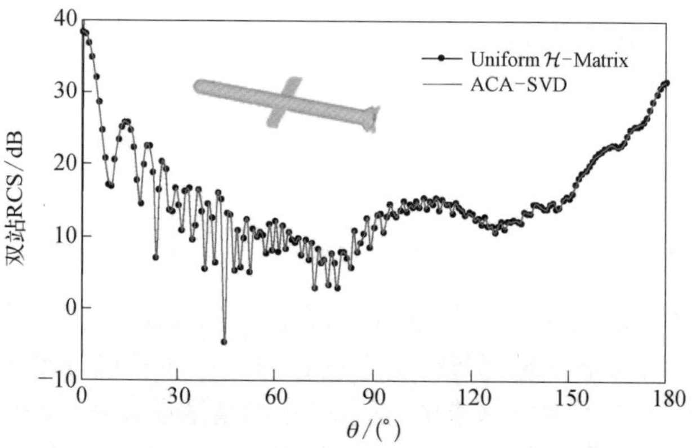

图 4.6.4　未知量数目是 126 261,电尺寸为 $30\times6.6\times12.8\lambda$ 巡航导弹的双站 RCS 曲线图

为了验证 Uniform $\mathcal{H}$ - Matrix 算法的有效性,计算了电尺寸从 1.8 逐渐增大到 14.4 的金属球,入射平面波的频率是 300 MHz。利用平面 RWG 离散得到的未知量数目分别为 3 135、12 876、52 599、197 499,并且保证最细层组的电尺寸是 0.225λ。图 4.6.5 和图 4.6.6 分别给出内存需求和矩阵矢量乘的计算时间随未知量数目变化曲线图。从图 4.6.5 和图 4.6.6 可以看出,Uniform $\mathcal{H}$ - Matrix 在内存需求和矩阵矢量乘的计算时间上都比 ACA - SVD 算法有优势。由于 Uniform $\mathcal{H}$ - Matrix 是在 ACA 基础上构造的,所以其需要额外的计算时间。表 4.6.1 统计不同电尺寸的金属球的计算资源消耗。其中,Uniform $\mathcal{H}$ - Matrix 的计算时间包括 Uniform $\mathcal{H}$ - Matrix 构造时间和迭代求解时间,而 ACA - SVD 时间仅是最终迭代求解时间。由此可以得出,Uniform $\mathcal{H}$ - Matrix 在计算多右边向量问题(如单站 RCS 计算问题)上优势非常明显。

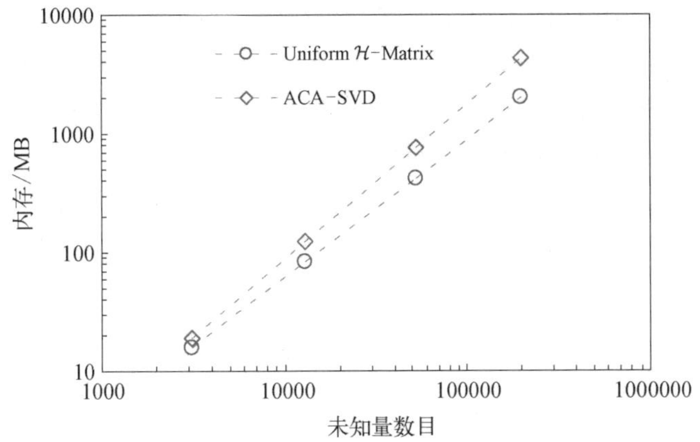

图 4.6.5　不同电尺寸金属球所需计算机内存随未知量数目变化曲线图

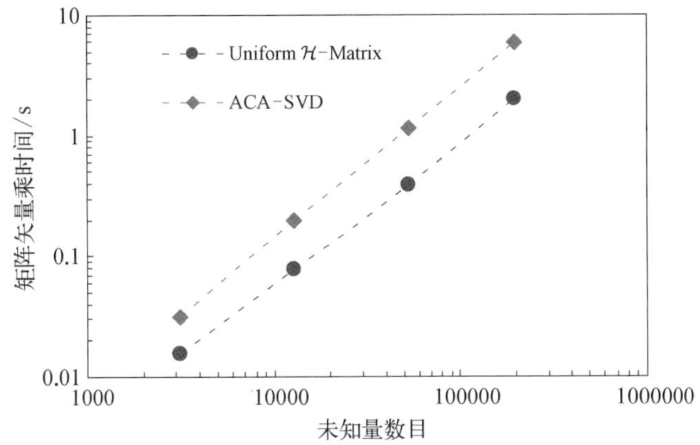

图 4.6.6　不同电尺寸金属球的矩阵矢量乘计算时间随未知量数目变化曲线图

表 4.6.1　不同电尺寸的金属球的计算资源消耗

<table>
<tr><th rowspan="3">未知量数目</th><th colspan="2">迭代步数</th><th colspan="3">求解时间/s</th></tr>
<tr><th rowspan="2">Uniform $\mathcal{H}$ - Matrix</th><th rowspan="2">ACA - SVD</th><th colspan="2">Uniform $\mathcal{H}$ - Matrix</th><th rowspan="2">ACA - SVD</th></tr>
<tr><th>构造时间</th><th>迭代时间</th></tr>
<tr><td>3 135</td><td>239</td><td>239</td><td>2.6</td><td>3.5</td><td>6.6</td></tr>
<tr><td>12 876</td><td>1 482</td><td>1 480</td><td>39</td><td>105</td><td>282</td></tr>
<tr><td>52 599</td><td>1 494</td><td>1 517</td><td>619</td><td>547</td><td>1 728</td></tr>
<tr><td>197 499</td><td>2 834</td><td>2 865</td><td>6 419</td><td>5 328</td><td>23 266</td></tr>
</table>

最后,为了进一步说明 Uniform $\mathcal{H}$ - Matrix 的优势,考虑一个复杂的金属 F - 15 飞机模型。其电尺寸从 4.7 逐渐增大到 19.1λ,相应的未知量数目由 7 298 增加到 98 928。表 4.6.2 统计不同电尺寸的 F - 15 飞机模型的计算资源消耗。图

4.6.7 和图 4.6.8 分别给出不同未知量数目 F－15 飞机模型的内存需求和矩阵矢量乘的计算时间，很容易看出：相对于 ACA－SVD，Uniform $\mathcal{H}$－Matrix 算法在内存需求和矩阵矢量乘的计算时间上都具有优势。并且当求解问题的未知量数目越大时，Uniform $\mathcal{H}$－Matrix 方法的优势就越明显。

表 4.6.2　不同电尺寸的 F－15 飞机模型的计算资源消耗

未知量数目	迭代步数		求解时间/s		
	Uniform $\mathcal{H}$－Matrix	ACA－SVD	Uniform $\mathcal{H}$－Matrix		ACA－SVD
			构造时间	迭代时间	
7 389	7 246	7 270	11	278	400
25 257	4 355	4 281	97	977	1 441
98 928	9 649	9 647	999	10 440	18 776

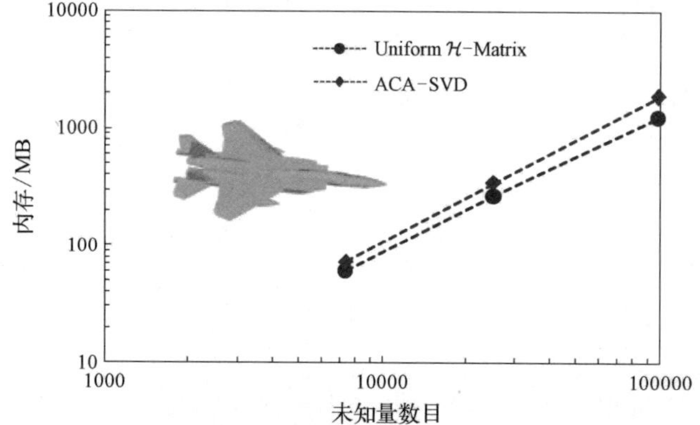

图 4.6.7　不同电尺寸的 F－15 飞机模型的内存需求随未知量数目变化曲线图

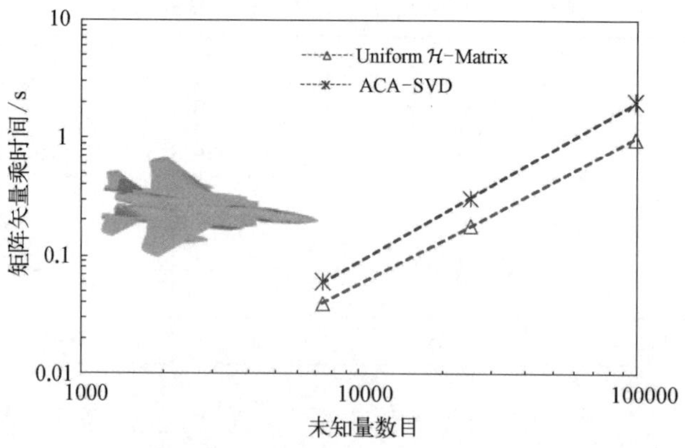

图 4.6.8　不同电尺寸的 F－15 飞机模型的矩阵矢量乘的计算时间随未知量数目变化曲线图

2. 平面微带结构分析

低秩压缩分解方法的主要优点就是与问题的格林函数无关，特别适用于处理复杂格林函数的问题。相对于自由空间格林函数，平面分层介质问题的格林函数复杂很多，若采用快速多极子类的方法，理论和程序实现起来相当复杂。因此，本小节利用 Uniform $\mathcal{H}$ - Matrix 方法来分析平面分层介质的微带结构。

首先考虑图 4.6.9 所示的具有七个周期的准周期电磁带隙结构。此电磁带隙结构可以当成两层介质的平面微带结构来处理，其中，最上层微带线的宽度是 3.7 mm，中间层是七个金属贴片，边长为 12 mm 的正方形，底板的介电常数 $\varepsilon_r=3.38$。金属贴片和微带线间垂直厚度是 0.3 mm，金属贴片和底板的间距是 1.3 mm。这里只需要对微带线和金属贴片部分进行剖分，因为介质底板的影响直接考虑在格林函数中，这也是采用表面积分方程的优点之一。因而，采用 RWG 基函数对金属贴片部分进行剖分，最终得到未知量数目是 1 919。在微带线的一端加单位电压源。图 4.6.10 和图 4.6.11 分别给出电磁带隙结构的 S11 和 S21 曲线图，可以看出，Uniform $\mathcal{H}$ - Matrix 的计算结果和 Designer 吻合得很好。

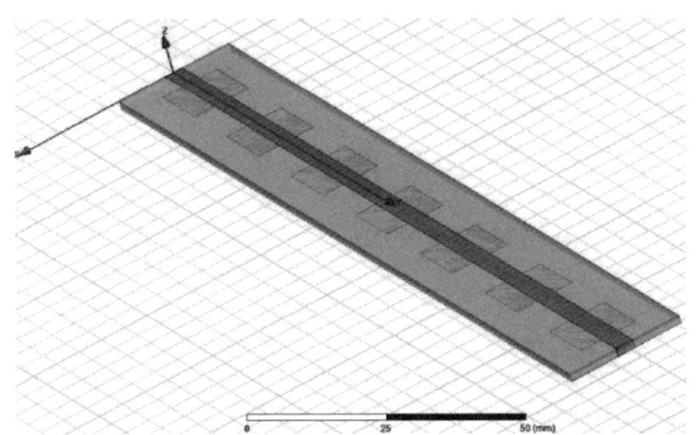

图 4.6.9　具有七个周期的准周期电磁带隙结构图

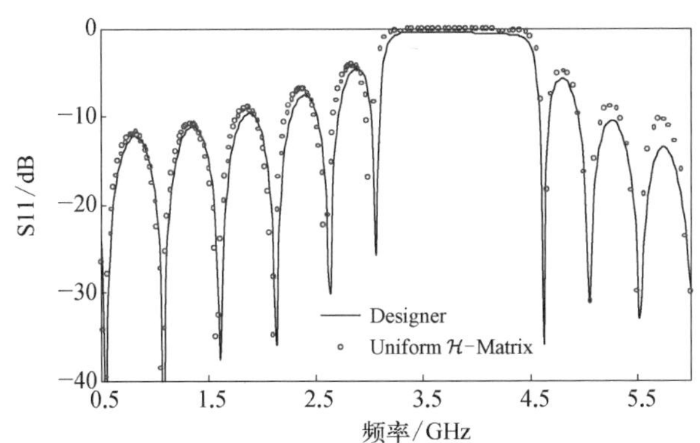

图 4.6.10　具有七个周期的准周期电磁带隙结构的 S11 曲线图

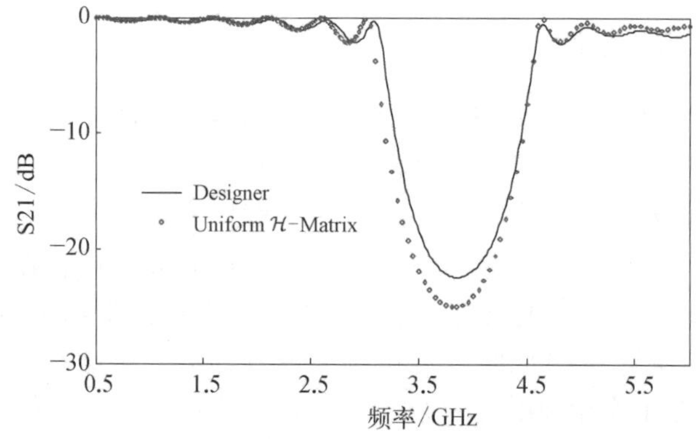

图 4.6.11　具有七个周期的准周期电磁带隙结构的 S21 曲线图

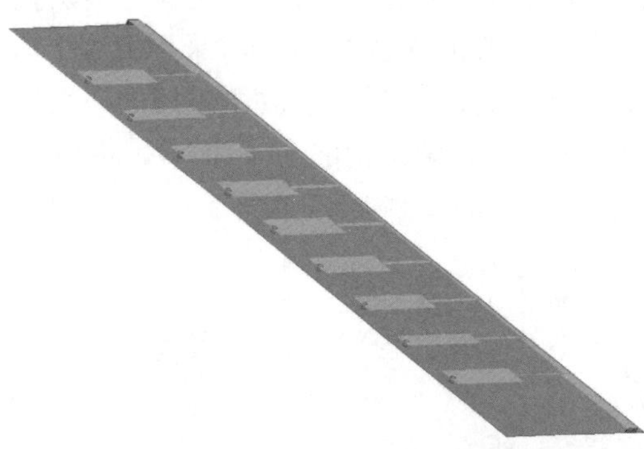

图 4.6.12　带通孔的双通宽带滤波器结构图

其次，考虑如图 4.6.12 所示的带通孔的双通宽带滤波器结构[40]。此滤波器结构最上层微带线尺寸如图 4.6.13 所示。底板的介电常数是 3.55，介质板的厚度是 0.508 mm。微带线通过通孔与金属底板相连，通孔的直径是 0.5 mm。这里需要对微带线、通孔和金属底板部分进行剖分。同样采用 RWG 基函数部分进行剖分。图 4.6.14 给出此双通宽带滤波器结构在频率为 1～15 GHz 的 S21 参数曲线图，可以看出，Uniform $\mathcal{H}$ - Matrix的计算结果和仿真软件 HFSS 吻合得很好。S21 参数较好地说明了该双通宽带滤波器的性能。

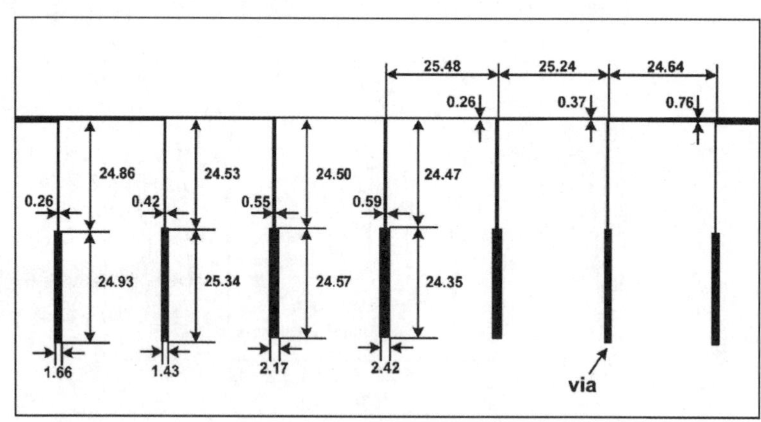

图 4.6.13　带通孔的双通宽带滤波器结构俯视的几何参数图(单位：mm)

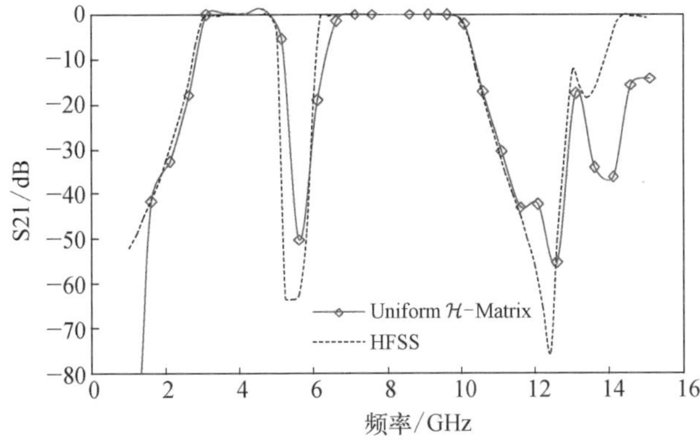

图 4.6.14　带通孔的双通宽带滤波器结构的 S21 曲线图

下面来验证 Uniform $\mathcal{H}$ - Matrix 的计算效率。由于 MDA - SVD 在分析平面结构时选用的等效源较少，效率会比较高。因此，这里采用 MDA - SVD 算法。为了说明 Uniform $\mathcal{H}$ - Matrix 的效率优势，分析图 4.6.15 所示 16×16 的微带线阵列[41]，其中，单元尺寸为 $W = 10.08$ mm，长 $L = 10.08$ mm，馈线的宽度是 $d_1 = 1.3$ mm、$d_2 = 3.93$ mm，长度是 $L_1 = 12.32$ mm、$L_2 = 18.48$ mm，单元分布参数是 $D_1 = 23.58$ mm、$D_2 = 22.40$ mm，工作频率是 9.42 GHz，底板的介电常数 $\varepsilon_r = 2.2$，厚度 $h = 1.59$ mm。这里注意：只需要对金属贴片部分进行剖分，因为介质底板的影响直接考虑在格林函数中，这也是采用表面积分方程方法分析该结构的优点之一。因而，采用 RWG 基函数对金属贴片部分进行剖分，最终得到未知量数目是 27 694。图 4.6.16 给出电场随 θ 变化的 H 面（$\varphi = 90°$）分布，可以看出，Uniform $\mathcal{H}$ - Matrix 和 MDA - SVD 计算的结果吻合得很好。表 4.6.3 给出计算此结构时远场内存、矩阵矢量乘时间和迭代求解时间。

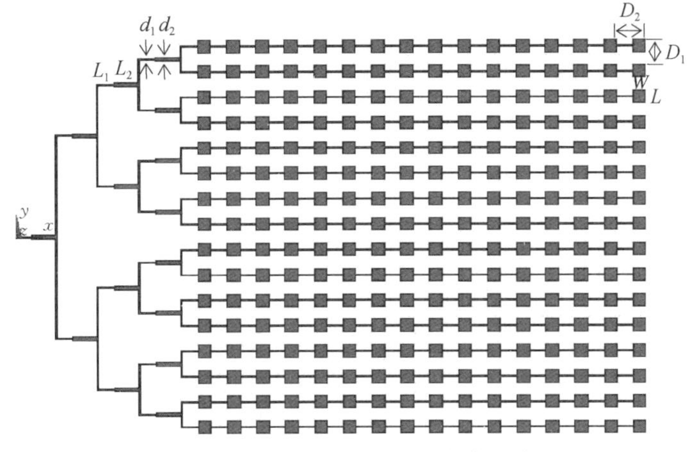

图 4.6.15　16×16 微带线阵列结构示意图

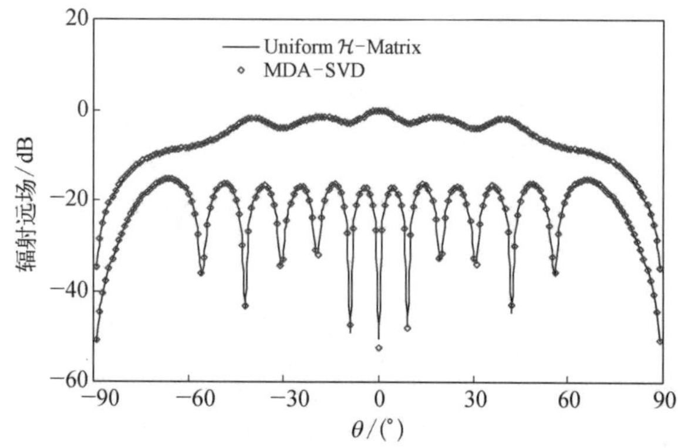

图 4.6.16　微带线阵列 16×16 结构的电场随 θ 变化的 H 面($\varphi=90°$)分布示意图

表 4.6.3　微带线阵列 16×16 结构的所需远场内存、矩阵矢量乘时间和迭代求解时间

算　法	远场内存/MB	矩阵矢量乘时间/s	迭代求解时间/s
Uniform $\mathcal{H}$ - Matrix	170	0.12	807
MDA - SVD	401	0.28	1 883

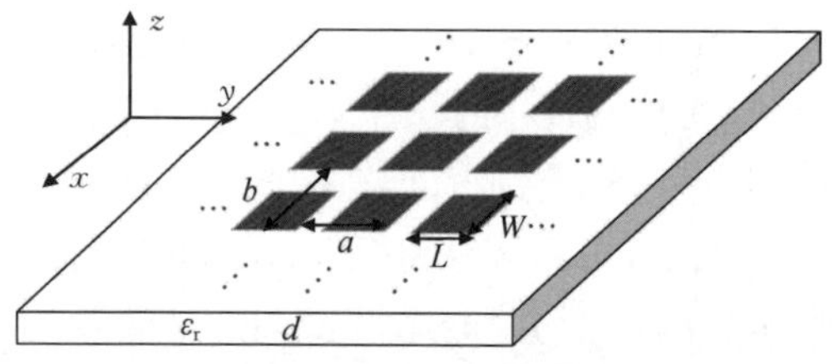

图 4.6.17　微带天线阵列结构示意图

继续分析图 4.6.17 所示无限大接地介质板上的微带阵列天线[42]的散射特性。其中,贴片的长度 $L=3.66$ cm,宽度 $W=2.60$ cm,贴片横向和纵向间距为 $a=b=5.517$ cm,介质介电常数 $\varepsilon_r=2.17$,介质厚度 $d=0.158$ cm,工作频率为 3.7 GHz。考虑 16×16、32×32、64×64 三个尺寸的结构,采用 RWG 基函数对金属贴片部分进行剖分,最终得到未知量数目分别是 8 448、33 792、135 168。图 4.6.18 和图 4.6.19 分别给出内存需求

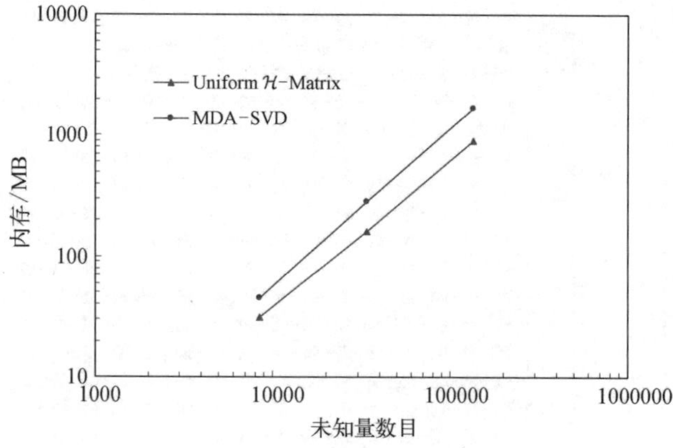

图 4.6.18　不同电尺寸的微带天线阵列的内存需求随未知量数目变化曲线图

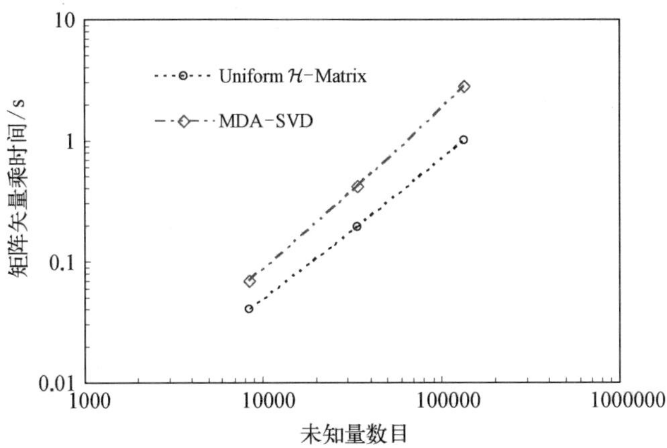

图 4.6.19　不同电尺寸的微带天线阵列的矩阵矢量乘的计算时间随未知量数目变化曲线图

和矩阵矢量乘时间随未知量数目变化曲线图，可以看出，Uniform $\mathcal{H}$ - Matrix 优于 MDA - SVD[7]。

本 章 小 结

为了进一步提高低秩压缩分解方法的计算性能，本章介绍了几种低秩压缩分解方法的改进技术，包括矩阵分解算法的 SVD 再压缩技术、改进的矩阵分解算法、MLMCM、MLSSM 及 $\mathcal{H}^2$-矩阵方法。矩阵分解算法的 SVD 再压缩技术、改进的矩阵分解算法及 MLMCM 与传统的低秩压缩分解方法相比，进一步降低了计算时间和内存。MLSSM 与 $\mathcal{H}^2$-矩阵方法则提供了一种稀疏嵌套的阻抗矩阵表达形式，进一步降低了计算复杂度和内存消耗。

参 考 文 献

[1] Greengard L, Rokhlin V. A fast algorithm for particle simulations[J]. Journal of Computational Physics, 1987, 73(2): 325 - 348.

[2] Song J, Lu C, Chew W. Multilevel fast multipole algorithm for electromagnetic scattering by large complex objects[J]. IEEE Transactions on Antennas and Propagation, 1997, 45(10): 1488 - 1493.

[3] Chew W C, Jin J M, Michielssen E, et al. Fast efficient algorithms in computational electromagnetics[M]. Boston: Artech House, 2001.

[4] Jiang L J, Chew W C. A mixed-form fast multipole algorithm[J]. IEEE Transactions on Antennas and Propagation, 2005, 53(12): 4145 - 4156.

[5] Gope D, hyala V J. Efficient solution of EFIE via low-rank compression of multilevel

predetermined interactions[J]. IEEE Transactions on Antennas and Propagation, 2005, 53(10): 3324 - 3333.

[6] Tsang L, Li Q, Xu P D, et al. Wave scattering with UV multilevel partitioning method: 2. Three-dimensional problem of nonpenetrable surface scattering[J]. Radio Science, 2004, 39: RS5011.

[7] Zhao K, Vouvakis M N, Lee J F. The adaptive cross approximation algorithm for accelerated method of moments computations of EMC problems[J]. Transactions on Electromagnetic Compatibility, 2005, 47(4): 763 - 773.

[8] Michielssen E, Boag A. A multilevel matrix decomposition algorithm for analyzing scattering from large structures[J]. IEEE Transactions on Antennas and Propagation, 1996, 44(8): 1086 - 1093.

[9] Rius J M, Parron J, Heldring A, et al. Fast iterative solution of integral equations with method of moments and matrix decomposition algorithm-singular value decomposition [J]. IEEE Transactions on Antennas and Propagation, 2008, 56(8): 2314 - 2324.

[10] Echeverri B M A, Francavilla M A, Vipiana F, et al. A hierarchical fast solver for EFIE-MoM analysis of multiscale structures at very low frequencies[J]. IEEE Transactions on Antennas and Propagation, 2014, 62(3): 1523 - 1528.

[11] Li M, Francavilla M A, Vipiana F, et al. Nested equivalent source approximation for the modeling of multiscale structures[J]. IEEE Transactions on Antennas and Propagation, 2014, 62(7): 3664 - 3678.

[12] Jiang Z N, Zhu M M, Ding D Z, et al. Efficient analysis of multilayer microstrip structures by matrix decomposition algorithm-singular value decomposition[C]. The IEEE Electrical Design of Advanced Packaging & Systems (EDAPS), 2011.

[13] Ding J J, Jiang Z N, Chen R S. Multiresolution preconditioner combined with matrix decomposition-singular value decomposition algorithm for fast analysis of electromagnetic scatterers with dense discretisations [J]. IET Microwaves, Antennas & Propagation, 2011, 5(11): 1351 - 1358.

[14] Jiang Z N, Fan Z H, Ding D Z, et al. Preconditioned MDA-SVD-MLFMA for analysis of multi-scale problems[J]. ACES Journal, 2010, 25(11): 914 - 925.

[15] Jiang Z N, Shang S, Hu X Q, et al. Combined MDA-SVD-MLFMA for analysis of the EM scattering from complex objects[C]. Chengdu: International Conference on Microwave and Millimeter Wave Technology, 2010.

[16] Zhang H H, Wang Q Q, Shi Y F, et al. Efficient marching-on-in-degree solver of time domain integral equation with adaptive cross approximation algorithm-singular value decomposition[J]. Applied Computation Electromagnetics Society Journal, 2012, 27(6): 475 - 482.

[17] Jiang Z N, Chen R S, Fan Z H, et al. Novel postcompression technique in the matrix decomposition algorithm for the analysis of electromagnetic problems[J]. Radio Science,

2012,47(2): 1 - 7.

[18] Li M,Li C Y,Tang W C,et al. A novel multilevel matrix compression method for analysis of electromagnetic scattering from PEC targets[J]. IEEE Transactions on Antennas and Propagation,2012,60(3): 1390 - 1399.

[19] Canning F X,Rogovin K. Simply sparse,a general compression/solution method for MoM programs[C]. San Antonio: Antennas & Propagation Society International Symposium. IEEE, 2002.

[20] Zhu A, Adams R J, Canning F X. Modified simply sparse method for electromagnetic scattering by PEC[C]. Washington: In Proceeding of IEEE Antennas and Propagation Society International Symposium,2005.

[21] Cheng J,Maloney S A, Adams R J, et al. Efficient fill of a nested representation of the EFIE at low frequencies[C]. San Diego: IEEE Antennas and Propagation Society International Symposium,2008.

[22] Jiang Z N,Xu Y,Sheng Y J,et al. Efficient analyzing EM scattering of objects above a lossy half space by the combined MLQR/MLSSM[J]. IEEE Transactions on Antennas and Propagation,2011,59(12): 4609 - 4614.

[23] Jiang Z N,Xu Y,Chen R S,et al. Efficient matrix filling of multilevel simply sparse method via multilevel fast multipole algorithm[J]. Radio Science,2011,46(5): 1 - 7.

[24] Hu X Q, Xu Y, Chen R S. Fast iterative solution of integral equation with matrix decomposition algorithm and multilevel simple sparse method[J]. IET Microwaves, Antennas & Propagation,2011,5(1): 1583 - 1588.

[25] Hu X Q,Zhang C,Xu Y,et al. An improved multilevel simple sparse method with adaptive cross approximation for scattering from target above lossy half space[J]. Microwave and Optical Technology Letters,2011,54(3): 573 - 577.

[26] Hu X Q,Chen R S,Ding D Z,et al. Two-step preconditioner of multilevel simple sparse method for electromagnetic scattering problems[J]. ACES Journal,2012,27(1): 14 - 21.

[27] 徐元,姜兆能,樊振宏,等.多层快速多极子加速填充多层简易稀疏方法[C].深圳: 2011 年全国微波毫米波会议论文集,2011.

[28] Wang H G,Chan C H,Tsang L. A new multilevel green's function interpolation method for large-scale low-frequency EM simulations[J]. IEEE Transactions On Computer-Aided Design of Integrated Circuits and Systems,2005,24(9): 1427 - 1443.

[29] Wang H G, Chan C H. The implementation of multilevel green's function interpolation method for full-wave electromagnetic problems[J]. IEEE Transactions on Antennas and Propagation,2007,55(5): 1348 - 1358.

[30] Li L,Wang H G,Chan C H. An improved multilevel green's function interpolation method with adaptive phase compensation[J]. IEEE Transactions on Antennas and Propagation, 2008,56(5): 1381 - 1393.

[31] Shi Y, Wang H G, Li L, et al. Multilevel green's function interpolation method for

scattering from composite metallic and dielectric objects[J]. Journal of the Optical Society of America A-optics Image Science and Vision, 2008, 25(10): 2535 - 2548.

[32] Chai W, Jiao D. An H^2-Matrix-Based integral-equation solver of linear-complexity for large-scale electromagnetic analysis[C]. Macau: 2008 Asia Pacific Microwave Conference, 2008.

[33] Chai W, Jiao D. An H^2-Matrix-Based integral-equation solver of reduced complexity and controlled accuracy for solving electrodynamic problems [J]. IEEE Transactions on Antennas and Propagation, 2009, 57(5): 3147 - 3159.

[34] Martinsson P G. A fast randomized algorithm for computing a hierarchically semiseparable representation of a matrix[J]. Siam Journal on Matrix Analysis and Applications, 2011, 32(4): 1251 - 1274.

[35] Wei J G, Peng Z, Lee J F. A fast direct matrix solver for surface integral equation methods for electromagnetic wave scattering from nonpenetrable targets[J]. Radio Science, 2012, 47(5): 1 - 9.

[36] Li M, Francavilla M A, Vipiana F, et al. A doubly hierarchical MoM for high-fidelity modeling of multiscale structures[J]. IEEE Transaction Electromagneyic Compatibility, 2004, 56(5): 1103 - 1111.

[37] Bucci O M, Franceschetti G. On the degrees of freedom of scattered fields[J]. IEEE Transactions on Antennas and Propagation, 1989, 37(7): 918 - 926.

[38] Liu A S, Huang T Y, Wu R B. A dual wideband filter design using frequency mapping and stepped-impedance resonators [J]. IEEE Transaction on Microwave and Theory Technology, 2008, 56(12): 2921 - 2929.

[39] Saad Y, Schultz M. GMRES: A generalized minimal residual algorithm for solving nonsymmetric linear systems[J]. SIAM Journal Scientific and Statistical Computing, 1986, 7(3): 856 - 869.

[40] Liu An S, Huang T Y, Wu R B. A dual wideband filter design using frequency mapping and stepped-impedance resonators [J]. IEEE Transactions on Microwave Theory and Techniques, 2008, 56(12): 2921 - 2929.

[41] Wang C, Ling F, Jin J. A fast full-wave analysis of scattering and radiation from large finite arrays of microstrip antennas[J]. IEEE Transactions on Antennas and Propagation, 1998, 46(10): 409 - 418.

[42] Adrian S K, Wallace J B. Scattering from a finite array of microstrip patches[J]. IEEE Transactions on Antennas and Propagation, 1992, 40(7): 700 - 774.

[43] Burkholder R J, Lee J F. Fast dual-MGS block-factorization algorithm for dense MoM matrices[J]. IEEE Transactions on Antennas and Propagation, 2004, 52(10): 1693 - 1699.

第 5 章　嵌套低秩压缩分解方法

5.1　引　　言

第 4 章介绍了利用奇异值分解对 ACA[1]、MDA[2,3]等低秩分解的矩阵进一步压缩的技术[4,5]。得到的矩阵近似形式类似于快速多极子方法(FMM),每个组计算一个辐射矩阵和接收矩阵,远相互作用组之间存储一个规模远小于原有矩阵的转移矩阵[4,5],从而节省 ACA[1]、MDA[2,3]等低秩压缩分解方法的计算资源。这些低秩压缩分解方法的瓶颈在于构造低秩压缩分解矩阵耗费很多计算时间和内存。虽然这些方法一般基于八叉树结构构造为多层的低秩压缩分解方法,但是在每层都需要重新构造低秩压缩矩阵,这进一步增加了计算时间和内存。

本章研究几种嵌套形式的低秩分解技术,通过相邻层之间的“平移”矩阵把父层的低秩分解矩阵通过子层的低秩分解矩阵表示,最终通过最细层的低秩分解矩阵表示。通过建立嵌套的低秩近似,比如多层稀疏方法[6-14],仅需要八叉树的最细层计算和存储辐射矩阵和接收矩阵,层与层之间计算和存储平移矩阵[15-23]。

5.2　多层简易稀疏方法

MLSSM 提供了一种稀疏嵌套的阻抗矩阵表达形式[6-8],并且程序执行起来非常容易,以及有一个关键的优点是,它很容易与现有的 MoM 程序结合。这种方法将存储量和计算复杂度进一步降低到 $O(N\lg N)$。在 MLSSM 的基础上,数值结果显示矩阵矢量乘速度得到很大的提高。首先 MLSSM 利用 ACA 算法对远场阻抗矩阵进行填充,然后对 ACA 算法构造的矩阵进行递归操作[11-13]。整个算法基于数学操作,与核无关。

5.2.1　多层简易稀疏方法原理

MLSSM 最初是由 Canning 等[6,7]提出的,由于该方法的效率比较高,文献[8～14]将这种方法用于分析复杂目标电磁特性问题。文献[23,24]提出了基于这种方法的直接解法 LOGOS。MLSSM 跟之前的矩阵再压缩方法不同的是,其将阻抗矩阵表示成如下嵌套形式：

$$\boldsymbol{Z}_l = \widetilde{\boldsymbol{Z}}_l + \boldsymbol{U}_l \boldsymbol{Z}_{l-1} \boldsymbol{V}_l^{\mathrm{H}} \tag{5.2.1}$$

其中，$\boldsymbol{Z}_l$ 是由 $l+1$ 层远场相互作用矩阵降维后构成的阻抗矩阵，它一直作用到第 2 层树形结构；$\widetilde{\boldsymbol{Z}}_l$ 是指第 l 层的近作用稀疏矩阵；$\boldsymbol{U}_l$ 和 $\boldsymbol{V}_l$ 分别是行变换矩阵与列变换矩阵，在第 l 层，它们都是压缩远场相互作用矩阵得到的标准正交化对角矩阵。接下来给出详细的步骤。假设物体被分解成 3 层树形结构，阻抗矩阵可以写成

$$\boldsymbol{Z} = \widetilde{\boldsymbol{Z}}_3 + \widetilde{\boldsymbol{Z}}_3^{\mathrm{far}} = \widetilde{\boldsymbol{Z}}_3 + \boldsymbol{U}_3 \boldsymbol{Z}_3 \boldsymbol{V}_3^{\mathrm{H}} \tag{5.2.2}$$

其中，

$$\boldsymbol{Z}_2 = \widetilde{\boldsymbol{Z}}_2 + \widetilde{\boldsymbol{Z}}_2^{\mathrm{far}} = \widetilde{\boldsymbol{Z}}_2 + \boldsymbol{U}_2 \boldsymbol{Z}_1 \boldsymbol{V}_2^{\mathrm{H}} \tag{5.2.3}$$

下面详细描述式(5.2.2)与式(5.2.3)中矩阵的形成过程：

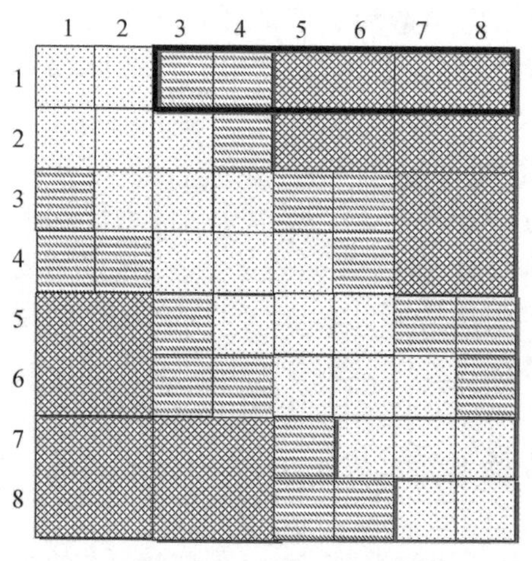

图 5.2.1 Far[3(1)]所对应远场组示意图

(1) 在最细层，即第 3 层，近场作用矩阵$\widetilde{\boldsymbol{Z}}_3$ 是利用 MoM 直接填充的。$l(i)$表示第 l 层的第 i 个非空组；Far[$l(i)$]表示第 i 个非空组在所有本层及本层以上的与第 i 组内基函数有关系的远场组个数。利用 ACA 算法加速填充远场阻抗矩阵。

(2) 构造第 3 层行变换矩阵 $\boldsymbol{U}_3$：循环第 3 层及第 2 层，确定与非空组3(i)有关的远场非空组。聚合这些远场非空组与非空组 3(i)作用的$\widetilde{\boldsymbol{U}}$($\widetilde{\boldsymbol{U}}$通过 ACA 算法得到)，可以得到中间矩阵 $\boldsymbol{A}$。例如，在第 3 层所有与第 1 个非空组有关的远场组如图 5.2.1 所示。

在允许误差 ε 的条件下，使用 QR 和 SVD $\boldsymbol{A}$，为

$$\boldsymbol{A} = \boldsymbol{Q}\boldsymbol{R}_1,\ \boldsymbol{R}_1 = \boldsymbol{U}'[3(i)]\boldsymbol{S}'[3(i)]\boldsymbol{V}'^{\mathrm{H}}[3(i)] \tag{5.2.4}$$

给出最终的 $\boldsymbol{A}$ 为

$$\boldsymbol{A} = \boldsymbol{Q}\boldsymbol{U}'[3(i)]\boldsymbol{S}'[3(i)]\boldsymbol{V}'^{\mathrm{H}}[3(i)] \tag{5.2.5}$$

其中，$\boldsymbol{Q}\boldsymbol{U}'[3(i)]$是 $\boldsymbol{U}_3$ 第 i 个对角块。对所有的第 3 层非空组执行这一操作，可以建立 $\boldsymbol{U}_3$。

(3) 构造第 3 层列变换矩阵 $\boldsymbol{V}_3$：首先将式(5.2.5)中的剩余矩阵 $\boldsymbol{S}'\boldsymbol{V}'^{\mathrm{H}}$ 与$\widetilde{\boldsymbol{V}}$($\widetilde{\boldsymbol{V}}$

通过 ACA 算法得到)相乘;循环第 3 层及第 2 层,确定与非空组 3(j)有关的远场非空组。聚合这些远场非空组与非空组 3(j)作用的 $\boldsymbol{S}'\boldsymbol{V}'^{\mathrm{H}}\widetilde{\boldsymbol{V}}$,可以得到中间矩阵 $\boldsymbol{B}$。在容许误差 ε 的条件下使用 QR 和 SVD$\boldsymbol{B}$,可以得到 $\boldsymbol{B}$ 的最终表达形式,为

$$\boldsymbol{B}=\boldsymbol{U}''[3(j)]\boldsymbol{S}''[3(j)]\boldsymbol{V}''^{\mathrm{H}}[3(j)] \tag{5.2.6}$$

其中,$\boldsymbol{V}''[3(j)]$是 $\boldsymbol{V}_3$ 的第 j 个对角块。对所有的第 3 层非空组执行这一操作,可以得到 $\boldsymbol{V}_3$。

(4) 剩下的矩阵 $U''S''$构成矩阵 $\boldsymbol{Z}_2$,在第 2 层重复(1)、(2)、(3)步可以得到 $\boldsymbol{U}_2$、$\boldsymbol{Z}_1$、$\boldsymbol{V}_2$。

上述过程中给出了 MLSSM 如何稀疏阻抗矩阵 $\boldsymbol{Z}$ 的远场相互作用矩阵,该算法的大部分内存主要是存储各层中的矩阵$\widetilde{\boldsymbol{Z}}_l$、$\boldsymbol{U}_l$ 和 $\boldsymbol{V}_l$。使用 MLSSM 得到阻抗矩阵 $\boldsymbol{Z}$,一种快速的矩阵矢量乘可以描述如下:

Subtroutine MVM($\boldsymbol{x}$,$\boldsymbol{y}$,l)

begin

$l=L:2:-1$

$y1=\widetilde{\boldsymbol{Z}}_l\boldsymbol{x}$; $y2=\boldsymbol{V}_l^H\boldsymbol{x}$;

call MVM($\boldsymbol{y}_2$,$\boldsymbol{y}_3$,$l-1$)

$\boldsymbol{y}=\boldsymbol{y}+\boldsymbol{U}_l\boldsymbol{y}_3$;

end

5.2.2 计算结果

为了验证该方法分析电路结构的正确性,首先利用 MLSSM 分析双宽带滤波器[图 5.2.2(a)]及二阶 Y 形 FSS 阵列[图 5.2.2(b)]的电磁参数。双宽带滤波器的具体尺寸见文献[25]。二阶 Y 形 FSS 阵列两层介质的相对介电常数分别为 $\varepsilon_{\mathrm{r1}}=2.85$ 和 $\varepsilon_{\mathrm{r2}}=3.0$,相应的厚度分别为 0.25 mm 和 0.25 mm,周期单元的长宽分别为

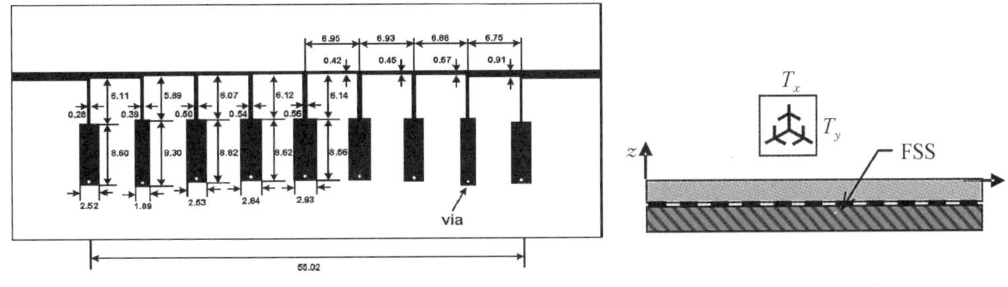

(a) 双宽带滤波器结构示意图(单位:mm)

(b) 二阶Y形FSS阵列结构示意图

图 5.2.2 双宽带滤波器与二阶 Y 形 FSS 阵列结构示意图

$T_x = 17\,\text{mm}$ 和 $T_y = 14.5\,\text{mm}$，入射平面波为 TM 极化波，入射角度为 $\theta = 0°$ 和 $\phi = 0°$。 图 5.2.3 与图 5.2.4 分别给出 MLSSM 分析这两个结构的数值曲线，从图中可以发现，MLSSM 的计算结果与仿真软件吻合得比较好。

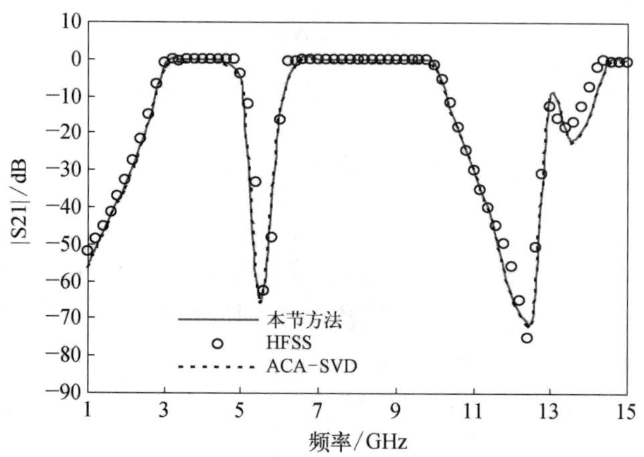

图 5.2.3　双宽带滤波器的 S 参数曲线

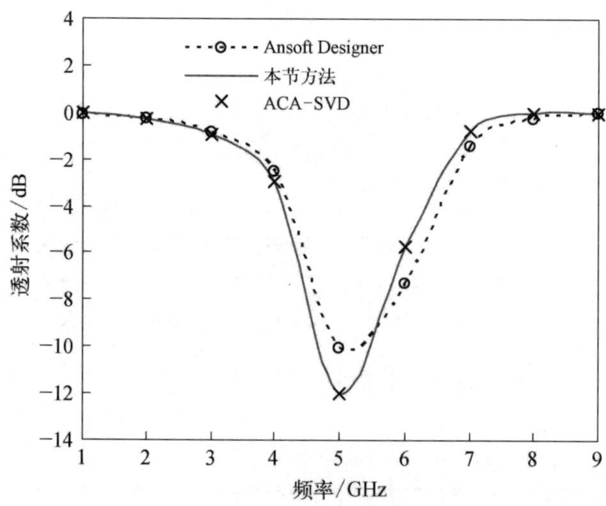

图 5.2.4　二阶 Y 形 FSS 阵列的透射系数曲线

然后分析 MLSSM 在计算二阶 Y 形 FSS 结构时计算效率，图 5.2.5 与图 5.2.6 分别给出该方法的内存及一次矩阵矢量乘时间曲线图，图中四个不同的未知量点对应的八叉树层数分别从 1 层变化到 4 层。从图 5.2.5 和图 5.2.6 中可以看出，该方法可以达到 $N\lg N$ 量级，要比 ACA - SVD 算法高效很多。

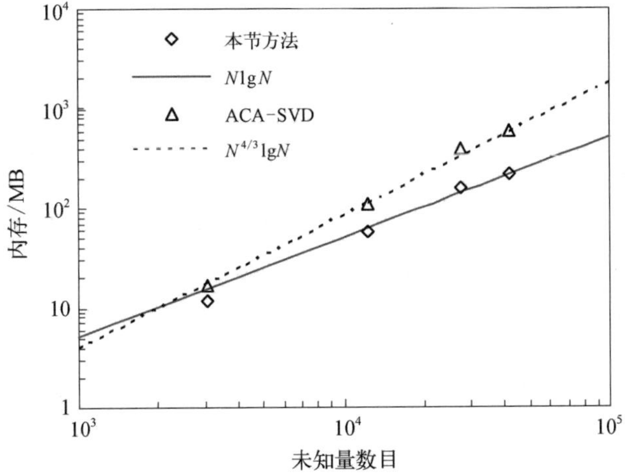

图 5.2.5　二阶 Y 形 FSS 结构的内存变化曲线

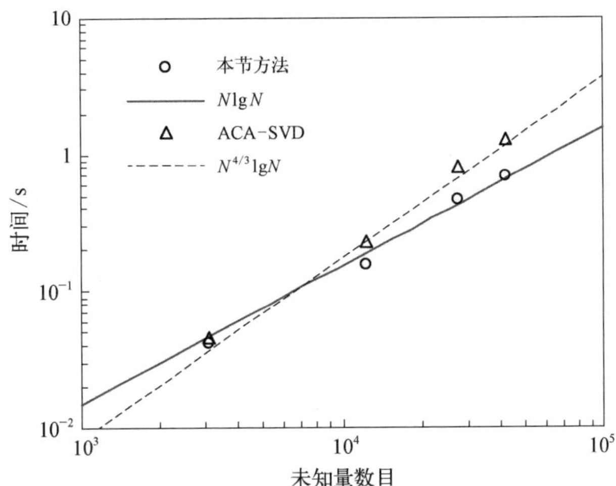

图 5.2.6　二阶 Y 形 FSS 结构的一次矩阵矢量乘时间变化曲线

5.3　$\mathcal{H}^2$-矩阵方法

$\mathcal{H}^2$-矩阵方法最早由德国数学家 Wolfgang 于 2000 年提出[15]，国内最早由浙江大学的王浩刚教授于 2005 年将其引入计算电磁学的方法中，用于提取电容[16]，后来又将其应用于全波电磁散射问题的分析中[17-19]。美国普渡大学的 Dan Jiao 教授通过对自由空间格林函数利用双变量拉格朗日插值逼近的方法得到 $\mathcal{H}_2$ -矩阵[20,21]。$\mathcal{H}^2$-矩阵方法的优点是对八叉树中组的尺寸大小没有要求。因此，利用这一特性，可以依据组内基函数的个数来分组。

5.3.1 $\mathcal{H}^2$-矩阵方法原理

$\mathcal{H}^2$-矩阵方法主要是采用双向拉格朗日插值技术将处于远场关系的两个组之间的作用阻抗矩阵用低秩矩阵来表示，降低了内存需求和计算复杂度[15-21]。同时由于该方法与积分内核无关，非常适合用于分析分层介质的问题。下面详细讨论$\mathcal{H}^2$-矩阵方法的实现过程。首先以图 5.3.1 为例来说明$\mathcal{H}^2$-矩阵方法的实现过程，将图 5.3.1 中的目标分组，与多层快速多极子方法不同的是，多层快速多极子方法中最细层组的大小不能小于 0.2 个波长，而 $\mathcal{H}^2$-矩阵方法则不受分组大小的限制，可以根据需要任意划分组尺寸的大小。

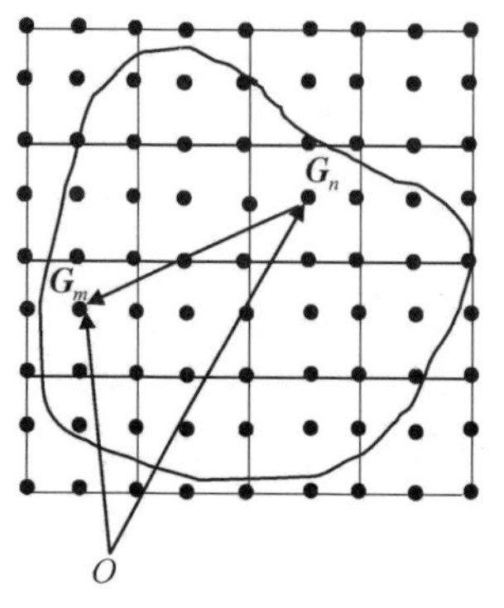

图 5.3.1　二维目标分组示意图

在图 5.3.1 中，任意选取两个属于远场关系的非空组 $\boldsymbol{G}_m$ 和 $\boldsymbol{G}_n$，其中组 $\boldsymbol{G}_m$ 为场点组，组 $\boldsymbol{G}_n$ 为源点组，组 $\boldsymbol{G}_m$ 和 $\boldsymbol{G}_n$ 中的基函数个数分别为 M_m 和 M_n，若直接使用矩量法计算两个组中的基函数相互作用形成的阻抗矩阵大小为 $M_m \times M_n$，用 $\boldsymbol{Z}_{mn}$ 表示，可以写为

$$\boldsymbol{Z}_{mn} = \iint_{s_m} \mathrm{d}s \iint_{s_n} \mathrm{d}s'' \left\{ \mathrm{j}\omega\mu \boldsymbol{J}_m(\boldsymbol{r}) \boldsymbol{J}_n(\boldsymbol{r}') - \frac{\mathrm{j}}{\omega\mu} [\nabla \cdot \boldsymbol{J}_m(\boldsymbol{r})][\nabla' \cdot \boldsymbol{J}_n(\boldsymbol{r}')] \right\} \boldsymbol{G}(\boldsymbol{r}, \boldsymbol{r}') \tag{5.3.1}$$

实际上组 $\boldsymbol{G}_m$ 和组 $\boldsymbol{G}_n$ 属于远场组的关系，它们之间作用形成的阻抗矩阵 $\boldsymbol{Z}_{mn}$ 具有低秩特性，因此场点组和源点组之间的格林函数采用双向拉格朗日插值技术，格林函数写成如下形式：

$$\boldsymbol{G}_{ij}(\boldsymbol{r}_i, \boldsymbol{r}_j) = \sum_{p=1}^{K} \sum_{q=1}^{K} \omega_{m,p}(\boldsymbol{r}_i) \omega_{n,q}(\boldsymbol{r}_j) \boldsymbol{G}(\boldsymbol{r}_{Gm,p}, \boldsymbol{r}_{Gn,q}) \tag{5.3.2}$$

式(5.3.1)中，$\boldsymbol{G}(\boldsymbol{r}, \boldsymbol{r}') = \mathrm{e}^{-\mathrm{j}k|r-r'|} / |\boldsymbol{r} - \boldsymbol{r}'|$，这里 $\boldsymbol{r}_{Gm,p}$、$\boldsymbol{r}_{Gn,q}$ 分别表示场点组 $\boldsymbol{G}_m$ 和源点组 $\boldsymbol{G}_n$ 中的插值点；K 表示每个组中总的插值点的个数。插值点采用在一维方向上的切比雪夫插值点选取方法。$\omega_{m,p}(\boldsymbol{r}_i)$和 $\omega_{n,q}(\boldsymbol{r}_j)$为拉格朗日插值函数，可以写成如下的表达形式：

$$\omega_{m,l}(\boldsymbol{r}) = \omega_{m,l}(x, y, z) = \mathrm{lagbase}(\kappa, i, x)\mathrm{lagbase}(\kappa, j, y)\mathrm{lagbase}(\kappa, k, z) \tag{5.3.3}$$

$$\mathrm{lagbase}(\kappa, u, t) = \frac{\prod\limits_{\substack{s=1 \\ u \neq s}}^{\kappa} (t - t_{m,u})}{t_{m,s} - t_{m,u}} \tag{5.3.4}$$

将使用双向拉格朗日插值技术展开后的格林函数表达式(5.3.2)代入式(5.3.1)中,可以得

$$\boldsymbol{Z}_{mn}=\frac{j\omega\mu}{4\pi}\sum_{p=1}^{k}\sum_{q=1}^{k}\boldsymbol{G}(\boldsymbol{r}_{m,p},\boldsymbol{r}'_{n,q})\iint_{s_m}\boldsymbol{J}_m(\boldsymbol{r})\omega_{m,p}(\boldsymbol{r})\mathrm{d}s\iint_{s_n}\boldsymbol{J}_n(\boldsymbol{r}')\omega_{n,q}(\boldsymbol{r}')\mathrm{d}s'-\frac{j}{4\pi\omega\mu}\sum_{p=1}^{k}\sum_{q=1}^{k}\boldsymbol{G}(\boldsymbol{r}_{m,p},\boldsymbol{r}'_{n,q})\iint_{s_m}\nabla\cdot\boldsymbol{J}_m(\boldsymbol{r})\omega_{m,p}(\boldsymbol{r})\mathrm{d}s\iint_{s_n}\nabla'\boldsymbol{J}_n(\boldsymbol{r}')\omega_{n,q}(\boldsymbol{r}')\mathrm{d}s' \tag{5.3.5}$$

从式(5.3.5)可以看出,阻抗矩阵表达式可以写成类似多层快速多极子方法中的“聚合-转移-配置”的方式来描述矩阵矢量乘的过程,式(5.3.5)可以简写成如下形式:

$$\bar{\bar{\boldsymbol{Z}}}^{t,s}=\boldsymbol{W}^t\boldsymbol{G}^{t,s}(\boldsymbol{W}^s)^{\mathrm{T}} \tag{5.3.6}$$

其中,$\boldsymbol{W}^t=[\boldsymbol{W}_1^t\boldsymbol{W}_2^t]$;$\boldsymbol{W}^s=[\boldsymbol{W}_1^s\boldsymbol{W}_2^s]$,$\boldsymbol{W}_1^s\boldsymbol{W}_2^s\in\mathbb{C}^{M_n\times K}$;$\boldsymbol{G}^{t,s}=\begin{bmatrix}\bar{\bar{\boldsymbol{G}}}_1^{t,s} & 0\\ 0 & \bar{\bar{\boldsymbol{G}}}_2^{t,s}\end{bmatrix}$

$$\bar{\bar{\boldsymbol{W}}}_{1mp}^t=\iint_{s_m}\boldsymbol{J}_m(\boldsymbol{r})\omega_{m,p}(\boldsymbol{r})\mathrm{d}s$$

$$\bar{\bar{\boldsymbol{W}}}_{1nq}^s=\iint_{s_n}\boldsymbol{J}_n(\boldsymbol{r}')\omega_{n,q}(\boldsymbol{r}')\mathrm{d}s'$$

$$\bar{\bar{\boldsymbol{W}}}_{2nq}^s=\iint_{s_n}\nabla'\cdot\boldsymbol{J}_n(\boldsymbol{r}')\omega_{n,q}(\boldsymbol{r}')\mathrm{d}s'$$

$$\bar{\bar{\boldsymbol{G}}}_{1pq}^{t,s}=\frac{\mathrm{j}\omega\mu}{4\pi}\boldsymbol{G}(\boldsymbol{r}_{m,p},\boldsymbol{r}'_{n,q})$$

$$\bar{\bar{\boldsymbol{G}}}_{2pq}^{t,s}=\frac{-\mathrm{j}}{4\pi\omega\mu}\boldsymbol{G}(\boldsymbol{r}_{m,p},\boldsymbol{r}'_{n,q})$$

上式中矩阵$\boldsymbol{W}_m$和$\boldsymbol{W}_n$大小分别为$M_m\times K$和$M_n\times K$;$\boldsymbol{G}_{mn}$是两个组间插值点互作用形成的$K\times K$的格林函数矩阵。在这里如果对于式(5.3.6),计算矩阵$\boldsymbol{W}_m$、$\boldsymbol{W}_n$和$\boldsymbol{G}_{mn}$要比直接计算式(5.3.1)中的$\boldsymbol{Z}_{mn}$更快,同时保存$\boldsymbol{W}_m$、$\boldsymbol{W}_n$、$\boldsymbol{G}_{mn}$的内存消耗也要比保存矩阵$M_m\times M_n$小很多。

由于$\mathcal{H}^2$-矩阵方法同多层快速多极子方法采用同样的分组方式。为了提高$\mathcal{H}^2$-矩阵方法的计算效率,可以采用类似于多层快速多极子方法中的分层分组计算的思想来实现多层的$\mathcal{H}^2$-矩阵。下面将详细讨论多层$\mathcal{H}^2$-矩阵方法的实现过程。同样在最细层选取两个处于远场关系的组$\boldsymbol{G}_{m_L,L}$和组$\boldsymbol{G}_{n_L,L}$,它们之间形成的阻抗矩阵可以表达成如下形式:

$$\bar{\bar{\boldsymbol{A}}}_{m_L,L;n_L,L}=\bar{\bar{\boldsymbol{W}}}_{m_L,L}\cdot\bar{\bar{\boldsymbol{G}}}_{m_L,L;n_L,L}\cdot\bar{\bar{\boldsymbol{W}}}_{n_L,L}^{\mathrm{T}} \tag{5.3.7}$$

其中,$\bar{\bar{\boldsymbol{G}}}_{m_L,L;n_L,L}$是组$\boldsymbol{G}_{m_L,L}$和组$\boldsymbol{G}_{n_L,L}$中插值点作用形成的格林函数矩阵。如果组$\boldsymbol{G}_{m_L,L}$存在父层组$\boldsymbol{G}_{m_{L-1},L-1}$和组$\boldsymbol{G}_{n_L,L}$存在父层组$\boldsymbol{G}_{n_{L-1},L-1}$,并且$\boldsymbol{G}_{m_{L-1},L-1}$和

$\boldsymbol{G}_{n_{L-1},L-1}$在 $L-1$ 层属于远场组关系，则最细层两个组之间的格林函数矩阵 $\bar{\bar{\boldsymbol{G}}}_{m_L,L;n_L,L}$ 可以通过父层组的格林函数矩阵 $\bar{\bar{\boldsymbol{G}}}_{m_{L-1},L-1;n_{L-1},L-1}$ 插值得到，如下所示：

$$\bar{\bar{\boldsymbol{G}}}_{m_L,L;n_L,L}=\bar{\bar{\boldsymbol{G}}}^{\mathrm{T}}_{m_{L-1},L-1;m_L,L}\cdot\bar{\bar{\boldsymbol{G}}}_{m_{L-1},L-1;n_{L-1},L-1}\cdot\bar{\bar{\boldsymbol{G}}}_{n_{L-1},L-1;n_L,L}\tag{5.3.8}$$

如果将这种插值技术应用于类似多层快速多极子方法中的多层分组技术，式(5.3.8)可以写成如下形式：

$$\begin{aligned}\bar{\bar{\boldsymbol{G}}}_{m_L,L;n_L,L}=&\bar{\bar{\boldsymbol{G}}}^{\mathrm{T}}_{m_{L-1},L-1;m_L,L}\cdots\bar{\bar{\boldsymbol{G}}}^{\mathrm{T}}_{m_l,l;m_{l+1},l+1}\cdot\bar{\bar{\boldsymbol{G}}}_{m_l,l;n_l,l}\cdot\\&\bar{\bar{\boldsymbol{G}}}_{n_l,l;n_{l+1},l}\cdots\bar{\bar{\boldsymbol{G}}}_{n_{L-1},L-1;n_L,L}\end{aligned}\tag{5.3.9}$$

将式(5.3.9)代入式(5.3.5)中，阻抗矩阵的矩阵矢量乘可以写成如下形式：

$$\begin{aligned}\boldsymbol{\pi}_l=&\sum_{\substack{Gn_{l},l\in\\\text{Interaction List}\\\text{of }Gm_{l},l}}\ \sum_{Gn_{l+1},l+1\subset Gn_l,l}\cdots\sum_{Gn_L,L\subset Gn_{L-1},L-1}\bar{\bar{\boldsymbol{W}}}_{m_L,L}\cdot\bar{\bar{\boldsymbol{G}}}_{m_L,L;n_L,L}\cdot\bar{\bar{\boldsymbol{W}}}^{\mathrm{T}}_{n_L,L}\cdot\boldsymbol{x}_{n_L,L}\\=&\sum_{\substack{Gn_{l},l\in\\\text{Interaction List}\\\text{of }Gm_{l},l}}\ \sum_{Gn_{l+1},l+1\subset Gn_l,l}\cdots\sum_{Gn_L,L\subset Gn_{L-1},L-1}\bar{\bar{\boldsymbol{W}}}_{m_L,L}\cdot\bar{\bar{\boldsymbol{G}}}^{\mathrm{T}}_{m_{L-1},L-1;m_L,L}\cdots\bar{\bar{\boldsymbol{G}}}^{\mathrm{T}}_{m_l,l;m_{l+1},l+1}\cdot\\&\bar{\bar{\boldsymbol{G}}}_{m_l,l;n_l,l}\cdot\bar{\bar{\boldsymbol{G}}}_{n_l,l;n_{l+1},l}\cdots\bar{\bar{\boldsymbol{G}}}_{n_{L-1},L-1;n_L,L}\cdot\bar{\bar{\boldsymbol{W}}}^{\mathrm{T}}_{n_L,L}\cdot\boldsymbol{x}_{n_L,L}\\=&\bar{\bar{\boldsymbol{W}}}_{m_L,L}\cdot\bar{\bar{\boldsymbol{G}}}^{\mathrm{T}}_{m_{L-1},L-1;m_L,L}\cdots\bar{\bar{\boldsymbol{G}}}^{\mathrm{T}}_{m_l,l;m_{l+1},l+1}\cdot\sum_{\substack{Gn_{l},l\in\\\text{Interaction List}\\\text{of }Gm_{l},l}}\bar{\bar{\boldsymbol{G}}}_{m_l,l;n_l,l}\cdot\\&\sum_{Gn_{l+1},l+1\subset Gn_l,l}\bar{\bar{\boldsymbol{G}}}_{n_l,l;n_{l+1},l}\cdots\sum_{Gn_L,L\subset Gn_{L-1},L-1}\bar{\bar{\boldsymbol{G}}}_{n_{L-1},L-1;n_L,L}\cdot\bar{\bar{\boldsymbol{W}}}^{\mathrm{T}}_{n_L,L}\cdot\boldsymbol{x}_{n_L,L}\end{aligned}\tag{5.3.10}$$

假设

$$S_{n_L,L}=\bar{\bar{\boldsymbol{W}}}^{\mathrm{T}}_{n_L,L}\cdot\boldsymbol{x}_{n_L,L},\ \boldsymbol{S}_{n_l,l}=\sum_{Gn_{l+1},l+1\subset Gn_l,l}\bar{\bar{\boldsymbol{G}}}_{n_l,l;n_{l+1},l}\cdot S_{n_{l+1},l+1}\tag{5.3.11}$$

式(5.3.10)可以写为如下形式：

$$\begin{aligned}\boldsymbol{\pi}_l=&\boldsymbol{W}_{m_L,L}\cdot\boldsymbol{G}^{\mathrm{T}}_{m_{L-1},L-1;m_L,L}\cdots\boldsymbol{G}^{\mathrm{T}}_{m_l,l;m_{l+1},l+1}\cdot\sum_{Gn_l,l\in I\{Gm_l,l\}}\boldsymbol{G}_{m_l,l;n_l,l}\cdot\boldsymbol{S}_{n_l,l}\\=&\boldsymbol{W}_{m_L,L}\cdot\boldsymbol{G}^{\mathrm{T}}_{m_{L-1},L-1;m_L,L}\cdots\boldsymbol{G}^{\mathrm{T}}_{m_l,l;m_{l+1},l+1}\cdot\alpha_{m_l,l}\end{aligned}\tag{5.3.12}$$

$$\boldsymbol{\pi}_L=\boldsymbol{W}_{m_L,L}\cdot\sum_{Gn_L,L\in I\{Gm_L,L\}}\boldsymbol{G}_{m_L,L;n_L,L}\cdot\boldsymbol{S}_{n_L,L}=\bar{\bar{\boldsymbol{W}}}_{m_L,L}\cdot\alpha_{m_L,L}\tag{5.3.13}$$

其中，

$$\boldsymbol{\alpha}_{m_l,l}=\sum_{\substack{Gn_{l},l\in\\\text{Interaction List}\\\text{of }Gm_{l},l}}\bar{\bar{\boldsymbol{G}}}_{m_l,l;n_l,l}\cdot\boldsymbol{S}_{n_l,l}$$

将式(5.3.13)代入式(5.3.5)，得到远场的矩阵矢量乘为

$$\begin{aligned}\boldsymbol{\Pi} &= \boldsymbol{W}_{m_L, L} \cdot \boldsymbol{\alpha}_{m_L, L} + \sum_{l=L-1}^{2} \boldsymbol{W}_{m_L, L} \cdot \boldsymbol{G}^{\mathrm{T}}_{m_{L-1}, L-1; m_L, L} \cdots \boldsymbol{G}^{\mathrm{T}}_{m_l, l; m_{l+1}, l+1} \cdot \boldsymbol{\alpha}_{m_l, l} \\ &= \boldsymbol{W}_{m_L, L} \cdot (\boldsymbol{\alpha}_{m_L, L} + \boldsymbol{G}^{\mathrm{T}}_{m_{L-1}, L-1; m_L, L} \cdot (\boldsymbol{\alpha}_{m_{L-1}, L-1} + \cdots + \boldsymbol{G}^{\mathrm{T}}_{m_l, l; m_{l+1}, l+1} \cdot \\ &\quad (\boldsymbol{\alpha}_{m_l, l} + \boldsymbol{G}^{\mathrm{T}}_{m_{l-1}, l-1; m_l, l} \cdot (\boldsymbol{\alpha}_{m_{l-1}, l-1} \cdots + \boldsymbol{G}^{\mathrm{T}}_{m_{l-2}, l-2; m_{l-1}, l-1} \cdot (\boldsymbol{\alpha}_{m_3, 3} + \\ &\quad \boldsymbol{G}^{\mathrm{T}}_{m_2, 2; m_3, 3} \cdot \boldsymbol{\alpha}_{m_2, 2})))))\end{aligned} \tag{5.3.14}$$

同样取 $\boldsymbol{B}_{m_l, l} = \boldsymbol{\alpha}_{m_l, l} + \boldsymbol{G}^{\mathrm{T}}_{m_{l-1}, l-1; m_l, l} \cdot \boldsymbol{B}_{m_{l-1}, l-1}$，$\boldsymbol{B}_{m_2, 2} = \boldsymbol{\alpha}_{m_2, 2}$，式(5.3.14)可以写为

$$\begin{aligned}\boldsymbol{\Pi} &= \boldsymbol{W}_{m_L, L} \cdot (\boldsymbol{\alpha}_{m_L, L} + \boldsymbol{G}^{\mathrm{T}}_{m_{L-1}, L-1; m_L, L} \cdot (\boldsymbol{\alpha}_{m_{L-1}, L-1} + \cdots + \boldsymbol{G}^{\mathrm{T}}_{m_l, l; m_{l+1}, l+1} \cdot \\ &\quad (\boldsymbol{\alpha}_{m_l, l} + \boldsymbol{G}^{\mathrm{T}}_{m_{l-1}, l-1; m_l, l} \cdot (\boldsymbol{\alpha}_{m_{l-1}, l-1} \cdots + \boldsymbol{G}^{\mathrm{T}}_{m_3, 3; m_4, 4} \cdot \\ &\quad (\boldsymbol{\alpha}_{m_3, 3} + \boldsymbol{G}^{\mathrm{T}}_{m_2, 2; m_3, 3} \cdot \boldsymbol{\alpha}_{m_2, 2}))))) \\ &= \boldsymbol{W}_{m_L, L} \cdot (\boldsymbol{\alpha}_{m_L, L} + \boldsymbol{G}^{\mathrm{T}}_{m_{L-1}, L-1; m_L, L} \cdot (\boldsymbol{\alpha}_{m_{L-1}, L-1} + \cdots + \boldsymbol{G}^{\mathrm{T}}_{m_l, l; m_{l+1}, l+1} \cdot \\ &\quad (\boldsymbol{\alpha}_{m_l, l} + \boldsymbol{G}^{\mathrm{T}}_{m_{l-1}, l-1; m_l, l} \cdot (\boldsymbol{\alpha}_{m_{l-1}, l-1} \cdots + \boldsymbol{G}^{\mathrm{T}}_{m_3, 3; m_4, 4} \cdot \\ &\quad (\boldsymbol{\alpha}_{m_3, 3} + \boldsymbol{G}^{\mathrm{T}}_{m_2, 2; m_3, 3} \cdot \boldsymbol{B}_{m_2, 2}))))) \\ &= \boldsymbol{W}_{m_L, L} \cdot (\boldsymbol{\alpha}_{m_L, L} + \boldsymbol{G}^{\mathrm{T}}_{m_{L-1}, L-1; m_L, L} \cdot (\boldsymbol{\alpha}_{m_{L-1}, L-1} + \cdots + \boldsymbol{G}^{\mathrm{T}}_{m_l, l; m_{l+1}, l+1} \\ &\quad (\boldsymbol{\alpha}_{m_l, l} + \boldsymbol{G}^{\mathrm{T}}_{m_{l-1}, l-1; m_l, l} \cdot (\boldsymbol{\alpha}_{m_{l-1}, l-1} \cdots + \boldsymbol{G}^{\mathrm{T}}_{m_3, 3; m_4, 4} \cdot \boldsymbol{B}_{m_3, 3})))) \\ &\quad \cdots \\ &= \boldsymbol{W}_{m_L, L} \cdot \boldsymbol{B}_{m_L, L}\end{aligned} \tag{5.3.15}$$

这就是多层 $\mathcal{H}^2$-矩阵方法的实现过程，根据上面推导的多层 $\mathcal{H}^2$-矩阵方法实现的过程，多层 $\mathcal{H}^2$-矩阵方法矩阵矢量乘的过程可以分为以下几个步骤：

第一步：在最细层计算每个非空组的 $\boldsymbol{S}_{n, L} = \boldsymbol{W}^{\mathrm{T}}_{n, L} \cdot \boldsymbol{x}_{n, L}$，$n = 1, 2, \cdots, N_L$，这一步类似多层快速多极子方法中最细层的非空组中聚集每个组中的电流散射模式，得到每个非空组的信息。

第二步：从最细层开始，通过插值技术得到父层组的信息，直到第2层。表达式为

$$\boldsymbol{S}_{n_l, l} = \sum_{Gn_{l+1}, l+1 \subset Gn_l, l} \boldsymbol{G}_{n_l, l; n_{l+1}, l+1} \cdot \boldsymbol{S}_{n_{l+1}, l+1}, \quad l = L-1, \cdots, 2$$

第三步：计算第2层满足转移条件组之间的作用。

$$\boldsymbol{B}_{m_2, 2} = \sum_{Gn_2, 2 \in I\{Gm_2, 2\}} \boldsymbol{G}_{m_2, 2; n_2, 2} \cdot \boldsymbol{S}_{n_2, 2}$$

第四步：从第2层到第 L 层通过反向插值得到子层的信息，并完成本层满足转移条件的组之间的相互作用。

$$\boldsymbol{B}_{m_l,\,l} = \sum_{G_{n_l,\,l} \in \{G_{m_l,\,l}\}} \boldsymbol{G}_{m_l,\,l;\,n_l,\,l} \cdot \boldsymbol{S}_{n_l,\,l} + \boldsymbol{G}^{\mathrm{T}}_{m_{l-1},\,l-1;\,m_l,\,l} \cdot \boldsymbol{B}_{m_{l-1},\,l-1},$$
$$l = 2,\ 3,\ \cdots,\ L$$

第五步：在最细层计算 $b_{m,\,L} = \boldsymbol{W}_{m,\,L} \cdot \boldsymbol{B}_{m,\,L}$，$m = 1,\ 2,\ \cdots,\ N_L$。

第六步：将上面的结果与近场强作用进行相加，即可完成整个 $\mathcal{H}^2$-矩阵方法的矩阵矢量乘的运算。

5.3.2 计算结果

下面分析一个金属 ogive 模型，入射波频率为 300 MHz，离散的未知量数目分别为 11 874、47 496。如果使用多层快速多极子方法来分析，则最细层组的尺寸为 0.25λ。当未知量数目为 11 874 时，使用 1 层 $\mathcal{H}^2$-矩阵方法来计算近场，最细层的组尺寸大小为 0.125λ。当未知量数目为 47 496 时，使用 2 层 $\mathcal{H}^2$-矩阵方法用于近场计算，最细层的电尺寸为 0.062 5λ。图 5.3.2 给出使用并行多层快速多极子方法和使用并行 MLFMM - $\mathcal{H}^2$ 方法的 RCS 结果比较图。从图 5.3.2 可以看出，使用 1 层和 2 层 $\mathcal{H}^2$-矩阵计算近场的结果与并行多层快速多极子方法吻合得很好。表 5.3.1 给出不同未知量数目使用不同数量层的 $\mathcal{H}^2$-矩阵用于近场计算时的内存消耗情况。表 5.3.1 将 MLFMM - $\mathcal{H}^2$ 方法用于计算的近场的内存消耗分为两部分，一部分表示使用 $\mathcal{H}^2$-矩阵方法后直接计算的近场所占用的内存情况；另一部分表示 $\mathcal{H}^2$-矩阵方法用来计算近场所消耗的内存。从表 5.3.1 可以看出，当 1 层 $\mathcal{H}^2$-矩阵方法用于近场计算时，近场内存的消耗减少了接近 70%，2 层 $\mathcal{H}^2$-矩阵方法用于近场计算的减少了接近 90%。由此可以看出，随着网格密度的增加，多层快速多极子方法的内存消耗增加得很快，而 $\mathcal{H}^2$-矩阵方法的相对增加得很慢，说明了 MLFMM - $\mathcal{H}^2$ 方法能够有效地分析密网格问题。

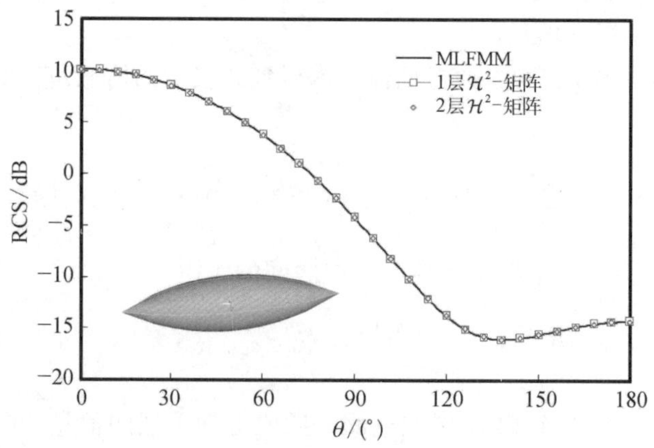

图 5.3.2　ogive 模型在 300 MHz 的双站 RCS

表 5.3.1　并行 MLFMM 和并行 MLFMM - $\mathcal{H}^2$ 方法内存消耗情况

模　型	未知量数目	矩阵方法层数	方　　法	内存/MB
ogive	11 874	0	MLFMM	404
		1	MLFMM - $\mathcal{H}^2$	98
	47 496	0	MLFMM	3 230
		2	MLFMM - $\mathcal{H}^2$	393

5.4　嵌套等效源近似方法

文献[26]报道了一种与核无关的方法嵌套的压缩阻抗矩阵，在中低频时(分析问题电尺寸小于 4λ)，算法的复杂度为 $O(N)$。本节的工作受文献[26]启发，高层的低秩压缩分解矩阵通过最细层的低秩压缩矩阵来表示，这种嵌套的表示形式通过引入放置在合适的、与组关联的等效面上的等效源实现。这与文献[27]中嵌套等效原理算法(nested equivalence principle algorithm，NEPAL)类似，它通过引入等效源到体积分方程中，通过把体积分方程中的未知量投影到等效面上来减少求解的未知量数目。基于等效原理的区域分解方法[28]可以视为 NEPAL 在其他研究方向的进一步拓展。然而本节方法是受 MDA 中的等效源思想[2,3]的启发，但是本章的工作使用一对等效面，并且通过求解一个逆源问题确定等效源来表示组内源的相互作用。本节方法的计算复杂度依旧为 $O(N)$，但是相比文献[26]却显著减少了复杂度前面的系数，即显著减少了计算时间和内存。更重要的是，本节方法改善了文献[26]分析多尺度问题的精度，从而矩阵方程可以更快地收敛。由于这个方法的结构特点，本书把它称为嵌套等效源近似(nested equivalent source approximation，NESA)方法[22]。

NESA 方法和文献[29]工作具有相同的出发点，文献[29]压缩了几种物理问题中的格林函数矩阵。NESA 与文献[29]的不同点归纳如下：① NESA 是为了压缩矢量基函数和测试函数(如 RWG 基函数)离散产生的阻抗矩阵，而不是像文献[29]压缩标量格林函数；NESA 是与核无关的，它可以通过很小的变动应用到 EFIE、MFIE、介质问题，或者多面共线问题[30]，在这个目的上与 ACA[1] 相同。② 对于 EFIE，本书使用矩阵方程对称特性，低秩压缩分解可以节约 1/3 的时间和内存。③ 本书详细研究通过选择合适的等效面的方法减少低秩压缩分解的时间和内存，虽然最后的选择和 MDA[2,3]一致，但是本书首次详细讨论这个选择过程。

NESA 首先通过树形结构如八叉树，把未知量分组。在中低频时，同层两个不相邻相互作用组 i 和 j 形成的阻抗矩阵是低秩矩阵[1-3]。通过低秩压缩分解一般把相互作用矩阵 $\boldsymbol{Z}_{i,j}$ 低秩表示为

$$\boldsymbol{Z}_{i,j}=\boldsymbol{U}_i\boldsymbol{D}_{i,j}\boldsymbol{V}_j \tag{5.4.1}$$

其中，矩阵 $\boldsymbol{Z}_{i,j}$、$\boldsymbol{U}_i$、$\boldsymbol{D}_{i,j}$ 和 $\boldsymbol{V}_j$ 的大小分别为 $m\times n$、$m\times r$、$r\times r$ 和 $r\times n$，其中 $r\ll(m,n)$。定义 $\boldsymbol{U}_i$ 为接收矩阵，$\boldsymbol{D}_{i,j}$ 为转移矩阵，$\boldsymbol{V}_j$ 为辐射矩阵。NESA 的目标是用第 l 层的低秩分解矩阵表示出第 $l-1$ 层的低秩分解矩阵[22]。

$$\boldsymbol{V}_{j^p}^{l-1}=\boldsymbol{C}^{l-1,l}\boldsymbol{V}_j^l \tag{5.4.2}$$

$$\boldsymbol{U}_{i^p}^{l-1}=\boldsymbol{U}_i^l\boldsymbol{B}^{l,l-1} \tag{5.4.3}$$

其中，第 $(l-1)$ 层 i^p 和 j^p 分别为第 l 层组 i 和组 j 的父层组，矩阵 $\boldsymbol{C}^{l-1,l}$ 和 $\boldsymbol{B}^{l,l-1}$ 定义为平移矩阵。通过式(5.4.2)与式(5.4.3)，构造 NESA 低秩压缩分解，只需要计算最细层的辐射矩阵和接收矩阵，还有相邻层之间的平移矩阵。这种类似于 MLFMA[31,32]，$\mathcal{H}^2$ -矩阵[15-21]的“嵌套”[22,26]的循环带来的计算时间和内存的减少是最终获得 $O(N)$ 计算复杂度的原因。然而后一种方法是通过解析地近似表示格林函数的方法，如多极子展开[31,32]、插值[15-21]、等效源近似[3,27]。本节 NESA 的研究动机是实现一种改善文献[26]中方法表现，构造一种与核无关，直接嵌套的压缩阻抗矩阵的方法。

5.4.1 等效源分布策略

NESA 的嵌套近似受文献[26]启发，但是 NESA 并不是简单地把文献[26]的标量问题推广到矢量问题，除此之外还有重要的创新。文献[26]使用 ACA 算法[1]来得到主导基函数，然而在 NESA 中，使用等效原理和逆源过程，在八叉树的基础上，通过分布等效源来表示组中实际源产生的场。

等效 RWG 基函数分布于等效面表面，RWG 基函数的个数影响近似精度和压缩效率。等效 RWG 基函数的思想来源于 MDA[2,3]，但是本节实现方式和用途完全不同。NESA 中等效 RWG 基函数是为了构造如式(5.4.2)和式(5.4.3)的嵌套近似。如图 5.4.1 所示，引入一对等效球面，一个包围组边界的源面 Σ_τ^s 和一个在近远场分界处的测试面 Σ_σ^s。

在 NESA 的实现过程中注意到，当严格使用等效原理时，需要等效面完全包含组的边界，但是这里把这个条件放宽却得到了计算效率的提高。这一点对算法本身并不重要，本节下面会详细讨论源等效面的选取。试图找到一种合适的等效源分布，和当前组内的所有基函数在测试面 Σ_σ^s 产生的场相等。这种等效源通过逆源问题求解得到，整个求解过程是代数的，并且资源消耗和未知量无关。NESA 中预期实现固定数目的等效源分布，也就是固定秩。由于每层组的尺寸是不同的，所以实现了一种多尺度的等效源表示组之间的相互作用。

如图 5.4.1 所示，考虑某一层的一个组，组尺寸为 S，对于每个组，引入以组中

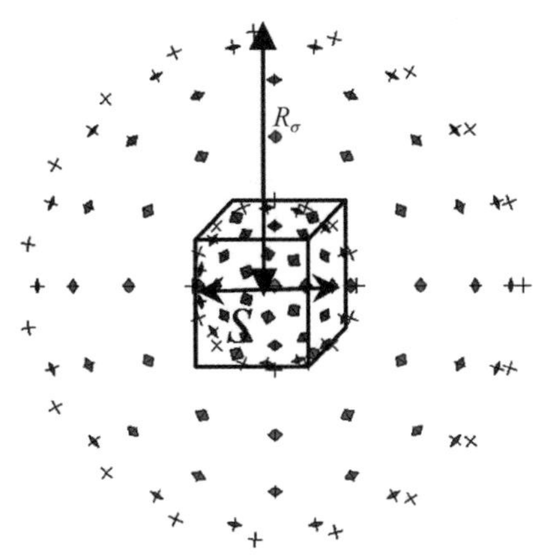

(a) 在等效面(内球)和测试面(外球)

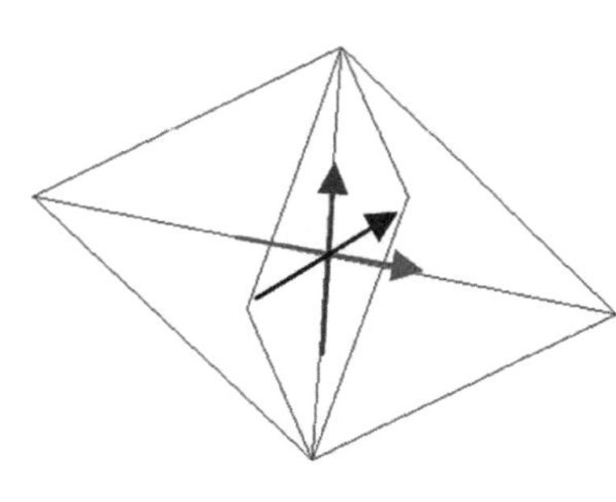

(b) 一个等效点分布3个正交的RWG基函数，箭头垂直于离散边表示RWG基函数的单位方向

图 5.4.1　等效 RWG 分布三维示意图(图中表示等效面内切于组边界)

心为球心,半径分别为 R_τ 和 $R_\sigma=3S/2$ 的球面。R_τ 大小刚好可以包含组的边界,$R_\tau=\sqrt{3}/(2S)$,虽然本书发现实际 $R_\tau<\sqrt{3}/(2S)$ 时,计算效率更高。如图 5.4.1(a) 所示,$R_\sigma=3S/2$ 为最小的球,用来定义满足当前组远场相互作用的容许条件。这里要指出,也可以直接使用定义在八叉树上的立方体来作为等效面,但是本书选择球面,因为在球面上均匀采样可以满足采样数目和位置的最优选择。对于均匀采样的球面,每个采样点处放置 3 个准正交的 RWG 基函数,其中两个 RWG 基函数与球面相切,一个 RWG 基函数指向径向方向[9],即为定义在组中心的球坐标系下的($\hat{\boldsymbol{r}}$, $\hat{\boldsymbol{\theta}}$, $\hat{\boldsymbol{\varphi}}$)方向。这些等效 RWG 基函数的边长选取远小于最小网格离散尺寸的常数,这样可以在不影响计算误差的条件下,在等效 RWG 基函数上使用很少的积分点,从而减少 NESA 低秩分解的时间。

5.4.2　嵌套等效源近似矩阵压缩

图 5.4.2 为通过单层 NESA 表示组 s 和 o 的相互作用。为了论述 NESA 简洁性,本书首先在表 5.4.1 概括本节用到的变量的意义。等效和测试球面对应半径分别为 R_τ 和 R_σ。如图 5.4.2 所示,对于组 s,此处 s 设定为源组,目的是求出组 s 等效面 Σ_τ^s 上等效 RWG 基函数 $\boldsymbol{\tau}_s$ 电流系数,使它和组中实际的源在测试面 Σ_σ^s 上的辐射场在误差范围相等。这可以通过测试两种源在测试面 Σ_σ^sRWG 基函数 $\boldsymbol{\sigma}_s$ 的辐射场弱相等得

$$\boldsymbol{Z}_{\sigma_s,s}\boldsymbol{I}_s=\boldsymbol{Z}_{\sigma_s,\tau_s}\boldsymbol{I}_{\tau_s}\tag{5.4.4}$$

其中,$\boldsymbol{I}_s$ 和 $\boldsymbol{I}_{\tau_s}$ 分别为实际和等效 RWG 基函数的电流系数;$\boldsymbol{Z}_{\sigma_s,\tau_s}$ 为等效面和测试面 RWG 基函数形成的矩阵。因此,可以得到 $\boldsymbol{I}_{\tau_s}$ 为

表 5.4.1　NESA 中的变量意义

Σ_τ^i	组 i 的半径为 R_τ 的等效球面
Σ_σ^i	组 i 的半径为 $R_\sigma = 3S/2$ 的测试球面
$\boldsymbol{\tau}_i$	组 i 的等效球面上的 RWG 基函数
$\boldsymbol{\sigma}_i$	组 i 的测试球面上的 RWG 基函数
$\boldsymbol{Z}_{ij}$	组 i 和组 j 形成的阻抗矩阵
$\boldsymbol{I}_i$	组 i 中 RWG 基函数的电流密度
$\boldsymbol{E}_i$	投影在组 i 中测试基函数上的电场
L	八叉树层数

$$\boldsymbol{I}_{\tau_\sigma} = (\boldsymbol{Z}_{\sigma_s,\tau_\sigma})^\dagger \boldsymbol{Z}_{\sigma_s,\sigma} \boldsymbol{I}_\sigma \tag{5.4.5}$$

其中，$(\cdot)^\dagger$ 为广义逆。通过截断的 SVD 求广义逆，本节数值算例详细讨论了截断误差对计算精度的影响。截断的 SVD 和文献[26]Tikhonov 具有相同的作用。

对于组 o，如图 5.4.2 的右半部分所示，分别测试面 Σ_σ^o 上基函数 $\boldsymbol{\sigma}_o$ 在等效面 Σ_τ^o 上和组 o 中基函数的场，为

$$\boldsymbol{E}_{\tau_o} = \boldsymbol{Z}_{\tau_o,\sigma_o} \boldsymbol{I}_{\sigma_o} \tag{5.4.6}$$

$$\boldsymbol{E}_o = \boldsymbol{Z}_{o,\sigma_o} \boldsymbol{I}_{\sigma_o} \tag{5.4.7}$$

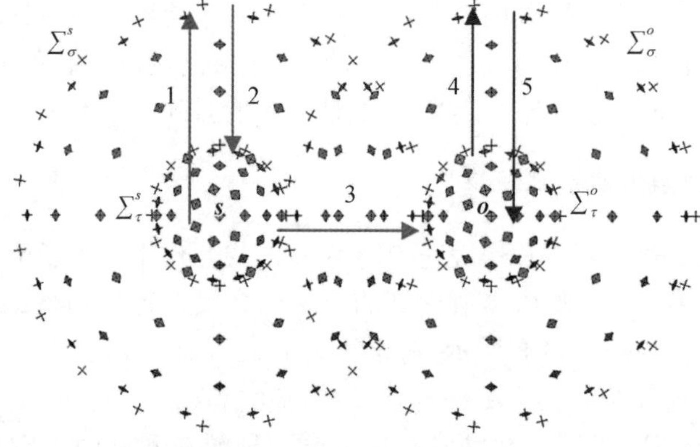

图 5.4.2　通过等效 RWG 和逆源问题表示组 s 和组 t 相互作用（内球上的等效源通过在外球上分别测试等效源和组中原有基函数的辐射场得到。对于组 s 的逆源问题用数字 1（前向辐射）和 2（后向辐射），从而得到组 s 辐射矩阵 $\boldsymbol{U}$；同理 4 和 5 可以得到组 o 的接收矩阵。组之间的转移用 3 表示）

求解式(5.4.6)$\boldsymbol{I}_{\sigma_o}$并代入式(5.4.7)中得

$$\boldsymbol{E}_o = \boldsymbol{Z}_{o,\sigma_o}(\boldsymbol{Z}_{\tau_o,\sigma_o})^{\dagger}\boldsymbol{E}_{\tau_o} \tag{5.4.8}$$

可以得到组 s 等效面 Σ_τ^s 上的电流 $\boldsymbol{I}_{\tau_s}$ 在组 o 等效面 Σ_τ^o 上场 $\boldsymbol{E}_{\tau_o}$ 为

$$\boldsymbol{E}_{\tau_o} = \boldsymbol{Z}_{\tau_o,\tau_s}\boldsymbol{I}_{\tau_s} \tag{5.4.9}$$

最后把式(5.4.9)代入式(5.4.8)，并且利用式(5.4.5)通过 $\boldsymbol{I}_s$ 表示 $\boldsymbol{I}_{\tau_s}$ 的结果得

$$\boldsymbol{E}_o = \boldsymbol{Z}_{o,s}\boldsymbol{I}_s = \boldsymbol{Z}_{o,\sigma_o}(\boldsymbol{Z}_{\tau_o,\sigma_o})^{\dagger}\boldsymbol{Z}_{\tau_o,\tau_s}(\boldsymbol{Z}_{\sigma_s,\tau_s})^{\dagger}\boldsymbol{Z}_{\sigma_s,s}\boldsymbol{I}_s \tag{5.4.10}$$

式(5.4.10)中单层 NESA 低秩压缩分解组组 s 和组 o 相互作用矩阵 $\boldsymbol{Z}_{o,s}$ 为

$$\boldsymbol{Z}_{o,s} = \boldsymbol{Z}_{o,\sigma_o}(\boldsymbol{Z}_{\tau_o,\sigma_o})^{\dagger}\boldsymbol{Z}_{\tau_o,\tau_s}(\boldsymbol{Z}_{\sigma_s,\tau_s})^{\dagger}\boldsymbol{Z}_{\sigma_s,s} = \boldsymbol{U}_o\boldsymbol{D}_{o,s}\boldsymbol{V}_s \tag{5.4.11}$$

其中，$\boldsymbol{U}_o = \boldsymbol{Z}_{o,\sigma_o}(\boldsymbol{Z}_{\tau_o,\sigma_o})^{\dagger}$ 为组 o 的接收矩阵；$V_s = (\boldsymbol{Z}_{\sigma_s,\tau_s})^{\dagger}\boldsymbol{Z}_{\sigma_s,s}$ 为组 s 的辐射矩阵；$\boldsymbol{D}_{o,s} = \boldsymbol{Z}_{\tau_o,\tau_s}$ 为组 s 和组 o 之间的转移矩阵。

5.4.3　多层 NESA

多层 NESA 的基本理论是第 $l(l \neq L)$ 层等效源和场通过其 $(l+1)$ 层子层组的等效源和场，因此可以一直循环地通过最细层(L)的等效源和场嵌套表示。如图 5.4.3 所示，组 s^p 为组 s 的父层组，$\boldsymbol{\tau}_{s^p}$ 和 $\boldsymbol{\sigma}_{s^p}$ 分别为组 s^p 等效和测试面上的 RWG 基函数。类似于式(5.4.4)和式(5.4.5)，可以通过组 s 的等效电流 $\boldsymbol{I}_{\tau_s}$ 表示组 s^p 的等效电流 $\boldsymbol{I}_{\tau_{s^p}}$：

$$\boldsymbol{I}_{\tau_{s^p}} = (\boldsymbol{Z}_{\sigma_{s^p},\tau_{s^p}})^{\dagger}\boldsymbol{Z}_{\sigma_{s^p},\tau_s}\boldsymbol{I}_{\tau_s} \tag{5.4.12}$$

同样类似于式(5.4.8)，可以通过组 o^p 等效面 $\Sigma_\tau^{o^p}$ 上的场 $\boldsymbol{E}_{\tau_{o^p}}$ 表示组 o 等效面 Σ_τ^o 上的场 $\boldsymbol{E}_{\tau_o}$：

$$\boldsymbol{E}_{\tau_o} = \boldsymbol{Z}_{\tau_o,\sigma_{o^p}}(\boldsymbol{Z}_{\tau_{o^p},\sigma_{o^p}})^{\dagger}\boldsymbol{E}_{\tau_{o^p}} \tag{5.4.13}$$

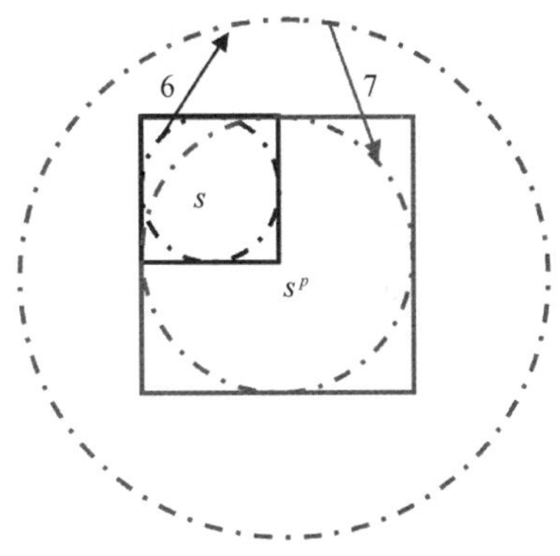

图 5.4.3　父层组的辐射矩阵通过子层组辐射矩阵表示示意图(组 s^p 的逆源问题标记为数字 6(前向辐射)和 7(后向辐射)，可以发现对于二维问题，子层组和父层组仅有 4 种相对位置关系，三维有 8 种[31,32])

如果定义从子层组 o 到父层组 o^p 的平移矩阵为 $\boldsymbol{B}_{o,o^p} = \boldsymbol{Z}_{\tau_o,\sigma_{o^p}}(\boldsymbol{Z}_{\tau_{o^p},\sigma_{o^p}})^{\dagger}$，从父层组 s^p 到子层组 s 的平移矩阵为 $\boldsymbol{C}_{s^p,s} = (\boldsymbol{Z}_{\sigma_{s^p},\tau_{s^p}})^{\dagger}\boldsymbol{Z}_{\sigma_{s^p},\tau_s}$，那么组 o 和组 s 之间的远场相互作用矩阵通过两层的 NESA 嵌套表

示为

$$\boldsymbol{Z}_{o,s}=\boldsymbol{U}_o\boldsymbol{B}_{o,o^p}\boldsymbol{D}_{o^p,s^p}\boldsymbol{C}_{s^p,s}\boldsymbol{V}_s \tag{5.4.14}$$

其中，$\boldsymbol{D}_{o^p,s^p}=\boldsymbol{Z}_{\tau_{o^p},\tau_{s^p}}$。显然，式(5.4.14)和式(5.4.11)的区别在于，把式(5.4.11)中的转移矩阵进一步表示为：

(1) 父层组 s^p 和 o^p 之间的转移矩阵 $\boldsymbol{D}_{o^p,s^p}$。

(2) 两个平移矩阵($\boldsymbol{B}_{o,o^p}$ 和 $\boldsymbol{C}_{s^p,s}$) 在树形结构中上移和下移。

那么通过把转移矩阵展开到第 l 层，从而把式(5.4.14)延伸到任意多层形式。

$$\boldsymbol{Z}_{i,j}^{l}=\boldsymbol{U}_i^L\boldsymbol{B}_i^{L,L-1}\cdots\boldsymbol{B}_i^{l+1,l}\boldsymbol{D}_{i,j}^{l}\boldsymbol{C}_j^{l,l+1}\cdots\boldsymbol{C}_j^{L-1,L}\boldsymbol{V}_j^L \tag{5.4.15}$$

其中，$\boldsymbol{B}_i^{l,l-1}$($\boldsymbol{C}_i^{l-1,l}$) 建立了第 l 层组 i 接收/辐射和其第 $l-1$ 父层组之间的关系。这里要指出，对于 EFIE，接收矩阵和辐射矩阵互为转置关系，因此在 NESA 低秩分解中只需要构造一个接收矩阵。正如 5.4.1 节讲述，文献[26]方法不具备这种减少内存和时间的特性。最后本书把 NESA 的低秩分解构造过程伪代码归纳为算法 5.4.1。

算法 5.4.1　NESA 低秩分解。

```
Procedure NESA decompositions (s, o, τ_s, τ_o, σ_s, σ_o, U, D, V, B, C)
% 计算辐射与接收矩阵
    for levels i=L : 1 : −1
      if (i=L) then
      V^L ⇐计算辐射矩阵式(5.4.5)
      U^L ⇐计算接收矩阵式(5.4.8)
      else
      B^i ⇐计算平移矩阵式(5.4.13)
      x^t ⇐计算平移矩阵式(5.4.12)
      end if
    end for
%计算转移矩阵
    for levels i=L : 1 : −1
      D^i ⇐计算转移矩阵式(5.4.9)


    end for
    return U, D, V, B, C
end procedure
```

5.4.4　NESA 进一步加速

本小节介绍利用等效源的对称性等技巧进一步提高 NESA 的计算效率。

(1) 在某一设定层，由于等效球面和测试球面上的 RWG 基函数的相对位置是相同的，所以式(5.4.6)中 $\boldsymbol{Z}_{\tau_o,\sigma_o}$ 在每层仅需要计算一次。

(2) 如图 5.4.3 所示，对于某一设定层，二维和三维问题父层组和子层组分别仅有 4 种和 8 种相对位置关系，所以对三维问题每层只需要计算 8 个平移矩阵。

(3) 如图 5.4.4 所示，利用转移因子的平移不变性，对于三维在每层至多只有 $7^3-3^3=316$ 个转移因子。

(4) 由于等效 RWG 基函数个数 Q 远大于 MDA[2,3]中的矩阵秩，所以本书继续使用 ACA 每层如式(5.4.9)的转移矩阵 $\boldsymbol{D}$ 压缩，进一步降低转移因子的内存和转移过程的矩阵矢量乘时间。

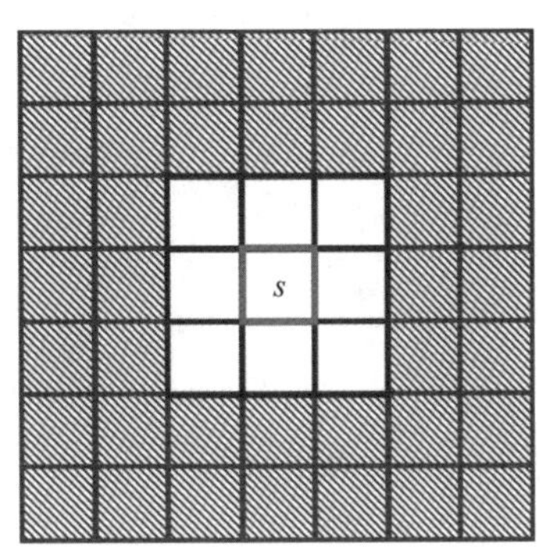

图 5.4.4
对于二维问题中组 s，利用每个组中的等效 RWG 基函数的相对位置相同和格林函数平移不变性，所需要计算的最大远场相互作用区域(对应图中阴影部分)

5.4.5　矩阵矢量乘和计算复杂度分析

为了详细分析 NESA 的计算复杂度，本小节首先给出 NESA 矩阵矢量乘 $\boldsymbol{y}=\boldsymbol{ZI}$ 的伪代码，本部分用到的变量定义在表 5.4.2 中，矩阵矢量乘的伪代码如算法 5.4.2 所示。

表 5.4.2　NESA 矩阵矢量乘中的变量定义

$\boldsymbol{s}^l$	第 l 层非空组 s
$\boldsymbol{o}^l$	第 l 层非空组 o
$\boldsymbol{I}_i$	组 i 中 RWG 基函数对应电流密度向量
$\boldsymbol{V}_i^l$	第 l 层组 i 的辐射矩阵
$\boldsymbol{B}_i^l$	第 l 层组 i 的平移矩阵
$\boldsymbol{\zeta}_i^l$	矩阵矢量中第 l 层由组 i 中基函数电流乘辐射过程的临时变量
$\boldsymbol{D}_{i,j}^l$	第 l 层组 i 和组 j 的转移矩阵
$\boldsymbol{\zeta}_i^l$	矩阵矢量乘第 l 层组 i 对应的临时矩阵向量
$\boldsymbol{U}_i^l$	第 l 层非空组 i 的接收矩阵

(续表)

$\boldsymbol{C}_i^l$	第 l 层非空组 i 的平移矩阵
$\boldsymbol{y}_i^l$	矩阵矢量乘第 l 层组 i 对应的临时矩阵向量
$\boldsymbol{y}$	矩阵矢量乘 $\boldsymbol{y}=\boldsymbol{ZI}$ 结果
N_i	组 i 中 RWG 基函数个数
M_l	第 l 层非空组个数

算法 5.4.2　NESA 矩阵矢量乘。

Procedure Matrix-vector product（$\boldsymbol{I}$，$\boldsymbol{y}$）

%远场作用组：

%辐射过程

for levels $i=L:1:-1$

if（$i=L$）then

$$\eta_{sL}^{L} \leftarrow \eta_{sL}^{L} + \boldsymbol{V}_{sL}^{L} \boldsymbol{I}_{sL} \tag{5.4.16}$$

else

$$\eta_{si}^{i} \leftarrow \eta_{si}^{i} + \boldsymbol{B}_{\sigma\iota}^{\iota} \eta_{si+1}^{i+1} \tag{5.4.17}$$

end if

end for

%　转移过程

for levels $i=L:1:-1$

$$\zeta_{oi}^{i} \leftarrow \zeta_{oi}^{i} + \boldsymbol{D}_{oi,si}^{i} \eta_{si}^{i} \tag{5.4.18}$$

end for

%　接收过程

for levels $i=1:L$

if（$i\neq L$）then

$$\boldsymbol{\zeta}_{o\iota+1}^{\iota+1} \urcorner \boldsymbol{\zeta}_{o\iota+1}^{\iota+1} + \boldsymbol{X}_{o\iota}^{\iota} \boldsymbol{\zeta}_{o\iota}^{\iota} \tag{5.4.19}$$

else

$$\boldsymbol{y}_{oL}^{L} \leftarrow \boldsymbol{y}_{oL}^{L} + \boldsymbol{U}_{oL}^{L} \boldsymbol{\zeta}_{oL}^{L} \tag{5.4.20}$$

end if

end for

%　在最细层 L 叠加近场作用部分：

$$\boldsymbol{y} \leftarrow \boldsymbol{y}^L + \boldsymbol{Z}_{\text{near}}\boldsymbol{I} \tag{5.4.21}$$

return $\boldsymbol{y}$

end procedure

接下来，对于任意三维问题，分析 NESA 的计算复杂度。首先分析内存消耗的复杂度：在最细层，对于组 i，需要存储大小为 $Q \times N_i$ 的辐射矩阵 $\boldsymbol{V}_i$，需要的内存为 QN_i。因此，最细层所有的辐射矩阵内存需求为 $\sum QN_i = QN$，N 为未知量数目。对于上层 $l \neq L$，需要存储 8 个平移矩阵，每个大小为 $Q \times Q$，所以所有的平移矩阵元素为 $8(L-1)Q^2$，共计 L 层的转移矩阵元素最多为 $316LQ^2$，如果最细层组平均基函数个数固定为 K，则近场元素至多为 $9KN$，所以 NESA 总的内存需求为

$$C_{\text{mem}} \approx QN + 8(L-1)Q^2 + 316LQ^2 + 9KN \tag{5.4.22}$$

最后，当固定平均基函数个数为 K，则层数 L 由 $O(\lg_2 N)$ 确定，并且在中低频时 Q 也是固定的，因此式(5.4.22)可以写为

$$C_{\text{mem}} \approx O(N) + O(\lg_2 N) \approx O(N) \tag{5.4.23}$$

现在开始分析 NESA 的矩阵矢量乘的复杂度：矩阵矢量乘算法 5.4.2 中，计算式(5.4.16)复杂度为 QN，这是由于 $\boldsymbol{V}_{sL}^{L}\boldsymbol{I}_{sL}$ 复杂度为 QN_{sL}，第 L 层总的复杂度为 $\sum_{sL} QN_{sL} = QN$；计算式(5.4.17)的复杂度为

$$8Q^2 \sum^{L-1} M_l \tag{5.4.24}$$

这是由于第 l 层每个非空组最多有 8 个非空的子层组；类似地计算式(5.4.18)转移过程的复杂度为

$$316Q^2 \sum_{l=1}^{l} M_l \tag{5.4.25}$$

由于对称性式(5.4.19)和式(5.4.20)的复杂度与式(5.4.16)和式(5.4.17)复杂度相同，最后近场稀疏矩阵矢量乘复杂度为 $9KN$。可以发现 NESA 的复杂度与式(5.4.26)相关。

$$\sum_{l=1}^{l} M_l \tag{5.4.26}$$

如果最细层的非空组数为 $M_L = N/K$，每次往上层非空组数减少倍数 4，即 $M_{l-1} = M_l/4$，所以式(5.4.26)可以写为

$$\sum_{l=1}^{L} M_l = \frac{N}{4^L K}\sum_{l=1}^{L} 4^l = \frac{N}{3K}\left(4 - \frac{1\,024K^2}{N^2}\right) \approx \frac{4N}{3K} \tag{5.4.27}$$

由以上分析可以得到 NESA 总的矩阵矢量乘复杂度为

$$\begin{aligned} C_{\mathrm{MVP}} &= 2\left[QN + 8Q^2 \sum_{l=1}^{L-1} M_l\right] + 316Q^2 \sum_{l=1}^{L} M_l + 9KN \\ &= 2\left[QN + 8Q^2 \frac{N}{3K}\right] + 316Q^2 \frac{4N}{3K} + 9KN \approx O(N) \end{aligned} \tag{5.4.28}$$

所以本节严格推导出 NESA 内存和矩阵矢量乘的复杂度与未知量的关系都是线性的，下面给出数值算例证明。

5.4.6　数值算例分析

本小节通过测试不同多尺度问题，证明本节方法的有效性。本章所有算例使用 BiCGStab 迭代求解，迭代收敛残差为 10^{-4}；最细层组平均基函数个数为 50 左右；使用 h 表示网格离散边尺寸，工作波长为 λ，所有多尺度问题数值分析使用 MR 预条件技术来解决低频密网格问题。从而去除 NESA 计算误差和方程条件数的关系[33]。所有的算例都是在 64 位 Dell Precision T7400 服务器 Intel Xeon CPUE5440 2.88 GHz、96 GB 内存计算机上计算的；所有算例使用单进程计算，程序使用了双精度。

1. 源等效面选择和截断误差选取

NESA 的计算精度由等效面上等效源数目 Q 严格确定。此外，也有必要讨论式(5.4.5)中 TSVD 截断误差对精度的影响。最后发现没有严格满足等效原理的等效面(等效面内切于盒子)反而更有效，本节详细讨论这样选取等效面的优缺点。接下来开始讨论 Q、TSVD 截断误差和等效面半径选取对计算精度和效率的影响。

虽然 NESA 是对矢量基函数的阻抗矩阵的直接近似，但是有必要首先讨论文献[26]中直接压缩标量格林函数矩阵、计算精度和效率的关系。并且在 NESA 近似阻抗矩阵中，相比等效原理使用了冗余的法向分量等效源，所以直接测试格林函数近似精度更明确。

本节选取 800 个随机分布在两个边长为 0.5 m、相距 1 m 的立方体中，坐标位置为 R_n 和 R_m 的场/源点；分别采用解析方法和 NESA 计算 300 MHz 自由空间格林函数 $G(r_m, r_n) = \mathrm{e}^{-\mathrm{j}k_0|r_m - r_n|}/|r_m - r_n|$。通过改变等效源 Q 的数目测试 NESA 近似精度。等效球面半径 R_τ 分别使用下面两种方式：

(1) 球面“外切”于场源组立方体盒子边界，即 $R_\tau = R_0 = \sqrt{3}S/2$，这种情况严格满足等效原理。

(2) 球面“内切”于场源组立方体盒子边界，即 $R_\tau=S/2=0.57R_0$，这种情况等效面小于等效原理等效面。

定义 NESA 的近似误差为 $\|G-G_{\text{NESA}}\|_2/\|G\|_2$，$G$ 和 G_{NESA} 分别为两列聚集场源点之间标量格林函数元素的向量，$\|x\|_2$ 为向量 x 的 ℓ^2 范数。

首先当等效面“外切”($R_\tau=R_0$) 于场源组立方体盒子边界时，此时严格满足等效原理。图 5.4.5 所示为逆源过程中 SVD 截断误差，对 NESA 近似标量格林函数精度的影响。很明显逆源过程不需要任何正则化，因为当保留 SVD 中所有奇异值时，误差没有变差。然而这里需要强调的是，NESA 并不关心等效源本身，而只对源在测试球面及以外的辐射场感兴趣。场-源的逆问题是病态的，因为从 R_τ 到 R_σ 丢失了场的自由度(这是一个空间的低通滤波器)，但是相同的原因，任何等效源中由于缺少正则化，产生的噪声会在源-场射过程中滤除[26]。

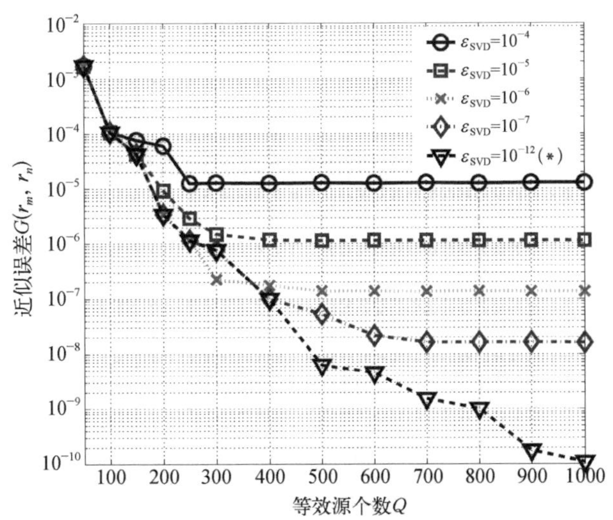

图 5.4.5 当等效球面“外切”($R_\tau=R_0$)于场源组盒子边界时，NESA 近似标量格林函数精度与逆源过程 SVD 截断误差"SVD 的关系(图中“(*)”表示逆源过程中，保留所有奇异值的情况)

当等效球面“内切”($R_\tau=0.57R_0$) 场源组盒子边界时，如图 5.4.6 所示，可以发现，当 $Q>500$ 时，如果截断误差小于一定值，随着 Q 增加，近似精度反而会变差，这时需要截断部分奇异值。图 5.4.6 中为了方便和“外切”时做对比，给出两种奇异值情况。“内切”需要正则化，是由于“内切”时丢失了部分场信息，而不是逆源过程辐射矩阵本身的缺陷。另外，对于 MoM 实际仿真精度需求，“内切”时近似精度相对 SVD 截断误差是稳定的，并且重要的是达到“外切”相同的精度需要较少的等效源数目。这将在 NESA 近似阻抗矩阵时进一步讨论。这里使用一个“错误”的等效面却得到正确的结果一点也不奇怪，这里 NESA 分解只关心近似的辐射场,另外期望使用最少数量的等效源获得给定的精度。本节以下内容,“内切”时SVD截断误差设为 10^{-12},“外切”时为 10^{-16}。

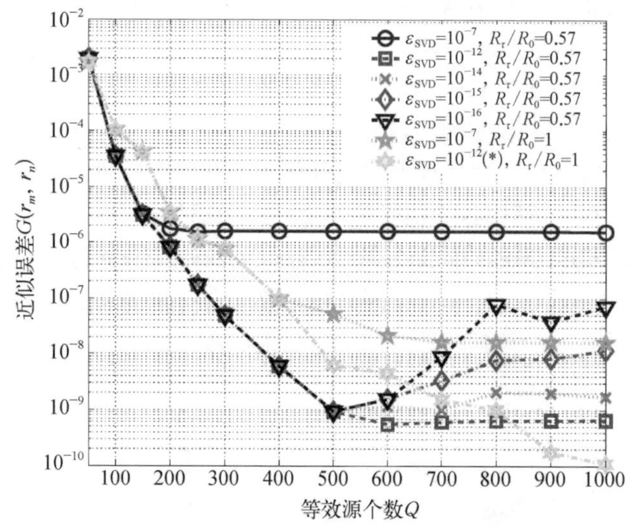

图 5.4.6 当等效球面“内切”($R_\tau=0.57R_0$)于场源组盒子边界时,NESA 近似标量格林函数精度与逆源过程 SVD 截断误差 ε_{SVD} 的关系

接下来,如图 5.4.7 所示,在测试等效面“内切”和“外切”时,NESA 近似 EFIE 阻抗矩阵精度。近似对象为从 7 188 离散未知量的球中,选取包含 256、258 个 RWG 基函数的两个组。精度的对比标准为 MoM 使用 61 个内外高斯积分点计算的阻抗矩阵。图 5.4.8 给出 NESA 近似精度与 R_τ、Q 和式(5.4.4)~式(5.4.9)中积分点数目的变化关系。阻抗矩阵的近似误差由两个参数决定:

(1) 格林函数的近似精度 η_G

(2) 积分公式的精度 η_{int}

$$\eta_{imp} \propto \eta_G + \eta_{int} \tag{5.4.29}$$

其中,η_G 由等效源点数目 Q 确定;η_{int} 由积分点数目决定,η_{int} 仅影响 NESA 低秩近似时间,而不影响内存和矩阵矢量乘时间。很显然,当式(5.4.29)中的两个误差不均衡时,总近似误差由主导项决定(如 η_G 或者 η_{int})。图 5.4.7 可用作选取 NESA 中参数的向导,图 5.4.7 中还给出 MoM 使用(3,7)高斯积分点计算 EFIE 矩阵的误差。从而可以最佳地选择(Q, R_τ, rule),这里“最佳”是指最少的计算成本达到所需的计算精度。例如 ~10^{-4} 的误差,最佳的选择是 [$Q=60$, $R_\tau=0.57R_0$, rule=(3, 3)]。

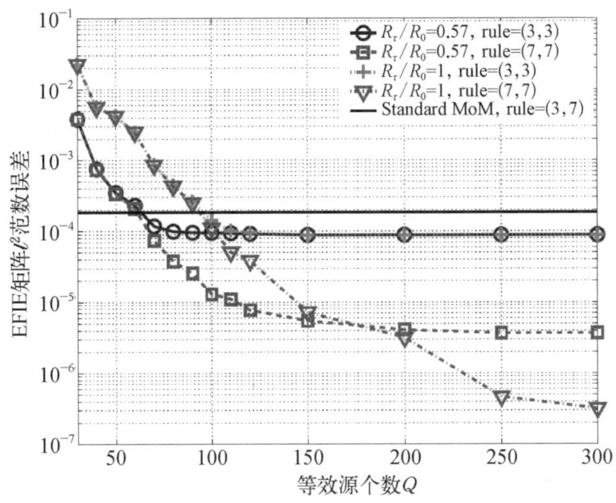

图 5.4.7　当等效球面分别为“外切”和“内切”时，NESA 近似 EFIE 阻抗矩阵精度

接下来通过测试结果，研究 R_τ 对 NESA 近似精度的影响，此时 rule=(7,7)。这里使用图 5.4.8 相同的近似对象，即从半径为 2λ 的球中选取两个组。图 5.4.8(a)为 $R_\tau \in (0.35R_0, R_0)$ 时 NESA 近似 EFIE 矩阵精度随着 Q 的变化关系，可以看到，NESA 可以达到的最高近似精度随着 R_τ 本身在增加，只有当 R_τ/R_0 趋近于 1 时，才能达到任意高的近似精度。图 5.4.8(b)给出图 5.4.8(a)中 $Q<120$ 的部分，对于 5～6 位浮点数的精度，选择 $R_\tau=R_0$ 并不是最优的。在下面的算例中，如果没有特殊说明 $R_\tau=0.57R_0$。

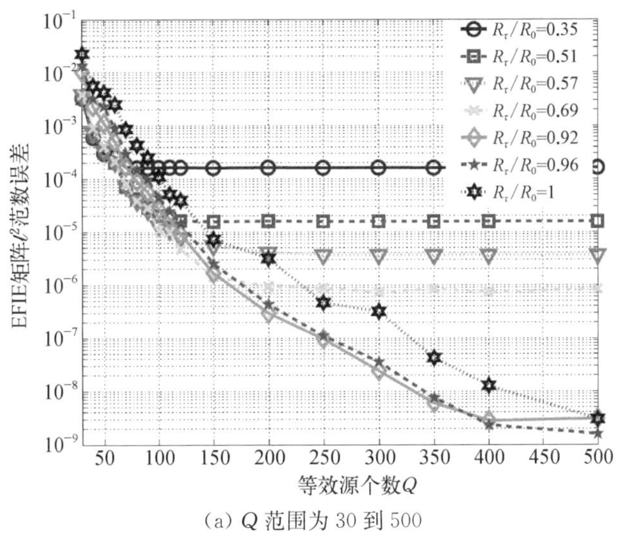

(a) Q 范围为 30 到 500

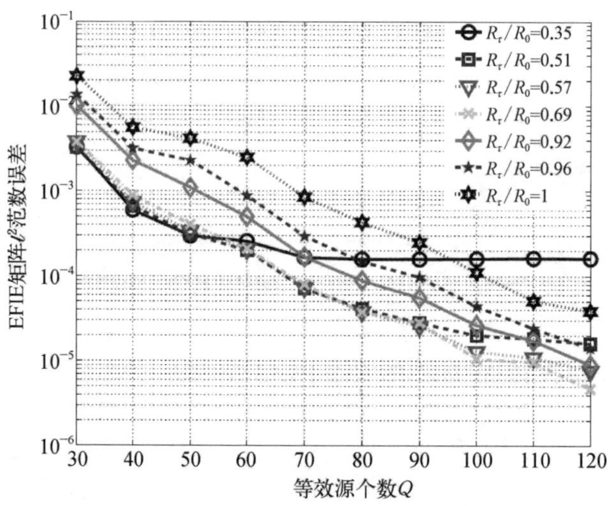

(b) Q 范围为 30 到 120 的详细图

图 5.4.8　当等效球面半径在($0.35R_0$, R_0)变化时，NESA 近似 EFIE 阻抗矩阵精度

最后给出使用 NESA 求解上述球的精度。图 5.4.9 中，分别给出 $R_\tau=R_0$ 和 $R_\tau=0.57R_0$，Q 从 20 增加到 60 时，表面电流系数 ℓ^2 误差，比较标准为 MoM 使用直接求逆结果。由图 5.4.9 可以发现，在 MoM 离散误差范围内，相同的等效源点数目 Q 条件下，$R_\tau=0.57R_0$ 可以得到更高的精度。

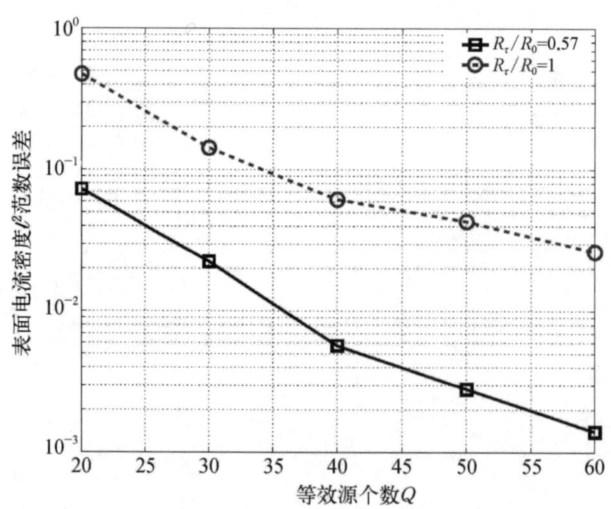

图 5.4.9　NESA 分析半径为 2λ，离散未知量数目为 7 188 的球 ℓ^2 范数精度

2. 正确性

首先分析一个半径为 0.5 m、离散未知量数目为 7 188 的球，入射波频率为 3 MHz，入射角度为 ($\theta=0^\circ$, $\phi=0^\circ$)。图 5.4.10 中给出双站 RCS 的曲线，与 Mie 的结果非常吻合。等效源数目为 30 个，对应 90 个如图 5.4.1 定义的等效 RWG 基函数。这里要注意，30 对应的是图 5.4.6 中最小数目。这说明一个低的计算精度就可以满足 RCS 计算精度要求。此时，ACA 算法的截断精度为 10^{-4}。为了说明 NESA 近似中频问题时的精度，图 5.4.11 给出未知量数目为 13 246，频率为 300 MHz下的双站 RCS，同样其计算结果和 Mie 的结果非常吻合。

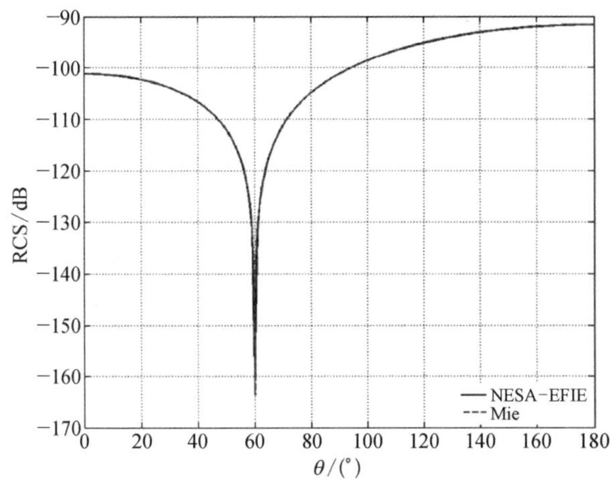

图 5.4.10　正确性验证：半径为 0.5 m 的球双站 RCS，入射波频率为 3 MHz，角度为 ($\theta=0^\circ$, $\phi=0^\circ$)，观察角 $\phi=0^\circ$

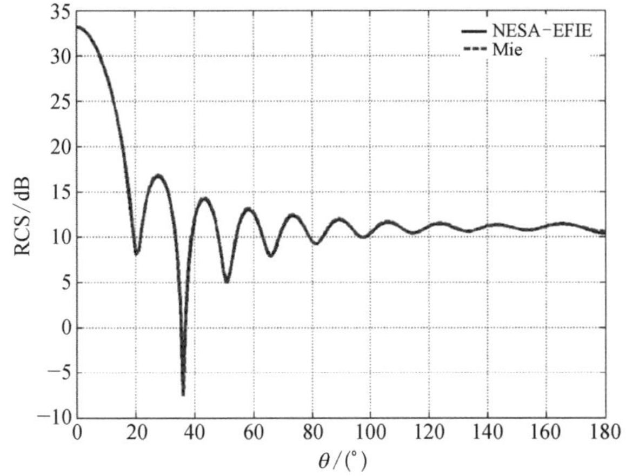

图 5.4.11　正确性验证：半径为 2 m 的球，入射波频率为 300 MHz，角度为 ($\theta=0^\circ$, $\phi=0^\circ$) 时双站 RCS，观察角 $\phi=0^\circ$

3. 计算精度和计算资源消耗的均衡

本节讨论计算精度与计算资源消耗的权衡性。直观地讲，无论是计算时间还是内存，更高的目标精度对应更多的计算成本。这里讨论等效源数目 Q、ACA 算法截断误差、求解精度之间的关系。首先，使用 4 层 NESA 分析如图 5.4.12 所示 NASA almond，频率为 3 MHz，离散未知量数目为 18 858。表 5.4.3 列出 NESA 分析未知量数目 18 858，频率 3 MHz NASA almond 内存和时间，此处固定 ACA 算法截断误差为 10^{-4}，变化等效源数目 Q，在以下例子中测试面上等效源数目固定为 $2Q$。表 5.4.3～表 5.4.6 中，第一列为等效源数目 Q（表 5.4.3 和表 5.4.5），或 ACA 算法的截断误差（表 5.4.4 和表 5.4.6）；第二列为近/远场内存，第三～五列为 NESA 远场近似时间、一次矩阵矢量乘时间、总时间。最后一列为电流系数的 l^2 范数误差 $\eta=\| J-J_{\mathrm{MoM}}\|_2/\| J_{\mathrm{MoM}}\|_2$，J 为 NESA 结果，$J_{\mathrm{MoM}}$ 为 MoM 直接 LU 求逆结果。

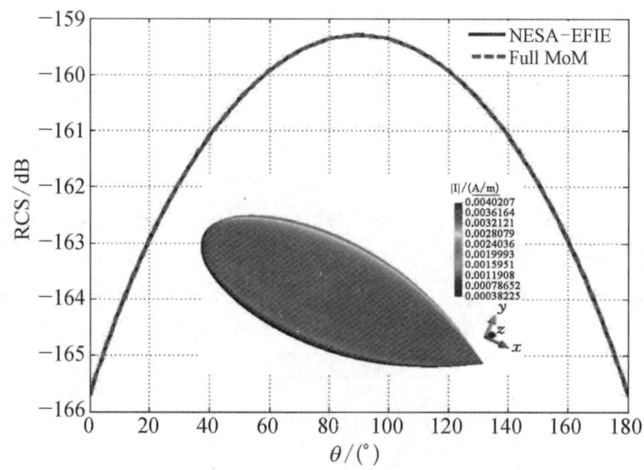

图 5.4.12　NASA almond 在平面波频率 3 MHz，入射方向沿着 $-\hat{x}$ 轴方向双站 RCS，观察角 $\phi=0^\circ$

表 5.4.3　NESA 分析未知量数目 18 858，频率 3 MHz NASA almond 内存和时间（ACA 算法的截断精度固定为 10^{-4}，变化等效源 Q 数目）

Q	近/远场内存/MB	远场近似时间/[mm:ss]	矩阵矢量乘时间/s	总时间/[mm:ss]	η
20	296/163	02:44	2	05:48	0.113
25	296/222	04:10	3	09:15	0.017
30	296/262	05:10	3	10:25	0.009

表 5.4.4　NESA 分析未知量数目 18 858，频率 3 MHz NASA almond 内存和时间(变化 ACA 算法的截断精度，固定等效源 Q 数目为 30)

ε_{ACA}	近/远场内存/MB	远场近似时间/[mm:ss]	矩阵矢量乘时间/s	总时间/[mm:ss]	η
10^{-3}	296/195	03:41	2	07:28	0.011
10^{-4}	296/262	05:10	3	10:52	0.009
10^{-5}	296/334	06:23	5	14:02	0.008

表 5.4.5　NESA 分析未知量数目 18 858，频率 3 GHz NASA almond 内存和时间(ACA 算法的截断精度固定为 10^{-4}，变化等效源 Q 数目)

Q	近/远场内存/MB	远场近似时间/[mm:ss]	矩阵矢量乘时间/s	总时间/[mm:ss]	η
30	96/195	01:47	2	07:07	0.015
40	96/285	02:37	3	10:41	0.005
50	96/335	03:06	5	14:30	0.003
70	96/448	06:28	9	24:53	7.2e−4

表 5.4.6　NESA 分析未知量数目 18 858，频率 3 GHz NASA almond 内存和时间(变化 ACA 算法的截断精度，固定等效源 Q 数目为 40)

ε_{ACA}	近/远场内存/MB	远场近似时间/[mm:ss]	矩阵矢量乘时间/s	总时间/[mm:ss]	η
10^{-3}	96/223	02:03	2	07:45	0.006
10^{-4}	96/285	02:37	3	10:41	0.005
10^{-5}	96/299	02:50	3	11:31	0.005

如表 5.4.3，当 Q 从 20 增加到 30 时，求解精度同样增加，付出的计算成本是远场内存、NESA 远场近似时间、矩阵矢量乘时间、总时间增加。同样地，如表 5.4.4 所示，固定 $Q=30$，降低式(5.15)中 ACA 算法的截断误差，在付出计算内存和时间的基础上得到更高的计算精度。在 NESA 中，为了保持更高的计算精度分析精确建模多尺度问题，分别设定等效源数目和 ACA 算法截断误差为 30 和 10^{-4}。同样的结论可以在表 5.4.5 和表 5.4.6 中 NESA 分析 3 GHz 时 NASA almond 得出。在下面所有的例子中设定：① 等效源数目：低频时 $Q=30$；中频时 $Q=40$。② ACA 算法截断误差：10^{-4}。这些参数通过实验验证可以很好权衡精度和计算成本关系。

4. 计算复杂度

为了验证 5.4.5 节理论证明的 NESA 线性复杂度。此处分析一组边长为 1 m

的立方体，频率分别为 37.5 kHz、75 kHz、150 kHz 和 300 kHz，固定 h/λ 为 5.0×10^{-5}，离散未知量数目分别为 12 672、50 688、202 752 和 811 008。分别使用 2、3、4 和 5 层 NESA。图 5.4.13 为本节测试的复杂度曲线，NESA 总内存和时间复杂度为线性的。对于现有的低秩压缩分解方法[1-3]，没有使用嵌套的近似形式，需要逐层构造低秩压缩分解，分析低频问题时不可能达到线性复杂度。然而，本节提出的 NESA 方法，得益于类似 MLFMA 的嵌套近似形式，把低秩压缩分解复杂度由 $O(N\lg N)$ 降为 $O(N)$。关于线性的复杂度可以类似于低频 MLFMA[35] 解释：低频时只有拉普拉斯场。因此，计算负担主要集中在最细层大量的辐射、转移和接收过程。

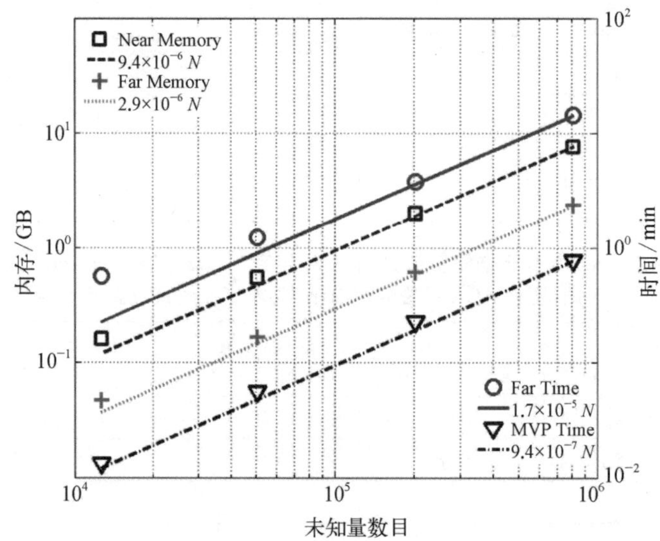

图 5.4.13 NESA 低频复杂度测试(分析边长为 1 m 立方体，固定 $h/\lambda=10^{-5}$，频率分别为 37.5 kHz、75 kHz、150 kHz 和 300 kHz，对应未知量数目分别为12 672、50 688、202 752 和 811 008)

这里要说明 NESA 在中频时仍然可以保持线性的复杂度。图 5.4.14 给出同样一组立方体，当 h/λ 固定为 10^{-2}，对应电尺寸为 $\lambda/4\sim2\lambda$，复杂度为线性的，说明 NESA 不仅局限于纯低频问题。本节把 NESA 与文献[26]中嵌套 ACA 算法计算资源消耗做对比，可以发现，NESA 相比嵌套 ACA 算法[26] 中使用 ACA[1] 寻找主导 RWG 基函数，减小了远作用低秩近似过程复杂度系数。NESA 的矩阵矢量乘速度稍微比文献[26]的慢，这是由于 ACA 算法[1] 可以找到比 NESA 中等效 RWG 基函数数目更准确的秩大小。

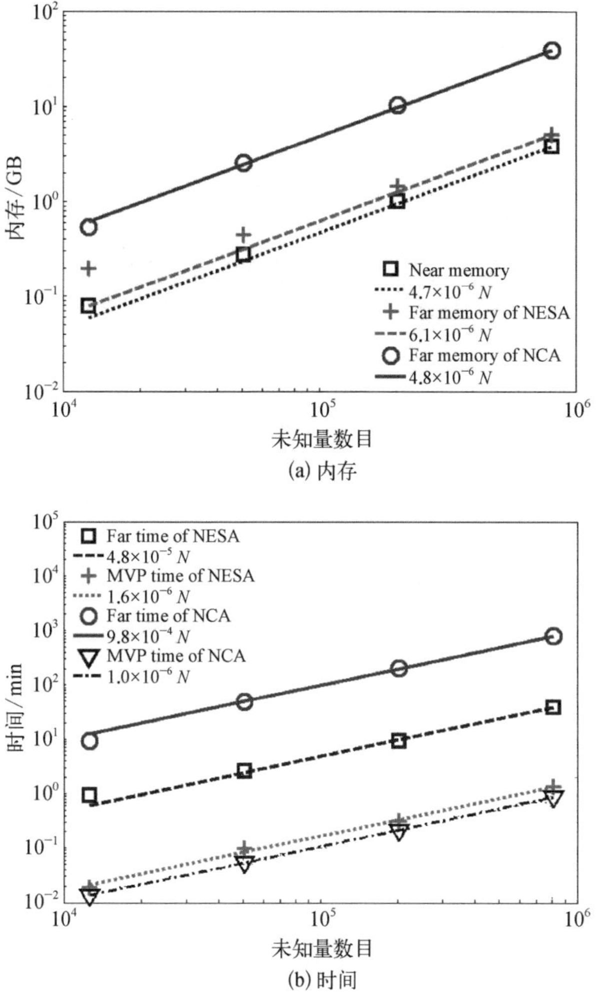

图 5.4.14　中频复杂度比较(NESA 和 NCA[26] 分析边长为 1 m 立方体，固定 $h/\lambda = 10^{-2}$，频率分别为 75 MHz、150 MHz、300 MHz 和 600 MHz，对应未知量数目分别为 12 672、50 688、202 752 和 811 008)

5. 多尺度特性测试

分形结构广泛应用于天线设计[35]，例如，文献[36]把 Koch 雪片(Koch snowflake)形状结构应用于 WLAN/WiMAX 天线设计。为了研究 NESA 的多尺度特性，本节系统测试一系列 Koch 雪片[37]，这类分形结构的特点是，可以依据分形结构生成工具迭代层数(it)控制多尺度比率(multiscale ratio，定义为 $h_{\max}/$

$h_{\min}$)的结构。图 5.4.15 列出分形结构生成工具在不同迭代层数下生成 Koch 雪片结构示意图，it 为迭代层数。初始三角形的边长为 1 m，对应 it=0，这里没有给出。

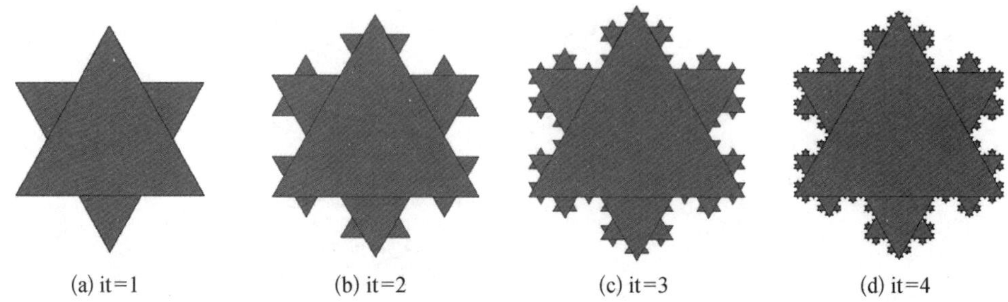

图 5.4.15　分形结构生成器在不同迭代层数下生成 Koch 雪片结构示意图

这里首先分析 it=5，频率为 600 MHz，平面波入射角度为 ($\theta^{i}=0°$, $\phi^{i}=0°$) 的雪片结构。雪片在 x 和 y 方向的尺寸分别为 1.0 m、1.15 m，对应电尺寸分别为 2.0、2.3λ。表面离散未知量数目为 12 702，h/λ 在 $2.6\times10^{-3}\sim10^{-1}$。本节分别使用 MR 预条件的 3 层 NESA 和嵌套 ACA 算法[26]分析，两种方法 BiCGStab 迭代步数都为 24。图 5.4.16 比较两种方法得到的表面电流分布，ℓ^2 范数误差为 0.008。图 5.4.17 给出两种方法分析不同的分形迭代层数 it 雪片结构、方程迭代求解步数和多尺度比率的关系。由于两种方法使用了相同近场大小构造相同的 MR 预条件[33]，推断 NESA 优于嵌套 ACA 算法不收敛的表现是由于改善了计算精度。因此，把这种精度的改善归结于 NESA 固有的多尺度表示"主导"基函数相互作用的特性。

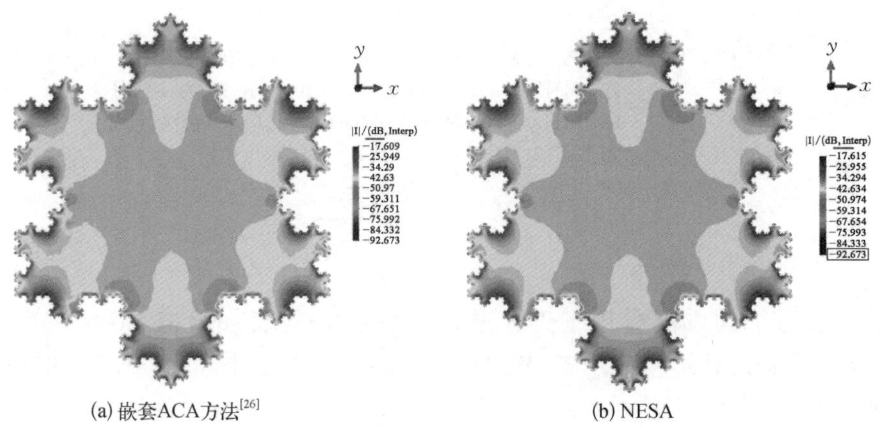

图 5.4.16　it=5 Koch 雪片，在频率为 600 MHz 表面电流分布

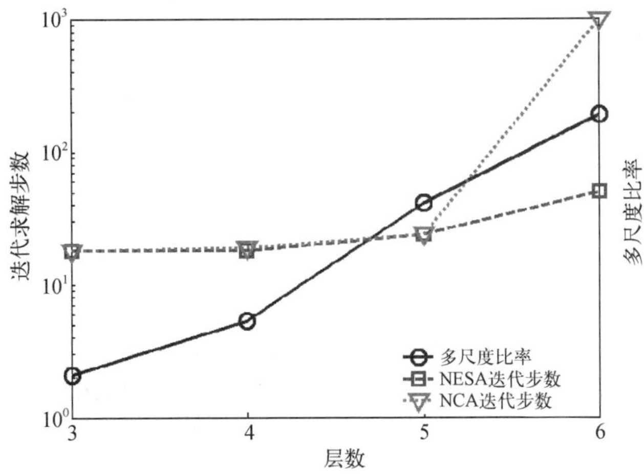

图 5.4.17　分析不同分形迭代层数 it Koch 雪片结构方程迭代求解步数和多尺度比率的关系

6. P180 飞机

为了证明 NESA 分析现实中多尺度问题的能力，本节首先分析 50 MHz 频率下的 P180 飞机模型[38]。飞机长 12.1 m，翅展为 13.8 m，50 MHz 下对应 2.0 和 2.3λ。如图 5.4.18 和图 5.4.19 所示，模型考虑了所有的细节，如乘客座椅、天线阵列、驾驶设备等。入射平面波角度为 $(\theta^{\mathrm{i}}=90°, \varphi^{\mathrm{i}}=225°)$，电场沿着 θ 极化。模型离散未知量数目为 271 288，h/λ 在 $3.3\times10^{-4}\sim1.1\times10^{-2}$，这里使用 6 层 NESA。

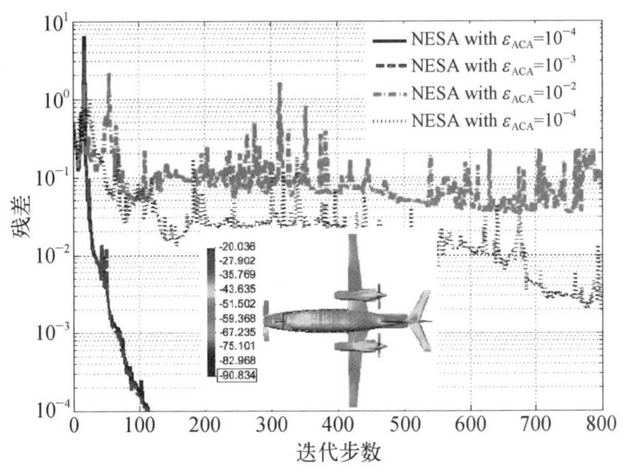

图 5.4.18　使用不同 ACA 算法截断精度的 NESA 与嵌套 ACA 算法[26]分析 P180 飞机模型 BiCGStab 收敛残差对比

图 5.4.18 给出使用不同 ACA 算法截断精度 NESA 与嵌套 ACA 算法[26]的 BiCGStab 迭代收敛残差，嵌套 ACA 算法不能收敛到 10^{-3}。相反的 NESA 收敛步数为 113，总的求解时间和内存分别为 5.9 h、8.6 GB。有趣的是，NESA ACA 算法截断误差为 10^{-2} 也不能收敛，正如分析雪片时所述，这里得出 NESA 具有优于嵌套 ACA 算法[26]的多尺度特性。

接下来分析上述飞机模型，在 300 kHz 时的电磁特性。两个模型的离散未知量数目分别为 271 288 和 1 086 083。对于粗网格模型 h/λ 为 $2.0\times10^{-6}\sim7\times10^{-5}$；细网格模型 h/λ 为 $2.0\times10^{-6}\sim7\times10^{-5}$，分别使用 6 层和 7 层 NESA 分析粗、细两种网格模型。表 5.4.7 概括分析粗、细两种网格模型计算时间和内存。得益于 5.4.4 节所述的 NESA 加速技术，只需要存储部分辐射矩阵、转移矩阵和接收矩阵，从而分析粗网格到细网格内存和低秩分解时间增加小于 4 倍。图 5.4.19 给出未知量数目为 1 086 083 密网格 P180 飞机模型表面电流分布。图 5.4.18 使用不同 ACA 截断精度的 NESA 与嵌套 ACA[6] 分析 P180 飞机模型 BiCGStab 收敛残差对比；P180 飞机离散未知量数目为 271 288，频率为 50 MHz。图中嵌入的是 NESA ACA 截断精度为 10^{-4} 时得到的 P180 飞机模型表面电流分布。两种方法分别使用了 MR 预条件技术[33]加速迭代求解。

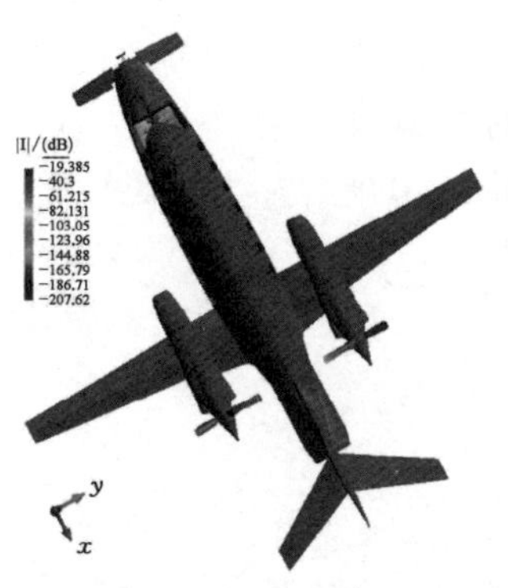

(a) 频率为300 kHz，入射平面波角度为(θ^i=90°，ϕ^i=225°)的表面电流分布俯视图

(b) 机舱内部设备与座椅细节放大图

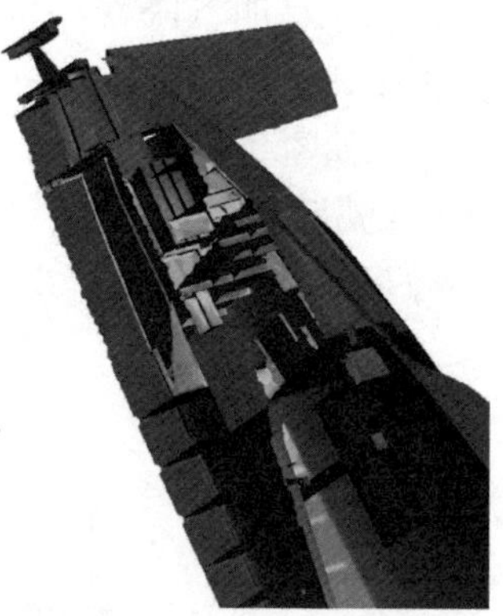

(c) 机头细节放大图

图 5.4.19 离散未知量数目为 1 086 083 的密网格 P180 飞机模型表面电流分布

表 5.4.7 NESA 分析 300 kHz 下 P180 飞机模型时内存和时间消耗

N	近/远场内存/GB	远场低秩压缩分解时间/[mm:ss]	迭代步数	总求解时间/[hh:mm:ss]
271 288	6.7/1.1	09:10	80	02:03:01
1 086 083	25.1/3.5	28:40	138	12:41:03

5.5　宽带嵌套等效源近似方法

近年来,宽频带电磁分析多尺度目标引起了计算电磁学领域强烈的研究兴趣。电大多尺度问题特点是,密网格离散细微结构的低频问题和电大耦合高频问题的共存。当对整个宽频带感兴趣时,通常在这个宽频带内尽量保持同样的网格,会进一步加剧分析这类问题的困难。低秩压缩分解方法通常对低频问题非常有效,但是随着电尺寸的增加,逐渐丧失算法的高效性。相反地,与核相关的算法如 FFT 类方法[39,40]和 MLFMA[31,32]适合于分析电大多尺度问题,分别降低复杂度为 $O(N^{1.5}\lg N)$和 $O(N\lg N)$。

通常快速方法求解宽频带问题时需要特殊处理,众所周知,标准的 MLFMA 在低频问题时(组尺寸小于 0.3λ),需要大幅地修正低频近似部分[34,41,42]。另外一类广泛应用的方法为把低频加速求解方法如插值 FFT 方法[43]和 MLMCM 用于加速 MLFMA 的近场部分[44]。另外,近年来代数分解方法逐渐发展起来,如插值[15-21]和等效源近似[29]、随机 QR 分解[45]等。它们的优势是可以简单地加速具有不同格林函数的积分方程。

传统的低秩压缩分解方法[1-3],随着频率升高,效率逐渐变低,原因如下:

(1) 远场相互作用矩阵的秩由于核(格林函数)的振荡特性增长迅速,从而导致计算内存和时间复杂度可以恶化为 $O(N^2)$和 $O(N^3)$。

(2) 即使使用了多层的算法,但是每层都需要重复构造和存储低秩分解矩阵,这样进一步增加了低秩分解时间和内存需求[1-3]。

5.4 节研究了 NESA 方法[22],分析中低频问题证明可以达到 $O(N)$的复杂度。本章研究计算复杂度为 $O(N\lg N)$的宽频带与核无关方法(wideband NESA, WNESA)[1-3],其中低频部分直接采用 NESA[22]近似。嵌套近似思想源于文献[26]与文献[46],通过 ACA[1]得到嵌套近似矩阵。而 NESA 通过定义等效面和等效源,求解等效源和实际源在测试面上辐射场在设定误差范围内相等的逆问题,得到嵌套近似矩阵。类似的方法被应用到体积分方程,通过等效原理把体未知量递归地投影到问题表面[27]。

WNESA 可以在格林函数高频振荡时压缩阻抗矩阵的重要一点是,把远场相互作用区域分成若干方向:当观察点局限于一个足够窄的特定方向时,格林函数是光滑的,因此是可压缩的[45]。在每个方向内,矩阵的压缩秩与组的尺寸无关。与文献[45]中在每个方向对格林函数矩阵采用随机 QR 分解近似不同,WNESA 直接采用 NESA[22]对最终的阻抗矩阵近似,从而得到与核无关的算法。最后 WNESA 用于分析电大、实际、精确建模的多尺度问题,验证算法的稳定性和高效性[51-53]。

5.5.1　矩阵矢量乘和计算复杂度分析

首先把本节需要用到的变量统一定义在表 5.5.1 中。本节考虑对矩量法离散产生的矩阵进行压缩，这个矩阵可以是从电场积分方程、磁场积分方程或者其他形式得到。通过八叉树对离散产生的基函数(如 RWG 基函数)分组，如果组 $\boldsymbol{s}$ 和组 $\boldsymbol{t}$ 满足下面定义的远场作用容许条件，组之间形成的低秩矩量法子矩阵 $\boldsymbol{Z}_{s,t}$，可以表示为

$$\boldsymbol{Z}_{s,t}=\boldsymbol{U}_s\boldsymbol{D}_{s,t}\boldsymbol{V}_t \tag{5.5.1}$$

其中，矩阵 $\boldsymbol{U}_s$ 仅与组 $\boldsymbol{s}$ 相关，称为接收矩阵；$\boldsymbol{V}_t$ 仅与组 $\boldsymbol{t}$ 相关，称为辐射矩阵；$D_{s,t}$ 为转移矩阵。此处定义与 5.4 节保持一致。本节研究的目标是把父层组的接收矩阵和辐射矩阵通过子层组的接收矩阵和辐射矩阵表示，进而递归嵌套地通过最细层表示，并且把这种嵌套的低秩近似形式[22]扩展到高频互耦。两个远场作用组形成的阻抗矩阵是低秩的，然而采用传统低秩压缩分解方法的远场作用容许条件，矩阵秩随着组尺寸增加得非常迅速[1-3]。反过来，当分析三维电大目标时，导致较高的计算负担[1-3]。为了限定高频近似时的秩，核心要点是“限定”观察组的方向在一个“窄小”的角度里，方向的大小由观察组的尺度，如八叉树层数决定；与文献[45]保持一致，本节通过组 $\boldsymbol{t}$ 和组 $\boldsymbol{s}$ 在方向 $\boldsymbol{d}$ 和 $-\boldsymbol{d}$ 的低秩压缩矩阵，分别嵌套表示其父层组 $\boldsymbol{t}^P$、$\boldsymbol{s}^P$ 在方向 $\boldsymbol{d}^P$ 和 $-\boldsymbol{d}^P$ 的低秩矩阵，为

$$\boldsymbol{U}_{sP}^{l,-dP}=\boldsymbol{U}_s^{l+1,-d}\boldsymbol{B}^{(l+1,l),-dP} \tag{5.5.2}$$

$$\boldsymbol{V}_{tP}^{l,dP}=\boldsymbol{C}^{(l,l+1),dP}\boldsymbol{V}_t^{l+1,d} \tag{5.5.3}$$

其中，矩阵 $\boldsymbol{B}^{(l+1,l),-dP}$ 与 $\boldsymbol{C}^{(l,l+1),dP}$ 定义为平移矩阵。表 5.5.1 统一定义 WNESA 近似过程参数；式(5.5.2)和式(5.5.3)给出第 1 层辐射/接收矩阵通过第 $l+1$ 子层组辐射矩阵、接收矩阵表示的关系。如果定义 $\boldsymbol{D}_l$ 为第 l 层的组尺寸(八叉树立方体的边长)，式(5.5.2)和式(5.5.3)的低秩近似可以根据不同组尺寸分为：

(1) 高频作用。第 l 和 $l+1$ 层都属于高频作用区域 $(\boldsymbol{D}_l,\boldsymbol{D}_{l+1})\geqslant\boldsymbol{D}_0$。

(2) 分界面作用。第 l 和 $l+1$ 层分别属于高频和低频作用区域 $\boldsymbol{D}_l\geqslant\boldsymbol{D}_0$，$\boldsymbol{D}_{l+1}<\boldsymbol{D}_0$。

(3) 低频作用。第 l 和 $l+1$ 层都属于低频作用区域 $(\boldsymbol{D}_l,\boldsymbol{D}_{l+1})<\boldsymbol{D}_0$。

$\boldsymbol{D}_0$是组尺寸的门限，用来辨别低频和高频作用；在本节下面的部分，除特殊说明外 $\boldsymbol{D}_0$设定为 $\boldsymbol{D}_0=\boldsymbol{\lambda}$。

表 5.5.1　WNESA 近似过程参数定义

$\sum_\tau^i$	组 i 半径为R_τ的等效球
$\sum_{\sigma d}^i$	组 i 在方向 d 的测试锥形表面

（续表）

$\boldsymbol{\tau}_i$	组 i 等效球面上分布的 RWG 基函数
$\boldsymbol{\sigma}_i^d$	组 i 在方向 d 的锥形测试表面的 RWG 基函数
$\boldsymbol{Z}_{i,j}$	组 i 和 j 形成的阻抗矩阵
$\boldsymbol{I}_i$	组 i 对应的电流系数
$\boldsymbol{E}_i$	投影到组 i 中测试基函数的电场
d	方向编号 d
$-d$	方向编号 d 的反方向
L	八叉树总层数
N_d^l	l 层非空方向个数
D_l	l 层组尺寸

5.5.2　远作用容许条件和等效源分布

在本节首先定义远作用容许条件和介绍“等效源”分布，定义类似文献[45]、[46]的容许条件，但是构造不同的低秩压缩近似形式。当考虑组 $\boldsymbol{s}$ 和组 $\boldsymbol{t}$ 的相互作用时，如果 $\boldsymbol{D}_t < \boldsymbol{D}_0$ 定义为“低频”作用，容许条件和传统的低秩压缩分解方法[1-3]相同：即组 $\boldsymbol{t}$ 和组 $\boldsymbol{s}$ 不相邻，也就是它们定义的立方体没有交点。

$$\boldsymbol{R}(\boldsymbol{s},\ \boldsymbol{t}) \geqslant 2\boldsymbol{D}_t \tag{5.5.4}$$

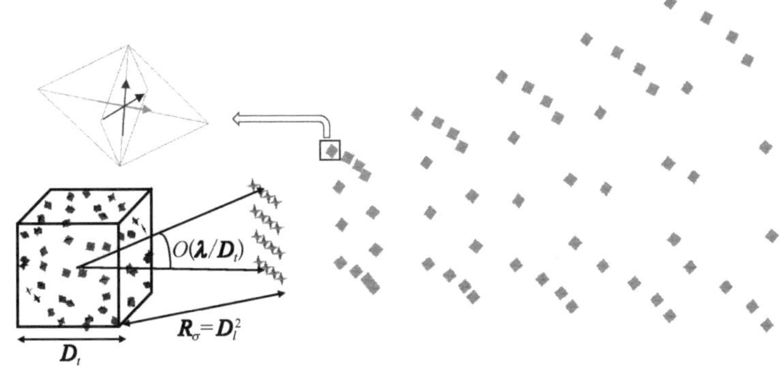

图 5.5.1　高频作用组等效和测试基函数分布三维示意图。等效面为内切球面，测试面顶角为 $O(\boldsymbol{\lambda}/\boldsymbol{D}_l)$ 的锥形表面，测试面和等效面之间的距离为 $\boldsymbol{R}_\sigma = (\boldsymbol{D}_l)^2$。图中左上角详细给出一个等效点上分布的三个正交的 RWG 基函数，箭头表示 RWG 的单位方向

其中，$\boldsymbol{R}(\boldsymbol{s},\ \boldsymbol{t})$为组 $\boldsymbol{s}$ 和组 $\boldsymbol{t}$ 的中心之间的距离。低频作用通过 5.4 节介绍的 NESA[22] 近似。相反地，当 $\boldsymbol{D}_l \geqslant \boldsymbol{D}_0$ 时，格林函数矩阵低秩压缩存在性由"方向性低秩特性"保证[45,46]：设定源组 $\boldsymbol{s}$，半径为 r，通过亥姆霍兹核与组 $\boldsymbol{t}_i$ 作用，距离满足 $\dfrac{\boldsymbol{R}(\boldsymbol{s},\ \boldsymbol{t}_i)}{\boldsymbol{\lambda}} > \left(\dfrac{r}{\boldsymbol{\lambda}}\right)^2$，相对于组 $\boldsymbol{s}$ 中心观察角度满足$\dfrac{\boldsymbol{\lambda}}{r}$，保证了容许误差范围内方向性低秩特性，秩大小与半径 r 无关。这样，高频相互作用可以通过方向性低秩压缩分解方法近似；组 $\boldsymbol{s}$ 和组 $\boldsymbol{t}$ 的高频作用容许条件定义为

$$\frac{\boldsymbol{R}(\boldsymbol{s},\ \boldsymbol{t})}{\boldsymbol{\lambda}} > \left(\frac{\boldsymbol{D}_l}{\boldsymbol{\lambda}}\right)^2 \tag{5.5.5}$$

那么，方向性低秩特性定义在一个角度为 $O\left(\dfrac{\boldsymbol{\lambda}}{\boldsymbol{D}_l}\right)$的锥里。组 $\boldsymbol{s}$ 和组 $\boldsymbol{t}$ 在第 l 层的同层作用区域为

$$\frac{\boldsymbol{R}(\boldsymbol{s},\ \boldsymbol{t})}{\boldsymbol{\lambda}} \geqslant \left(\frac{\boldsymbol{D}_l}{\boldsymbol{\lambda}}\right)^2 \tag{5.5.6a}$$

$$\frac{\boldsymbol{R}(\boldsymbol{s}_p,\ \boldsymbol{t}_p)}{\boldsymbol{\lambda}} \leqslant \left(\frac{\boldsymbol{D}_{l-1}}{\boldsymbol{\lambda}}\right)^2 \tag{5.5.6b}$$

其中，$\boldsymbol{D}_{l-1} = 2\boldsymbol{D}_l$ 为父层($l-1$ 层)的组尺寸，也就是说远场作用区域定义为当前组的远场区域和父层组的近场区域的交集。为了实现方便，利用八叉树结构的几何特性，定义方向为四棱锥包含的空间，这些锥以立方体的六个表面为基础划分。这样做的最重要的一个优势是，定义的"方向"是"叠层"的，即当前组的每个方向包含在其子层组的方向里[45-47]。这样，如果两个组满足式(5.5.6)的容许条件，那么它们的子层组也满足容许条件，这是实现嵌套等效近似的基础。

在 WNESA 中，通过定义合适的等效面和测试面来得到等效源(RWG 基函数)，而不是通过 ACA 选取"主导"RWG 基函数[26,47]。使用 ACA 选取主导作用的 RWG 基函数不会改变复杂度，但是会增大复杂度的系数，即导致费时的低秩压缩近似过程。5.4 节已经证明等效源数目 Q 与组尺寸无关[22]，这与现有低秩压缩分解方法低频时固定秩近似类似[1-3]。对于高频区域，得益于方向低秩特性，等效源数目 Q 也与组尺寸无关。更重要的是，通过引入等效面和测试面，得到一个天然具有多尺度特性的等效源，改善多尺度问题的快速求解方法精度，从而显著改善矩阵方程收敛速度[22]。

5.5.3　宽带嵌套近似压缩

图 5.5.2 表示组 $\boldsymbol{t}$ 和组 $\boldsymbol{s}$ 高频区域同层作用时低秩近似算法过程。等效面

$\Sigma_{\tau}^{t,s}$ 上分布的等效源标记为红色;逆源过程中的测试面 $\Sigma_{\sigma\pm d}^{t,s}$ 上的测试源标记为绿色。为了简化图示,图 5.5.2 中组 $\boldsymbol{s}$ 和组 $\boldsymbol{t}$ 的实际源没有标记。按惯例,如果组 $\boldsymbol{s}$ 在组 $\boldsymbol{t}$ 的第 $\boldsymbol{d}$ 个方向中,那么认为组 $\boldsymbol{t}$ 在组 $\boldsymbol{s}$ 的反方向 $-\boldsymbol{d}$ 中。通过令实际源和等效源 $\boldsymbol{\tau}_t$ 在方向 $\boldsymbol{d}$ 的测试面上辐射场,在误差范围内相等,得到等效源 $\boldsymbol{\tau}_t$。这个过程用 1 表示,图 5.5.2 可以清楚看出,逆源过程包括向上辐射和向下辐射两部分,即从实际源辐射到测试面,然后利用测试面 $\boldsymbol{\tau}_t$ 上测试源重构出等效源 $\boldsymbol{\tau}_t$。从而等效过程可以写为

$$\boldsymbol{Z}_{\sigma_t^d,\, t}\boldsymbol{I}_t = \boldsymbol{Z}_{\sigma_t^d,\, \tau_t}\boldsymbol{I}_{\tau_t}^d \tag{5.5.7}$$

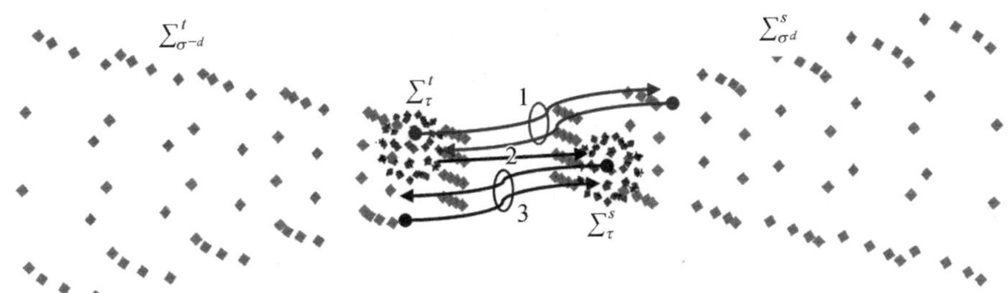

图 5.5.2　通过等效源和逆源过程近似表示高频区域组 $\boldsymbol{t}$ 和 $\boldsymbol{s}$ 相互作用[等效 RWG 均匀分布在内切球面 Σ_{τ}^{t} 和 Σ_{σ}^{s} 上,并且可以通过等效源和组中实际源在方向 $\boldsymbol{d}$ 的测试面(锥形表面 $\Sigma_{\sigma^d}^{t}$)和方向 $\boldsymbol{d}$ 测试面辐射场,在误差范围内相等的逆源过程得到。组 $\boldsymbol{t}$ 的逆源过程用数字 1 表示(包含向上和向下辐射过程),这样可以得到组 $\boldsymbol{t}$ 在方向 $\boldsymbol{d}$ 的辐射矩阵 $\boldsymbol{V}^d$;类似地 3 表示组 $\boldsymbol{s}$ 的逆源过程,得到组 $\boldsymbol{s}$ 在方向 $-\boldsymbol{d}$ 的接收矩阵 $\boldsymbol{U}^{-d}$。内切球之间的转移过程表示为 2]

那么,可以得到等效源 τ_t 的系数 $I_{\tau_t}^d$,在方向 $\boldsymbol{d}$ 内辐射和组中实际源相等的场。

$$\boldsymbol{I}_{\tau_t}^d = \boldsymbol{Z}_{\sigma_t^d,\, \tau_t}^{\dagger}\boldsymbol{Z}_{\sigma_t^d,\, t}\boldsymbol{I}_t \tag{5.5.8}$$

其中,$(.)^{\dagger}$ 表示伪逆,通过截断误差的 SVD 求伪逆。对称地,如果知道 Σ_{τ}^{s} 在方向 $-\boldsymbol{d}$ 的测试场 $\boldsymbol{E}_{\tau^s}^{-d}$,可以得到测试面 $\Sigma_{\sigma^{-d}}^{s}$ 上测试源 $\boldsymbol{\sigma}_s^{-d}$ 辐射相等场 $\boldsymbol{E}_{\tau^s}^{-d}$ 的系数:

$$\boldsymbol{E}_{\tau_s}^{-d} = \boldsymbol{Z}_{\tau_s,\, \sigma_s^{-d}}\boldsymbol{I}_{\sigma_s^{-d}} \tag{5.5.9}$$

通过求解式(5.5.9)得到 $\boldsymbol{I}_{\sigma^{-d}}^{s}$,可以表示组 $\boldsymbol{s}$ 中真实源上的测试场为

$$\boldsymbol{E}_{\tau_s}^{-d} = \boldsymbol{Z}_{s,\, \sigma_s^{-d}}\boldsymbol{Z}_{\tau_s,\, \sigma_s^{-d}}^{+}\boldsymbol{E}_{\tau_s}^{-d} \tag{5.5.10}$$

最终定义转移矩阵 $\boldsymbol{D}_{s,\,t}$,表示等效源 $\boldsymbol{\tau}_t$ 与 $\boldsymbol{\tau}_s$ 之间的耦合。

$$\boldsymbol{D}_{s,\,t} = \boldsymbol{Z}_{\tau_s,\, \tau_t} \tag{5.5.11}$$

可以通过式(5.5.9)～式(5.5.11) 表示组 $\boldsymbol{t}$ 在组 $\boldsymbol{s}$ 中的辐射场,为

$$\begin{aligned}\boldsymbol{E}_s^{-d} &= \boldsymbol{Z}_{s,t}\boldsymbol{I}_t = \boldsymbol{Z}_{s,\sigma_s^{-d}}\boldsymbol{Z}^{+}_{\tau_s,\sigma_s^{-d}}\boldsymbol{D}_{s,t}\boldsymbol{I}^d_{\tau_t}\\ &= \boldsymbol{Z}_{s,\sigma_s^{-d}}\boldsymbol{Z}^{+}_{\tau_s,\sigma_s^{-d}}\boldsymbol{D}_{s,t}\boldsymbol{Z}^{+}_{\sigma_t^d,\tau_t}\boldsymbol{Z}_{\sigma_t^d,t}\boldsymbol{I}_t\end{aligned} \tag{5.5.12}$$

式(5,5.12)为 $\boldsymbol{Z}_{s,t}$ 的单层 WNESA 表示形式。

$$\boldsymbol{Z}_{s,t} = \boldsymbol{Z}_{s,\sigma_s^{-d}}\boldsymbol{Z}^{+}_{\tau_s,\sigma_s^{-d}}\boldsymbol{D}_{s,t}\boldsymbol{Z}^{+}_{\sigma_t^d,\tau_t}\boldsymbol{Z}_{\sigma_t^d,t} = \boldsymbol{U}_s^{-d}\boldsymbol{D}_{s,t}\boldsymbol{V}_t^d \tag{5.5.13}$$

其中，$\boldsymbol{D}_s^{-d} = \boldsymbol{Z}_{s,\sigma_s^{-d}}\boldsymbol{Z}^{+}_{\tau_s,\sigma_s^{-d}}$ 为组 $\boldsymbol{s}$ 在方向 $-\boldsymbol{d}$ 的接收矩阵；$\boldsymbol{V}_t^d = \boldsymbol{Z}^{+}_{\sigma_t^d,\tau_t}\boldsymbol{Z}_{\sigma_t^d,t}$ 为组 $\boldsymbol{t}$ 在方向 $\boldsymbol{d}$ 的辐射矩阵。

5.5.4 多层嵌套等效源近似

与传统的低秩压缩分解方法[1-3]不同，在 WNESA 中通过最细层的辐射矩阵和接收矩阵嵌套地表示 $l \neq L$ 层的辐射矩阵和接收矩阵；如本章开始提到的，这通过定义平移矩阵沿着树形结构聚合和分散实现。图 5.5.3 给出高频区域两层辐射矩阵的嵌套表示过程：父层组 $\boldsymbol{t}^p$ 在方向 $\boldsymbol{d}^p$ 的测试面 $\Sigma_{\sigma^{d^p}}^{t^p}$ 包含在组 $\boldsymbol{t}$ 在方向 $\boldsymbol{d}$ 的测试面中。相应地，组 $\boldsymbol{t}$ 在方向 $\boldsymbol{d}$ 的辐射矩阵可以用来近似表示组 $\boldsymbol{t}^p$ 与方向 $\boldsymbol{d}^p$ 内的观察组的作用，这是由于它们满足子层组的远作用容许条件。利用图 5.5.3，与式(5.5.7)和(5.5.8)类似，通过等效源 $\boldsymbol{\tau}_{t^p}$ 和 $\boldsymbol{\tau}_t$ 在父层测试面 $\Sigma_{\sigma^{d^p}}^{t^p}$ 上辐射场相等，可以得到父层等效源 $\boldsymbol{\tau}_{t^p}$ 的系数 $\boldsymbol{I}_{\tau_t^p}^{d^p}$，这个逆源过程在图 5.5.3 中用 4 表示。

$$\boldsymbol{I}_{\tau_t^p}^{d^p} = \boldsymbol{Z}^{+}_{\sigma_{t^p}^{d^p},\tau_{t^p}}\boldsymbol{Z}_{\sigma_{t^p}^{d^p},\tau_t}\boldsymbol{I}_{\tau_t d} \tag{5.5.14}$$

同理，可以通过 $\Sigma_{\tau^p}^{s^p}$ 上的测试场 $\boldsymbol{E}_{\tau_{sp}}^{-d^p}$ 表示 Σ_τ^s 上的测试场 $\boldsymbol{E}_{\tau_s}^{-d}$：

$$\boldsymbol{E}_{\tau_s}^{-d} = \boldsymbol{Z}_{\tau_s,\sigma_{s^p}^{-d^p}}\boldsymbol{Z}^{+}_{\tau_{s^p},\sigma_{s^p}^{-d^p}}\boldsymbol{E}_{\tau_{s^p}}^{-d^p} \tag{5.5.15}$$

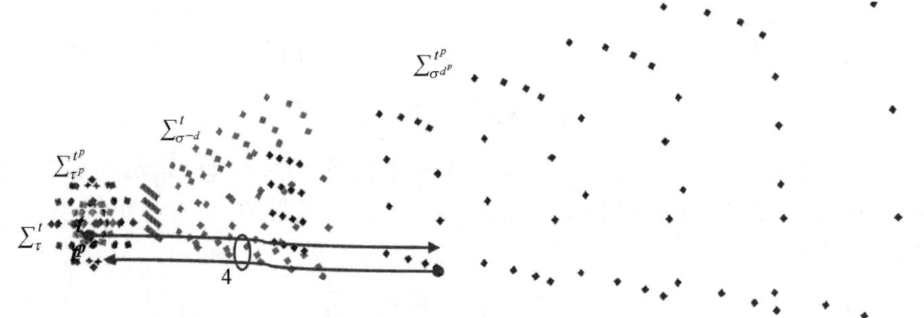

图 5.5.3　父层组 t^p 通过子层组 t 表示辐射过程示意图

最后，定义父层等效源 $\boldsymbol{\tau}_{s^p}$ 和 $\boldsymbol{\tau}_{t^p}$ 的转移矩阵为

$$\boldsymbol{D}_{s^p,t^p} = \boldsymbol{Z}_{\tau_{s^p},\tau_{t^p}} \tag{5.5.16}$$

可以得到高频区域两层的 WNESA 为

$$\boldsymbol{Z}_{s^p,t^p} = \boldsymbol{U}_s^{-d}\boldsymbol{B}_{s,s^p}^{-d^p}\boldsymbol{D}_{d^p,t^p}\boldsymbol{C}_{t^p,t}^{d^p}\boldsymbol{V}_t^d \tag{5.5.17}$$

其中，$C_{t^p, t}^{d^p} = Z_{\sigma_{t^p}^{d^p}, \tau_{t^p}}^{+} Z_{\sigma_{t^p}^{d^p}, \tau_t}$ 为子层方向 $\boldsymbol{d}$ 到父层方向 $\boldsymbol{d}^p$ 的平移矩阵；$B_{s, s^p}^{-d^p} = Z_{\tau_s, \sigma_{s^p}^{-d^p}}$ 为 $Z_{\tau_s^p, \sigma_{s^p}^{-d^p}}^{+}$ 父层方向 $-\boldsymbol{d}^p$ 到子层方向 $-\boldsymbol{d}$ 的平移矩阵。式(5.5.17)可以拓展为任意层 l 近似表达形式：

$$Z_{s,t}^{l} = U_s^{L, -d^L} B_s^{(L, L-1), (-d^L, -d^{L-1})} \cdots B_s^{(l+1, l), (-d^l, -d^{l+1})} D_{s,t}^{l} C_t^{(l, l+1), (d^l, d^{l+1})} \cdots C_t^{(L-1, L), (d^{L-1}, d^L)} V_t^{L, d^L} \tag{5.5.18}$$

如本节开头时提到的，正常情况下底层为低频作用，近似形式是没有方向性的，可以直接用 5.4 节的 NESA[22] 计算。如果定义 l_{in} 为低频和高频的分界面层，可以把式(5.5.18)拓展为式(5.5.19)中的“混频”的形式。

$$Z_{s,t}^{l} = \overbrace{U_s^L B_s^{(L, L-1)} \cdots}^{\text{低频}} \overbrace{B_s^{(l_{\text{in}}+1, l_{\text{in}}), d^{-l_{\text{in}}}}}^{\text{缓冲层}} \overbrace{\cdots B_s^{(l+1, l), (-d^{l+1}, -d^l)} D_{s,t}^{l} C_t^{(l, l+1), (d^l, d^{l+1})} \cdots}^{\text{高频}} \overbrace{C_t^{(l_{\text{in}}, l_{\text{in}}+1), d^{l_{\text{in}}}}}^{\text{缓冲层}} \overbrace{\cdots C_t^{(L-1, L)} V_t^L}^{\text{低频层}} \tag{5.5.19}$$

这里需要说明的是，当把 WNESA 用于加速 EFIE 时，对于一个设定的方向辐射矩阵和接收矩阵互为转置关系，因此只需要构造和存储其中的一个即可。算法 5.5.1 总结 WNESA 的秩近似过程。

算法 5.5.1　WNESA 低秩压缩分解。

初始化八叉树及方向
for $l=L : 1 : -1$ do
    for $e=1 : N_d^l$ do
        if $l=L$ then
            $V^{L, d^e} \leftarrow$计算辐射矩阵式(5.5.8)
            $U^{L, d^e} \leftarrow$计算接收矩阵式(5.5.10)
        else
            $C^{l, d^e} \leftarrow$计算平移矩阵式(5.5.14)
            $B^{l, d^e} \leftarrow$计算平移矩阵式(5.5.15)
        end if
    end for
    $D^{l} \leftarrow$计算转移矩阵式(5.5.11)和式(5.5.16)
end for

5.5.5　宽频带嵌套等效源近似进一步加速

与 5.4 节 NESA 方法[22]类似，可以使用对称性进一步加速算法以节省内存和时间[51-53]。对于某一特定层 l：

(1) 等效球和测试球上的 RWG 相对位置相同。只需要计算 N_d^l 次式(5.5.8)

和式(5.5.14)中的逆源过程，N_d^l为 l 层的非空方向数目。

(2) 对于每个方向 $\boldsymbol{d}$，每个组最多有 8 个子层组。三维问题，最多计算和存储 8 N_d^l个平移矩阵。

(3) 每层仅要存储 $N_D^l=(8D_l+1)^3-(2D_l+1)^3$ 个转移矩阵。此外，转移矩阵也是低秩的，可以通过 ACA 算法进一步压缩[1]。

(4) 在高频区域，N_d^l的数目会很大。本节使用单层嵌套交叉近似[26,46]压缩转移矩阵：

$$\boldsymbol{D}_{s,t}=\boldsymbol{U}_s^{-d}\boldsymbol{D}_{s,t}\boldsymbol{V}_t^d \tag{5.5.20}$$

对于每个方向 $\boldsymbol{d}$，仅需要存储一对 $\boldsymbol{U}_s^d$ 和 $\boldsymbol{V}_t^d$，还有 N_d^l 个缩减尺寸的 $\boldsymbol{D}_{s,t}$ 需要计算和存储。类似地，通过 QR 分解加速转移过程技术在文献[48]中应用。

从(1)～(4)可以明显看出，WNESA 低秩分解内存和时间，以及 MVP 时间和最大非空方向数目相关。因此，可以预见算法对于狭长形问题如圆柱、ogives、火箭形状等问题会更有效[45]。相反地，对于球形的结构，则效率最低，这是因为这类结构有最多的非空方向数目。但是方向数目并不会影响复杂度，只会影响复杂度的系数。

5.5.6 WNESA 计算复杂度分析

NESA 的复杂度在 5.4 节已经分析为 $O(N)$ [22]；为了不失一般性，下面重点分析 WNWSA 在高频作用部分的计算复杂度。对于一般的三维问题，如果使用表面积分方程，众所周知离散未知量数目可以写为 $N=O(S_{\max}^2)$，其中，$S_{\max}$为目标的最大电尺寸，也就是波长归一化后的尺寸。为了分析复杂度，首先给出下面与复杂度相关的重要参数：

(1) 第 l 层非空组数目为$O[(S_{\max}/D_l)^2]$。

(2) 第 l 层最大非空方向数为$O(D_l^2)$。

(3) 第 l 层每个方向 $\boldsymbol{d}$ 中等效源个数 Q 是固定的。

有了上述条件，并且假定最细层组中的平均基函数个数 K 是固定的，与目标尺寸 $S_{\max}$无关。所以，第 l 层辐射过程复杂度上限为

$$O[(S_{\max}/D_L)^2D_L^2KQ]=O(N),\ l=L \tag{5.5.21a}$$

$$O[(S_{\max}/D_l)^2D_l^2Q^2]=O(N),\ l=1,\ 2,\ \cdots,\ (L-1) \tag{5.5.21b}$$

这里要指出，八叉树层数可以确定为 $L=O(\lg S_{\max})=O(N\lg N)$，所以 MVP 辐射过程总的复杂度为 $O(S_{\max}^2\lg S_{\max})=O(N\lg N)$。接收过程与辐射过程复杂度相同。下面继续考虑内存消耗，低频区域计算和存储辐射矩阵和接收矩阵的复杂度是线性的。高频区域，第 l 层，需要计算 $8N_d^l$ 个平移矩阵，平移矩阵的内存上

限为

$$O(8D_l^2Q^2)=O\left[\left(\frac{S_{\max}}{2^{l+1}}\right)Q^2\right] \tag{5.5.22}$$

容易计算平移算子总内存 $\sum_{l=1}^{L}\left(\frac{S_{\max}}{2^{l+1}}\right)^2=O(N)$，证明平移矩阵内存消耗是线性的。对于转移过程，第 l 层远场作用区域距离限定在 $(2D_l)^2$ 以内，$2D_l$ 为 $l-1$ 层父层组的尺寸。因此，远场作用转移矩阵个数为 $O\{[(2D_l)^2/D_l]^2\}=O(D_l^2)$。对于 $O[(S_{\max}/D_l)^2]$ 个非空组，类似于式(5.5.21)，矩阵矢量乘转移过程复杂度为

$$O[(S_{\max}/D_l)^2D_l^2Q^2]=O(N) \tag{5.5.23}$$

因此，转移过程总消耗为 $O(N\lg N)$。

总结来说，WNESA 的内存和时间复杂度都为 $O(N\lg N)$[51-53]，与现有的与核相关宽频带快速方法相同[34,41,42]。

5.5.7　乱频带嵌套等效源数值算例与讨论

本节通过一系列不同的数值算例证明 WNESA 的高效性。定义 WNESA 的计算参数：八叉树最细层平均 RWG 基函数个数设定为 50。平均离散边长为 h，波长为 λ。所有的测试算例使用内迭代步数为 10 的 flexible-GMRES 迭代求解器。所有的数值算例在 64 位 Dell Precision T7400，Intel Xeon CPU E5440 @ 2.88 GHz，96 GB 内存工作站计算；所有算例使用单进程计算，程序使用双精度。

1. 正确性验证

为了证明 WNESA 的正确性，首先测试 WNESA 近似随机分布的 500 个源点 $\boldsymbol{r}_s$ 和 500 个观察点 $\boldsymbol{r}_t$ 之间形成格林函数矩阵的精度，这些点满足式(5.5.6)的方向性低秩特性容许条件。对于每对 $(\boldsymbol{r}_s, \boldsymbol{r}_t)$，采用 $\boldsymbol{G}(\boldsymbol{r}_s, \boldsymbol{r}_t)=\mathrm{e}^{-\mathrm{j}k_0|\boldsymbol{r}_s-\boldsymbol{r}_t|}/|\boldsymbol{r}_s-\boldsymbol{r}_t|$ 解析计算得到格林函数矩阵，作为比较误差的标准。定义 WNESA 的近似误差为 $|\boldsymbol{G}-\boldsymbol{G}_{\mathrm{WNESA}}|_2/|\boldsymbol{G}|_2$，$\boldsymbol{G}$ 和 $\boldsymbol{G}_{\mathrm{WNESA}}$ 为通过解析计算和 WNESA 近似得到的标量格林函数的值构成的列向量。$|\boldsymbol{x}|_2$ 为向量 $\boldsymbol{x}$ 的 ℓ^2 范数。图 5.5.4 为组尺寸从 1～8λ 变化 WNESA 的误差曲线，可以发现，Q 固定时，精度反而会随着组尺寸增加而变高，这是现有低秩压缩分解方法无法得到的[1-3]。

接下来，测试 WNESA 近似 EFIE 矩阵的精度。不失一般性地，从离散未知量数目为 13 168，直径为 1λ，高为 8λ 的圆柱的树形结构中，选取组尺寸为 1λ，分别包含 636 和 527 个 RWG 基函数的两个作用组。误差的比较标准是 MoM 采用较高

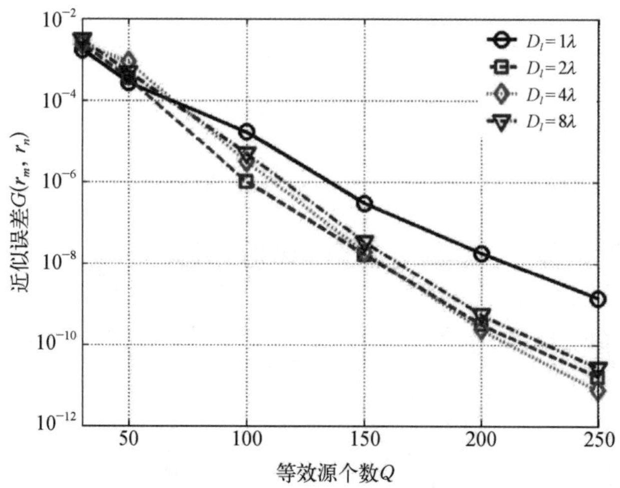

图 5.5.4　WNESA 近似标量格林函数精度

的积分精度(三角形中取 61 个高斯积分点)。图 5.5.5 给出随着等效源个数 Q 变化时,误差曲线,可以发现,$Q=50$ 时可以达到 MoM 采用(3, 7)高斯积分相同的精度。在本章下面所有的例子中选取 $Q=50$。

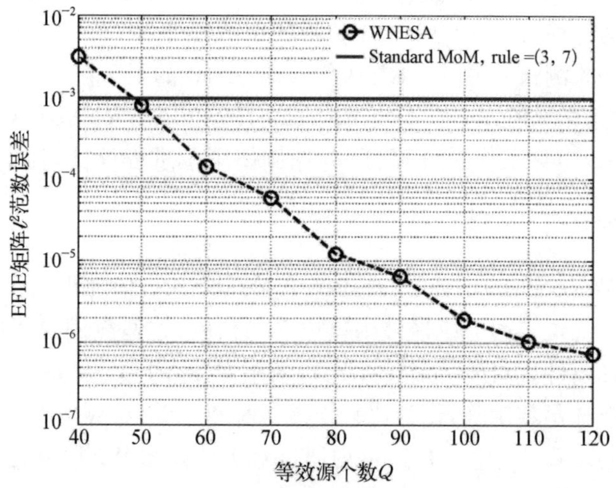

图 5.5.5　WNESA 近似 EFIE 矩阵的精度

最后,分析 16λ 的球 RCS 曲线,入射平面波角度为 $(\theta=0°, \varphi=0°)$,球表面离散成 275 463 个未知量。这里采用 CFIE,4 层的 WNESA(2 层低频算法,2 层方向性算法)用来压缩 CFIE 矩阵。从图 5.5.6 可以看出,仿真结果与 Mie 解析解吻合非常好。

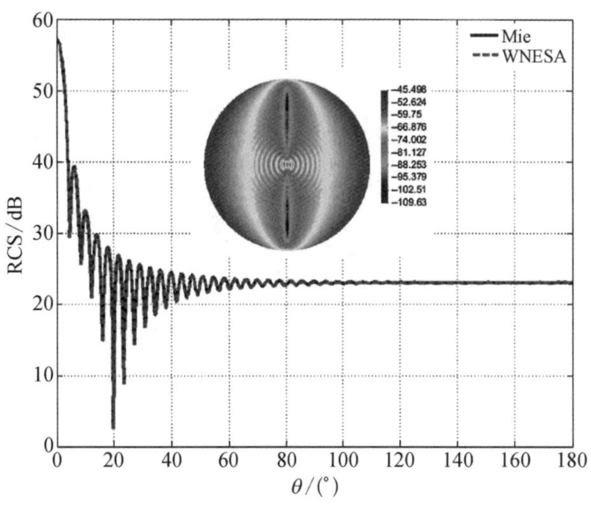

图 5.5.6　正确性验证：16λ 球的双站 RCS 曲线，入射平面波角度为 $(\theta=0°, \varphi=0°)$，观察角 $\varphi=0°$

2. 计算复杂度测试与讨论

为了验证 5.5.6 节理论证明的复杂度，本节测试一系列电尺寸 $2R/\lambda$ 为 8、16、32 和 64 的球。R 为球的半径，这里 h/λ 固定为 0.15，对应离散未知量数目分别为 17 808、71 232、284 928 和 1 139 712；分别使用 4 层、4 层、5 层和 5 层 WNESA 分析，其中底下两层为低频近似部分。这里需要指出，上述球对应的八叉树层数为 4 层、5 层、6 层和 7 层，但是如 4.5.6 节所解释的，采用不同的方向性低秩分解容许条件。因此，WNESA 的层数与八叉树的层数不同，并且这里令所有的方向为非零，也就是耗费资源最多的情况，这样可以得到实际矩阵矢量乘时间消耗的最小上限界。图 5.5.7 给出复杂度曲线，可以看出，矩阵矢量乘资源消耗复杂度为 $O(N\lg N)$，然而 WNESA 低秩分解过程内存和时间消耗复杂度小于 $O(N\lg N)$。WNESA 低秩分解时间在 8λ 和 16λ 几乎是不变的，相同的情况也在 32λ 和 64λ 出现，低秩分解主要内存和时间消耗在辐射模式(最细层为辐射矩阵，高层为平移矩阵)、转移矩阵和接收模式。对于辐射模式和接收模式，如式(5.5.22)所示，如果算法层数不变，那么计算资源消耗不变。这是因为当算法层数不变时，总的方向数保持不变。对于转移算子，利用 5.5.5 节的对称性技术，计算资源消耗同样只依赖算法的层数。因此，类似地可以预见，如果算法的层数不增加，WNESA 低秩分解过程的资源消耗基本不增加。最后图 5.5.7 中也给出真实的矩阵矢量乘时间，也就是只考虑非空组的方向，虽然表面上看它的复杂度高于 $O(N\lg N)$，但是如上面分析，它总在满方向定义的上限界复杂度曲线下方，即 $O(N\lg N)$。这证明矩阵矢量乘时间消耗的上界为 $O(N\lg N)$[51-53]。

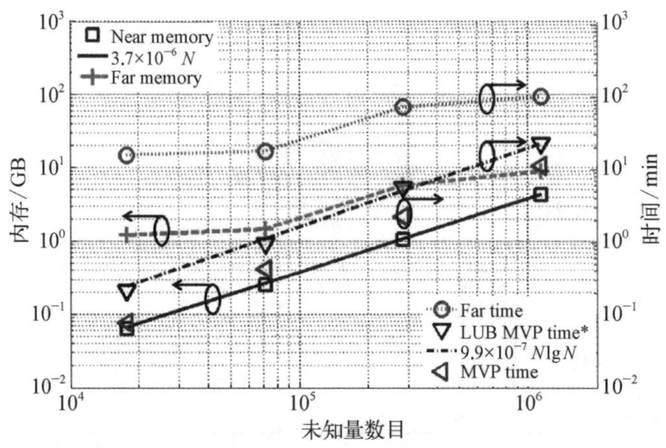

图 5.5.7　满方向 WNESA 复杂度测试

* 表示矩阵矢量乘时间的最小上限界(least upper bound,LUB),即令所有的方向非零,本节编程实现的忽略零方向的矩阵矢量乘复杂度曲线应当总在 LUB 的下方

接下来,如图 5.5.8 所示,测试了 WNESA 的宽频带复杂度。分别测试电尺寸 $2R/\lambda$ 为 0.625、1.25、2.5、5、10 和 20 的球内存和时间消耗;未知量数目固定为 $N=366\ 672$,相应的 h/λ 为 3.125×10^{-3}、6.25×10^{-3}、0.012 5、0.025、0.05 和 0.1。和预想相同,在低频时 $R/\lambda\leqslant1.25$,内存和时间消耗保持不变,复杂度为 $O(N)$,低频到高频的转变开始于($R/\lambda=1.25$, $h/\lambda=0.0125$),结束于($R/\lambda=2.5$, $h/\lambda=0.025$)。在高频时,如果固定未知量数目,不能得到固定的内存和时间消

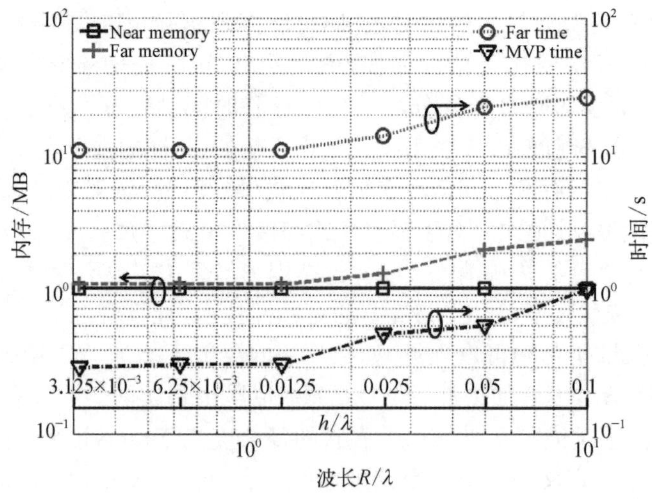

图 5.5.8　WNESA 的宽频带复杂度测试

耗。这是因为组的尺寸在增加，从而导致方向数目的增加，时间消耗和内存的增加。在 MLFMA 可以同样看到类似的现象[49]，当考虑渐近复杂度为 $O(N\lg N)$，实际上假设了未知量均匀分布在波长归一化的问题表面，即 h/λ 是不变的。复杂度 $O(N\lg N)$ 的系数和离散尺寸、最细层组尺寸有关。不过图 5.5.8 给出 WNESA 在内存和时间的增加不显著前提下，宽频带分析由低频自适应地变换为高频。

3. 算法多尺度特性测试

本节测试高频时 5.4 节一系列 Koch 雪片[37]，验证 WNESA 的多尺度特性。首先分析 3 GHz 频率下，一个 4 层的 Koch 雪片结构，结构在 x 和 y 方向的尺寸分别为 1.0 m 和 1.5 m，对应电尺寸为 10 和 11.5λ。问题表面离散未知量数目为 3 633，h/λ 变化范围在 $9.9\times10^{-2}\sim5.3\times10^{-1}$，图 5.5.9 分别给出 MoM 和 2 层 WNESA 的仿真电流分布：电流的 ℓ^2 误差为 0.008。

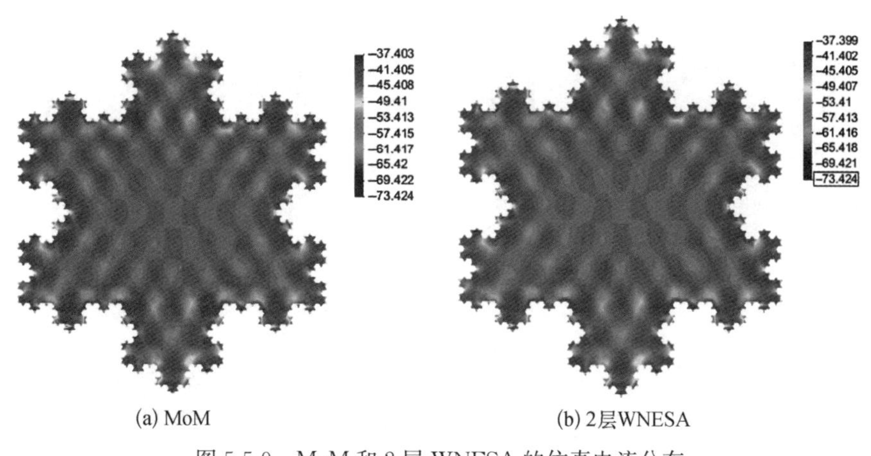

图 5.5.9　MoM 和 2 层 WNESA 的仿真电流分布

接下来，测试一系列 level=6 时 Koch 雪片结构表面电流分布，未知量数目为 283 020，入射平面波角度($\theta=0°$, $\varphi=0°$)，频率分别为 1.5 GHz、3 GHz、6 GHz 和 12 GHz，对应电尺寸分别为 5.7λ、11.5λ、23.0λ 和 46.2λ。这里需要指出，所有的 Koch 雪片结构使用相同的算法，算法根据未知量数目自动划分八叉树结构及对应的低频和高频作用区域(在低频时 WNESA 退化为 NESA[22])。图 5.5.10 分别给出 1.5 GHz、3 GHz、6 GHz 和 12 GHz 下的电流分布，对应的最细层组从 6.25×10^{-2} 增加为 0.5λ。为了求解病态的矩阵方程，这里分别使用 MR-ILU 和 MR 预条件[33,44]。在 1.5 GHz 和 3 GHz 采用 MR 预条件[33]，在 6 GHz 和 12 GHz 采用 MR-ILU 预条件[47]。表 5.5.2 列出 h/λ 的范围、低频和高频算法的层数、近远场内存消耗、远场 WNESA 分解时间、迭代步数和矩阵矢量乘时间。

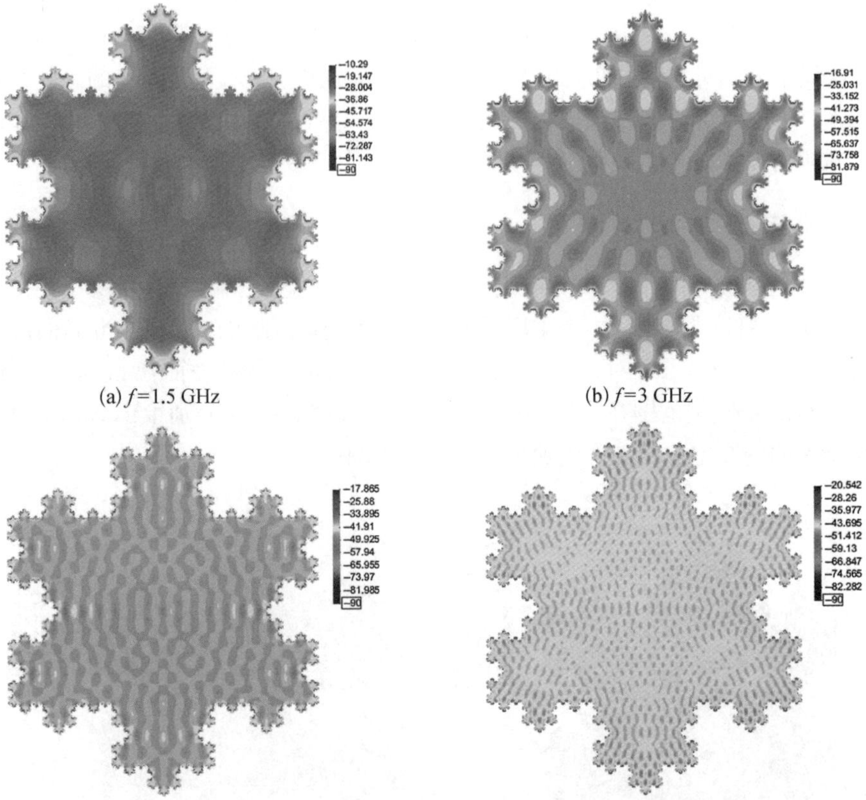

(a) f=1.5 GHz　　(b) f=3 GHz

(c) f=6 GHz　　(d) f=12 GHz

图 5.5.10　一系列 level=6 时 Koch 雪片结构表面电流分布

表 5.5.2　WNESA 分析一系列 level=6 时 Koch 雪片结构时内存和时间消耗

频率/GHz	范围 h/λ	低频/高频层数	近/远场/GB	远场时间/[min:s]	迭代步数	矩阵矢量乘时间/s
1.5	$[6.5\times10^{-4},5.0\times10^{-2}]$	4/1	4.2/1.5	15:12	23	11
3	$[1.3\times10^{-3},1.0\times10^{-1}]$	3/2	4.2/1.6	15:21	33	12
6	$[2.6\times10^{-3},2.0\times10^{-1}]$	2/3	4.2/1.6	16:19	2	18
12	$[5.2\times10^{-3},4.0\times10^{-1}]$	1/3	4.2/1.8	17:50	2	32

5.6　方向性快速多极子

快速多层方向性算法(fast directional multilevel algorithm,FDMA)是基于八叉树结构的压缩类方法,但是不同于以上压缩类的方法,多层方向性算法在观察组的尺寸大于 1 个波长时，将每个观察组的远场划分成若干方向性区域，通过构造低秩表达式来加速观察组和方向性远场之间的作用，显然每个区域和观察组之间的作用仍然具有低秩特性[45,47,50]。

5.6.1 快速多层方向性高频算法基本原理

快速多层方向性算法分为低频域算法和高频域算法两部分。如果第 i 层组尺寸大于或等于 1 个波长，那么该层处于高频区域，此时远场的划分具有方向性，故称为方向性算法；当第 i 层子正方形和子正方体的尺寸小于 1 个波长时，即定义第 i 层位于低频区域，此时远场没有方向的划分[45,47,50]。本节先对高频域算法部分进行讨论。

以二维情况为例，考察图 5.6.1 所示的结构，假定 $\boldsymbol{Y}$ 代表一个边长为 w 的正方形区域，$\boldsymbol{X}$ 是满足与 $\boldsymbol{Y}$ 中心点的距离大于或等于 w^2 所有正方形组的集合，$\boldsymbol{Y}$ 和 $\boldsymbol{X}$ 同属于一个楔形(wedge)结构中，并且张开的角度为 $1/w$。只要 $\boldsymbol{Y}$ 和 $\boldsymbol{X}$ 满足上述几何结构，那么称 $\boldsymbol{Y}$ 和 $\boldsymbol{X}$ 满足方向性抛物线形式的分离条件(directional parabolic separation condition)[46,47]，此时，区域 $\boldsymbol{Y}$ 和 $\boldsymbol{X}$ 之间的作用具有低秩的特性，并且它们之间的作用可以近似分解成一个方向性的低秩表达式。快速多层方向性算法的核心就是方向性的低秩特性(directional low rank property)。$\boldsymbol{Y}$ 和 $\boldsymbol{X}$ 之间的作用通过 Helmholtz 核函数——格林函数 $\boldsymbol{G}(x,\ y)$来建立，并且在任一个固定的精度 ε 下都具有低秩的特性。更重要的一点是，秩分解的上界 $T(\varepsilon)$是与 w 无关的，准确地说，对于任何 $x\in\boldsymbol{X},\ y\in\boldsymbol{Y}$，方向性低秩特性保证了以下方向性的分离表达式(directional separated representation)的成立。

$$\left|\boldsymbol{G}(x,\ y)-\sum_{i=1}^{T(\varepsilon)}\boldsymbol{\alpha}_i(x)\boldsymbol{\beta}_i(y)\right|<\varepsilon \tag{5.6.1}$$

其中，ε 是上述的精度；$T(\varepsilon)$是与 ε 相关的一个常量；$\alpha_i(x)$，$\beta_i(y)$分别是 x 和 y 的函数。

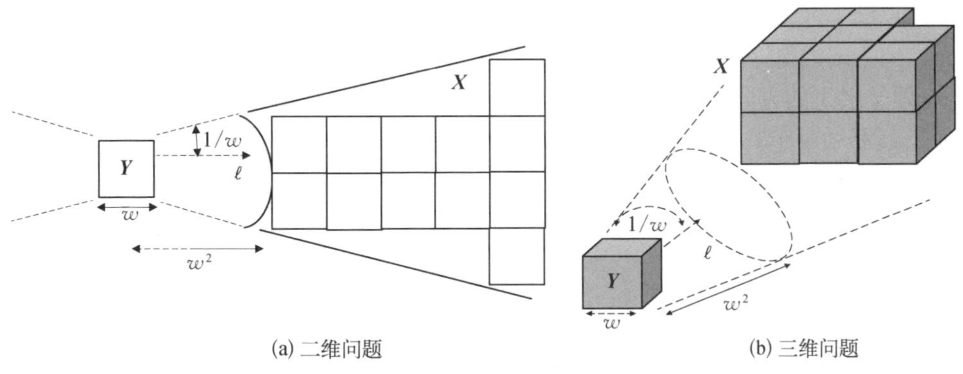

(a) 二维问题　　(b) 三维问题

图 5.6.1　组 $\boldsymbol{Y}$ 远场相互作用组方向性划分示意图

由图 5.6.1 中可以看出，对于每个组的远场和近场的定义与快速多极子不同，定义组 $\boldsymbol{Y}$ 的宽度为 w，组 $\boldsymbol{Y}$ 的近场的集合 $\boldsymbol{A}$ 满足

$$\text{dist}(\boldsymbol{A},\boldsymbol{Y})\leqslant w^2,\ w=1,\ 2,\ \cdots,\ \sqrt{K},\ K=2^{2L}$$

远场为 $\text{dist}(\boldsymbol{A},\boldsymbol{Y})>w^2$，将每个组的远场划分为多个楔形结构，每个组 $\boldsymbol{Y}$ 和远场的作用可通过每个楔形区域和组之间的作用来完成。组 $\boldsymbol{Y}$ 和每个楔形区域 $\boldsymbol{X}$ 的作用可以通过方向性的低秩表达式来加速计算。

5.6.2 高频域的方向性划分

将任意一个组 $\boldsymbol{Y}$ 的远场 $\boldsymbol{F}^{\mathrm{Y}}$ 划分成方向性的区域，每个都属于角度空间为 $O\{1/w\}$。首先将 $\boldsymbol{F}^{\mathrm{Y}}$ 剖分成六个金字塔形：$\boldsymbol{V}_{x+}$、$\boldsymbol{V}_{x-}$、$\boldsymbol{V}_{y+}$、$\boldsymbol{V}_{y-}$、$\boldsymbol{V}_{z+}$、$\boldsymbol{V}_{z-}$。例如，$\boldsymbol{V}_{x+}$ 包含的点 x 坐标是正的并且绝对值大于其他两个坐标的值。其他金字塔形也类似定义。定义 $C=4w$。每个部分都被进一步划分成 C^2 个楔形结构。例如，对于 $\boldsymbol{V}_{x+}$ 中的每个点 $p=(p^x,\ p^y,\ p^z)$，这里定义

$$\theta(p)=\arctan(p^y/p^x),\ \phi(p)=\arctan(p^z/p^x)$$

对于 $p\in\boldsymbol{V}_{x+}$，$|\theta(p)|\leqslant\pi/4$，$|\phi(p)|\leqslant\pi/4$，$\boldsymbol{V}_{x+}$ 的 C^2 个楔形区域为

$$\left\{p:-\frac{\pi}{4}+\frac{\pi}{2C}i\leqslant\theta(p)\leqslant-\frac{\pi}{4}+\frac{\pi}{2C}(i+1),\ -\frac{\pi}{4}+\frac{\pi}{2C}j\right.$$
$$\left.\leqslant\phi(p)\leqslant-\frac{\pi}{4}+\frac{\pi}{2C}(j+1)\right\}$$

其中，$0\leqslant i<C$，$0\leqslant j<C$。其他楔形区域也是通过相同的方式产生。对于一个宽度为 w 的盒子 $\boldsymbol{B}$，它的远场 $\boldsymbol{F}^{\mathrm{Y}}$ 被划分成 $96w^2$ 个楔形结构，如图 5.6.1(b)所示。以图 5.6.1(a)所示的二维结构为例，$\boldsymbol{F}^{\mathrm{Y}}$ 远场楔形的个数为 $O(w^2)$。使用组中心方向 $\boldsymbol{l}$ 来索引这些楔形结构。如图 5.6.2 所示，这种构造保证了方向叠层的划分，即父层组的方向包含在其每个子层组的方向中。假定任一个父层组 $\boldsymbol{Y}$ 的尺寸为 $2w$，那么对于其任意一个方向 $\boldsymbol{l}$，必然能满足方向为 $\boldsymbol{l}'$、尺寸为 w 的子层组，使得父层组 $\boldsymbol{Y}$ 的第 l 个楔形包含在其方向为 $\boldsymbol{l}'$ 的每个子层组中。例如，假定一个楔形的中心方向为 $\boldsymbol{l}=(l^x,\ l^y,\ l^z)$，那么可以通过旋转得到中心方向沿以下 48 个方向的楔形：

$$(\pm l^x,\ \pm l^y,\ \pm l^z)(\pm l^y,\ \pm l^z,\ \pm l^x)(\pm l^z,\ \pm l^x,\ \pm l^y)$$

$$(\pm l^z,\ \pm l^y,\ \pm l^x)(\pm l^x,\ \pm l^z,\ \pm l^y)(\pm l^y,\ \pm l^x,\ \pm l^z)$$

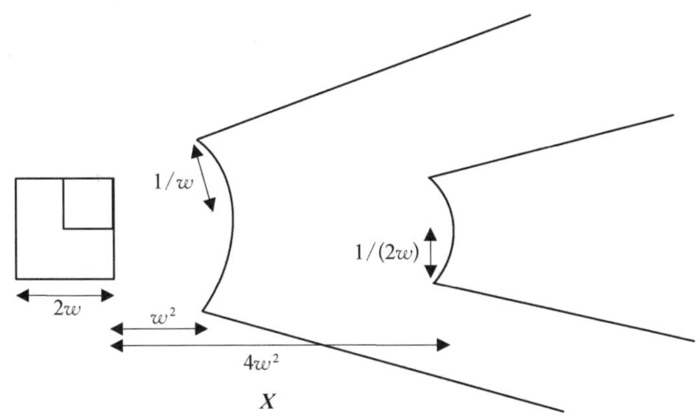

图 5.6.2　方向叠层划分示意图(父层组的方向包含在每个子层组的方向中)

5.6.3　低秩表达式构造

下面以二维情况为例,给出构造低秩表达式的方法[45,47,50]。

(1) 对正方形盒子 $\boldsymbol{Y}$ 按照每平方波长 4～5 个点进行随机采样,得到采样点序列 $\boldsymbol{r}_j$, $1 \leqslant j \leqslant N_Y$,采样点个数 N_Y 是随着盒子大小而线性增长的,通常在盒子边界采样点的个数要多于盒子的内部。同样,对区域 $\boldsymbol{X}$ 进行随机采样,得到采样点序列 $\boldsymbol{r}_i$, $1 \leqslant i \leqslant N_X$。由自由空间格林函数,可以计算得到矩阵为

$$\boldsymbol{A}_{ij} = \boldsymbol{G}(\boldsymbol{r}_i, \boldsymbol{r}_j) = \frac{\mathrm{e}^{-\mathrm{j}k|\boldsymbol{r}_i - \boldsymbol{r}_j|}}{|\boldsymbol{r}_i - \boldsymbol{r}_j|} \tag{5.6.2}$$

矩阵 $\boldsymbol{A}$ 是一个 $N_X \times N_Y$ 矩阵。对于一个固定的精度 ε,矩阵 $\boldsymbol{A}$ 将存在一个秩为 r_ε 的低秩分解。首先对矩阵 $\boldsymbol{A}$ 进行 QR 分解,这里近似认为矩阵 $\boldsymbol{R}$ 的秩为 r_ε。

$$\boldsymbol{A} \approx \boldsymbol{UV} \tag{5.6.3}$$

其中,矩阵 $\boldsymbol{U}$ 的维数为 $N_X \times T_\varepsilon$;矩阵 $\boldsymbol{V}$ 的维数为 $T_\varepsilon \times N_Y$。

(2) 从矩阵 $\boldsymbol{A}$ 中随机选取 m 列,组成矩阵 $\boldsymbol{A}_c$,秩为 r,通常 $\boldsymbol{A}_c$ 秩的大小为 3 倍的 r_ε。

(3) 对矩阵 $\boldsymbol{A}_c$ 进行 SVD 得

$$\boldsymbol{A}_c = \boldsymbol{U}(1:N_x, 1:r)\boldsymbol{S}(1:r, 1:r)\boldsymbol{V}^{\mathrm{H}}(1:m, 1:r) \tag{5.6.4}$$

选取 SVD 的截断误差 ε,式(5.6.4)可以写为

$$\boldsymbol{A}_c \approx \boldsymbol{U}_c(1:N_x, 1:k)\boldsymbol{S}(1:k, 1:k)\boldsymbol{V}_c^{\mathrm{H}}(1:m, 1:k) \tag{5.6.5}$$

对于式(5.6.5)中对应的矩阵 $\boldsymbol{A}_c$ 中的随机采样点记为 $\boldsymbol{r}_p$。期望矩阵$\boldsymbol{U}$的维数

为 $N_X \times T_\varepsilon$，T_ε 的大小约为 r_ε。

(4) 同理从矩阵 $\boldsymbol{A}$ 中随机选取 m 行，组成子矩阵 $\boldsymbol{A}_\mathrm{r}$，同样对矩阵 $\boldsymbol{A}_\mathrm{r}$ 进行 SVD，得到的子矩阵 $\boldsymbol{U}_\mathrm{r}$ 与 $\boldsymbol{U}$ 矩阵同行数，相应的行所对应的采样点记为 $\boldsymbol{r}_q$。

(5) 设 $\boldsymbol{V} = \boldsymbol{U}_\mathrm{r}^\dagger \boldsymbol{A}_\mathrm{r}$，$\boldsymbol{U}_\mathrm{r}^\dagger$ 代表矩阵 $\boldsymbol{U}_\mathrm{r}$ 的广义逆。

(6) 检验 $\boldsymbol{T}_\varepsilon$ 是否远小于 m，大约满足 $\boldsymbol{T}_\varepsilon \leqslant m/3$，如果达到要求，则分解可以接受，否则跳回第(2)步开始执行，并且将 m 翻倍。

(7) 由式(5.6.5)得到矩阵 $\boldsymbol{U}$ 的表达式，并且将第(5)步中得到的矩阵 $\boldsymbol{V}$ 的表达式一起代入式(5.6.3)中，最终得到低秩分解表达式的形式为

$$\boldsymbol{A} \approx \boldsymbol{A}_\mathrm{c} \boldsymbol{V}_\mathrm{c} \boldsymbol{S}^{-1} \boldsymbol{U}_\mathrm{r}^\dagger \boldsymbol{A}_\mathrm{r} \tag{5.6.6}$$

定义矩阵 $\boldsymbol{D} = \boldsymbol{V}_\mathrm{c} \boldsymbol{S}^{-1} \boldsymbol{U}_\mathrm{r}^\dagger$，从而得到矩阵 $\boldsymbol{A}$ 的最终分解表达式为

$$\boldsymbol{A} \approx \boldsymbol{A}_\mathrm{c} \boldsymbol{D} \boldsymbol{A}_\mathrm{r} \tag{5.6.7}$$

用 d_{pq} 代表矩阵 $\boldsymbol{D}$ 的元素值，得到格林函数的展开形式为

$$\boldsymbol{G}(\boldsymbol{r}_i, \boldsymbol{r}_j) \approx \sum_{p,q} \boldsymbol{G}(\boldsymbol{r}_i, \boldsymbol{r}_p) d_{pq} \boldsymbol{G}(\boldsymbol{r}_q, \boldsymbol{r}_j) \tag{5.6.8}$$

$$\nabla \boldsymbol{G}(\boldsymbol{r}_i, \boldsymbol{r}_j) = \frac{-1}{4\pi} \sum_{p,q} \frac{(1 + \mathrm{j}k \mid \boldsymbol{r}_i - \boldsymbol{r}_p \mid)}{\mid \boldsymbol{r}_i - \boldsymbol{r}_p \mid^2} (\boldsymbol{r}_i - \boldsymbol{r}_p) \boldsymbol{G}(\boldsymbol{r}_i, \boldsymbol{r}_p) d_{pq} \boldsymbol{G}(\boldsymbol{r}_q, \boldsymbol{r}_j) \tag{5.6.9}$$

由上述低秩分解过程可以看出，需要在方向性多层算法的每层都构造和存储等效点 $\boldsymbol{r}_p$、$\boldsymbol{r}_q$ 和矩阵 $\boldsymbol{D}$。利用格林函数平移不变性，只需要存储一个中心在原点方向的等效点 $\boldsymbol{r}_p$、$\boldsymbol{r}_q$，通过平移就可以得到在任意方向的等效点，并且矩阵 $\boldsymbol{D}$ 此时仍然是相同的。

5.6.4 方向性快速多极子的一些定义

将格林函数矩阵的低秩分解形式式(5.6.8)和式(5.6.9)代入矩量法混合场积分方程得

$$\begin{aligned} \boldsymbol{Z}_{mn}^\mathrm{E} = & \frac{\mathrm{j}k}{4\pi} \iint_S \boldsymbol{\Lambda}_m(\boldsymbol{r}) \cdot \sum_p \boldsymbol{G}(\boldsymbol{r}, \boldsymbol{r}_p) \sum_q d_{pq} \iint_S \boldsymbol{G}(\boldsymbol{r}_q, \boldsymbol{r}') \boldsymbol{\Lambda}_n(\boldsymbol{r}') \mathrm{d}S' \mathrm{d}S \\ & - \frac{\mathrm{j}}{4\pi k} \iint_S \nabla \cdot \boldsymbol{\Lambda}_m(\boldsymbol{r}) \cdot \sum_p \boldsymbol{G}(\boldsymbol{r}, \boldsymbol{r}_p) \sum_q d_{pq} \iint_S \boldsymbol{G}(\boldsymbol{r}_q, \boldsymbol{r}') \ \nabla \cdot \boldsymbol{\Lambda}_n(\boldsymbol{r}') \mathrm{d}S' \mathrm{d}S \end{aligned} \tag{5.6.10}$$

由磁场积分方程用低秩表达式展开可以得

$$\boldsymbol{Z}_{mn}^{M}=-\frac{1}{4\pi}\iint_{S}\sum_{p}\frac{(1+\mathrm{j}k\,|\boldsymbol{r}-\boldsymbol{r}_{p}|)}{|\boldsymbol{r}-\boldsymbol{r}_{p}|^{2}}\boldsymbol{G}(\boldsymbol{r},\ \boldsymbol{r}_{p})\,\hat{\boldsymbol{k}}_{p}\times\hat{\boldsymbol{n}}\times\boldsymbol{\Lambda}_{m}\mathrm{d}S\ \cdot$$
$$\iint_{S}\sum_{q}d_{pq}G(\boldsymbol{r}_{q},\ \boldsymbol{r}')\boldsymbol{\Lambda}_{n}\mathrm{d}S' \tag{5.6.11}$$

其中，$\hat{\boldsymbol{k}}_{p}=\boldsymbol{r}-\boldsymbol{r}_{p}$。为了方便，将混合方程的阻抗矩阵简写为

$$\boldsymbol{C}\iint_{S}\boldsymbol{f}_{m}\cdot\sum_{p}\boldsymbol{G}(\boldsymbol{r},\ \boldsymbol{r}_{p})\sum_{q}d_{pq}\iint_{S}\boldsymbol{G}(\boldsymbol{r}_{q},\ \boldsymbol{r}')\boldsymbol{f}_{n}\mathrm{d}S'\mathrm{d}S-\frac{(1-\alpha)}{4\pi}\iint_{S}\boldsymbol{g}_{m}\ \cdot$$
$$\sum_{p}\frac{(1+\mathrm{j}k\,|\boldsymbol{r}-\boldsymbol{r}_{p}|)}{|\boldsymbol{r}-\boldsymbol{r}_{p}|^{2}}\boldsymbol{G}(\boldsymbol{r},\ \boldsymbol{r}_{p})\sum_{q}d_{pq}\iint_{S}\boldsymbol{G}(\boldsymbol{r}_{q},\ \boldsymbol{r}')\boldsymbol{f}_{n}\mathrm{d}S'\mathrm{d}S \tag{5.6.12}$$

其中，

$$f_{n}=\begin{cases}\boldsymbol{\Lambda}_{n}, & \text{磁矢量位}\\ \nabla\cdot\boldsymbol{\Lambda}_{n}, & \text{标量位}\end{cases}$$

$\boldsymbol{g}_{m}=\hat{\boldsymbol{k}}_{p}\times\hat{\boldsymbol{n}}\times\boldsymbol{\Lambda}_{n}$，为式(5.6.12)中的电磁积分方程算子。对于标量位时，$\boldsymbol{C}=\dfrac{\alpha\mathrm{j}k}{4\pi}$；对于矢量位时，$\boldsymbol{C}=-\dfrac{\alpha\mathrm{j}}{4\pi k}$。

假定正方形盒子 $\boldsymbol{Y}$ 为观察组，它的远场区域为 $\boldsymbol{X}$，如图 5.6.3 所示。为了得到观察组 $\boldsymbol{Y}$ 中的基函数由 $\boldsymbol{X}$ 中的基函数测试得到的阻抗矩阵，式(5.6.12)可重写为

$$\boldsymbol{C}\iint_{S}\boldsymbol{f}_{m}\cdot\sum_{p}\boldsymbol{G}(\boldsymbol{r},\ \boldsymbol{r}_{p}^{Y})\sum_{q}d_{pq}\iint_{S}\boldsymbol{G}(\boldsymbol{r}_{q}^{Y},\ \boldsymbol{r}')\boldsymbol{f}_{n}\mathrm{d}S'\mathrm{d}S$$
$$+\frac{(1-\alpha)}{4\pi}\iint_{S}\boldsymbol{g}_{m}\cdot\sum_{p}\frac{(1+\mathrm{j}k\,|\boldsymbol{r}-\boldsymbol{r}_{p}^{Y}|)}{|\boldsymbol{r}-\boldsymbol{r}_{p}^{Y}|^{2}}\boldsymbol{G}(\boldsymbol{r},\ \boldsymbol{r}_{p}^{Y})\ \cdot$$
$$\sum_{q}d_{pq}\iint_{S}\boldsymbol{G}(\boldsymbol{r}_{q}^{Y},\ \boldsymbol{r}')\boldsymbol{f}_{n}\mathrm{d}S'\mathrm{d}S \tag{5.6.13}$$

由低秩分解过程中所产生的等效点 $\boldsymbol{r}_{p}$、$\boldsymbol{r}_{q}$（此处记为 $\boldsymbol{r}_{p}^{Y}$、$\boldsymbol{r}_{q}^{Y}$）和矩阵 $\boldsymbol{D}$ 得

$$\boldsymbol{f}_{p}^{Y,o}=\sum_{q}d_{pq}\iint_{S}\boldsymbol{G}(\boldsymbol{r}_{q}^{Y},\ \boldsymbol{r}')\boldsymbol{f}_{n}\mathrm{d}S' \tag{5.6.14}$$

其中，$\boldsymbol{f}_{p}^{Y,o}$ 定义为组 $\boldsymbol{Y}$ 的外向性等效密度(outgoing equivalent densities)；$\boldsymbol{r}_{p}^{Y}$ 称为外向等效点(outgoing equivalent points)；$\boldsymbol{r}_{q}^{Y}$ 为外向接收点(outgoing check points)。定义 $\boldsymbol{Y}$ 的外向接收位(outgoing check potentials)为

$$u_{q}^{Y,o}=\left\{\iint_{S}\boldsymbol{G}(\boldsymbol{r}_{q}^{Y},\ \boldsymbol{r}')\boldsymbol{f}_{n}\mathrm{d}S'\right\} \tag{5.6.15}$$

由于区域 $\boldsymbol{X}$ 和组 $\boldsymbol{Y}$ 都在各自的远场区域，考虑图 5.6.3 的相反的情况，如图 5.6.4 所示。此时，源基函数在区域 $\boldsymbol{Y}$ 中，为了得到由盒子 $\boldsymbol{X}$ 中基函数测试得到的阻抗矩阵，相应的低秩表达式形式为

$$\boldsymbol{C}\iint_S \boldsymbol{f}_m \cdot \sum_p \boldsymbol{G}(\boldsymbol{r}, \boldsymbol{r}_q^X) \sum_q d_{pq} \iint_S \boldsymbol{G}(\boldsymbol{r}_p^X, \boldsymbol{r}') \boldsymbol{f}_n \mathrm{d}S' \mathrm{d}S + \frac{(1-\alpha)}{4\pi} \iint_S \boldsymbol{g}_m \cdot \sum_p \frac{(1+\mathrm{j}k \mid \boldsymbol{r}-\boldsymbol{r}_q^X \mid)}{\mid \boldsymbol{r}-\boldsymbol{r}_q^X \mid^2} \boldsymbol{G}(\boldsymbol{r}, \boldsymbol{r}_q^X) \sum_q d_{pq} \iint_S \boldsymbol{G}(\boldsymbol{r}_p^X, \boldsymbol{r}') \boldsymbol{f}_n \mathrm{d}S' \mathrm{d}S \tag{5.6.16}$$

定义

$$\boldsymbol{f}_q^{X,i} = \sum_q d_{pq} \iint_S \boldsymbol{G}(\boldsymbol{r}_p^X, \boldsymbol{r}') \boldsymbol{f}_n \mathrm{d}S' \tag{5.6.17}$$

其中，$\boldsymbol{f}_q^{X,i}$ 称为盒子 $\boldsymbol{X}$ 的内向性等效密度；$\boldsymbol{r}_q^X$ 称为内向等效点；$\boldsymbol{r}_p^X$ 为内向接收点。同时，定义 $\boldsymbol{X}$ 的内向接收位为

$$\boldsymbol{u}_q^{X,i} = \iint_S \boldsymbol{G}(\boldsymbol{r}_p^X, \boldsymbol{r}') \boldsymbol{f}_n \mathrm{d}S' \tag{5.6.18}$$

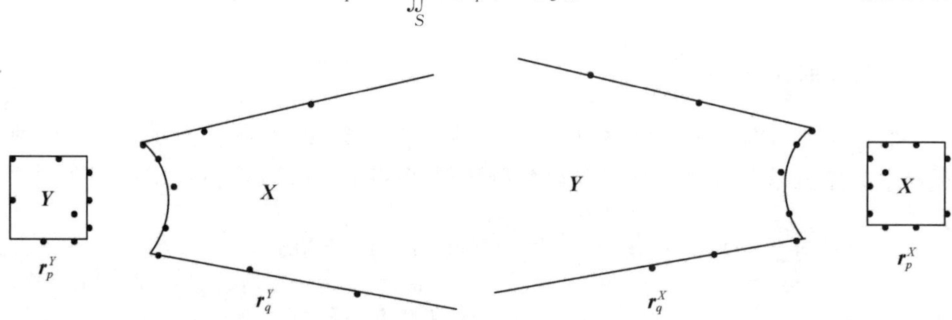

图 5.6.3　源点在观察组 $\boldsymbol{Y}$ 内，$\boldsymbol{X}$ 是组 $\boldsymbol{Y}$ 的远场区域的一个方向

图 5.6.4　源点在区域 $\boldsymbol{X}$ 内，$\boldsymbol{Y}$ 是组 $\boldsymbol{X}$ 的远场区域的一个方向

5.6.5　FDMA 的算法流程

在本小节中，假定 $\boldsymbol{B}$ 代表八叉树结构中的某一个正方形盒子，w 是盒子的宽度，单位为波长。假定盒子 $\boldsymbol{A}$ 在盒子 $\boldsymbol{B}$ 方向为 l 的楔形区域，而盒子 $\boldsymbol{B}$ 则位于盒子 $\boldsymbol{A}$ 方向为 l' 的楔形区域。盒子 $\boldsymbol{A}$ 和盒子 $\boldsymbol{B}$ 的宽度 $w=1$，盒子 $\boldsymbol{B}$ 的子层组盒子为 $\boldsymbol{B}_c$，$\boldsymbol{A}$ 的子层组为 $\boldsymbol{A}_c$，宽度为 0.5，如图 5.6.5 所示。以两层 FDMA 算法为例，这里 $\boldsymbol{A}_c$ 和 $\boldsymbol{B}_c$ 是最细层的组，由于组的尺寸小于 1，所以不分方向，而是从父层组开始分方向。

由上述低秩表达式的构造过程，可以分别得到最细层的等效点及其父层的等效点 $\boldsymbol{r}_p$、$\boldsymbol{r}_q$ 和矩阵 $\boldsymbol{D}$。FDMA 包含上行和下行两个过程：

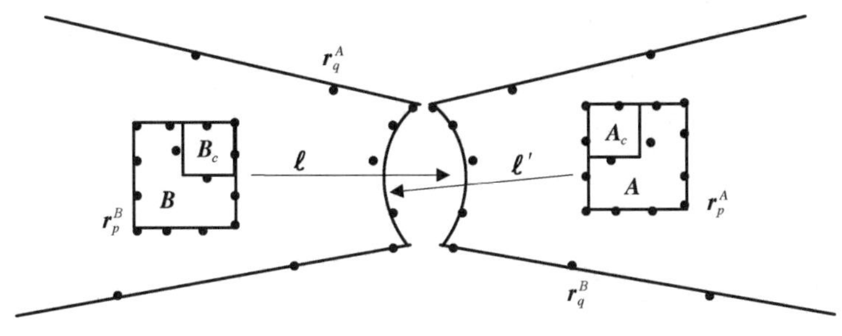

图 5.6.5　两层 FDMA 近似远场作用示意图

1）上行过程

（1）定义 $f_p^{B_c,o}$ 为外向等效密度，注意这里 $f_p^{B_c,o}$ 是无方向的，是由于组 $\boldsymbol{B}_c$ 的尺寸小于 1。

$$f_p^{B_c,o}=\sum_q d_{pq}\iint_S \boldsymbol{G}(\boldsymbol{r}_q^{B_c},\boldsymbol{r}')\boldsymbol{f}_n\mathrm{d}S' \tag{5.6.19}$$

定义 $\boldsymbol{u}_p^{B_c,o}=\iint_S \boldsymbol{G}(\boldsymbol{r}_q^{B_c},\boldsymbol{r}')\boldsymbol{f}_n\mathrm{d}S'$ 为外向等效位。

（2）将组 $\boldsymbol{B}$ 作用的远场划分成若干方向的楔形区域，然后将外向等效点 $\boldsymbol{r}_p^{B_c}$ 作为组 $\boldsymbol{B}$ 的等效源点，$\boldsymbol{f}_p^{B_c,o}$ 作为组 $\boldsymbol{B}$ 的等效密度。定义组 $\boldsymbol{B}$ 在方向为 ℓ 方向性外向等效位为 $\boldsymbol{u}_{p'}^{B,o,\ell}$，注意此时等效位为方向的。组 $\boldsymbol{B}$ 在方向为 ℓ 方向性外向等效密度为 $\boldsymbol{f}_{p'}^{B,o,\ell}$。在父层使用“$p'$，$q'$”来区分子层的符号 p，q。

$$\boldsymbol{u}_{p'}^{B,o,\ell}=\sum_{p'}\boldsymbol{G}(\boldsymbol{r}_{q'}^{B},\boldsymbol{r}_p^{B_c})f_p^{B_c,o} \tag{5.6.20}$$

$$\boldsymbol{f}_{p'}^{B,o,\ell}=\sum_{q'}d_{p'q'}\sum_{p'}\boldsymbol{G}(\boldsymbol{r}_{q'}^{B},\boldsymbol{r}_p^{B_c})f_p^{B_c,o} \tag{5.6.21}$$

（3）定义组 $\boldsymbol{A}$ 在方向为 ℓ' 方向性内向接收位 $\boldsymbol{u}_{q'}^{A,i,\ell'}$，此时将等效密度 $f_{p'}^{B,o,\ell}$ 作为组 $\boldsymbol{A}$ 的等效密度。$\boldsymbol{r}_{p'}^{B}$ 代表组 $\boldsymbol{B}$ 在 ℓ 方向的内向等效点。

$$\boldsymbol{u}_{q'}^{A,i,\ell'}=\sum_p\boldsymbol{G}(\boldsymbol{r}_{q'}^{A},\boldsymbol{r}_{p'}^{B})f_{p'}^{B,o,\ell} \tag{5.6.22}$$

2）下行过程

（1）计算组 $\boldsymbol{A}$ 方向性内向等效密度 $f_{p'}^{A,i,\ell'}$，通过 $\boldsymbol{u}_{q'}^{A,i,\ell'}$ 与父层组的矩阵 $\boldsymbol{D}$ 得

$$f_{p'}^{A,i,\ell'}=\sum_{p'}d_{p'q'}\boldsymbol{u}_{q'}^{A,i,\ell'} \tag{5.6.23}$$

（2）使用父层组的方向性内向等效密度 $f_{p'}^{A,i,\ell'}$ 作为其子层组 $\boldsymbol{A}_c$ 的等效密度，得到内向接收位 $\boldsymbol{u}_q^{A_c,i}$ 为

$$\boldsymbol{u}_q^{A_c,i}=\boldsymbol{u}'^{A_c,i}_q+\sum_p\boldsymbol{G}(\boldsymbol{r}_q^{A_c},\boldsymbol{r}_{p'}^{A})\boldsymbol{f}_{p'}^{A,i,\ell'} \tag{5.6.24}$$

等式(5.6.24)右边的第一项代表组 $\boldsymbol{A}_c$ 远场的贡献，由于此时组 $\boldsymbol{A}_c$ 的尺寸小于 1，这时候是无方向性的，右边第二项代表组 $\boldsymbol{A}_c$ 的父层组的贡献。最后由内向接收位 $\boldsymbol{u}_q^{A_c,i}$ 以及子层所得到的矩阵 $\boldsymbol{D}$ 计算内向等效密度 $\boldsymbol{f}_q^{A_c,i}$ 为

$$\boldsymbol{f}_q^{A_c,i} = \sum_p d_{pq} \boldsymbol{u}_p^{A_c,i} \tag{5.6.25}$$

(3) 最终得到由 CFIE 所产生的阻抗矩阵为

$$\boldsymbol{Z}_{mn} = \left\{ \sum_q \iint_S \left[f_m \cdot \boldsymbol{G}(\boldsymbol{r}_q^{A_c}, \boldsymbol{r}) + g_m \frac{(1 + \mathrm{j}k \mid \boldsymbol{r} - \boldsymbol{r}_q^{A_c} \mid)}{\mid \boldsymbol{r} - \boldsymbol{r}_q^{A_c} \mid^2} \boldsymbol{G}(\boldsymbol{r}_q^{A_c}, \boldsymbol{r}) \right] \mathrm{d}S \right\} \cdot \boldsymbol{f}_q^{A_c,i} \tag{5.6.26}$$

通过上述 FDMA 近似过程可以看出，格林函数的展开并不是通过多极子，而是围绕着等效位和等效密度的转换来实现的。

FDMA 与 MLFMA 一样，都是通过一些算子来实现的。定义这些算子为 **M2M 算子**、**M2L 算子**及 **L2L 算子**[45,47,50]。而在 FDMA 中，由于高频域和低频域的情况不同，所以这几个算子的定义又有所不同，在低频域，这几个算子是没有方向性的，而高频域这几个算子则是有方向性的。

首先来介绍一下低频域这三个算子的定义。

M2M 算子。对于盒子 $\boldsymbol{B}$，M2M 算子是为了构造外向性等效密度 $f_k^{B,o}$，此时是无方向的。如果盒子 $\boldsymbol{B}$ 处于最细层，那么盒子中的源作为初始密度，如果 $\boldsymbol{B}$ 不是最细层，那么盒子 $\boldsymbol{B}$ 子层组所生成的外向性等效密度作为其源密度。在这个过程中，首先是计算得到 $\boldsymbol{B}$ 的外向接收位 $\boldsymbol{u}_k^{B_c,o}$，然后和矩阵 $\boldsymbol{D}$ 进行矩阵矢量相乘得到 $\boldsymbol{f}_k^{B,o}$。

L2L 算子。对于盒子 $\boldsymbol{B}$，L2L 算子是为了计算盒子的内向性等效位 $\boldsymbol{u}_k^{X,i}$，它是通过内向性等效密度 $f_k^{B,i}$ 与矩阵 $\boldsymbol{D}$ 进行矩阵矢量相乘得到的。如果盒子 $\boldsymbol{B}$ 是最细层的组，那么可以由下行过程的最后两步得到最终的阻抗矩阵。如果盒子 $\boldsymbol{B}$ 不是最细层的组，那么还需要计算盒子 $\boldsymbol{B}$ 子层组的内向性等效位直至最细层。

M2L 算子。M2L 算子针对处于同一层的盒子 $\boldsymbol{B}$ 及盒子 $\boldsymbol{A}$ 之间的作用，它们分别在各自远场作用的区域。通过核计算，M2L 算子将盒子 $\boldsymbol{A}$ 的外向性等效密度转换成盒子 $\boldsymbol{B}$ 的内向性等效位。

高频域算子定义：

M2M 算子。构造 wedge 就包含在盒子 $\boldsymbol{B}$ 的子层组所形成的方向为 ℓ' 的 wedge 中。

(1) 取盒子 $\boldsymbol{B}$ 所有子层组的方向性等效点作为源点 $\boldsymbol{r}_k^{B_c,o,\ell'}$，$\boldsymbol{f}_k^{B_c,o,\ell'}$ 作为源的密度。

(2) 计算在方向性等效点 $\boldsymbol{r}_k^{B,o,\ell}$ 处的 $\boldsymbol{u}_k^{B,o,\ell}$。根据盒子 $\boldsymbol{B}$ 和方向 ℓ 相应的矩阵 $\boldsymbol{D}$ 乘以 $\boldsymbol{u}_k^{B,o,\ell}$ 得到 $\boldsymbol{f}_k^{B_c,o,\ell'}$。

L2L 算子。实现由盒子 $\boldsymbol{B}$ 的内向的方向性接收位(incoming directional check potentials)构造其子层组的内向的方向性接收位,同样分以下两种情况来考虑。

$w=1$ 的情况:子层组只含有无方向性的接收位。计算索引 B 的所有的方向 ℓ,对于一个固定的方向如下:

(1) 通过矩阵 $\boldsymbol{D}$ 乘以 $\boldsymbol{u}_k^{B,i,\ell}$ 计算得到 $\boldsymbol{f}_k^{B,i,\ell}$。

(2) 对于盒子 $\boldsymbol{B}$ 的每个子层组 $\boldsymbol{B}_c$,使用 $\boldsymbol{f}_k^{B,i,\ell}$ 作为 $\boldsymbol{r}_k^{B,i,\ell}$ 处的源密度,计算在等效点 $\boldsymbol{r}_k^{B_C,i}$ 处的位累加到 $\boldsymbol{u}_k^{B_C,i}$ 上。

$w>1$ 的情况:每个子层组都有方向性的等效密度。再次对盒子 $\boldsymbol{B}$ 的所有方向 ℓ 进行 L2L 算子的计算。对于一个固定的方向 ℓ,步骤如下:

(1) 选取宽度为 $w/2$ 的子层组的盒子,它的方向为 ℓ',这样盒子 $\boldsymbol{B}$ 方向为 ℓ 的楔形区域就包含在盒子 $\boldsymbol{B}$ 的子层组所形成的方向为 ℓ' 的楔形区域中。

(2) 通过矩阵 $\boldsymbol{D}$ 乘以 $u_k^{B,i,\ell}$ 计算得到 $\boldsymbol{f}_k^{B,i,\ell}$。

(3) 对于盒子 $\boldsymbol{B}$ 的每个子层组 $\boldsymbol{B}_c$,使用 $\boldsymbol{f}_k^{B,i,\ell}$ 作为方向性的等效点 $\boldsymbol{r}_k^{B,i,\ell}$ 处的源密度,计算在 $\boldsymbol{r}_k^{B_C,i,\ell'}$ 处的内向的方向性位累加到 $\boldsymbol{u}_k^{B_C,i,\ell'}$ 中。

M2L 算子。M2L 算子的计算只有一步,用于在相同层的两个盒子 $\boldsymbol{A}$ 和 $\boldsymbol{B}$ 之间的作用,盒子 $\boldsymbol{A}$ 和 $\boldsymbol{B}$ 互相满足处于对方的远场作用区域。假定盒子 $\boldsymbol{B}$ 处于盒子 $\boldsymbol{A}$ 方向为 ℓ 的楔形区域中,而盒子 $\boldsymbol{A}$ 处于盒子 $\boldsymbol{B}$ 方向为 ℓ' 的楔形区域中。

通过在等效点 $\boldsymbol{r}_k^{A,o,\ell'}$ 处的外向的方向性等效密度 $\boldsymbol{f}_k^{A,o,\ell}$,计算在 $\boldsymbol{r}_k^{B,i,\ell'}$ 处的方向的内向等效位累加到 $\boldsymbol{u}_k^{B,i,\ell'}$ 中。

总结以上内容,给出快速多层方向性算法的流程图如图 5.6.6 所示。

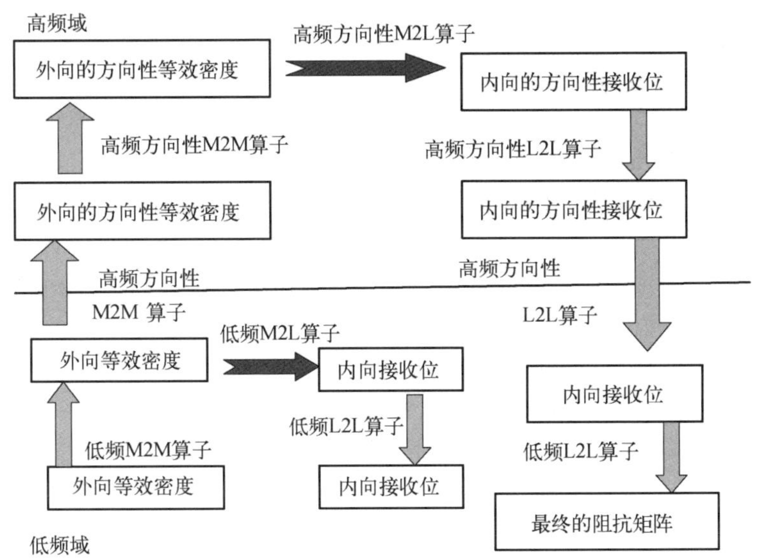

图 5.6.6　FDMA 算法流程图

5.6.6　快速多层方向性算法复杂度分析

在 FDMA 中,主要的时间消耗在三个算子的计算上[45,47,50],这里主要通过高频域的三个算子来分析 FDMA 的算法复杂度,在低频时计算复杂度为 $O(N)$[45,47,50]。对于一个宽度为 w 的盒子 $\boldsymbol{B}$,其楔形区域的个数为 $O(w^2)$。

(1) 需要对盒子 $\boldsymbol{B}$ 所有的楔形区域进行 $O(w^2)$ M2M 算子的运算,计算复杂度为 $O(w^2)$。对于每个楔形区域进行 M2M 算子的计算量仅为 $O(1)$。

(2) L2L 算子是 M2M 算子的逆过程,所以计算复杂度也为 $O(w^2)$。

(3) 盒子 $\boldsymbol{B}$ 在本层所有的远场,在半径为 $w^2 \sim 4w^2$ 的这个区域内,因此有 $O(w^2)$ 个盒子在该区域内。每个 M2L 算子需要 $O(1)$ 次操作,因此对所有的远场作用的组来说,计算复杂度为 $O(w^2)$。

(4) 假定包含所分析目标的最小圆的半径为 R,那么有 $O(R^2/w^2)$ 个宽度为 w 的盒子。因此,每层所需要进行的计算数目为 $O(R^2/w^2)\cdot O(w^2)=O(R^2)$,最终,对于所有的 $O(\lg R)$ 层,这种多方向性算法的计算复杂度为

$$O(R^2\lg R)=O(N\lg N),\ N=O(R^2)$$

5.6.7　算例分析与讨论

本小节算例在分析时采用的计算机配置都是在 Intel 双核 6300,主频 1.86 GHz,内存 1.96 GB,采用的是单精度浮点数。采用 GMRES 迭代算法,收敛精度为 10^{-3}。以下数值算例均采用 CFIE 计算得到,并且组合的系数 α 设置为 0.5。

1. 正确性验证

首先分析的是一个圆柱在垂直入射的平面波下的双站 RCS 曲线。入射的平面波为垂直极化,平面波入射的方向为 ($\theta_{\text{inc}}=0°$, $\varphi_{\text{inc}}=0°$),入射频率为 1.2 GHz,如图 5.6.7 所示。圆柱的底面半径是 0.5 m,长为 4 m,离散所得的未知量数目为 78 294,离散的单元尺寸为 0.1λ。观察的角度为 $\varphi_s=0°\sim180°$ 和 $\theta_s=0°$。在这里,最细层组的尺寸为 0.25λ,FDMA 所分的层数为 4 层,而 MLFMA 所分的层数为 5 层。在 FDMA 中,由于最细层组及第 2 层组的尺寸分别为 0.25λ 和 0.5λ,所以认为这两层属于低频域,这两层组的计算是无方向性的。由于第 3 层组的尺寸为 1λ,所以对于每个非空组分 6 个方向,而在第 4 层则总共分 24 个方向。在图 5.6.7 中,和商业软件 FEKO 及 MLFMA 计算所得的结果做对比,可以看出,结果与二者吻合很好。

其次分析的是一个半径为 4 m 的球,入射的平面波为垂直极化,平面波入射的方向为 $\theta_{\text{inc}}=0°$, $\varphi_{\text{inc}}=0°$,入射频率为 300 MHz,如图 5.6.8 所示。离散球的表面

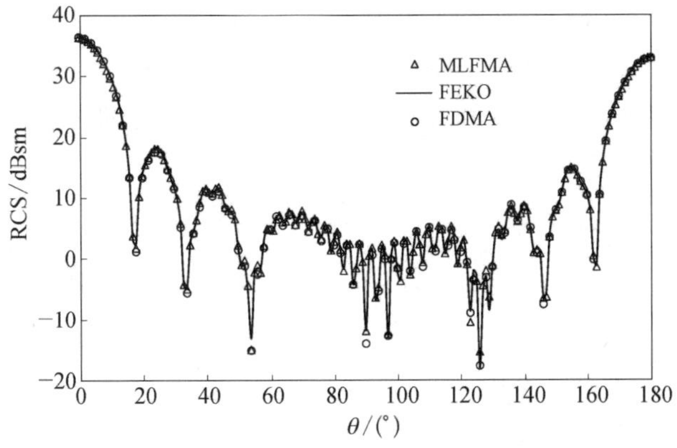

图 5.6.7　正确性验证：圆柱在 1.2 GHz 平面波照射下的双站 RCS 曲线

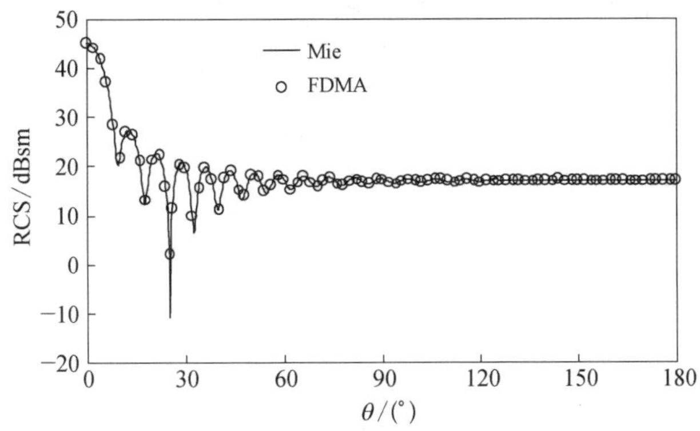

图 5.6.8　正确性验证：半径为 4 m 的球在 300 MHz 平面波照射下的双站 RCS 曲线

所得的未知量数目为 100 296，此时离散的单元尺寸为 0.05λ，双站 RCS 观察的角度为 $\varphi_s=0°\sim180°$ 和 $\theta_s=0°$。依然使用 4 层 FDMA，每层的方向的数和上述的圆柱相同，在图 5.6.8 中，与 Mie 级数的解析解对比，可以看出，吻合得非常好，从而证明了 FDMA 的准确性。

2. 计算复杂度测试

为了给出 FDMA 的内存及 CPU 时间，分别给出圆柱和 ogive 的计算资源消耗的 log - log 曲线。以下平面波均为垂直极化，入射的角度为 $\theta_{inc}=0°$，$\varphi_{inc}=0°$，入射频率为 300 MHz。

首先考虑圆柱的长度在 1λ～8λ 变化，底面半径和长度的比例始终为 0.125。在图 5.6.9(a)中，同时给出 MoM 随着未知量数目变化所消耗的内存曲线以作对比，可以观察到，FDMA 的内存消耗的曲线与 MLFMA 所得到的曲线平行，并且内存需求大约是 MLFMA 的 1.8 倍，从而证明 FDMA 的内存需求是 $O(N\lg N)$ 量级[50]。在图 5.6.9(b)中，给出计算圆柱的双站 RCS 的迭代的总时间及单步迭代时间的比较，可以看出，迭代时间的曲线与 MLFMA 所计算的时间相近，此时 FDMA 和 MLFMA 最细层组均为 0.25λ。

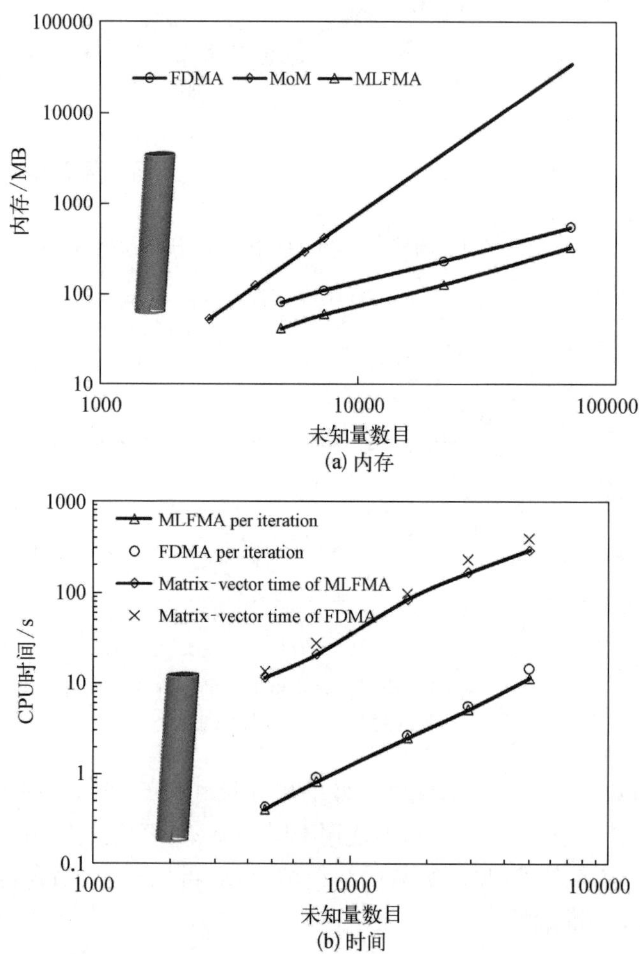

(a) 内存

(b) 时间

图 5.6.9　FDMA 分析 1λ～8λ 变化圆柱，计算资源消耗测试

其次给出的是 ogive 模型随着未知量数目变化所需要的内存消耗曲线及迭代时间的曲线比较。ogive 的长度与其最大的截面半径之比保持 0.5 不变，随着 ogive 的长度在 1λ～8λ 变化，未知量数目也相应增加，从图 5.6.10 中可以看出，FDMA 的内存需求呈线性的增长，并且与 MLFMA 的内存需求的曲线斜率基本一致，迭代的总时间及单步迭代的时间也相近，由此得出 FDMA 的计算复杂度为 $O(N\lg N)$ 量级[50]。

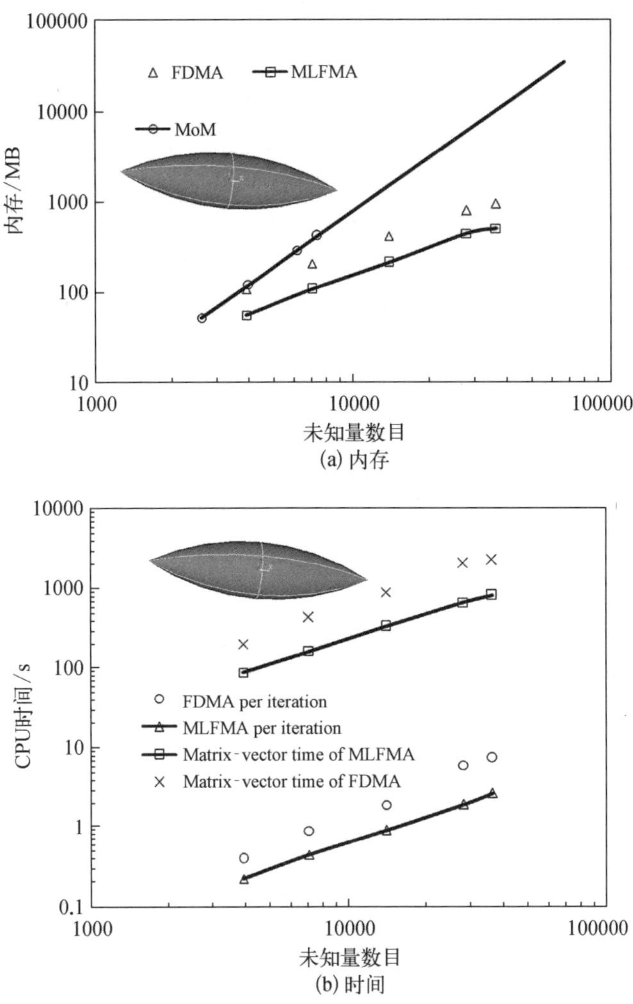

(a) 内存

(b) 时间

图 5.6.10 FDMA 分析 1λ～8λ 变化 ogive，计算资源消耗测试

对于圆柱、ogive 等狭长形问题，保持离散物体表面的单元尺寸为 0.04λ。MLFMA 采用并矢量格林函数进行加法定理展开，而 FDMA 则采用标量位格林函数进行低秩表达式的展开。因此，FDMA 的内存消耗要明显大于 MLFMA，换言之，如果 MLFMA 采用标量位格林函数进行加法定理展开，那么 FDMA 的内存消耗将与 MLFMA 接近。可以发现，ogive 的计算时间比圆柱要略大，这是由于 ogive 的截面半径与长度的比值要大一些，这样导致 ogive 在电尺寸变大时候所分的方向的个数要大于圆柱，从而在进行方向性展开的时候需要更多的时间。从以上的算例可以看出，FDMA 更适合于分析狭窄及修长形的目标，这与文献[45,47]中所得出的结论一致。

5.6.8 方向性快速多极子的低频特性分析

首先考虑的算例是一个半径为 0.5 m 的球，剖分的未知量数目为 3 852 个。在平面波入射的频率为 100 MHz 时，采用单层 FDMA 和 MLFMA，最细层的组的大小为 0.05λ。在图 5.6.11 中可以看出，FDMA 的结果与 Mie 级数所得到的解吻合很好，然而 MLFMA 此时由于组的尺寸远小于 0.2λ，出现了低频崩溃的现象，导致结果与解析解相差较大。在图 5.6.12 中，半径为 1 m 的球剖分的未知量数目达 9 339，入射的频率为 30 MHz，分两层 FDMA，最细层组的电尺寸为 0.025λ，此时可以观察到，FDMA 的结果与 Mie 级数所得到的解仍然吻合很好。

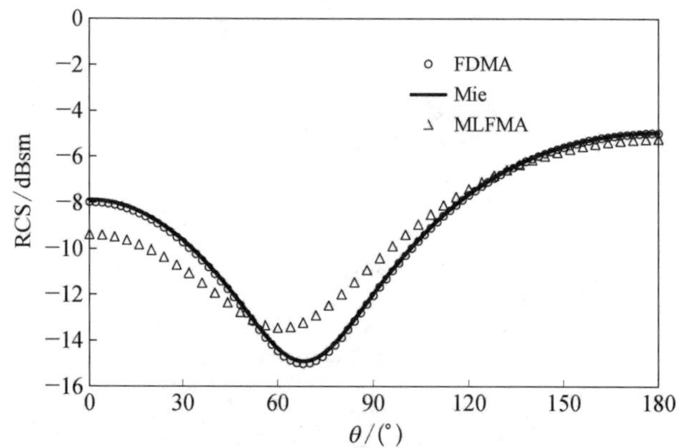

图 5.6.11　半径为 0.5 m 的球在 100 MHz 时的双站 RCS 曲线(最细层分组为 0.05λ)

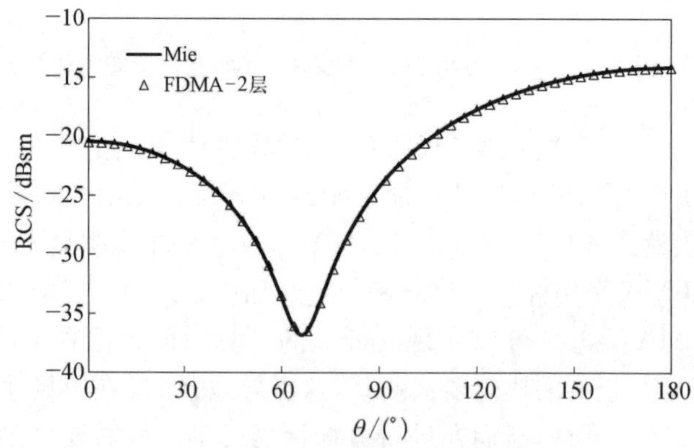

图 5.6.12　半径为 1 m 的球在 30 MHz 时的双站 RCS 曲线(最细层分组为 0.025λ)

MLFMA 在分组小于 0.2λ 时就会有亚波长崩溃的现象，在图 5.6.13 中给出 FDMA 和 MLFMA 随着最细层组的电尺寸变化的误差曲线。定义误差 $\varepsilon_{\text{error}}$ 计算的公式为

$$\varepsilon_{\text{error}} = \| T - M \| / \| M \|$$

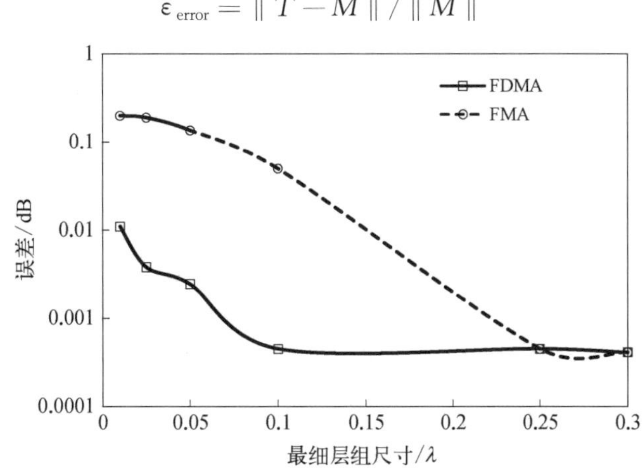

图 5.6.13　MLFMA 和 FDMA 随着最细层分组大小变化的误差曲线

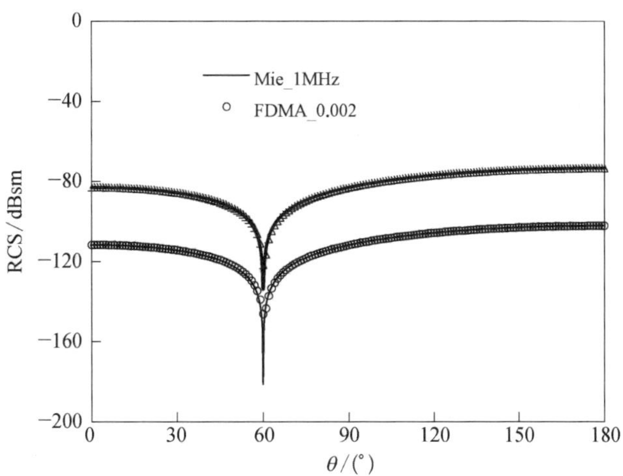

图 5.6.14　半径为 1 m 的球在入射频率为 1 MHz 与 3 MHz 时双精度计算 RCS 曲线

其中，M 代表由 Mie 级数计算所得到的解析解；T 代表由 FDMA 或者 MLFMA 计算得到的值。此时设置入射角度为 $\theta^{\text{i}}=0°$，$\varphi^{\text{i}}=0°$，观察角度为 $\theta=180°$，$\varphi=180°$。从图 5.6.13 中可以看出，当最细层组的尺寸小于 0.2λ 时，MLFMA 的误差将远大于 FDMA，而分组即使为 0.025λ 时，FDMA 的精度仍然是可以接受的，而 MLFMA 的误差将随着最细层组的尺寸减小而急剧增大。如果 FDMA 采用双精

度来计算，仍然对半径为 1 m，未知量数目为 9 339 的球在入射频率为 1 MHz 和 3 MHz时分别进行测试。此时，对应 1 MHz 时最细层组的大小为 0.002λ，3 MHz 时最细层组的大小为 0.005λ，在图 5.6.14 中可以看出，FDMA 的结果与 Mie 级数所得的结果吻合较好，因此 FDMA 在低频域也是稳定的。由于只需要进行简单的格林低秩分解，相对于低频快速多极子（low frequency multilevel fast multipole algorithm，LF - MLFMA）更易于编程实现[34]，从而也更易实现从低频到中频的宽频带电磁散射计算。

5.6.9　方向性快速多极子分析分层介质微带问题

由于 FDMA 的与核无关特性，本节把它用于加速混合位积分方程（mixed potential integral equation，MPIE），分析如图 5.6.15 所示的多层平面微带电路。本节采用二维分组的方式，即采用四叉树（quad-tree）结构分组，在 z 方向不分组。此时，由于对多层平面微带结构采用二维分组，所以远场的定义需要修正。

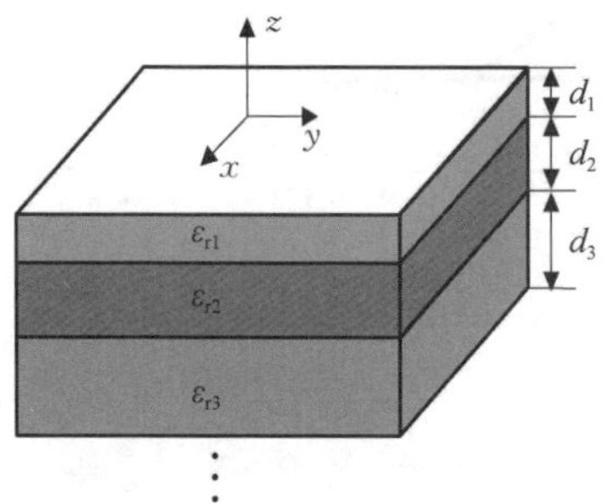

图 5.6.15　多层平面微带电路结构图

以两层介质为例，假定每层介质中都包含平面的微带贴片。首先将第 1 层介质中的贴片用一个正方形包围，然后细分为 4 个子正方形，再将每个子正方形依次细分到最高层，此时完成第 1 层介质中的分组。其次对第 2 层介质中金属贴片进行相同的分组，最终得到如图 5.6.16 所示的分组。以位于第 1 层介质中的正方形盒子 $\boldsymbol{Y}$ 为例，由于 FDMA 根据每层组的尺寸分为低频域和高频域，所以当组的尺寸小于一个波长时，远场组定义如图 5.6.16(a)所示，白色的区域为近场作用的区域，采用直接计算，而所有灰色的盒子为 $\boldsymbol{Y}$ 的远场作用区域，黑色的盒子为父层的远场作用区域，此时位于第 2 层介质中对应位置的灰色盒子也为 $\boldsymbol{Y}$ 的远场作用区域，同理，与盒子 $\boldsymbol{Y}$ 对应位置的斜纹的盒子的远场也是所有标记为灰色的小盒子。当该层组的尺寸大于一个波长时，远场作用的区域如图 5.6.16(b)所示，同样斜纹的盒子远场作用的区域包括第 1 层介质和第 2 层介质中所有灰色的盒子。

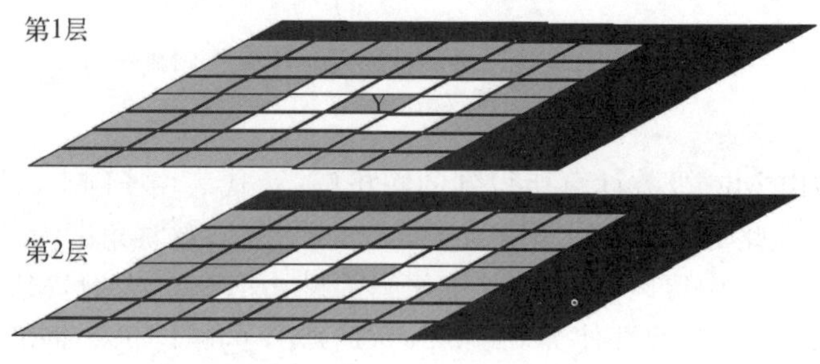

(a) 两层介质在低频域的分组方式

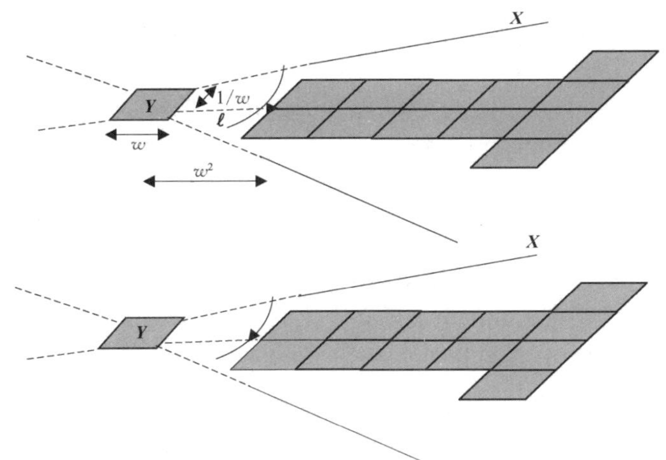

(b) 两层介质在高频域的方向性分组方式

图 5.6.16　两层介质分组

通过对每层任意一个组进行随机选点构造低秩表达式，得到该层对应的等效点 $\boldsymbol{r}_p$、$\boldsymbol{r}_q$ 和矩阵 $\boldsymbol{D}$。综上，图 5.6.17 给出利用 FDMA 在分析多层平面微带结构时的方法流程图。

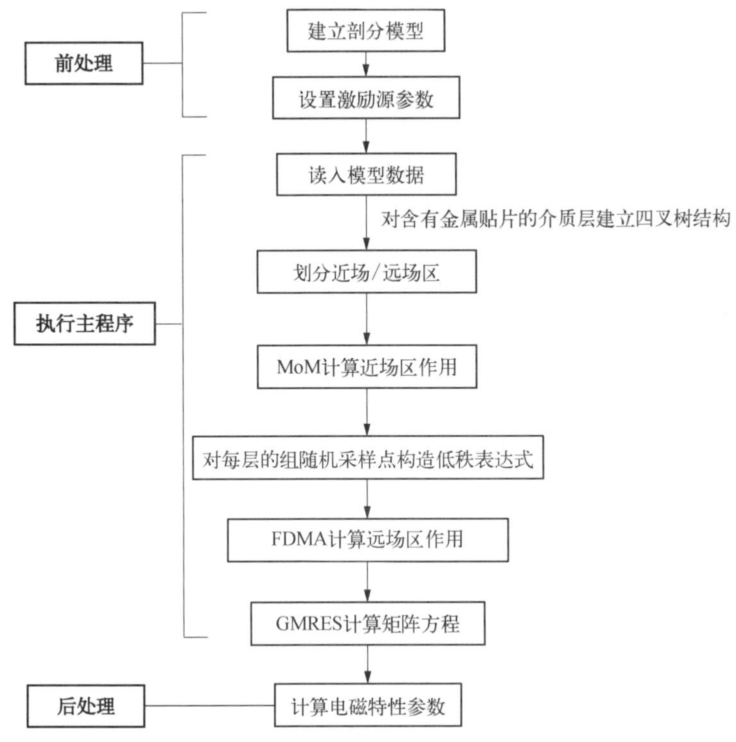

图 5.6.17　FDMA 分析多层平面微带结构时的方法流程图

1. 天线阵列的辐射分析

首先分析的是图 5.6.18 中的微带贴片天线 8×8 单元及其馈线示意图，工作频率为 9.42 GHz，结构中的介电常数 $\varepsilon_r=2.2$，高度 $h=1.59$ mm，天线单元尺寸为宽 $W=10.08$ mm，长 $L=11.79$ mm，馈线的宽度为 $d_1=1.3$ mm，$d_2=3.93$ mm，长度为 $L_1=12.32$ mm，$L_2=18.48$ mm，单元分布参数为 $D_1=23.58$ mm，$D_2=22.40$ mm。离散后得平面三角形数为 3 938，未知量数目为 4 858。采用三层方向性多层算法得到的微带天线的电场随 θ 变化的 H 面（$\varphi=90°$）分布图和电场随 θ 变化的 E 面（$\varphi=0°$）分布图分别如图 5.6.19 和图 5.6.20 所示，结果与文献[54]中的结果吻合较好。

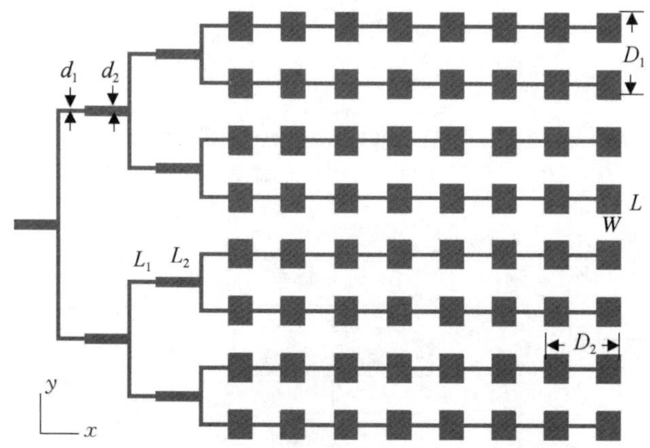

图 5.6.18　微带贴片天线 8×8 单元及其馈线示意图

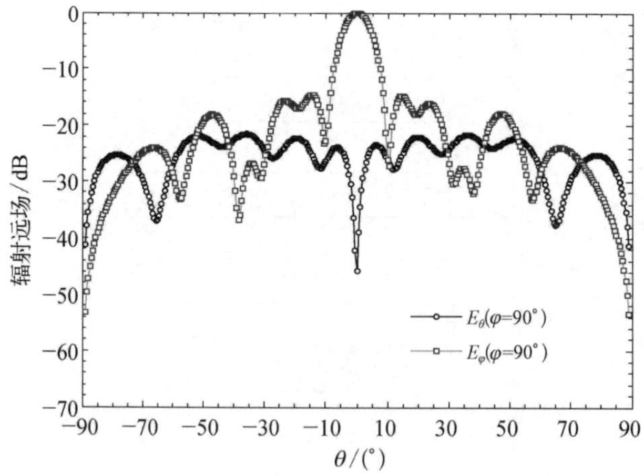

图 5.6.19　微带天线的电场随 θ 变化的 H 面（$\varphi=90°$）分布图

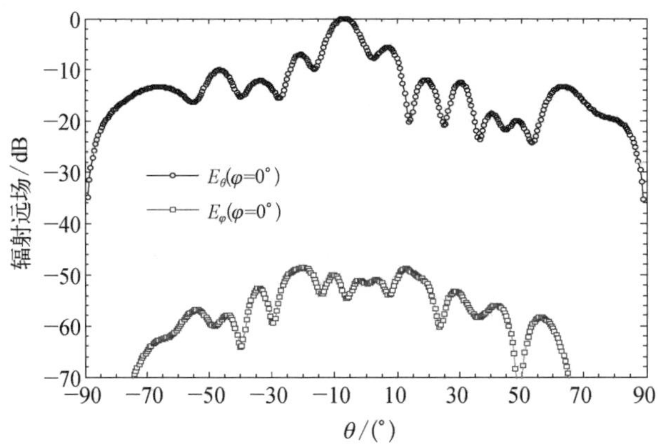

图 5.6.20　微带天线的电场随 θ 变化的 E 面($\varphi=0°$)分布图

为了测试多层方向性算法的效率，图 5.6.21 给出测试矩形方阵天线阵列的内存消耗及迭代时间随未知量数目变化的曲线。测试的阵列分别为 1×4、4×4、8×4、8×8，矩形贴片的宽度是 0.025 m，间隔为 0.025 m。分别应用于单层 FDMA 到多层 FDMA，从图 5.6.21 中可以看出，FDMA 的消耗内存和单步迭代的时间均为$O(N\lg N)$量级。

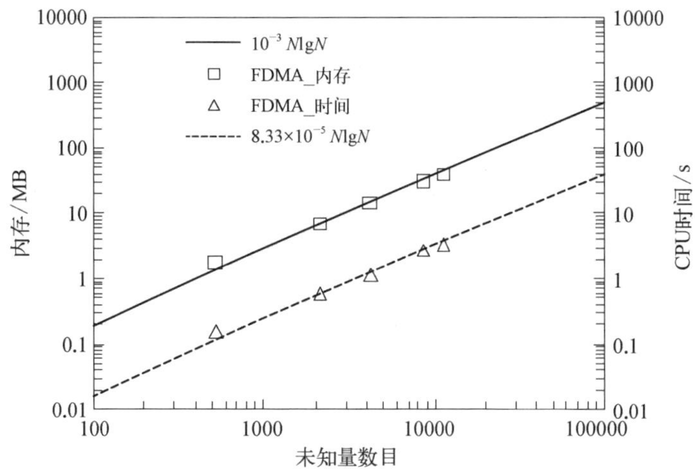

图 5.6.21　天线阵列的内存消耗及迭代时间随着未知量数目变化的曲线

2. S 参数提取

首先对如图 5.6.22 所示的微带低通滤波器进行 S 参数的提取，结构尺寸及介质参数为 $W_1=2.413\,\text{mm}$、$W_2=20.32\,\text{mm}$、$W_3=14.67\,\text{mm}$、$l=2.54\,\text{mm}$、$\varepsilon_r=2.2$、$d=0.794\,\text{mm}$，计算散射参数。图 5.6.23 中给出 FDMA 及商用软件 IE3D 计算的

S 参数,二者的计算结果吻合良好。频率在 1～8 GHz 时,程序自动采用的是矩量法直接计算的结果,当频率在 8～15 GHz 时,采用的是单层方向性,频率在 15～20 GHz 时,程序使用的是两层方向性算法。

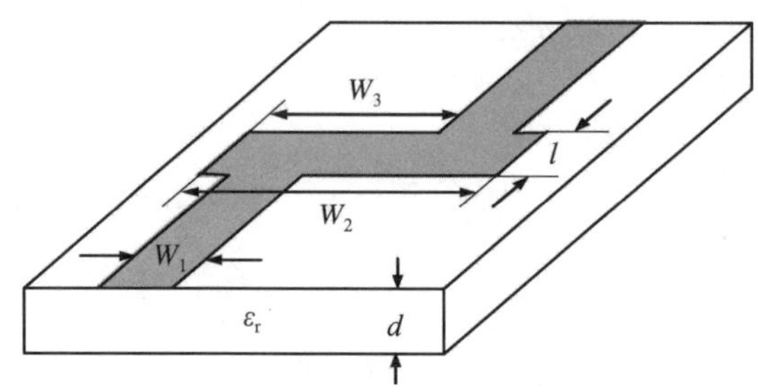

图 5.6.22　微带低通滤波器结构

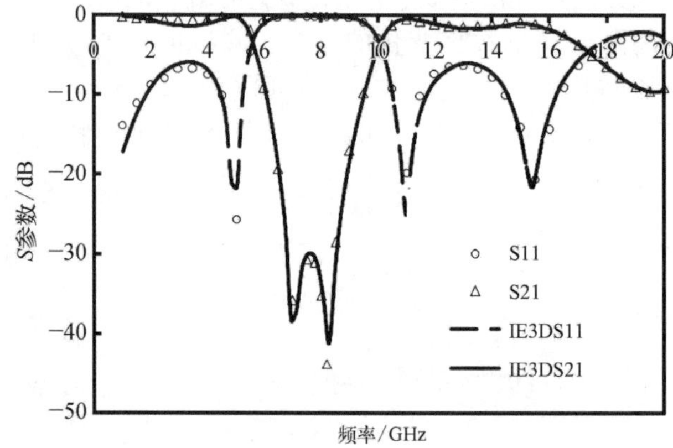

图 5.6.23　微带低通滤波器 S 参数

接着分析一个如图 5.6.24(a)所示的四级联低通滤波器[55],介质参数为 $\varepsilon_r=10.8$,厚度 $d=0.025\ 4$ mm。低通滤波器的结构参数为 $L_1=10.12$ mm、$L_2=6.12$ mm、$L_3=2.8$ mm、$L_4=1.3$ mm、$L_5=9.8$ mm、$L_6=3.5$ mm, $W_s=1$ mm, $W=W_c=0.3$ mm, $W_5=0.2$ mm, $W_6=4$ mm, $W_f=0.57$ mm, $G=0.2$ mm, $L_c=1.78$ mm, $L_F=15$ mm。采用单位电压源激励,采用单层 FDMA,S 参数的结果与商用软件 FEKO 的结果如图 5.6.24(b)所示,二者吻合较好。在低频率端,FDMA 的分组不大于 0.05λ,可以看出,FDMA 即使在低频时也是稳定的。

3. 方向性快速多极子分析频率选择表面

本节将 FSS 结构看成多层平面结构,所以将 FDMA 应用于计算 FSS 结构。定义 FSS 的传输系数为

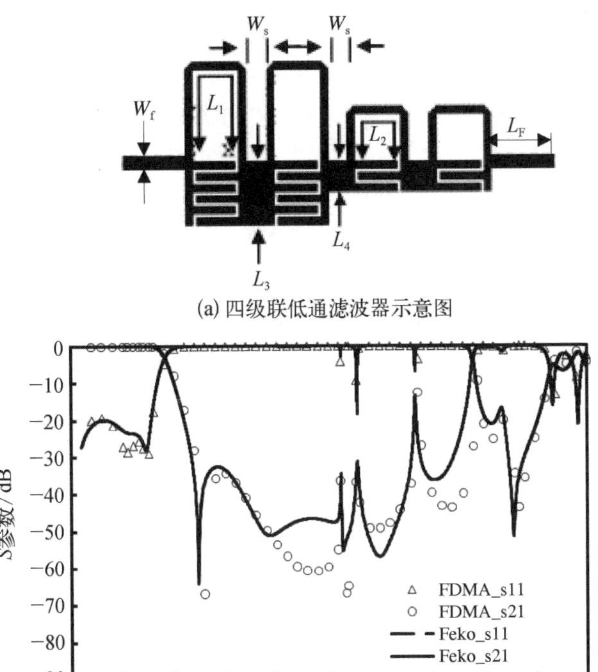

(b) S参数提取结果

图 5.6.24　FDMA 分析四级联低通滤波器

$$T = |-\boldsymbol{E}^{ia} + \boldsymbol{E}^{s}|^{2} / |\boldsymbol{E}^{ia}|^{2}$$

其中，$\boldsymbol{E}^{ia}$ 代表相对于入射场的量；$\boldsymbol{E}^{s}$ 代表传输方向或者反射方向的远场。理论基础是当金属平板的传输系数为 0 时，反射系数为 1。因为金属平板结构是 FSS 的一种特殊结构，所以可以通过金属平板的远场来计算 $\boldsymbol{E}^{ia}$。在传输方向上，有 $\boldsymbol{E}^{ia} = -\boldsymbol{E}^{s}_{\text{metallic plate}}$。$\boldsymbol{E}^{s}_{\text{metallic plate}}$ 代表金属平板在相同的入射波照射下的远场。因此，有限大 FSS 的传输系数为

$$T = |-\boldsymbol{E}^{s}_{\text{metallic plate}} + \boldsymbol{E}^{s}|^{2} / |\boldsymbol{E}^{s}_{\text{metallic plate}}|^{2}$$

这里考虑一个嵌入三层介质中的八边环结构的 FSS。FSS 阵列结构由 20×20 的八边环结构的阵列组成，未知量数目为 25 600，如图 5.6.25 所示。三层介质的相对介电常数分别为 $\varepsilon_{r1} = 3.0$、$\varepsilon_{r2} = 1.000\,6$ 和 $\varepsilon_{r3} = 3.0$，相应的厚度分别为 0.18 mm、10.0 mm 和 0.18 mm，每个八边环单元的外半径为 3.5 mm，内半径为 3 mm，$T_x =$

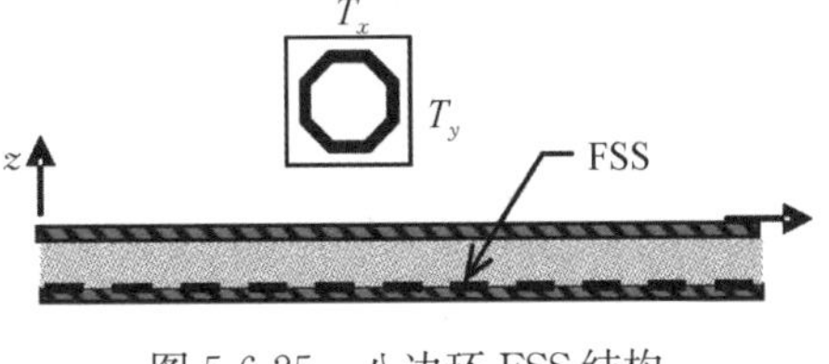

图 5.6.25　八边环 FSS 结构

8 mm，T_y=8 mm。入射波角度为θ^i=30°，ϕ^i=0°的TE极化波。由八边环单元组成的FSS位于第3层介质表面，因此在第3层应用quad-tree结构分组，采用三层FDMA。在图5.6.26中，给出由本节方法和Ansoft Designer软件所得的传输系数曲线，二者吻合较好。

同样考虑由8×8、15×15、20×20和25×25的八边环有限大FSS结构，单元尺寸与上述一致，对应的未知量数目分别为3 136、14 400、25 600、40 000。假定入射平面波入射频率为15 GHz，入射角度为θ^i=30°，ϕ^i=0°。在图5.6.27中，给出FDMA的内存消耗及单步迭代的时间。从图5.6.27中可以看出，FDMA的计算复杂度的量级为$O(N\lg N)$。

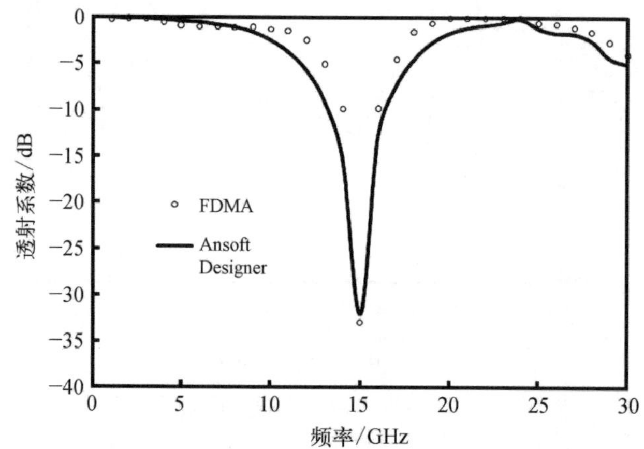

图 5.6.26 八边环FSS结构随频率变化的传输曲线

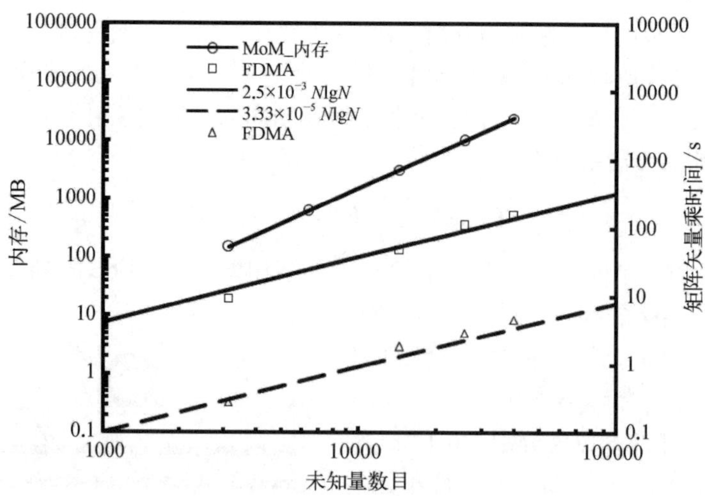

图 5.6.27 FDMA随未知量数目变化的内存和单步矩阵矢量乘时间曲线

本章小结

本章介绍了几种嵌套低秩压缩分解方法：多层简易稀疏方法、$\mathcal{H}^2$-矩阵方法、嵌套等效源近似方法、宽带嵌套等效源近似、方向性快速多极子方法等。通过建立子层到父层的嵌套表示形式，只需要在最细层构造低秩分解矩阵，高层通过最细层递归表示。方法具有低频到高频的稳定特性，复杂度为 $O(N\lg N)$。

参考文献

[1] Zhao K, Vouvakis M N, Lee J F. The adaptive cross approximation algorithm for accelerated method of moments computations of EMC problems [J]. IEEE Transactions on Electromagnetic Compatibility, 2005, 47(4): 763 - 773.

[2] Michielssen E, Boag A. A multilevel matrix decomposition algorithm for analyzing scattering from large structures[J]. IEEE Transactions on Antennas and Propagation, 1996, 44(8): 1086 - 1093.

[3] Rius J M, Parron J, Heldring A, et al. Fast iterative solution of integral equations with method of moments and matrix decomposition algorithm—singular value decomposition [J]. IEEE Transactions on Antennas and Propagation, 2008, 56(8): 2314 - 2324.

[4] Jiang Z N, Chen R S, Fan Z H, et al. Novel postcompression technique in the matrix decomposition algorithm for the analysis of electromagnetic problems[J]. Radio Science, 2012, 47(2): 2003.

[5] Li M, Li C Y, Ong C J, et al. A novel multilevel matrix compression method for analysis of electromagnetic scattering from PEC targets[J]. IEEE Transactions on Antennas and Propagation, 2012, 60(3): 1390 - 1399.

[6] Canning F X, Rogovin K. Simply sparse, a general compression/solution method for MoM programs[J]. IEEE Antennas and Propagation Society International Symposium, 2002, 2: 234 - 237.

[7] Zhu A, Adams R J, Canning F X. Modified simply sparse method for electromagnetic scattering by PEC[C]. Washington: IEEE Antennas and Propagation Society International Symposium, 2005.

[8] Cheng J, Maloney S A, Adams R J, et al. Efficient fill of a nested representation of the EFIE at low frequencies [C]. San Diego: IEEE Antennas and Propagation Society International Symposium, 2008.

[9] Jiang Z N, Xu Y, Sheng Y J, et al. Efficient analyzing EM scattering of objects above a lossy half space by the combined MLQR/MLSSM[J]. IEEE Transactions on Antennas and Propagation, 2011, 59(12): 4609 - 4614.

[10] Jiang Z N, Xu Y, Chen R S, et al. Efficient matrix filling of multilevel simply sparse method

via multilevel fast multipole algorithm[J].Radio Science,46(5): 1 - 7.

[11] Hu X Q, Xu Y, Chen R S. Fast iterative solution of integral equation with matrix decomposition algorithm and multilevel simple sparse method [J]. IET Microwaves, Antennas & Propagation,2011,5(13): 1583 - 1588.

[12] Hu XQ,Zhang C,Xu Y,et al.An improved multilevel simple sparse method with adaptive cross approximation for scattering from target above lossy half space[J]. Microwave and Optical Technology Letters,2011,54(3): 573 - 577.

[13] Hu X Q,Chen R S,Ding D Z,et al.Two-step preconditioner of multilevel simple sparse method for electromagnetic scattering problems [J]. ACES Journal, 2012, 27 (1): 14 - 21.

[14] 樊振宏,丁大志,陈如山,等.多层快速多极子加速填充多层简易稀疏方法[C].深圳：全国微波毫米波会议论文集.上海,2011.

[15] Hackbusch W, Khoromskij B, Sauter S A. On H^2 - Matrices//Bungartz H, Hoppe R, Zenger C. Lectures on applied mathematics[M]. Berlin: Springer-Verlag,2000: 9 - 29.

[16] Wang H G,Chan C H,Tsang L. A new multilevel Green's function interpolation method for large-scale low-frequency EM simulations[J]. IEEE Transactions on Computer-Aided Design of Integrated Circuits and Systems,2005,24(9): 1427 - 1443.

[17] Wang H G, Chan C H. The implementation of multilevel Green's function interpolation method for full-wave electromagnetic problems[J]. IEEE Transactions on Antennas and Propagation,2007,55(5): 1348 - 1358.

[18] Li L,Wang H G,Chan C H.An improved multilevel Green's function interpolation method with adaptive phase compensation[J]. IEEE Transactions on Antennas and Propagation, 2008,56(5): 1381 - 1393.

[19] Shi Y, Wang H G, Li L, et al. Multilevel Green's function interpolation method for scattering from composite metallic and dielectric objects[J]. Journal of the Optical Society of America A Optics Image Science,and Vision,2008,25(10): 2535 - 2548.

[20] Chai W,Jiao D.An H^2-Matrix-Based integral-equation solver of linear-complexity for large-scale electromagnetic analysis[C]. Macau: Asia-pacific Microwave Conference,2009: 4.

[21] Chai W, Jiao D. An H^2-Matrix-Based integral-equation solver of reduced complexity and controlled accuracy for solving electrodynamic problems [J]. IEEE Transactions on Antennas and Propagation,2009,57(5): 3147 - 3159.

[22] Li M, Francavilla M A, Vipiana F, et al. Nested equivalent source approximation for the modeling of multiscale structures[J]. IEEE Transactions on Antennas and Propagation, 2014,62(7): 3664 - 3678.

[23] Adams R J,Zhu A,Canning F X.Sparse factorization of the TMz impedance matrix in an overlapped localizing basis [J]. Progress in Electromagnetics Research, 2006, 61: 291 - 322.

[24] Xu Y,Xu X, Adams R J. A sparse facotrization for fast computation of localizing modes

[J]. IEEE Transactions on Antennas and Propagation, 2010, 58(9): 3044 - 3049.

[25] Liu A S, Huang T Y, Wu R B. A dual wideband filter design using frequency mapping and stepped-impedance resonators [J]. IEEE Transactions on Microwave Theory and Techniques, 2008, 56(12): 2921 - 2929.

[26] Bebendorf M, Venn R. Constructing nested bases approximations from the entries of non-local operators[J]. Numerische Mathematik, 2012, 121(4): 609 - 635.

[27] Chew W C, Lu C C. The use of Huygens' equivalence principle for solving the volume integral equation of scattering[J]. IEEE Transactions on Antennas and Propagation, 1993, 41(7): 897 - 904.

[28] Li M K, Chew W C. Multiscale simulation of complex structures using equivalence principle algorithm with high-order field point sampling scheme[J]. IEEE Transactions on Antennas and Propagation, 2008, 56(8): 2389 - 2397.

[29] Ying L, Biros G, Zorin D. A kernel-independent adaptive fast multipole algorithm in two and three dimensions[J]. Journal of Computational Physics, 2004, 196(2): 591 - 626.

[30] Francavilla M A, Vipiana F, Vecchi G, et al. Hierarchical fast MoM solver for the modeling of large multiscale wire-surface structures[J]. IEEE Antennas and Wireless Propagation Letters, 2012, 11: 1378 - 1381.

[31] Greengard L, Rokhlin V. A fast algorithm for particle simulations [J]. Journal of Computational Physics, 1987, 73(2): 325 - 348.

[32] Song J M, Lu C C, Chew W C. Multilevel fast multipole agorithm for electromagnetic scattering by large complex objects[J]. IEEE Transactions on Antennas and Propagation, 1997, 45(10): 1488 - 1493.

[33] Echeverri B M A, Francavilla M A, Vipiana F, et al. A hierarchical fast solver for efie-mom analysis of multiscale structures at very low frequencies [J]. IEEE Transactions on Antennas and Propagation, 2014, 62(3): 1523 - 1528.

[34] Jiang L J, Chew W C. A mixed-form fast multipole algorithm[J]. IEEE Transactions on Antennas and Propagation, 2005, 53(12): 4145 - 4156.

[35] Werner D H, Ganguly S. An overview of fractal antenna engineering research[J]. Antennas and Propagation Magazine, 2003, 45(1): 38 - 57.

[36] Krishna D D, Gopikrishna M, Anandan C, et al. CPW-fed Koch fractal slot antenna for WLAN/WiMAX applications [J]. Antennas and Wireless Propagation Letters, 2008, 7: 389 - 392.

[37] Koch snowflake. http://en.wikipedia.org/wiki/Koch_snowflake.

[38] P180 Aircraft Overview. http://www.piaggioaero.com/$#$/en/products/ p180-avanti-ii/overview.

[39] Bleszynski E, Bleszynski M, Jaroszewicz T. AIM: adaptive integral method for solving large-scale electromagnetic scattering and radiation problems [J]. Radio Science, 1996, 31(5): 1225 - 1251.

[40] Seo S M,Lee J F. A fast IE-FFT algorithm for solving PEC scattering problems[J]. IEEE Transactions on Magnetics,2005,41(5): 1476 - 1479.

[41] Cheng H,Crutchfield W Y,Gimbutas Z,et al.A wideband fast multipole method for the helmholtz equation in three dimensions[J]. Journal of Computational Physics,2006,216(1): 300 - 325.

[42] Bogaert I, Peeters J, Olyslager F. A nondirective plane wave MLFMA stable at low frequencies[J]. IEEE Transactions on Antennas and Propagation, 2008, 56 (12): 3752 - 3767.

[43] Schobert D T, Eibert T F. Fast integral equation solution by multilevel green's function interpolation combined with multilevel fast multipole method[J]. IEEE Transactions on Antennas and Propagation,2012,6(9): 4458 - 4463.

[44] Li M, Francavilla M A, Vipiana F, et al. A doubly hierarchical MoM for high-delity modeling of multiscale structures [J]. IEEE Transactions on Electromagnetic Compatibility,2014,56(5): 1103 - 1111.

[45] Engquist B, Ying L.Fast directional multilevel algorithms for oscillatory kernels[J]. Society for Industrial and Applied Mathematics,2007,29(4): 1710 - 1737.

[46] Bebendorf M, Kuske C, VennR. Wideband nested cross approximation for Helmholtz problems[J]. Numerische Mathematik,2012,130(1): 1 - 34.

[47] Engquist B, Ying L. Fast directional algorithms for the helmholtz kernel[J]. Journal of Computational and Applied Mathematics,2010,234(6): 1851 - 1859.

[48] Messner M, Schanz M, Darve E. Fast directional multilevel summation for oscillatory kernels based on Chebyshev interpolation[J]. Journal of Computational Physics,2012,231(4): 1175 - 1196.

[49] Darve E. The fast multipole method I: Error analysis and asymptotic complexity[J]. SIAM Journal on Numerical Analysis,2000,38(1): 98 - 128.

[50] Chen H,Leung K W,Yung E K N. Fast directional multilevel algorithm for analyzing wave scattering[J]. IEEE Transactions on Antennas and Propagation,2011,59(7): 2546 - 2556.

[51] Li M,Francavilla M A,Chen R S,et al. Wideband fast kernel-independent modeling of large multiscale structures via nested equivalent source approximation[J]. IEEE Transactions on Antennas and Propagation,2015,63(5): 2122 - 2134.

[52] Li M, Francavilla M A, Ding D Z, et al. Mixed-form nested approximation for wideband multiscale simulations[J]. IEEE Transactions on Antennas and Propagation,2018,66(11): 6128 - 6136.

[53] Li M,Francavilla M A,Chen R S, et al. Nested equivalent source approximation for the modeling of penetrable bodies[J]. IEEE Transactions on Antennas and Propagation,2017,65(2): 954 - 959.

[54] Wang C F,Ling F,Jin J M.A fast full-wave analysis of scattering and radiation from large finite arrays of microstrip antennas[J]. IEEE Transactions on Antennas and Propagation,

1998,46(10): 1467 - 1474.

[55] Tu W H, Chang K. Compact microstrip low-pass filter with sharp rejection[J]. IEEE Microwave & Wireless Components Letters, 2005, 15(6): 404 - 406.

第 6 章　基于低秩压缩分解的预条件技术和快速直接解法

本章将介绍几种基于低秩分解的预条件技术和快速直接解法，即多层压 LOGOS 方法[1-9]、MLCBD 算法[10-17]及 $\mathcal{H}$-矩阵直接解法[18-24]，这些方法不仅具有与核无关的纯代数特性，还能够有效降低传统积分方程直接解法的计算复杂度和内存消耗。

6.1　局部全局求解模式方法

局部全局求解模式（local-global solution modes，LOGOS）方法是一种基于 MLSSM[25,26]的直接解法，是由 Rob Adams 提出用于快速分析电磁散射问题[1-9]的。LOGOS 方法主要是利用块对角矩阵将阻抗矩阵表示成几个稀疏矩阵相乘的形式。根据这样的稀疏矩阵相乘的形式结合 QR 分解算法可以快速地得到阻抗矩阵的逆。

6.1.1　LOGOS 方法原理

下面详细介绍一下 LOGOS 方法的原理，它主要是利用一组块对角模矩阵将阻抗矩阵表示成如下形式[9]：

$$
\begin{aligned}
\boldsymbol{Z} &= \boldsymbol{Z}(\boldsymbol{\Lambda}_2\cdots\boldsymbol{\Lambda}_l)(\boldsymbol{\Lambda}_l^{-1}\cdots\boldsymbol{\Lambda}_2^{-1}) \\
&\approx \widetilde{\boldsymbol{Z}}(\boldsymbol{\Lambda}_l^{-1}\cdots\boldsymbol{\Lambda}_2^{-1})
\end{aligned} \tag{6.1.1}
$$

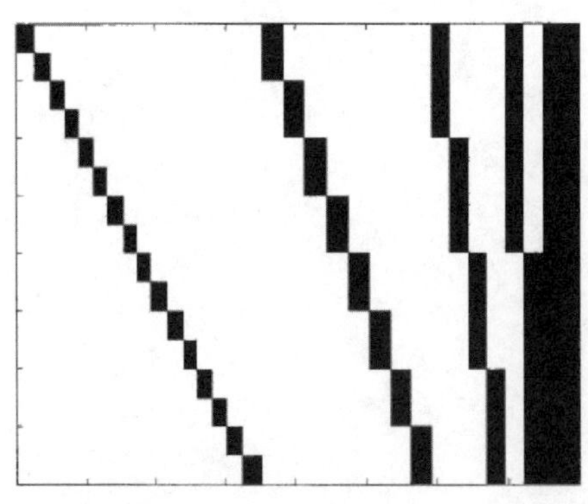

图 6.1.1　矩阵$\widetilde{\boldsymbol{Z}}$示意图（黑色表示非零元素）

其中，$\boldsymbol{\Lambda}_i$ 是一个块对角模矩阵，$\boldsymbol{\Lambda}_i=[\boldsymbol{\Lambda}_i^{\mathrm{L}},\boldsymbol{\Lambda}_i^{\mathrm{NL}}]$（$\boldsymbol{\Lambda}_i^{\mathrm{L}}$ 为局部化模，$\boldsymbol{\Lambda}_i^{\mathrm{NL}}$ 为非局部化模）；$\widetilde{\boldsymbol{Z}}$是局部化模对阻抗矩阵稀疏化后的近似矩阵（$\widetilde{\boldsymbol{Z}}=\boldsymbol{Z}(\boldsymbol{\Lambda}_2^{\mathrm{L}}\cdots\boldsymbol{\Lambda}_l^{\mathrm{L}})$），它的形式如图 6.1.1 所示，从图中可以看出，$\widetilde{\boldsymbol{Z}}$是一个非常稀疏的矩阵[9]。

根据式(6.1.1)，阻抗矩阵的逆可以表示[9]为

$$
\boldsymbol{Z}^{-1}\approx(\boldsymbol{\Lambda}_2\cdots\boldsymbol{\Lambda}_L)\widetilde{\boldsymbol{Z}}^{-1}=(\boldsymbol{\Lambda}_2\cdots\boldsymbol{\Lambda}_L)\boldsymbol{Q}^{\mathrm{H}}\boldsymbol{R}^{-1} \tag{6.1.2}
$$

其中，矩阵$\tilde{\boldsymbol{Z}}$的逆利用 QR 分解来得到。通过上面的操作可以快速得到阻抗矩阵的逆，要比直接对阻抗矩阵求逆更加高效。为了完整呈现算法的详细内容，下面介绍块对角模矩阵 $\boldsymbol{\Lambda}$ 的形成过程。假设几何散射体一共分为两个组。定义 $\boldsymbol{Z}_{11}$为组 1 的电流源在自身组中产生的场信息，$\boldsymbol{Z}_{21}$表示组 1 的电流源在组 2 中产生的场信息。定义组 1 局部电流函数 $\boldsymbol{J}_m$ 满足方程

$$\begin{bmatrix}\boldsymbol{Z}_{11}\\ \boldsymbol{Z}_{21}\end{bmatrix}\boldsymbol{J}_m=\begin{bmatrix}\boldsymbol{E}_m^i\\ \boldsymbol{0}\end{bmatrix}\tag{6.1.3}$$

其中，位于区域 2 的观察点处的激励源 $\boldsymbol{E}_m^i$ 为零。式(6.1.3)强调两个条件：第一，$\boldsymbol{J}_m$ 满足局部边界条件 ($\boldsymbol{Z}_{11}\boldsymbol{J}_m=\boldsymbol{E}_m^i$)；第二，满足全局边界条件是通过从组 1 到组 2 的辐射场为 0($\boldsymbol{Z}_{21}\boldsymbol{J}_m=\boldsymbol{0}$)。式(6.1.3)为实现无辐射的条件。首先，对式(6.1.3)左边矩阵进行 SVD，得

$$\begin{bmatrix}\boldsymbol{Z}_{11}\\ \boldsymbol{Z}_{21}\end{bmatrix}=\mathbf{USV}^{\mathrm{H}}\tag{6.1.4}$$

其中，

$$\boldsymbol{U}=\begin{bmatrix}\boldsymbol{U}_1\\ \boldsymbol{U}_2\end{bmatrix}\tag{6.1.5}$$

利用 SVD 对 $\boldsymbol{U}_1$矩阵进行分解，可以得

$$\boldsymbol{U}_1=suv^{\mathrm{H}}\tag{6.1.6}$$

对式(6.1.6)进行截断，可以得到局部化模矩阵 $\boldsymbol{\Lambda}_i^{\mathrm{L}}$ 为

$$\boldsymbol{\Lambda}_i^{\mathrm{L}}=\boldsymbol{VS}^{-1}\nu_{\mathrm{L}}\tag{6.1.7}$$

其中，ν_{L} 为式(6.1.6)中奇异值大于 ε 所对应的 ν 矩阵值。剩余的 ν 矩阵值用来产生非局部化模矩阵 $\boldsymbol{\Lambda}_i^{\mathrm{NL}}$

$$\boldsymbol{\Lambda}_i^{\mathrm{NL}}=\boldsymbol{VS}^{-1}\nu_{\mathrm{NL}}\tag{6.1.8}$$

其中，ν_{NL}为剩余的 ν 矩阵值。由于模矩阵 $\boldsymbol{\Lambda}_i=[\boldsymbol{\Lambda}_i^{\mathrm{L}},\ \boldsymbol{\Lambda}_i^{\mathrm{NL}}]$，根据式(6.1.7)与式(6.1.8)可以得到组 1 的模矩阵 $\boldsymbol{\Lambda}_i$。进行上面同样操作可以得到组 2 所对应的模矩阵，这样就能形成整个的模矩阵 $\boldsymbol{\Lambda}$。

6.1.2　远场矩阵填充过程

在分析电大尺寸问题时，利用 MLSSM 来加速 LOGOS 方法的矩阵填充，将阻抗矩阵表示成如下嵌套形式[25,26]：

$$\boldsymbol{Z}_l = \widetilde{\boldsymbol{Z}}_l + \boldsymbol{U}_l \boldsymbol{Z}_{l-1} \boldsymbol{V}_l^{\mathrm{H}} \tag{6.1.9}$$

其中，$\boldsymbol{Z}_l$ 是由 $l+1$ 层远场相互作用矩阵降维后构成的阻抗矩阵，它一直作用到第 2 层树形结构；$\widetilde{\boldsymbol{Z}}_l$ 是指第 l 层的近作用稀疏矩阵；$\boldsymbol{U}_l$ 和 $\boldsymbol{V}_l$ 分别是行变换矩阵与列变换矩阵。在第 l 层，它们都是压缩远场矩阵得到的对角标准正交化矩阵。

6.1.3 数值算例与讨论

下面分析如图 6.1.2 所示的自由空间金属圆台结构示意图，圆台高 $h=2$ m，圆台上半径 $r=0.5$ m，下半径 $R=1$ m，平面波入射频率为 500 MHz，入射角度 $\theta_{\mathrm{inc}}=0°$、$\varphi_{\mathrm{inc}}=0°$。双站 RCS(VV 极化)观察角度 $\varphi_{\mathrm{scat}}=0°$，$\theta_{\mathrm{scat}}$ 由 0°～180°变化，未知量数目为 9 624。分别采用 LOGOS 方法和 MoM 求解。双站 RCS 曲线如图 6.1.3 所示，可以看到，LOGOS 方法和 MoM 的计算结果吻合得很好。

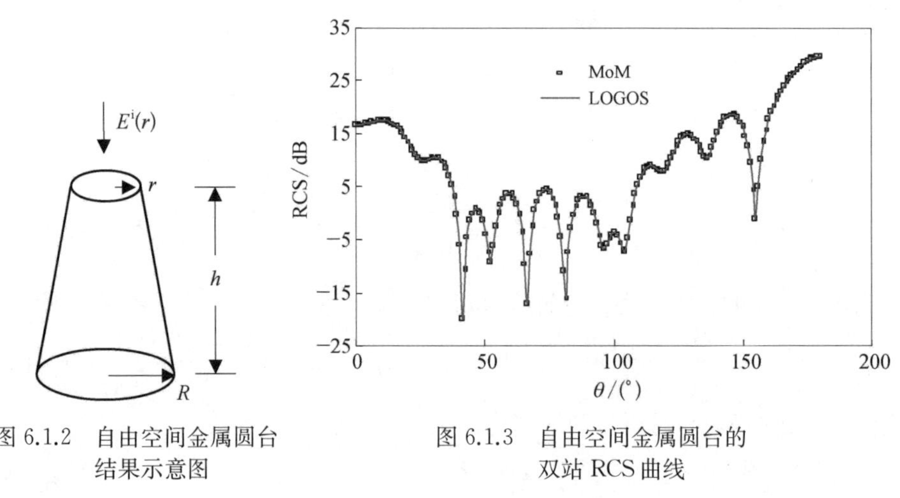

图 6.1.2 自由空间金属圆台结果示意图

图 6.1.3 自由空间金属圆台的双站 RCS 曲线

6.2 多层压缩块分解算法基本原理

压缩块分解(compressed block decomposition，CBD)算法主要利用低秩分解的思想来快速求矩阵的逆[10-17]。它主要是利用几何结构分开的两个组间相互作用时形成的矩阵自由度随着两个组的距离平方缩小[10-17]。所以，可以将整个问题的几何结构再细分成一些无重叠的子域，所有不同子域间的相互作用矩阵可以用一个低秩表达式来代替[27,28]。在多层压缩块分解(multilevel compressed block decomposition，MLCBD)算法[10-17]中，矩阵首先利用低秩分解，然后保存分解后的子矩阵来构造一种快速直接解法。

在 MLCBD 算法中，如图 6.2.1 所示，利用二叉树对目标几何分组。问题的几

何结构被细分成 M 个子域，生成 M^2 个子块，除了自作用的对角矩阵块，其他的远部分使用低秩分解[27-29]。

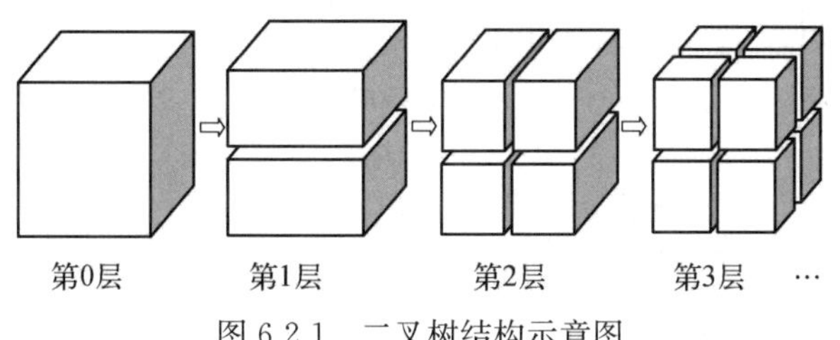

图 6.2.1　二叉树结构示意图

6.2.1　矩阵填充过程

在执行 MLCBD 算法求逆过程之前，阻抗矩阵要利用快速低秩方法，如矩阵分解-奇异值分解(matrix decomposition algorithm — singular value decomposition，MDA-SVD)算法[30]进行填充。对于阻抗矩阵近场互作用矩阵 MLCBD 算法利用 SVD(T)方法来快速填充[10]。

1. 远场填充过程

非邻近两个非空组形成的矩阵具有秩亏特性，可以用快速低秩压缩分解方法进行压缩，加快远场矩阵填充。本节利用 MDA(或 ACA 算法)。MDA 主要是利用等效原理将低秩矩阵分解为

$$\boldsymbol{Z}_{ijm_1m_2}=\widetilde{\boldsymbol{U}}_{ijm_1r}\boldsymbol{\omega}_{ijrr}^{-1}\widetilde{\boldsymbol{V}}_{ijm_2r}^{\mathrm{T}} \tag{6.2.1}$$

其中，m_1 和 m_2 表示两个组的基函数个数；r 表示等效源的数目。由于$\widetilde{\boldsymbol{U}}_{ijm_1r}$与$\widetilde{\boldsymbol{V}}_{ijm_2r}^{\mathrm{T}}$不一定标准正交，存在冗余信息，可以利用 SVD 再压缩技术对式(6.2.1)进行再压缩，得

$$\boldsymbol{Z}_{ijm_1m_2}=\boldsymbol{U}_{ijm_1r}\boldsymbol{\omega}_{ijrr}^{-1}\boldsymbol{V}_{ijm_2r}^{\mathrm{T}} \tag{6.2.2}$$

2. 近场填充过程

在 MLCBD 算法中，近场互作用也要分解成维数比较小的矩阵相乘的形式。由于近场互作用的稀疏程度要比远场的要小，在 MLCBD 算法中利用新的压缩方法(SVD(T)方法)[10]来填充近场互作用。它主要思想是，将矩阵先进行分块，即第一个子块列大小为矩阵的 5%，如果压缩效果明显，第二个子块就取第一个子块的两倍，以此类推直到将整个矩阵进行压缩。这样操作要比直接对整个矩阵进行 SVD 效率高。利用截断的 SVD 对每个子块分别进行压缩，然后将每个子块得到的稀疏形

式组合就可以得到矩阵稀疏形式，具体的过程如图 6.2.2 和图 6.2.3 所示。

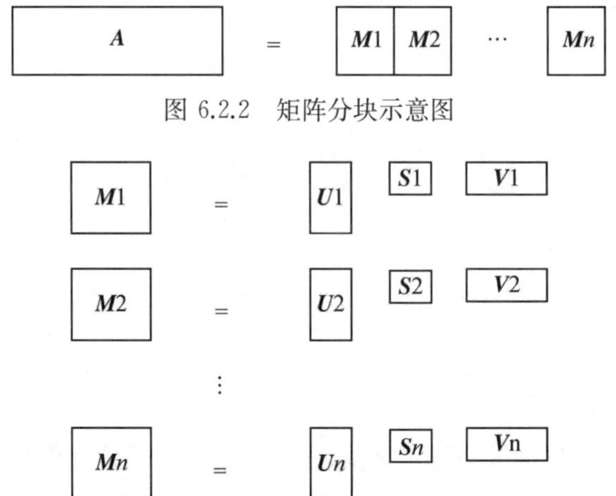

图 6.2.2　矩阵分块示意图

图 6.2.3　分块矩阵 SVD 示意图

其中，**A** 表示近场子矩阵，维持允许的误差 ε，利用截断的 SVD 对每个子块进行分解，最终可以得到图 6.2.4 所示的矩阵 **A** 的稀疏形式。

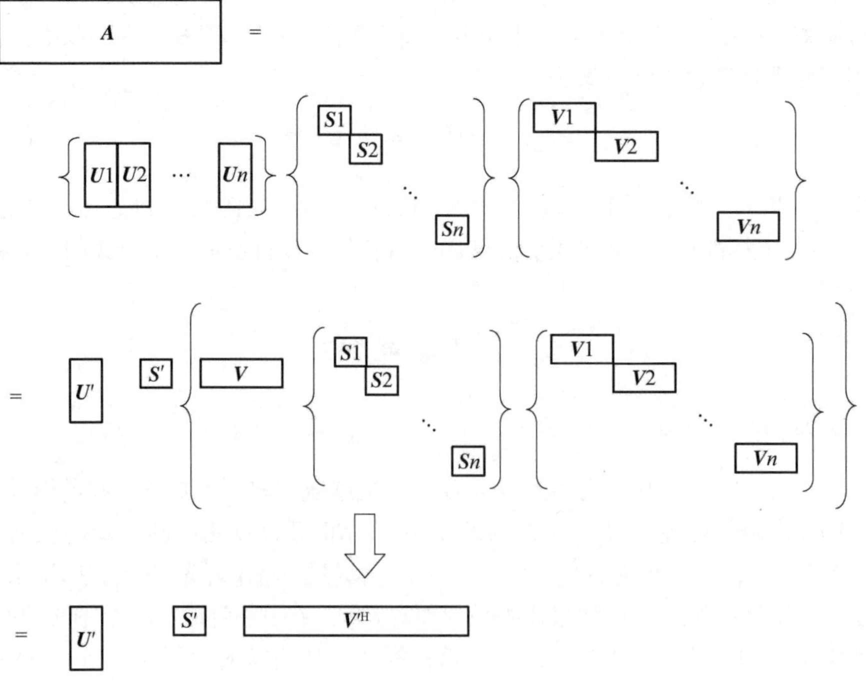

图 6.2.4　矩阵分块 SVD 流程图

6.2.2　多层压缩块分解算法流程

下面详细地介绍 MLCBD 算法流程，核心是嵌套执行矩阵分块求逆公式[10]。首先将目标细分成 M 个子域，这样将阻抗矩阵分成 M^2 个子块，如图 6.2.5 所示。其中，$\boldsymbol{A}_{ij}$ 与 $\boldsymbol{B}_{ij}$ 表示第 i 个观察组与第 j 个源组的作用矩阵；$\boldsymbol{C}_{ii}$ 表示第 i 个自作用的子块矩阵。由于 CBD 算法的循环要求，矩阵 $\boldsymbol{A}$ 和 $\boldsymbol{B}$ 要表示为低秩矩阵相乘的形式，其中远场利用 MDA-SVD 算法进行快速填充，近场互作用利用 SVD(T)分解方式[10]。稀疏填充阻抗矩阵后，可以进行 CBD，具体的操作流程如算法 6.2.1 所示。这里 M 代表的是非空组的个数。

$\boldsymbol{\gamma}_0$	$\boldsymbol{\beta}_{11}$	$\boldsymbol{\beta}_{21}$	$\boldsymbol{\beta}_{31}$	
$\boldsymbol{\alpha}_{11}$	$\boldsymbol{\gamma}_1$	$\boldsymbol{\beta}_{22}$	$\boldsymbol{\beta}_{32}$	
$\boldsymbol{\alpha}_{21}$	$\boldsymbol{\alpha}_{22}$	$\boldsymbol{\gamma}_2$	$\boldsymbol{\beta}_{33}$	
$\boldsymbol{\alpha}_{31}$	$\boldsymbol{\alpha}_{32}$	$\boldsymbol{\alpha}_{33}$	$\boldsymbol{\gamma}_3$	
				…

图 6.2.5　阻抗矩阵分块形式

算法 6.2.1　CBD 算法流程

(1) $\gamma_0 = \boldsymbol{C}_0^{-1}$

(2) for $i=1$ to $M-1$ do

(3) for $j=1$ to i do

(4) $\boldsymbol{P}_{jj} = \gamma_{j-1}\left(\boldsymbol{B}_{ij} - \sum_{k=1}^{j-1} \boldsymbol{\alpha}_{j-1,k}\boldsymbol{B}_{i,k}\right)$

(5) $\boldsymbol{Q}_{jj} = \left(\boldsymbol{A}_{ij} - \sum_{k=1}^{j-1} \boldsymbol{A}_{i,k}\boldsymbol{\beta}_{j-1,k}\right)\boldsymbol{\gamma}_{j-1}$

(6) reorthonormalize $\boldsymbol{P}_{jj}$ and $\boldsymbol{Q}_{jj}$

(7) for $k=1$ to $j-1$ do

(8) $\boldsymbol{P}_{jk} = \boldsymbol{P}_{j-1,k} - \boldsymbol{\beta}_{j-1,k}\boldsymbol{P}_{jj}$

(9) $\boldsymbol{Q}_{jk} = \boldsymbol{Q}_{j-1,k} - \boldsymbol{Q}_{jj}\boldsymbol{\alpha}_{j-1,k}$

(10) reorthonormalize $\boldsymbol{P}_{jk}$ and $\boldsymbol{Q}_{jk}$

(11) end(k)

(12) end(j)

(13) for $k=1$ to i do; $\boldsymbol{\beta}_{ik} = \boldsymbol{P}_{ik}$; $\boldsymbol{\alpha}_{ik} = \boldsymbol{Q}_{ik}$; End(k)

(14) $\boldsymbol{\gamma}_i = \left(\boldsymbol{C}_i - \sum_{j=1}^{i} \boldsymbol{A}_{ij}\boldsymbol{\beta}_{ij}\right)^{-1}$

(15) end(i)

第(6)步与第(10)步表示将矩阵重新正交化，详细过程将在后面给出。$\boldsymbol{\alpha}$、$\boldsymbol{\beta}$ 与 $\boldsymbol{\gamma}$ 表示逆矩阵中的子块，如图 6.2.6 所示，阻抗矩阵的逆矩阵通过 CBD 算法流程可以表示为分块矩阵形式。

$\boldsymbol{\gamma}_0$	$\boldsymbol{\beta}_{11}$	$\boldsymbol{\beta}_{21}$	$\boldsymbol{\beta}_{31}$	
$\boldsymbol{\alpha}_{11}$	$\boldsymbol{\gamma}_1$	$\boldsymbol{\beta}_{22}$	$\boldsymbol{\beta}_{32}$	
$\boldsymbol{\alpha}_{21}$	$\boldsymbol{\alpha}_{22}$	$\boldsymbol{\gamma}_2$	$\boldsymbol{\beta}_{33}$	
$\boldsymbol{\alpha}_{31}$	$\boldsymbol{\alpha}_{32}$	$\boldsymbol{\alpha}_{33}$	$\boldsymbol{\gamma}_3$	
				…

图 6.2.6　逆矩阵分块形式

子矩阵 $\boldsymbol{\alpha}$ 与 $\boldsymbol{\beta}$ 利用稀疏形式存储，这样减少逆矩阵内存消耗。当得到逆矩阵的分块形式，结合右边向量 $\boldsymbol{b}$ 来得到目标表面电流系数 $\boldsymbol{X}$。在这里向量

矩阵 $\boldsymbol{X}$ 和 $\boldsymbol{b}$ 根据非空组的个数分成很多子块。求解过程如算法 6.2.2 所示。

算法 6.2.2　CBD 算法求解电流系数过程

1) for $i=0$ to $M-1$ do

2) $\boldsymbol{x}_i=\boldsymbol{\gamma}_i(\boldsymbol{b}_i-\sum_{j=1}^{i}\boldsymbol{\alpha}_{ij}\boldsymbol{b}_{j-1})$

3) for $j=1$ to i do

4) $\boldsymbol{x}_{j-1}=\boldsymbol{x}_{j-1}-\boldsymbol{\beta}_{ij}\boldsymbol{x}_i$

5) end(j)

6) end(i)

当问题的未知量数目变大时,CBD 算法流程中 $\boldsymbol{\gamma}$ 矩阵的求解效率变低。这样就需要高效的解决办法。为此,将自作用矩阵进行多层化来缓解这样的问题(图 6.2.7),这样就构成 MLCBD 算法。层与层之间进行递归嵌套来得到整个矩阵的逆[10,11]。

MLCBD 算法计算效率与非空组的个数 M 有关,M 的最佳取值为 $\sqrt{N}$,N 为未知量数目。对于多层的情况,M 的最佳取值为 $N^{1/3}$。

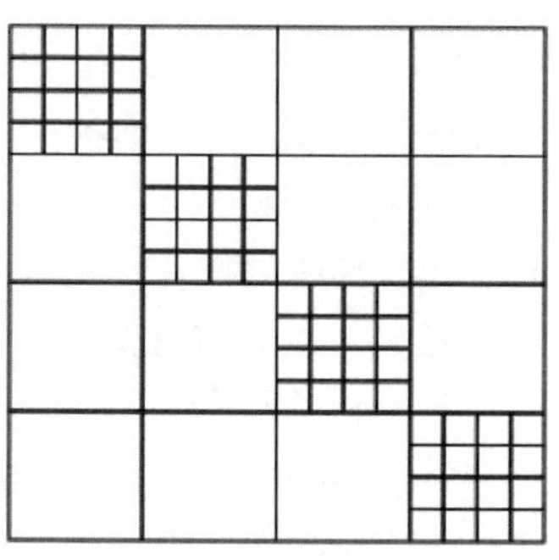

图 6.2.7　多层 CBD 分层示意图

6.2.3　矩阵的基本运算

在 MLCBD 算法中,经常用到矩阵的乘法与加法。但是原来两个矩阵都是利用稀疏的标准正交形式表示,需要使用不破坏原来矩阵标准正交性的乘法和加法。图 6.2.8 给出不破坏原来矩阵标准正交性的乘法与加法过程[10]。

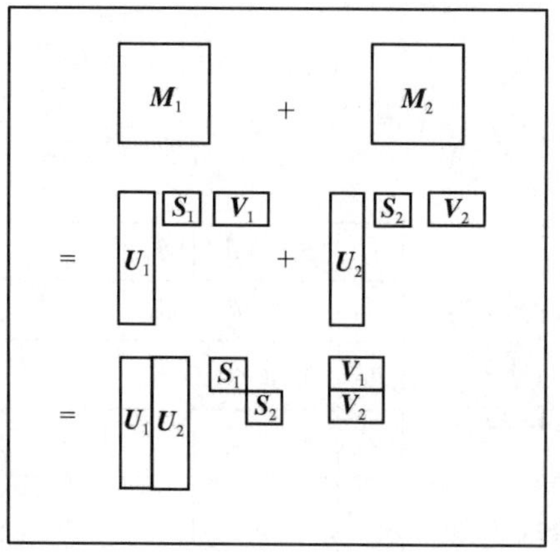

(a) 矩阵相加过程

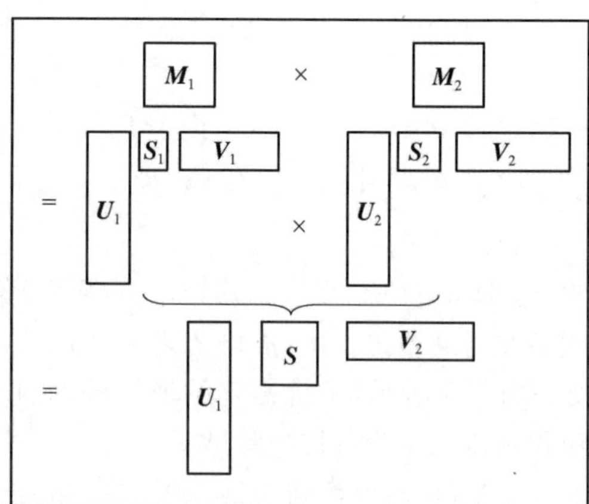

(b) 矩阵相乘过程

图 6.2.8　CBD 算法中的运算规则

6.2.4　重新正交化过程

对于图 6.2.8(a)中两个矩阵相加后得到的 $\boldsymbol{U}$ 和 $\boldsymbol{V}$ 矩阵，不一定是正交矩阵。存在冗余信息，这样会使 MLCBD 算法求逆过程变得比较缓慢。如算法 6.2.3 所示，对于这样的 $\boldsymbol{U}$ 和 $\boldsymbol{V}$ 子矩阵可以在 MLCBD 算法求逆过程中进行重新正交化[18]。

算法 6.2.3　重新正交化过程。

(1) $(\boldsymbol{Q}_1, \boldsymbol{R}_1) = \mathrm{QR}(\widetilde{\boldsymbol{U}})$；$(\boldsymbol{Q}_2, \boldsymbol{R}_2) = \mathrm{QR}(\widetilde{\boldsymbol{V}})$

(2) $(\boldsymbol{U}_1, \boldsymbol{S}, \boldsymbol{V}_1) = \mathrm{SVD}(\boldsymbol{R}_1 \widetilde{\boldsymbol{S}} \boldsymbol{R}_2^{\mathrm{T}})$

(3) $\boldsymbol{U} = \boldsymbol{Q}_1 \boldsymbol{U}_1$；$\boldsymbol{V} = \boldsymbol{V}_1^{\mathrm{T}} \boldsymbol{Q}_2^{\mathrm{T}}$

6.3　积分方程中基于压缩块分解算法的预条件

电场积分方程并不受目标的形状限制，其应用十分广泛。但是它所产生的阻抗矩阵性态差，迭代收敛异常缓慢。这主要是因为矩阵的条件数太大，导致迭代步数不可预测[31]，迫切需要好的解决方法如好的求解器或者预条件。本节提出利用一种高效预条件方法来改善矩阵的性态，同时利用 MLFMA 来加速矩阵矢量乘的运算速度。它主要是利用 CBD 算法对近场矩阵求逆来得到预条件矩阵[32,33]。

6.3.1　压缩块分解算法构造多层快速多极子的近场预条件

对矩阵方程进行预条件，其实质就是使得预条件后的矩阵方程具有良好的性态，即其特征谱是聚集的，从而有利于迭代算法的求解[34-36]。它可以将电场积分方程写为

$$\boldsymbol{MZI} = \boldsymbol{MV} \tag{6.3.1}$$

其中，$\boldsymbol{M}$ 是预条件矩阵，它与阻抗矩阵 $\boldsymbol{Z}$ 相乘的矩阵 $\boldsymbol{MZ}$ 要比阻抗矩阵性态好，可以减少方程的迭代步数。这里预条件矩阵 $\boldsymbol{M}$ 是通过 CBD 算法对近场矩阵进行求逆得到的。近场的互作用矩阵用 SVD(T)分解进行快速压缩，然后利用 CBD 算法可以得到预条件矩阵。在算法 6.2.1 中，CBD 算法流程中第(14)步的求解时间有点长，利用一种近似的方式对第(14)步进行改进[32]，如式(6.3.2)所示：

$$\boldsymbol{K} = \boldsymbol{C}_i - \sum\nolimits_{j=1}^{i} \boldsymbol{A}_{ij} \boldsymbol{\beta}_{ij} \approx \boldsymbol{C}_i + \boldsymbol{UV} \tag{6.3.2}$$

其中，$\boldsymbol{U}$ 和 $\boldsymbol{V}$ 对应的是矩阵 $\sum\nolimits_{i=1}^{i} \boldsymbol{A}_{ij} \boldsymbol{\beta}_{ij}$ 最大特征值所对应的行向量矩阵与列向量矩阵。本节方法直接提取第一个 $\boldsymbol{A\beta}$ 最大特征值所对应的 $\boldsymbol{U}$ 和 $\boldsymbol{V}$。这是因为本节是利用 CBD 算法做近场预条件，所以不需要太高的精度，这样可以大大节省计算时间。当非空组的个数比较大时，将第(14)步进一步近似写成

$$\boldsymbol{K} \approx \boldsymbol{C}_i \tag{6.3.3}$$

这种近似方式可以应用在第(4)步和第(5)步中来减少预条件矩阵的构造时间。利用该预条件可以加快 MLFMA 分析电磁散射问题的速度。

6.3.2 数值算例分析与讨论

首先通过计算目标的双站 RCS 来验证此方法的正确性。第一个结构是金属矩形腔模型,底边边长及高分别为 1.5 m 和 3 m,入射波频率为 300 MHz,未知量数目为 5 988。第二个结构为 ogive 模型,长和半径分别为 17 m 与 3 m,频率为 100 MHz,采用平面三角形离散出 8 613 个未知量。最后一个结构是 VIAS 模型,求解频率为 200 MHz,该结构长宽高比为 6 : 5 : 0.5,电尺寸为 4λ,未知量数目为 10 836。平面波入射角度为 $\theta_\mathrm{i}=0°$, $\varphi_\mathrm{i}=0°$,散射角度为 $\varphi_\mathrm{s}=0°$, $\theta_\mathrm{s}=0° \sim 180°$。CBD 算法预条件的截断精度为 10^{-2}。其归一化的双站 RCS 的计算结果曲线如图 6.3.1～图 6.3.3 所示,可以发现此方法与 MLFMA 计算吻合很好。

然后测试本节 CBD 算法构造的预条件与不完全 ILUT(incomplete LU with threshold)[37]和稀疏近似逆(sparse approximate inverse,SAI)[38]的收敛特性,图 6.3.4～图 6.3.6 给出该预条件下分析上面三个结构的迭代收敛比较曲线,图中"Unpreconditioned"表示没有预条件的情况。从这三个图中可以发现,本节 CBD 算法构造的预条件很好地改善了矩阵的性态,相较 ILUT 和 SAI 收敛快。表 6.3.1～表 6.3.3 给出预条件的计算时间,同时与没有预条件、ILUT 及 SAI 预条件进行比较,可以看出,本节 CBD 算法构造的预条件要比没有预条件的情况快好多,节省大量的计算时间,同时该预条件的计算时间也比 ILUT 及 SAI 预条件的具有显著的优势。

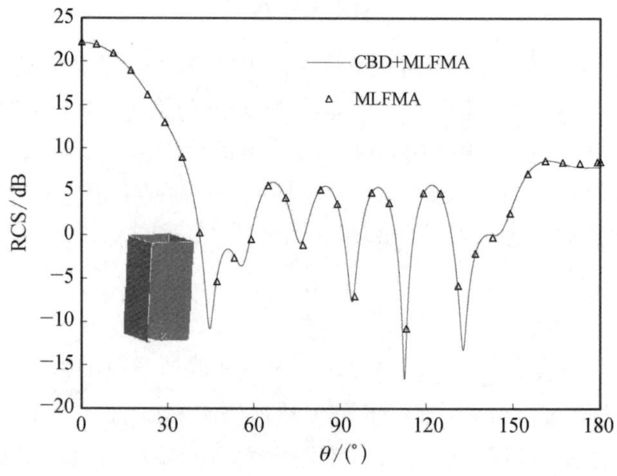

图 6.3.1　金属矩形腔模型的双站 RCS 与 MLFMA 的对比曲线图

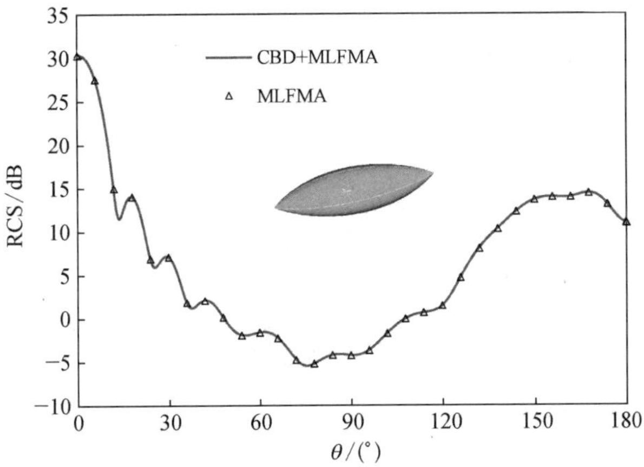

图 6.3.2　ogive 模型的双站 RCS 与 MLFMA 的对比曲线图

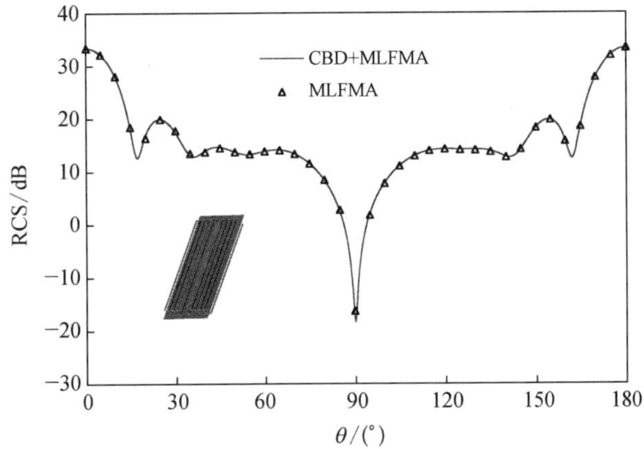

图 6.3.3　VIAS 模型的双站 RCS 与 MLFMA 的对比曲线图

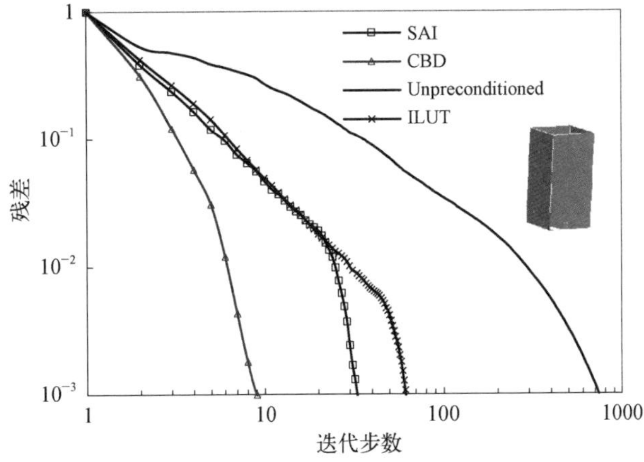

图 6.3.4　金属矩形腔模型的迭代收敛比较曲线

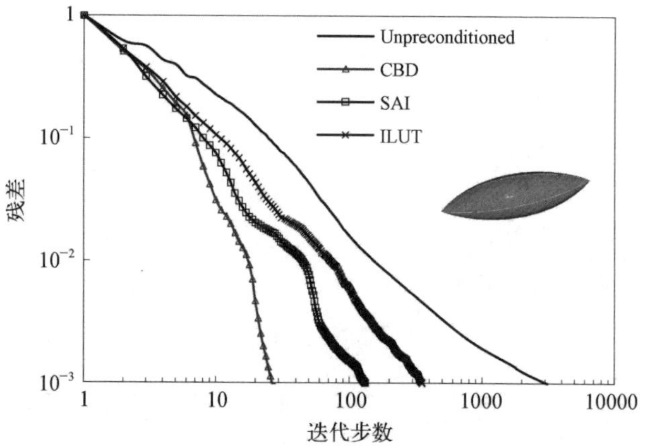

图 6.3.5　ogive 模型的迭代收敛比较曲线

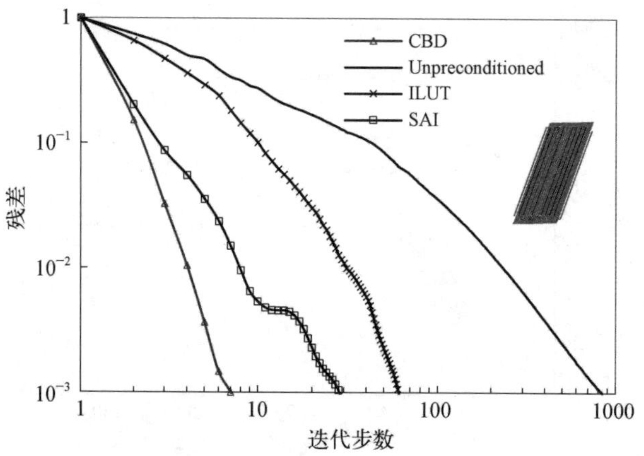

图 6.3.6　VIAS 模型的迭代收敛比较曲线

表 6.3.1　对于金属矩形腔模型，采用不同预条件所需时间比较

预条件方法	构造时间/s	求解时间/s	总时间/s
不加预条件	—	249	249
ILUT	290	20	310
SAI	126	12	128
CBD	74	3	77

表 6.3.2　对于 ogive 模型，采用不同预条件所需时间比较

预条件方法	构造时间/s	求解时间/s	总时间/s
不加预条件	—	2 612	2 612
ILUT	533	227	760

(续表)

预条件方法	构造时间/s	求解时间/s	总时间/s
SAI	213	50	263
CBD	190	28	218

表 6.3.3　对于 VIAS 模型,采用不同预条件所需时间比较

预条件方法	构造时间/s	求解时间/s	总时间/s
不加预条件	—	720	720
ILUT	1 411	52	1 463
SAI	378	27	405
CBD	212	10	222

6.4　快速多极子结合多层压缩块分解算法

在传统的 MLCBD 算法[10]中,远场矩阵利用 MDA－SVD 算法进行加速填充,从而减少矩阵填充的内存,但是 MDA－SVD 算法压缩远场矩阵的时间比较长。因此,可以利用 MLFMA 的远场矩阵填充时间短的优势来降低 MLCBD 算法的远场矩阵填充时间,同时减少内存消耗[39]。这主要是因为 MLFMA 算法在层与层之间信息共用,同时 MLFMA 也利用角谱空间对称性,而 MDA－SVD 算法在层与层之间没有信息共用,也没有用到对称性。这导致 MDA－SVD 算法填充远场矩阵的时间要比 MLFMA 长,同时内存也比 MLFMA 要大。

6.4.1　MLFMA 加速填充 MLCBD 算法原理

将 MLCBD 算法中远场组的相互作用形成的矩阵用 MLFMA 的聚合因子、转移因子及配置因子的乘积矩阵来替换,就可以得到改进后高效的 MLCBD 算法。下面分别介绍单层与多层改进后的 CBD 算法构造过程[39]。

首先介绍单层的情况,图 6.4.1 中画黑方框部分表示远场组中第 1 个组和第 4 个组相互作用形成的矩阵。两个组之间的作用矩阵可以用 MDA－SVD 算法填充为

$$\boldsymbol{Z}_{14m_1m_2}^{1}=\boldsymbol{U}_{14m_1r}^{1}\boldsymbol{S}_{14rr}^{1^{-1}}\boldsymbol{V}_{14rm_2}^{1} \tag{6.4.1}$$

其中,$\boldsymbol{Z}_{14m_1m_2}^{1}$ 是远场阻抗矩阵的子矩阵;m_1 和 m_2 是 $\boldsymbol{Z}_{14m_1m_2}^{1}$ 的维数;r 代表等效 RWG 基函数的个数,并且远小于矩阵的维数。将所有的远场阻抗矩阵填充好,可以得到远场阻抗矩阵表示形式为

$$\boldsymbol{Z}_{\mathrm{F}}=\sum_{l=1}^{L}\sum_{i=1}^{M(l)}\sum_{j=1}^{\mathrm{Far}[l(i)]}\boldsymbol{U}_{ij}^{l}\boldsymbol{S}_{ij}^{l}\boldsymbol{V}_{ij}^{l} \tag{6.4.2}$$

其中，L 代表层数；$M(l)$表示第 l 层的非空组数目。在第 l 层，$\mathrm{Far}[l(i)]$代表和观察组 $l(i)$相互作用的第 i 个非空组的远场组数目；$\boldsymbol{U}_{ij}^{l}\boldsymbol{S}_{ij}^{l}\boldsymbol{V}_{ij}^{l}$的乘积表示观察组 $l(i)$和源组 $l(j)$之间的相互作用。对于一个给定的观察组 $l(i)$，需要存储与不同的源组 $l(j)$相互作用后形成的矩阵 $\boldsymbol{V}_{ij}^{l}$，这样就增加了内存需求，并且对于每个观察组，存在很多与其相互作用的源组。式(6.4.1)中的子矩阵是通过 MDA－SVD 算法压缩的，且填充时间比较长，尤其当物体分层超过一层时，MLCBD 算法的矩阵填充时间会更长。因此，为了改进传统 MLCBD 算法的远场矩阵填充时间，运用 MLFMA 来填充远场矩阵。图 6.4.1 中所示的矩阵可以用 FMM 表示为

$$\boldsymbol{Z}_{14}^{l}=\boldsymbol{R}_{mp}^{l}\boldsymbol{\alpha}_{pq}^{l}\boldsymbol{F}_{qn}^{l},\ m\in l(1),\ n\in 1(4) \tag{6.4.3}$$

其中，$\boldsymbol{F}_{qn}^{l}$和 $\boldsymbol{R}_{mp}^{l}$分别表示第 l 层的聚合因子及配置因子；$\boldsymbol{\alpha}_{pq}^{l}$表示第 l 层的转移因子。

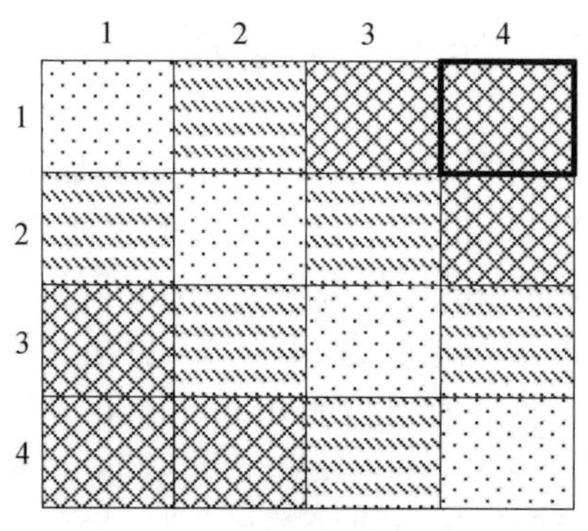

图 6.4.1 单层 CBD 阻抗矩阵示意图，加黑框的远场矩阵为 $\boldsymbol{Z}_{14}^{1}$

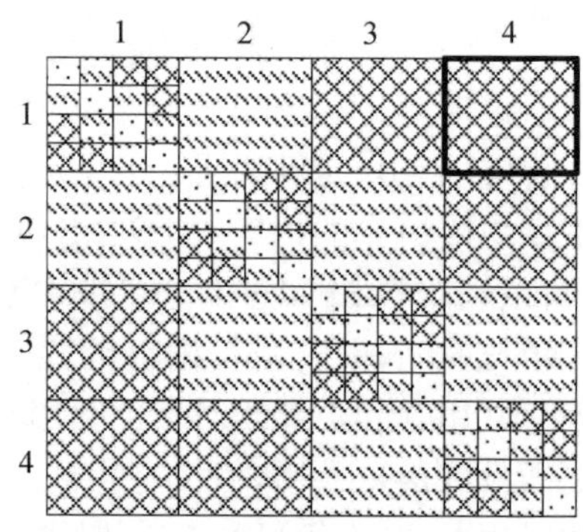

图 6.4.2 两层 CBD 阻抗矩阵示意图，加黑框的远场矩阵为 $\boldsymbol{Z}_{14}^{1}$

对于多层的情况(如图 6.4.2 所示，以两层为例)，$\boldsymbol{Z}_{14}^{1}$用 MLFMA 表示为

$$\boldsymbol{Z}_{14}^{1}=\boldsymbol{R}_{mp}^{2}\boldsymbol{P}_{2}^{1T}\boldsymbol{\alpha}_{pq}^{1}\boldsymbol{P}_{2}^{1}\boldsymbol{F}_{qn}^{2},\ m\in 1(1),\ n\in 1(4) \tag{6.4.4}$$

其中，$\boldsymbol{P}_{2}^{1}$表示从第 2 层到第 1 层的远场插值算子。当用 MLFMA 进行改进远场 MLCBD 算法的子矩阵时，式(6.4.2)中的矩阵 $\boldsymbol{U}_{ij}^{l}$、$\boldsymbol{S}_{ij}^{l}$、$\boldsymbol{V}_{ij}^{l}$不需要再存储，只需要存储 MLFMA 的聚合因子、转移因子和配置因子。这种改进的算法中，只对远场矩阵进行操作，保持传统 MLCBD 算法的近场组相互作用矩阵还是用 SVD(T)压缩形式。

6.4.2 数值算例分析与讨论

首先分析一个平板上有五个圆柱的复合模型的散射特性。平板尺寸为 4 m×4 m，圆柱半径为 0.1 m，高为 2 m。五个圆柱的轴向方向均为 z 轴，平板在 xOy 平

面。频率为 300 MHz，对应的电尺寸为 4λ，离散得到未知量数目为 14 776。入射波角度为 ($\theta_i=0°$，$\varphi_i=0°$)，散射角度为($\theta_s=0°\sim180°$，$\varphi_s=0°$)。采用 MLFMA 填充 MLCBD 算法远场部分的算法计算波垂直入射的双站 RCS，计算结果与迭代解法的 MLFMA 比较，如图 6.4.3 所示，两条曲线吻合良好。表 6.4.1 给出采用 MDA 和 MLFMA 填充 MLCBD 算法远场矩阵，计算资源消耗对比，可以看出，改进后的 MLCBD 算法远场矩阵构造过程要比传统的 MLCBD 算法高效很多[39]。

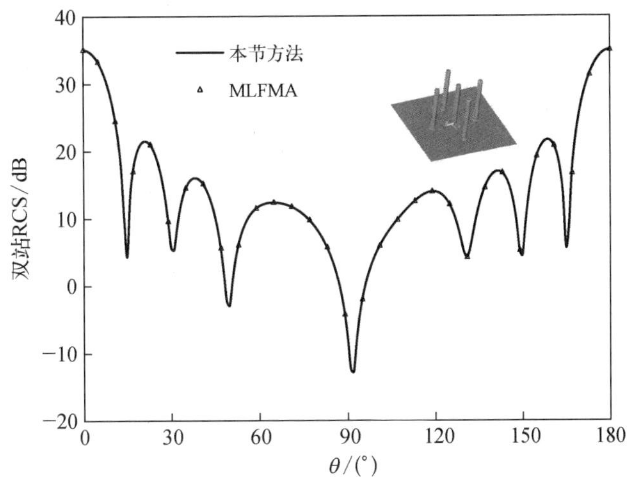

图 6.4.3　圆柱平板混合模型的双站 RCS 曲线

表 6.4.1　对于圆柱平板混合模型，分别采用 MDA 和 MLFMA 填充 MLCBD 算法远场矩阵计算资源消耗对比

算　法	远场矩阵构造时间		矩阵求逆	
	内存/MB	时间/s	内存/MB	时间/s
MDA+MLCBD	132	147	152	338
MLFMA+MLCBD	14	2	168	359

接着计算一个导弹模型：其 xyz 方向尺寸分别是 1.84 m×1.84 m×4.7 m，圆柱半径是 0.5 m，轴向沿着 z 轴方向。计算频率为 400 MHz，物体的电尺寸为 6.268λ，未知量数目为 20 106。入射波角度为 ($\theta_i=0°$，$\varphi_i=0°$)，即平面波沿导弹模型的轴向打入，散射角度为 ($\theta_s=0°\sim180°$，$\varphi_s=0°$)。图 6.4.4 给出 MLFMA 填充 MLCBD 算法远场矩阵和迭代解法 MLFMA 比较，两条曲线吻合良好。表6.4.2给出导弹模型分别采用 MDA 和 MLFMA 填充 MLCBD 算法远场矩阵计算资源消耗对比，可以看出，采用 MLFMA 填充 MLCBD 算法远场矩阵不仅降低了 MLCBD 算法远场矩阵构造的内存，同时减少了远场矩阵构造时间。

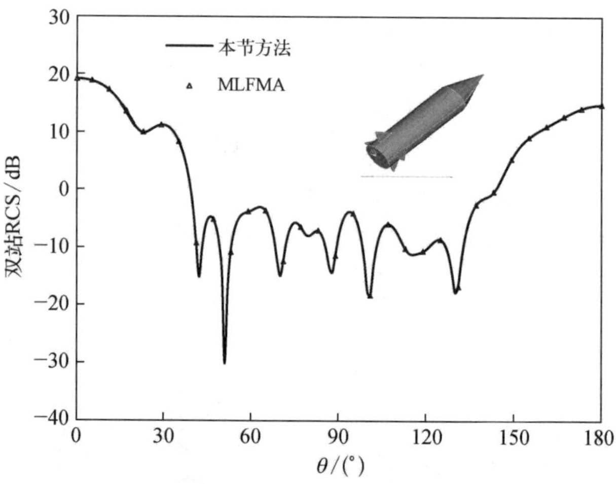

图 6.4.4 导弹模型的双站 RCS 曲线

表 6.4.2 对于导弹模型,分别采用 MDA 和 MLFMA 填充 MLCBD 算法远场矩阵计算资源消耗对比

算　法	远场矩阵构造时间		矩 阵 求 逆	
	内存/MB	时间/s	内存/MB	时间/s
MDA+MLCBD	152	168	172	401
MLFMA+MLCBD	30	5	182	459

最后分析开口圆柱腔的单站 RCS,圆柱腔的长及底边半径分别为 6.1 m 和 3.3 m,频率为 80 MHz,离散未知量数目为 10 666。图 6.4.5 给出该算法及 MLFMA 分析圆柱腔的单站 RCS 曲线,两者吻合得比较好。表 6.4.3 给出 MLFMA

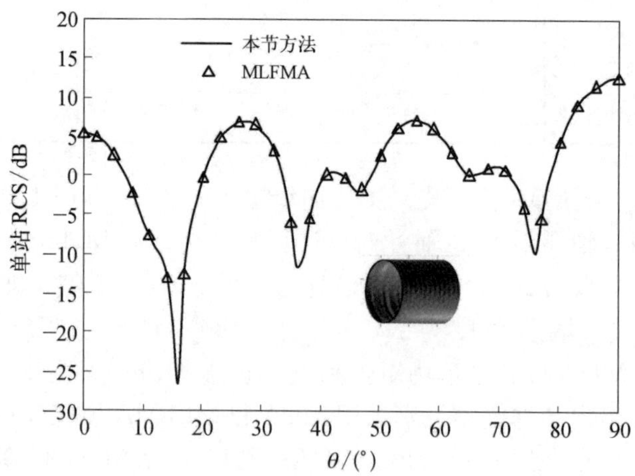

图 6.4.5 圆柱腔模型的单站 RCS 曲线

填充 MLCBD 算法远场矩阵与 MLFMA 迭代解法在分析圆柱腔时的内存及计算时间比较情况，从表中可以看出，MLFMA 加速 MLCBD 算法的直接解法在分析多角度问题时要比 MLFMA 快很多[39]。

表 6.4.3　对于圆柱腔模型，MLFMA 填充 MLCBD 算法远场矩阵直接解法与和 MLFMA 迭代解法所需的计算时间与内存比较

算　法	总内存/MB	总求解时间/s
MLFMA	195	4 622
MLFMA+MLCBD	243	318

6.5　$\mathcal{H}$-矩阵直接解法基本原理

如本节 2.6.1 节所述。$\mathcal{H}$-矩阵方法的实施有两个主要步骤，即：$\mathcal{H}$-矩阵的构造和 $\mathcal{H}$-矩阵的运算。经典的 $\mathcal{H}$-矩阵方法通过对积分核的插值(interpolation)方式来构造阻抗矩阵的 $\mathcal{H}$-矩阵表达式，但是插值不是构造 $\mathcal{H}$-矩阵的唯一方式，其他方法如：网片串方法(panel clustering)、UV 方法[40]、自适应交叉近似(ACA)[27]以及矩阵分解方法(MDA)[29,41]等，均能构造出阻抗矩阵的 $\mathcal{H}$-矩阵表达式。这些方法基于不同的原理，针对不同问题展现出不同的效能。

本节将以积分方程为模型问题来引出 $\mathcal{H}$-矩阵的概念，然后详细介绍 $\mathcal{H}$-矩阵构造的流程及几种 $\mathcal{H}$-矩阵算法的实现，并对这些 $\mathcal{H}$-矩阵算法进行详细的复杂度分析，然后把 $\mathcal{H}$-矩阵算法应用到有限元法(finite element method，FEM)中。

6.5.1　$\mathcal{H}$-矩阵构造

构造 $\mathcal{H}$-矩阵表达式的基本步骤可归纳为：

(1) 将指标集 I 排成群树(cluster tree)结构 T_I。

(2) 构造块群树(block cluster tree)结构 $T_{I\times I}$。

(3) 完成对 $I\times I$ 的容许划分(admissible partitioning)$\mathcal{P}$。

(4) 构造 $\mathcal{P}$ 中所有容许块的低秩表达式。

下面将按照(1)～(4)详细介绍 $\mathcal{H}$-矩阵的构造流程。

1. 群树

定义指标集 $I=\{1, 2, \cdots, N\}$，I 中的每个指标 $i\in I$ 对应区域单元离散的一个基函数 φ_i。群树结构描述的是 I 在一定规则下的分层划分(hierarchical partitioning)形式。设群(cluster)t 为树 I_I 的节点，满足下列条件的树 T_I 称为指标集 I 的群树。

(1) I 是树 T_I 的根。

(2) 如果节点 $t \in I_I$ 是树叶,那么 $|t| \leqslant C_{\text{leaf}}$,其中,$|t|$表示 t 的尺寸,即 t 中包含的元素个数,C_{leaf}是一个预先设定的数值较小的参数。

(3) 如果节点 $t \in T_I$ 不是树叶,那么 t 有 n 个子节点 $t_1, t_2, \cdots, t_n \in T_I$,且 $t = t_1 \cup t_2, \cdots, \cup t_n$。

群树的构造是通过递归地细分指标集 I 来实现的。一个节点 t 细分成 n 个子节点 $t_1, t_2, \cdots, t_n$ 的划分方式所生成的群树称为 n 叉树。本节采用一分为二的方式来递归地细分 I,因此所生成的群树是二叉树。采用二叉树的原因是其使用灵活且方便后面算法的实施。递归二分的过程直到子节点的尺寸小于或者等于预先设定的阈值 C_{leaf}。C_{leaf}控制着群树的深度 $p = \text{depth}(T_I)$,即从群树的顶层到最细层之间的最大层数。理想的群树结构的深度 p 满足 $p = \lg N$。实际中,通常采用基于几何空间的递归细分方式来构造群树,其核心思想是沿着长度最大的坐标方向来分割指标集,如图 6.5.1 所示,为一个典型二叉树的构造。

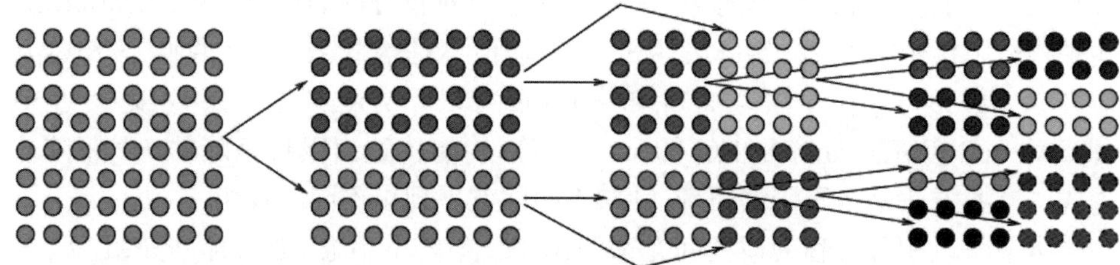

图 6.5.1 典型二叉树的构造

设基函数 φ_i 的支集为$\Omega_i = \text{supp}\varphi_i$,那么群 t 的支集定义为t 中所有元素对应基函数的支撑的集合,表示为

$$\Omega_t = \bigcup_{i \in \tau} \Omega_i \tag{6.5.1}$$

2. 块群树

一对群树相互作用便构成了块群树。块群树只不过是用 $I \times I$ 取代了 I 的群树。设块群(block cluster)b 为树 $T_{I\times I}$的节点,如果对于所有的 $b \in T_{I\times I}$ 都存在 $t \in I_I$ 及$s \in T_I$,使得$b = t \times s$,那么树 $I_{I\times I}$ 称为块群树。如果 T_I 是二叉树,那么对应的 $T_{I\times I}$是四方树。

四方树 $T_{I\times I}$的构造可以通过递归细分$b = t \times s$ 成四个分离的子块$b_1 = t_1 \times s_1$、$b_2 = t_1 \times s_2$、$b_3 = t_2 \times s_1$ 和 $b_4 = t_2 \times s_2$ 来完成,递归细分的过程直到下列条件之一满足时终止。

(1) $|t| \leqslant C_{\text{leaf}}$ 或者 $|s| \leqslant C_{\text{leaf}}$。

(2) t 和 s 满足容许条件。

如图 6.5.2 所示，给出图 6.5.1 所示的群树对应生成的块群树结构。

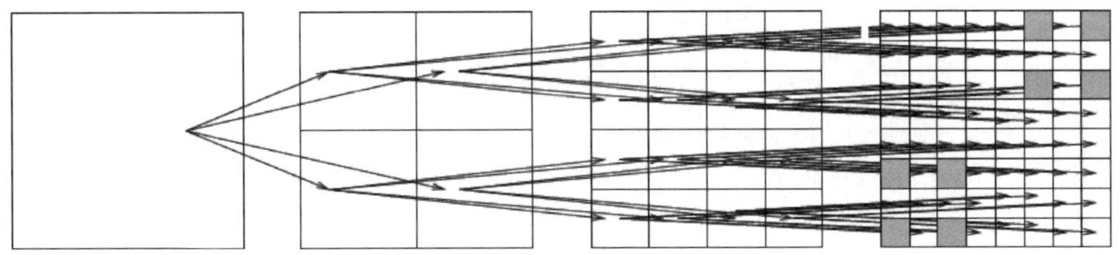

图 6.5.2　二叉树的群树结构对应生成的块群树结构

3. 容许条件

$I \times I$ 的划分 $\mathcal{P}$ 表示将 $I \times I$ 划分成对应于各层 λ 的一系列子块 b_i^{λ}。容许条件(admissibility condition)是实现容许划分的一个重要准则。容许条件用来判别哪些子块矩阵能用低秩分解矩阵来近似，它通常可表示为布尔函数

$$\text{Adm}: T_I \times T_I \rightarrow \{\text{true}, \text{false}\} \tag{6.5.2}$$

对于给定的群树 T_I 及群 $t, s \in T_I$，标准的容许条件可以定义为

$$\text{Adm}(s \times t) = \text{true}: \Leftrightarrow \max\{\text{diam}(\Omega_t), \text{diam}(\Omega_s)\} \leqslant \eta \text{dist}(\Omega_t, \Omega_s) \tag{6.5.3}$$

其中，diam 表示群的直径。其用公式表示如下：

$$\text{diam}(\Omega_t): = \max_{x,\ y \in \Omega_t} \| x - y \|,\ t \in T_I \tag{6.5.4}$$

dist 表示两个群之间的距离，用公式表示如下：

$$\text{dist}(\Omega_t, \Omega_s): = \min_{x \in \Omega_t,\ y \in \Omega_s} \| x - y \|,\ t,\ s \in T_I \tag{6.5.5}$$

$\eta > 0$ 用来控制容许条件的严格程度，它决定着容许块个数的多少和矩阵近似的精度。图 6.5.3 展示容许条件的确立过程。容许条件有两种变化形式，即强容许条件

$$\text{Adm}(s \times t) = \text{true}: \Leftrightarrow \max\{\text{diam}(\Omega_t), \text{diam}(\Omega_s)\} \leqslant \eta \text{dist}(\Omega_t, \Omega_s) \tag{6.5.6}$$

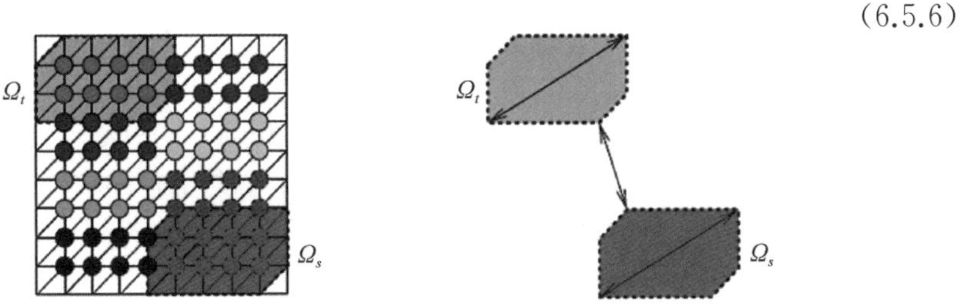

图 6.5.3　容许条件的确立

和弱容许条件

$$\mathrm{Adm}(t\times s)=\mathrm{true}:\Leftrightarrow I\neq s \tag{6.5.7}$$

由于计算 diam 和 dist 复杂且耗时，实际中通常采用限制盒子(bounding boxes)来定义容许条件。对于任意块 $b=t\times s$，支集 Ω_t 和 Ω_s 对应的最小限制盒子分别为 B_t 和 B_s，这样容许条件式(6.5.3)可改写为

$$\mathrm{Adm}(s\times t)=\mathrm{true}:\Leftrightarrow\min\{\mathrm{diam}(B_t),\ \mathrm{diam}(B_s)\}\leqslant\eta\,\mathrm{dist}(B_t,\ B_s) \tag{6.5.8}$$

基于容许条件的划分 $\mathcal{P}$ 称为容许划分，它将整个块群树划分为容许树叶和非容许树叶两种类型。

4. **R*k*** -矩阵

容许划分后的每个容许矩阵块均可低秩近似，表示为 **R*k*** -矩阵的形式。对于维数为 $t\times s$，秩为 k 的矩阵块 $\boldsymbol{M}^{t\times s}$，可用 **R*k*** -矩阵表示如下：

$$\boldsymbol{M}_{\mathrm{rank}\,k}=\boldsymbol{A}\boldsymbol{B}^{\mathrm{T}}=\sum_{l=1}^{k}\boldsymbol{a}_l(\boldsymbol{b}_l)^{\mathrm{T}} \tag{6.5.9}$$

其中，$\boldsymbol{a}_l\in\mathbf{R}^t$，$\boldsymbol{b}_l\in\mathbf{R}^s$；$\boldsymbol{A}\in\mathbf{R}^{t\times k}$，$\boldsymbol{B}\in\mathbf{R}^{s\times k}$ 均为满阵；k 小于 $\#t$ 和 $\#s$。每个秩小于或等于 k 的矩阵都可以表示成 **R*k*** -矩阵。

从式(6.5.9)可以看出，**R*k*** -矩阵的内存消耗为 $k(|t|+|s|)$，而原始矩阵 $\boldsymbol{M}^{t\times s}$ 按满阵形式存储的内存消耗为 $|t|\times|s|$，显然，当 k 远小于 $|t|$ 和 $|s|$ 时，**R*k*** -矩阵的存储量和运算量都将获得明显的节省。构造 **R*k*** -矩阵的方法有多种，如插值、网片串方法、UV 方法、ACA 算法及 MDA 等。

5. $\mathcal{H}$ -矩阵

基于群树 T_I、块群树 $T_{I\times I}$，对于 $C_{\mathrm{leaf}}\in\mathbf{N}$ 和 $k\in\mathbf{N}$，任意矩阵 $L\in\mathbf{R}^{I\times I}$ 的 $\mathcal{H}$ -矩阵表达式可定义如下：

$$\boldsymbol{L}_{\mathcal{H}}(T,\ k):=\{|\ \forall t\times s\in\mathcal{L}(T):\ \mathrm{rank}(\boldsymbol{L}\ |_{t\times s})\leqslant k\ \text{或}\ \min(|\ \boldsymbol{t}\ |,\ |\ \boldsymbol{s}\ |)\leqslant C_{\mathrm{leaf}}\} \tag{6.5.10}$$

其中，矩阵 $\boldsymbol{L}_{\mathcal{H}}\in\boldsymbol{L}_{\mathcal{H}}(T,\ k)$ 称为块秩(blockwise rank)为 k 的 $\mathcal{H}$ -矩阵。在矩阵 $\boldsymbol{L}$ 的 $\mathcal{H}$ -矩阵表达式 $\boldsymbol{L}_{\mathcal{H}}$ 中，只有两种子矩阵块：容许块和非容许块。其中，容许块均可表示成秩 rank$\leqslant k$ 的 **R*k*** -矩阵的形式，非容许块不进行任何特殊处理而表示成满阵。$\mathcal{H}$ -矩阵的内存需求为 $O(kN\lg N)$。图 6.5.4 给出一个实际中典型的 $\mathcal{H}$ -矩阵结构示意图。

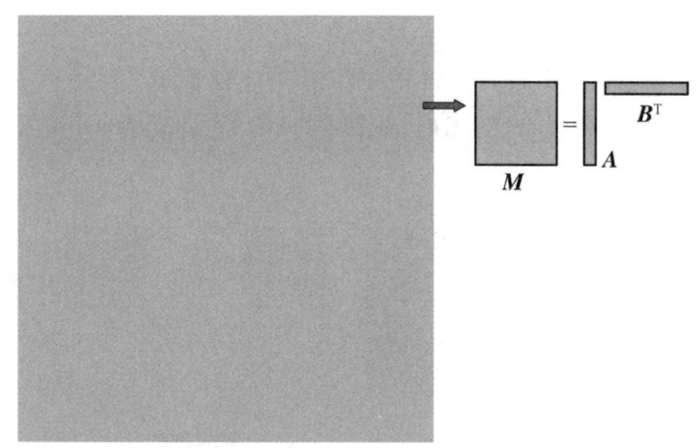

图 6.5.4　一个实际中典型的 $\mathcal{H}$ -矩阵结构示意图(黑色表示满阵块,白色表示 **R***k* -矩阵块)

6.5.2　$\mathcal{H}$ -矩阵的运算法则

$\mathcal{H}$ -矩阵算法的核心思想是递归算法。由于 **R***k* -矩阵是 $\mathcal{H}$ -矩阵的首要表现形式,本小节将首先介绍 **R***k* -矩阵的相关算法,然后在此基础上进一步介绍 $\mathcal{H}$ -矩阵算法,并进行 $\mathcal{H}$ -矩阵算法的复杂度分析。

1. **R***k* -矩阵的算法

R*k* -矩阵的相关算法主要有四种:矩阵-矢量乘、截断、加法和乘法,下面分别介绍这四种算法。

1) 矩阵-矢量乘

R*k* -矩阵 $\boldsymbol{R}=\boldsymbol{A}\boldsymbol{B}^{\mathrm{T}}$ 和矢量 $\boldsymbol{x}\in\mathbf{R}^{s}$ 之间的矩阵-矢量乘 $\boldsymbol{y}=\boldsymbol{R}\boldsymbol{x}$ 可以分两步完成:

(1) 计算 $\boldsymbol{z}=\boldsymbol{B}^{\mathrm{T}}\boldsymbol{x}\in\mathbf{R}^{k}$。

(2) 计算 $\boldsymbol{y}=\boldsymbol{A}\boldsymbol{z}\in\mathbf{R}^{k}$。

$\boldsymbol{R}$ 转置 $\boldsymbol{R}^{\mathrm{T}}=\boldsymbol{B}\boldsymbol{A}^{\mathrm{T}}$ 的矩阵-矢量乘计算方法与之类似。**R***k* -矩阵的矩阵-矢量乘的计算复杂度为 $O[k(|t|+|s|)]$。

2) 截断

将任意矩阵 $\boldsymbol{M}\in\mathbf{R}^{t\times s}$ 用 **R***k* -矩阵 $\widetilde{\boldsymbol{M}}=\widetilde{\boldsymbol{A}}\,\widetilde{\boldsymbol{B}}^{\mathrm{T}}$ 来近似时需要对 $\boldsymbol{M}$ 进行截断,最好的方式是采用 SVD 的方法来完成。

(1) 对 $\boldsymbol{M}$ 进行奇异值分解:$\boldsymbol{M}=\boldsymbol{U}\sum\boldsymbol{V}$。

(2) 取 $\widetilde{\boldsymbol{U}}:=[\boldsymbol{U}_1\boldsymbol{U}_2\cdots\boldsymbol{U}_k]$(前 k 列),$\widetilde{\sum}:=\mathrm{diag}(\sum_{11},\sum_{22},\cdots,\sum_{kk})$(最大的前 k 个奇异值),$\widetilde{\boldsymbol{V}}:=[\boldsymbol{V}_1\boldsymbol{V}_2\cdots\boldsymbol{V}_k]$(前 k 列)。

(3) 取 $\widetilde{\boldsymbol{A}}:=\widetilde{\boldsymbol{U}}\,\widetilde{\sum}\in\mathbf{R}^{t\times k}$,$\widetilde{\boldsymbol{B}}:=\widetilde{\boldsymbol{V}}\in\mathbf{R}^{s\times k}$。

将 $\widetilde{\boldsymbol{M}}$ 称为对 $\boldsymbol{M}$ 进行 **R***k* -矩阵变换的截断矩阵。截断操作的计算复杂度为

$O[(|t|+|s|)^3]$。

如果矩阵 $\boldsymbol{M}$ 是 **R*k*** -矩阵，即 $\boldsymbol{M}=\boldsymbol{AB}^{\mathrm{T}}$，其中，$\boldsymbol{M}\in\mathbf{R}^{t\times s}$，$\boldsymbol{A}\in\mathbf{R}^{t\times k}$，$\boldsymbol{B}\in\mathbf{R}^{s\times k}$，那么将矩阵 $\boldsymbol{M}$ 截断成秩为 k 的 **R*k*** -矩阵的计算复杂度为 $O[K^2(|t|+|s|)+K^3]$，算法流程如图 6.5.5 所示。

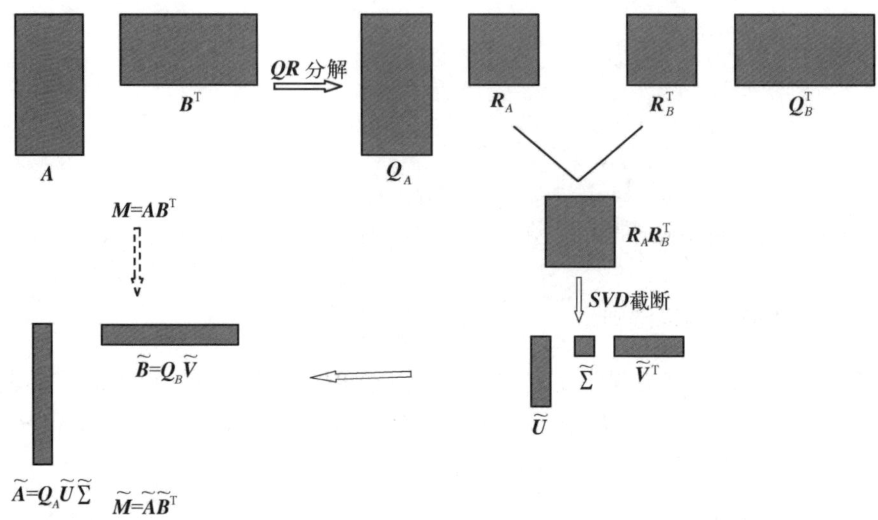

图 6.5.5　**R*k*** -矩阵的截断

(1) 计算矩阵 $\boldsymbol{A}$ 的 QR 分解 $\boldsymbol{A}=\boldsymbol{Q}_A\boldsymbol{R}_A$，其中，$\boldsymbol{Q}_A\in\mathbf{R}^{t\times k}$，$\boldsymbol{R}_A\in\mathbf{R}^{k\times k}$。

(2) 计算矩阵 $\boldsymbol{B}$ 的 QR 分解 $\boldsymbol{B}=\boldsymbol{Q}_B\boldsymbol{R}_B$，其中，$\boldsymbol{Q}_B\in\mathbf{R}^{s\times k}$，$\boldsymbol{R}_B\in\mathbf{R}^{k\times k}$。

(3) 计算 $\boldsymbol{R}_A\boldsymbol{R}_B^{\mathrm{T}}$ 的奇异值分解 $\boldsymbol{R}_A\boldsymbol{R}_B^{\mathrm{T}}=\boldsymbol{U}\sum\boldsymbol{V}^{\mathrm{T}}$。

(4) 取 $\widetilde{\boldsymbol{U}}:=[\boldsymbol{U}_1\boldsymbol{U}_2\cdots\boldsymbol{U}_k]$(前 k 列)，$\widetilde{\sum}:=\mathrm{diag}(\sum_{11},\sum_{22},\cdots,\sum_{kk})$(最大的前 k 个奇异值)，$\widetilde{\boldsymbol{V}}:=[\boldsymbol{V}_1\boldsymbol{V}_2\cdots\boldsymbol{V}_k]$(前 k 列)。

(5) 取 $\widetilde{\boldsymbol{A}}=\boldsymbol{Q}_A\widetilde{\boldsymbol{U}}\widetilde{\sum}\in\mathbf{R}^{t\times k}$，$\widetilde{\boldsymbol{B}}=\boldsymbol{Q}_B\widetilde{\boldsymbol{V}}\in\mathbf{R}^{s\times k}$。

3) 加法

设 $\boldsymbol{R}_1=\boldsymbol{A}_1\boldsymbol{B}_1^{\mathrm{T}}$ 和 $\boldsymbol{R}_2=\boldsymbol{A}_2\boldsymbol{B}_2^{\mathrm{T}}$ 为两个 **R*k*** -矩阵，它们的和 $\boldsymbol{R}_1+\boldsymbol{R}_2=[\boldsymbol{A}_1\boldsymbol{A}_2][\boldsymbol{B}_1\boldsymbol{B}_2]^{\mathrm{T}}$ 是一个 **R2*k*** -矩阵。定义格式化的加法“$\oplus$”来实现将两个 **R*k*** -矩阵之和转化成 **R*k*** -矩阵的目的。由于两个 **R*k*** -矩阵之和是一个 **R2*k*** -矩阵，所以只需完成 **R2*k*** -矩阵到 **R*k*** -矩阵的转换即可。转换的最佳方式是采用上面描述的 **R*k*** -矩阵的截断算法。格式化减法的情况和格式化加法类似。格式化加法的计算复杂度为 $O[k^2(|t|+|s|)+k^3]$。

4) 乘法

一个 **R*k*** -矩阵 $\boldsymbol{R}=\boldsymbol{AB}^{\mathrm{T}}$ 左乘或者右乘一个任意矩阵 $\boldsymbol{M}$，乘积仍然是 **R*k*** -矩阵：

$$\boldsymbol{MR}=\boldsymbol{MAB}^{\mathrm{T}}=(\boldsymbol{MA})\boldsymbol{B}^{\mathrm{T}}=\widetilde{\boldsymbol{A}}\boldsymbol{B}^{\mathrm{T}}$$
$$\boldsymbol{RM}=\boldsymbol{AB}^{\mathrm{T}}\boldsymbol{M}=\boldsymbol{A}(\boldsymbol{M}^{\mathrm{T}}\boldsymbol{B})^{\mathrm{T}}=\boldsymbol{A}\widetilde{\boldsymbol{B}}^{\mathrm{T}}$$

其中，$\boldsymbol{MA}$ 和 $\boldsymbol{M}^{\mathrm{T}}\boldsymbol{B}$ 的操作需要通过矩阵-矢量乘来完成，即首先将 $\boldsymbol{A}$ 或 $\boldsymbol{B}$ 拆分成 k 列，然后对每一列 $i=1,\ 2,\ \cdots,\ k$ 执行矩阵、矢量乘 $\boldsymbol{MA}_i$ 或 $\boldsymbol{M}^{\mathrm{T}}\boldsymbol{B}_i$，再将各乘积矢量拼合在一起，即可获得 $\widetilde{\boldsymbol{A}}$ 和 $\widetilde{\boldsymbol{B}}$。

2. $\mathcal{H}$-矩阵的矩阵-矢量乘

设 $\boldsymbol{L}\in\mathbf{R}^{I\times I}$ 是一个 $\mathcal{H}$-矩阵，$\boldsymbol{L}$ 和任意向量 $\boldsymbol{x}$ 的矩阵-矢量乘 $\boldsymbol{y}=\boldsymbol{Lx}(\boldsymbol{x},\ \boldsymbol{y})\in\mathbf{R}^{I}$ 可以通过递归算法来完成。如果矩阵块为 $\mathbf{R}k$-矩阵，那么执行 $\mathbf{R}k$-矩阵的矩阵-矢量乘；如果矩阵块为普通满阵，那么执行满阵的矩阵-矢量乘；如果矩阵块可继续细分，那么到其子层执行 $\mathcal{H}$-矩阵的矩阵－矢量乘。$\mathcal{H}$-矩阵的矩阵-矢量乘的程序伪代码描述如下：

```
Procedure H-MVM (L, t×s, x, y)
Start with: t=s=I
if S(t×s)≠ϕ then
    for t'×s'∈S(t×s) do
        H-MVM (L, t'×s', x, y)
    end
else
    y_t: =y_t+L_{t×s}x_t (满阵或 Rk-矩阵的矩阵-矢量乘)
end
```

$\mathcal{H}$-矩阵的矩阵-矢量乘的计算复杂度为 $O(kN\lg N)$。

3. $\mathcal{H}$-矩阵的矩阵加法

设 $\boldsymbol{L}_1,\boldsymbol{L}_2\in\mathbf{R}^{I\times I}$ 均是块秩为 k 的 $\mathcal{H}$-矩阵，那么它们的和 $\boldsymbol{L}_1+\boldsymbol{L}_2=\boldsymbol{L}\in\mathbf{R}^{I\times I}$ 是一个块秩为 $2k$ 的 $\mathcal{H}$-矩阵。$\mathcal{H}$-矩阵的加法一般在具有相同树形结构的两个 $\mathcal{H}$-矩阵之间进行，因此 $\boldsymbol{L}_1$、$\boldsymbol{L}_2$ 和 $\boldsymbol{L}$ 具有相同的块群树 $T_{I\times I}$ 和容许划分 $\mathcal{P}$。基于此，$\mathcal{H}$-矩阵格式化加法 $\widetilde{\boldsymbol{L}}:=\boldsymbol{L}_1\oplus_{\mathcal{H}}\boldsymbol{L}_2$ 仅包含两种情况：一种针对容许块，是两个 $\mathbf{R}k$-矩阵之间的格式化加法；另一种针对非容许块，是两个满阵之间的普通加法。$\mathcal{H}$-矩阵格式化加法的伪代码描述如下：

```
Procedure H-Add (L̃, t×s, L_1, L_2)
Start with : t=s=I and L=0
if S(t×s)≠ϕ then
    for t'×s'∈S(t×s) do
```

$\mathcal{H}$ - Add $(\widetilde{\boldsymbol{L}}, \boldsymbol{t}'\times\boldsymbol{s}', \boldsymbol{L}_1, \boldsymbol{L}_2)$

end

else

$\widetilde{\boldsymbol{L}}_{t\times s}:=\boldsymbol{L}_1|_{t\times s}\oplus\boldsymbol{L}_2|_{t\times s}$（满阵加法或 **R*k*** -矩阵的格式化加法）

end

$\mathcal{H}$ -矩阵加法的计算复杂度为$O(k^2N\lg N)$。

4. $\mathcal{H}$ -矩阵的矩阵乘法

设$\boldsymbol{L}_1\in\mathbf{R}^{I\times J}$ 和$\boldsymbol{L}_2\in\mathbf{R}^{J\times K}$ 均是$\mathcal{H}$ -矩阵，它们的乘积$\boldsymbol{L}_1\times\boldsymbol{L}_2=\boldsymbol{L}\in\mathbf{R}^{I\times k}$ 也是$\mathcal{H}$ -矩阵。在$\mathcal{H}$ -矩阵格式化加法的基础上，可定义$\mathcal{H}$ -矩阵的格式化乘法$\widetilde{\boldsymbol{L}}:=\boldsymbol{L}\oplus_{\mathcal{H}}\boldsymbol{L}_1\otimes_{\mathcal{H}}\boldsymbol{L}_2$。参与$\mathcal{H}$ -矩阵乘法的两个$\mathcal{H}$ -矩阵$\boldsymbol{L}_1$ 和$\boldsymbol{L}_2$，以及乘积$\boldsymbol{L}$ 通常不具有相同的树形结构。因此，$\mathcal{H}$ -矩阵乘法的运算过程相对复杂，依赖参与计算的两个$\mathcal{H}$ -矩阵及乘积目标$\mathcal{H}$ -矩阵的树形结构，可以归纳为下列四种情况：

(1) $\boldsymbol{L}_1$、$\boldsymbol{L}_2$ 和$\boldsymbol{L}$ 均可继续细分，如图 6.5.6(a)所示，那么到其子层执行$\mathcal{H}$ -矩阵乘法。

(2) $\boldsymbol{L}$ 可继续细分，$\boldsymbol{L}_1$ 和$\boldsymbol{L}_2$ 至少有一个不可细分，如图 6.5.6(b)所示，那么先将$\boldsymbol{L}_1$ 和$\boldsymbol{L}_2$ 乘成一个 **R*k*** -矩阵或者满阵，然后按照$\boldsymbol{L}$ 的树形结构对该乘积进行划分并加到$\boldsymbol{L}$ 中。

(3) $\boldsymbol{L}$ 是一个满阵，如图 6.5.6(c)所示，那么调用分层乘法，获得对应的一系列满阵，然后加到$\boldsymbol{L}$ 中。

(4) $\boldsymbol{L}$ 是一个 **R*k*** -矩阵，如图 6.5.6(d)所示，那么调用分层乘法和截断算法，获得对应的一系列 **R*k*** -矩阵，然后加到$\boldsymbol{L}$ 中，如图 6.5.7 所示。

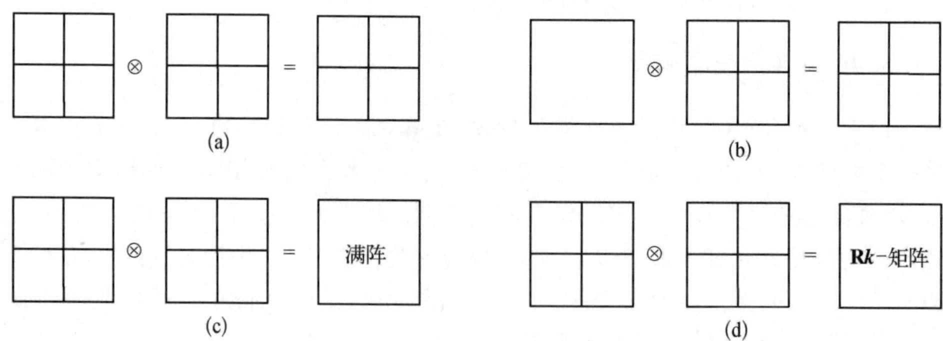

图 6.5.6　$\mathcal{H}$ -矩阵乘法的四种情况

$\mathcal{H}$ -矩阵格式化乘法的执行流程可用伪代码描述如下：

Procedure $\mathcal{H}$ - MulAdd $(\widetilde{\boldsymbol{L}}, \boldsymbol{r}, \boldsymbol{t}, \boldsymbol{s}, \boldsymbol{L}_1, \boldsymbol{L}_2)$

Start with ：$\boldsymbol{L}=\boldsymbol{t}=\boldsymbol{s}=\boldsymbol{I}$ and $\boldsymbol{L}=0$

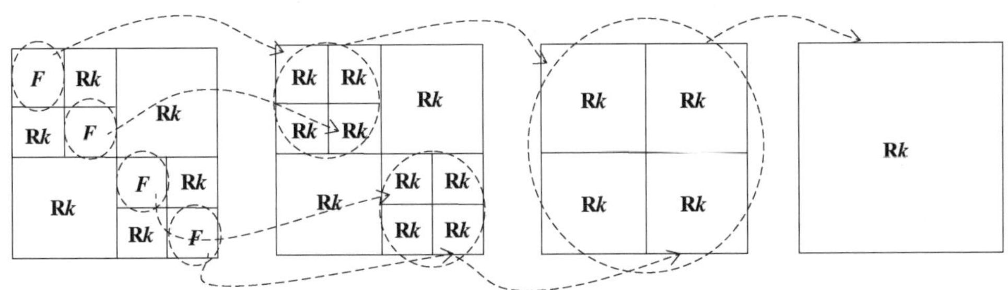

图 6.5.7　$\mathcal{H}$-矩阵向 **Rk**-矩阵的转换(其中,"*F*"表示满阵,"**Rk**"表示 **Rk**-矩阵)

```
if S(r×s)≠ϕ and S(s×t)≠ϕ and S(r×t)≠ϕ then
    {第一种情况：所有矩阵均可细分}
    for r′∈S(r), s′∈S(s), t′∈S(t) do
        H-MulAdd (L̃, t′×s′, L1, L2)
    end
else
    if S(r×t)≠ϕ then
        {第二种情况：目标矩阵可细分}
        计算乘积 L′：=L1|r×s×L2|s×t 再
        将 L′加到 L′r×t(H-矩阵格式化加法)
    else
        {第三种情况和第四种情况：目标矩阵不可细分}
        H-MulAddRk (L̃, r, t, s, L1, L2)
end
```

上面的算法流程中,第(3)种和第(4)种情况均是将两个可细分的矩阵乘成一系列小的矩阵(满阵或 **Rk**-矩阵),然后加到目标矩阵中,这一过程执行的伪代码描述如下:

```
Procedure H-MulAddRk (L̃, r, t, s, L1, L2)
if S(r×s)≠ϕ or S(s×t)≠ϕ then
    计算乘积 L′：=L1|r×s×L2|s×t 再
    将 L′加到 L′r×t(满阵加法或 Rk-矩阵格式化加法)
else
    for each r′∈S(r), t′∈S(t) do
    初始化：L′r×t：=0
        for each s′∈S(s) do
            H-MulAddRk (L′r×t, r′, t′, s′, L1, L2)
```

$$\widetilde{\boldsymbol{L}}:=\boldsymbol{L}\oplus\sum_{t'\in\boldsymbol{S}(r)}\sum_{t'\in\boldsymbol{S}(t)}\boldsymbol{L}'_{r\times t}$$

end

end

end

$\mathcal{H}$-矩阵乘法的计算复杂度为$O(k^2N\lg^2N)$。

5. $\mathcal{H}$-矩阵求逆

对于一个 2×2 的分块矩阵

$$\boldsymbol{M}=\begin{bmatrix}\boldsymbol{M}_{11} & \boldsymbol{M}_{12}\\ \boldsymbol{M}_{21} & \boldsymbol{M}_{22}\end{bmatrix}\tag{6.5.11}$$

如果 $\boldsymbol{M}$ 正定,那么其逆可以通过式(6.5.12)求出:

$$\boldsymbol{M}^{-1}=\begin{bmatrix}\boldsymbol{M}_{11}^{-1}+\boldsymbol{M}_{11}^{-1}\times\boldsymbol{M}_{12}\times\boldsymbol{S}^{-1}\times\boldsymbol{M}_{21}\times\boldsymbol{M}_{11}^{-1} & -\boldsymbol{M}_{11}^{-1}\times\boldsymbol{M}_{12}\times\boldsymbol{S}^{-1}\\ -\boldsymbol{S}^{-1}\times\boldsymbol{M}_{21}\times\boldsymbol{M}_{11}^{-1} & \boldsymbol{S}^{-1}\end{bmatrix}\tag{6.5.12}$$

其中,$\boldsymbol{S}=\boldsymbol{M}_{22}-\boldsymbol{M}_{21}\times\boldsymbol{M}_{11}^{-1}\times\boldsymbol{M}_{12}$ 为矩阵 $\boldsymbol{M}$ 的 Schur 补(Schur complement)。

设有基于四方树 $T_{I\times I}$ 构造的 $\mathcal{H}$-矩阵 $\boldsymbol{L}$,递归执行式(6.5.12),并将其中的加法和乘法替换为 $\mathcal{H}$-矩阵格式化的加法和乘法($\oplus$和$\otimes$),可以获得 $\boldsymbol{L}$ 的 $\mathcal{H}$-矩阵格式的逆$\widetilde{\boldsymbol{L}}$,即

$$\widetilde{\boldsymbol{L}}=\begin{bmatrix}\boldsymbol{L}_{11}^{-1}\oplus\boldsymbol{L}_{11}^{-1}\otimes\boldsymbol{L}_{12}\otimes S^{-1}\otimes\boldsymbol{L}_{21}\otimes\boldsymbol{L}_{11}^{-1} & -\boldsymbol{L}_{11}^{-1}\otimes\boldsymbol{L}_{12}\otimes\boldsymbol{S}^{-1}\\ -\boldsymbol{S}^{-1}\otimes\boldsymbol{L}_{21}\otimes\boldsymbol{L}_{11}^{-1} & \boldsymbol{S}^{-1}\end{bmatrix}\tag{6.5.13}$$

$\mathcal{H}$-矩阵求逆的算法流程描述如下:

Procedure $\mathcal{H}$ - Invert ($\widetilde{\boldsymbol{L}}$, $\boldsymbol{r}$, $\boldsymbol{L}$)

if $\boldsymbol{S}(\boldsymbol{r}\times\boldsymbol{r})=\phi$ then

计算 $\boldsymbol{L}$ 的逆矩阵: $\widetilde{\boldsymbol{L}}:=\boldsymbol{L}^{-1}$(满阵精确求逆)

else

$$\left\{\boldsymbol{S}(\boldsymbol{r})=\{\boldsymbol{r}_1,\ \boldsymbol{r}_2\},\ \boldsymbol{L}=\begin{bmatrix} & \boldsymbol{L}_{r_1\times r_1} & \\ & \boldsymbol{L}_{r_2\times r_1}\boldsymbol{L}_{r_2\times r_2}\end{bmatrix}\right\}$$

$\mathcal{H}$ - Invert ($\boldsymbol{R}$, $\boldsymbol{r}_1$, $\boldsymbol{L}_{r_1\times r_1}$)

$\boldsymbol{S}=\boldsymbol{L}_{r_2\times r_2}\oplus(-\boldsymbol{L}_{r_2\times r_1}\otimes\boldsymbol{R}\otimes\boldsymbol{L}_{r_1\times r_2})$

$\mathcal{H}$ - Invert ($\boldsymbol{L}_{r_2\times r_2}$, $\boldsymbol{r}_2$, $\boldsymbol{S}$)

$\boldsymbol{L}_{r_1\times r_1}:=\boldsymbol{R}\oplus(\boldsymbol{R}\otimes\boldsymbol{L}_{r_1\times r_2}\otimes\widetilde{\boldsymbol{L}}_{r_2\times r_2}\otimes\boldsymbol{L}_{r_2\times r_1}\otimes\boldsymbol{R})$

$\boldsymbol{L}_{r_1\times r_2}:=-\boldsymbol{R}\otimes\boldsymbol{L}_{r_1\times r_2}\otimes\widetilde{\boldsymbol{L}}_{r_2\times r_2}$

$\boldsymbol{L}_{r_2\times r_1}:=-\widetilde{\boldsymbol{L}}_{r_2\times r_2}\otimes\boldsymbol{L}_{r_2\times r_1}\otimes\boldsymbol{R}$

end

$\mathcal{H}$-矩阵求逆的计算复杂度和 $\mathcal{H}$-矩阵乘法相同，为 $O(k^2N\lg^2N)$。

6.5.3 $\mathcal{H}$-矩阵 LU 分解

将式(6.5.12)所示的 $\boldsymbol{M}$ 矩阵 LU 分解为上下三角矩阵 $\boldsymbol{L}$ 和 $\boldsymbol{U}$ 的过程可表达为

$$\boldsymbol{M}=\boldsymbol{L}\boldsymbol{U}=\begin{bmatrix}\boldsymbol{L}_{11} & 0\\ \boldsymbol{L}_{21} & \boldsymbol{L}_{22}\end{bmatrix}\begin{bmatrix}\boldsymbol{U}_{11} & \boldsymbol{U}_{12}\\ 0 & \boldsymbol{U}_{22}\end{bmatrix}=\begin{bmatrix}\boldsymbol{L}_{11}\times\boldsymbol{U}_{11} & \boldsymbol{L}_{11}\times\boldsymbol{U}_{12}\\ \boldsymbol{L}_{21}\times\boldsymbol{U}_{11} & \boldsymbol{L}_{21}\times\boldsymbol{U}_{12}+\boldsymbol{L}_{22}\times\boldsymbol{U}_{22}\end{bmatrix} \tag{6.5.14}$$

设有 $\mathcal{H}$-矩阵$\boldsymbol{\mathcal{H}}$，对$\boldsymbol{\mathcal{H}}$的格式化 LU 分解可以通过递归执行式(6.5.14)，并将其中的加法和乘法替换为 $\mathcal{H}$-矩阵格式化的加法和乘法($\oplus$和$\otimes$)来定义，算法流程描述如下：

Procedure $\mathcal{H}$-LU $(\widetilde{\mathcal{H}},\ \boldsymbol{r},\ \boldsymbol{L},\ \boldsymbol{U})$

if $\boldsymbol{S}(\boldsymbol{r}\times\boldsymbol{r})=\phi$ then

对$\boldsymbol{\mathcal{H}}$的进行 LU 分解：$\widetilde{\mathcal{H}}=\boldsymbol{L}_{r\times r}\boldsymbol{U}_{r\times r}$(满阵精确 LU 分解)

else

$$\left\{\begin{aligned}&\boldsymbol{S}(r)=\{\boldsymbol{r}_1,\ \boldsymbol{r}_2\},\ \boldsymbol{\mathcal{H}}=\begin{bmatrix}\boldsymbol{\mathcal{H}}_{r_1r_1} & \boldsymbol{\mathcal{H}}_{r_1r_2}\\ \boldsymbol{\mathcal{H}}_{r_2r_1} & \boldsymbol{\mathcal{H}}_{r_2r_2}\end{bmatrix},\ \boldsymbol{L}=\begin{bmatrix}\boldsymbol{L}_{r_1r_1} & \\ \boldsymbol{L}_{r_2r_1} & \boldsymbol{L}_{r_2r_2}\end{bmatrix},\\ &\boldsymbol{U}=\begin{bmatrix}\boldsymbol{U}_{r_1r_1} & \boldsymbol{U}_{r_1r_2}\\ & \boldsymbol{U}_{r_2r_2}\end{bmatrix}\end{aligned}\right\}$$

$\mathcal{H}$-LU $(\boldsymbol{\mathcal{H}}_{r_1r_1},\ \boldsymbol{r}_1,\ \boldsymbol{L}_{r_1r_1},\ \boldsymbol{U}_{r_1r_1})$

$\mathcal{H}$-LowerTrigsolver $(\boldsymbol{L}_{r_1r_1},\ \boldsymbol{\mathcal{H}}_{r_1r_2},\ \boldsymbol{r}_1,\ \boldsymbol{r}_2,\ \boldsymbol{U}_{r_1r_2})$

$\mathcal{H}$-UpperTrigsolver $(\boldsymbol{U}_{r_1r_1},\ \boldsymbol{\mathcal{H}}_{r_2r_1},\ \boldsymbol{r}_2,\ \boldsymbol{r}_1,\ \boldsymbol{L}_{r_2r_1})$

$\mathcal{H}$-LU $(\boldsymbol{\mathcal{H}}_{r_2r_2},\ -\boldsymbol{L}_{r_2r_1}\boldsymbol{U}_{r_1r_2}\boldsymbol{r}_2,\ \boldsymbol{r}_1,\ \boldsymbol{L}_{r_2r_2},\ \boldsymbol{U}_{r_2r_2})$

end

在上面的算法中，需要求解形如 $\boldsymbol{PX}=\boldsymbol{Q}$ 或 $\boldsymbol{XP}=\boldsymbol{Q}$ 的三角矩阵方程，其中，$\boldsymbol{P}$ 表示上下三角矩阵，$\boldsymbol{X}$ 和 $\boldsymbol{Q}$ 分别表示待求矩阵和已知的右边矩阵。求解 $\boldsymbol{PX}=\boldsymbol{Q}$ 和 $\boldsymbol{XP}=Q$ 的过程称为块前后向回代(block forward-backward substitution, BFBS)，当 $\boldsymbol{X}$ 和 $\boldsymbol{Q}$ 均为向量时，这一过程即为前后向回代(forward-backward substitution, FBS)。求解下三角矩阵方程 $\boldsymbol{PX}=\boldsymbol{Q}$，通过调用 $\mathcal{H}$-LowerTrigsolver 完成，流程描述如下，求解上三角矩阵方程 $\boldsymbol{XP}=\boldsymbol{Q}$ 的情况与之类似，因此不再

赘述。

Procedure $\mathcal{H}$ - LowerTrigsolver ($\boldsymbol{L}$, $\boldsymbol{Q}$, $\boldsymbol{r}_i$, $\boldsymbol{r}_j$, $\boldsymbol{X}$)

if $\boldsymbol{S}(\boldsymbol{r}_i \times \boldsymbol{r}_j)=\phi$ then

求解下三角矩阵方程：$\boldsymbol{L}_{ri\times rj}\boldsymbol{X}_{ri\times rj}=\boldsymbol{Q}_{ri\times rj}$(精确求解三角矩阵方程)

else

$$\left\{\begin{array}{l}\boldsymbol{S}(r)=\{\boldsymbol{r}_1, \boldsymbol{r}_2\}, \boldsymbol{L}=\begin{bmatrix}\boldsymbol{L}_{r_1r_1} & \\ \boldsymbol{L}_{r_2r_1} & \boldsymbol{L}_{r_2r_2}\end{bmatrix}, \boldsymbol{Q}=\begin{bmatrix}\boldsymbol{Q}_{r_1r_1} & \boldsymbol{Q}_{r_1r_2} \\ \boldsymbol{Q}_{r_2r_1} & \boldsymbol{Q}_{r_2r_2}\end{bmatrix}, \\ \boldsymbol{X}=\begin{bmatrix}\boldsymbol{X}_{r_1r_1} & \boldsymbol{X}_{r_1r_2} \\ \boldsymbol{X}_{r_2r_1} & \boldsymbol{X}_{r_2r_2}\end{bmatrix}\end{array}\right\}$$

$\mathcal{H}$ - LowerTrigsolver ($\boldsymbol{L}_{r_1r_1}$, $\boldsymbol{Q}_{r_1r_1}$, $\boldsymbol{r}_1$, $\boldsymbol{r}_1$, $\boldsymbol{X}_{r_1r_1}$)

$\mathcal{H}$ - LowerTrigsolver ($\boldsymbol{L}_{r_1r_1}$, $\boldsymbol{Q}_{r_1r_2}$, $\boldsymbol{r}_1$, $\boldsymbol{r}_2$, $\boldsymbol{X}_{r_1r_2}$)

$\mathcal{H}$ - LowerTrigsolver ($\boldsymbol{L}_{r_2r_2}$, $\boldsymbol{Q}_{r_2r_1}-\boldsymbol{L}_{r_2r_1}\boldsymbol{X}_{r_1r_1}$, $\boldsymbol{r}_2$, $\boldsymbol{r}_1$, $\boldsymbol{X}_{r_2r_1}$)

$\mathcal{H}$ - LowerTrigsolver ($\boldsymbol{L}_{r_2r_2}$, $\boldsymbol{Q}_{r_2r_2}-\boldsymbol{L}_{r_2r_1}\boldsymbol{X}_{r_1r_2}$, $\boldsymbol{r}_2$, $\boldsymbol{r}_2$, $\boldsymbol{X}_{r_2r_2}$)

end

$\mathcal{H}$-矩阵 LU 分解的计算复杂度为 $O(k^2N\lg^2N)$，尽管数字上和 $\mathcal{H}$-矩阵求逆算法的计算复杂度相同，但是 $\mathcal{H}$-矩阵 LU 分解算法的计算复杂度前面的系数小于 $\mathcal{H}$-矩阵求逆算法，因此一般 $\mathcal{H}$-矩阵 LU 分解算法的速度优于 $\mathcal{H}$-矩阵求逆算法。$\mathcal{H}$-矩阵前后向回代($\mathcal{H}$ - FBS)的计算复杂度为 $O(kN\lg N)$。

本节从 **R*k*** -矩阵的算法出发，详细介绍了 $\mathcal{H}$-矩阵的矩阵-矢量乘、加法、乘法、求逆和 LU 分解算法，并给出了具体实施流程及每种算法的复杂度的数值结果，下面将详细分析这些算法的复杂度。

6.5.4 $\mathcal{H}$-矩阵算法的复杂度分析

本节首先引入一个重要参数用于 $\mathcal{H}$-矩阵算法复杂度的分析，然后具体分析 $\mathcal{H}$-矩阵的存储需求，以及 $\mathcal{H}$-矩阵的矩阵-矢量乘、求逆和 LU 分解算法的计算复杂度，$\mathcal{H}$-矩阵的加法和乘法的计算复杂度在 $\mathcal{H}$-矩阵求逆算法的复杂度分析中介绍。

1. $\mathcal{H}$-矩阵的稀疏度

对于任意矩阵 $\boldsymbol{M}\in\mathbf{R}^{I\times I}$，可以获得每行非 0 元素的个数为

$$c:=\max_{i\in I}\#\{j\in I \mid \boldsymbol{M}_{ij}\neq 0\} \tag{6.5.15}$$

那么整个矩阵 $\boldsymbol{M}$ 的非 0 元素总数最多为 $c\times I$。c 取决于矩阵 $\boldsymbol{M}$ 的稀疏特性。块树结构 $T_{I\times I}$ 同样具有这样的稀疏特性，这一特性可由稀疏度 C_{sp} 来描述。稀疏度 C_{sp} 定义如下：

对于一个给定群组 $s \in T_I$，在块树中满足 $s \times t \in T_{I\times I}$ 的组 t 数目为

$$C_{sp}^{\mathrm{r}}(T_{I\times I},\ t):=|\{s \subset I : t \times s \in T_{I\times I}\}| \tag{6.5.16}$$

类似地，对于组 $t \in T_I$，有

$$C_{sp}^{\mathrm{c}}(T_{I\times i},\ s):=|\{t \subset I : s \times t \in T_{I\times I}\}| \tag{6.5.17}$$

这样，稀疏度 C_{sp} 定义为

$$C_{sp}(T_{I\times I}):=\max\{\max_{s\in T_I} C_{sp}^{\mathrm{r}}(T_{I\times I},\ t),\ \max_{t\in T_I} C_{sp}^{\mathrm{c}}(T_{I\times I},\ s)\} \tag{6.5.18}$$

2. $\mathcal{H}$-矩阵的存储需求

对于块树 $T:=T_{I\times I}$，定义其容许树叶 $\mathcal{L}^{+}(T)$：

$$\mathcal{L}^{+}(T):=\{t \times s \in T \mid t \times s \text{ 容许}\} \tag{6.5.19}$$

和非容许树叶 $\mathcal{L}^{-}(T)$：

$$\mathcal{L}^{-}(T):=\{t \times s \in T \mid t \times s \text{ 非容许}\} \tag{6.5.20}$$

设 $\boldsymbol{\mathcal{H}}(T,\ k)$ 表示以 T 为块树，块秩为 k，最小组尺寸为 C_{leaf}，树形结构深度为 p 的 $\mathcal{H}$-矩阵，那么矩阵 $\boldsymbol{M} \in \boldsymbol{\mathcal{H}}(T,\ k)$ 的存储需求为 $N_{\mathcal{H},\mathrm{St}}(T,\ k)$：

$$\begin{aligned}
N_{\mathcal{H},\mathrm{St}}(T,\ k) &= \sum_{s\times t\in\mathcal{L}^{+}(T)} k(\#\hat{s}+\#\hat{t}) + \sum_{t\times s\in\mathcal{L}^{-}(T)} \#\hat{s}\cdot\#\hat{t} \\
&\leqslant \sum_{s\times t\in\mathcal{L}^{+}(T)} k(\#\hat{s}+\#\hat{t}) + \sum_{s\times t\in\mathcal{L}^{-}(T)} C_{\mathrm{leaf}}(\#\hat{s}+\#\hat{t}) \\
&\leqslant \sum_{l=0}^{p}\sum_{s\times t\in T^{i}} \max\{k,\ C_{\mathrm{leaf}}\}(\#\hat{s}+\#\hat{t}) \\
&= \sum_{l=0}^{p}\sum_{s\times t\in T^{i}} \max\{k,\ C_{\mathrm{leaf}}\}\#\hat{s} + \sum_{l=0}^{p}\sum_{s\times t\in T^{i}} \max\{k,\ C_{\mathrm{leaf}}\}\#\hat{t} \\
&\leqslant 2C_{sp}\max\{k,\ C_{\mathrm{leaf}}\}\sum_{l=0}^{p}\sum_{s\in T^{i}}\#\hat{s} \\
&\leqslant 2C_{sp}\max\{k,\ C_{\mathrm{leaf}}\}\sum_{l=0}^{p}\#I \\
&= 2(p+1)C_{sp}\max\{k,\ C_{\mathrm{leaf}}\}\#I
\end{aligned} \tag{6.5.21}$$

由于 $p \sim O(\lg N)$，取 $k_1=\max\{k,\ C_{\mathrm{leaf}}\}$，可获得 $\boldsymbol{M} \in \boldsymbol{\mathcal{H}}(T,\ k)$ 的存储需求满足

$$N_{\mathcal{H},\mathrm{St}}(T,\ k) \sim O(k_1 N\lg N) \tag{6.5.22}$$

3. $\mathcal{H}$-矩阵的矩阵-矢量乘计算复杂度

在 $\boldsymbol{M} \in \boldsymbol{\mathcal{H}}(T,\ k)$ 中，可分为容许树叶 $\mathcal{L}^{+}(T)$ 和非容许树叶 $\mathcal{L}^{-}(T)$ 两种类

型，分别存储为 **R*k*** -矩阵和满阵，设它们所占用的存储分别为 $N_{R,\,St}(T,\ k)$和 $N_{F,\,St}(T,\ k)$。

对于满阵块 $t\times s$，存储需求为 $\#t\#s$。将该满阵块和一个向量 $\boldsymbol{x}$ 相乘，然后加到向量 $\boldsymbol{y}$ 中，其中，乘法的运算量为 $2\#t\#s-\#t$，加法的运算量为 $\#t$。因此，满阵块的矩阵-矢量乘的运算量 $N_{F\cdot v}(T,\ k)$满足

$$N_{F,\,St}(T,\ k)\leqslant N_{F\cdot v}(T,\ k)\leqslant 2N_{F,\,St}(T,\ k) \tag{6.5.23}$$

对于 **R*k*** -矩阵块 $t\times s$，存储需求为 $k(\#t+\#s)$。将该 **R*k*** -矩阵块和一个向量 $\boldsymbol{x}$ 相乘，然后加到向量 $\boldsymbol{y}$ 中，其中，乘法的运算量为 $2k(\#t+\#s)-\#t-k$，加法的运算量为 $\#t$。因此，满阵块的矩阵-矢量乘的运算量 $N_{F\cdot v}(T,\ k)$满足

$$N_{R,\,St}(T,\ k)\leqslant N_{R\cdot v}(T,\ k)\leqslant 2N_{R,\,St}(T,\ k) \tag{6.5.24}$$

可知，$\boldsymbol{M}\in\boldsymbol{\mathcal{H}}(T,\ k)$ 的矩阵-矢量乘的运算量 $N_{\mathcal{H}\cdot v}(T,\ k)$满足

$$N_{\mathcal{H},\,St}(T,\ k)\leqslant N_{\mathcal{H}\cdot v}(T,\ k)\leqslant 2N_{\mathcal{H},\,St}(T,\ k) \tag{6.5.25}$$

因此，$\boldsymbol{M}\in\boldsymbol{\mathcal{H}}(T,\ k)$ 矩阵-矢量乘的计算复杂度为

$$N_{\mathcal{H}\cdot v}(T,\ k)\sim O(k_1 N\lg N) \tag{6.5.26}$$

4. $\mathcal{H}$-求逆算法复杂度

$\mathcal{H}$-求逆算法的核心运算有两种，即乘法和加法。下面将按照乘法和加法两个部分对 $\mathcal{H}$-求逆运算进行复杂度分析。

1) $\mathcal{H}$-矩阵乘法部分，$\mathcal{H}$ - invert_Mul

在 $\mathcal{H}$-矩阵求逆算法的乘法部分，每个块矩阵 $r\times t$ 均参与两次运算，每次的运算形式为

$$\boldsymbol{Y}_{r\times t}=\sum_{l=0}^{L}\sum_{s}\boldsymbol{Y}_{r\times s}\boldsymbol{Y}_{s\times t},\ \boldsymbol{s}\subset\boldsymbol{I},\ r\times s\in T_{I\times I},\ s\times t\in T_{I\times I} \tag{6.5.27}$$

若 $r\times s$ 为容许块，矩阵 $\boldsymbol{M}_{r\times s}$ 存储为 **R*k*** -矩阵格式 $\boldsymbol{M}_{r\times s}=\boldsymbol{A}\boldsymbol{B}^{\mathrm{T}}$，其中 $\boldsymbol{A}\in\mathbf{R}^{t\times k}$，$\boldsymbol{B}\in\mathbf{R}^{s\times k}$。容许块 $\boldsymbol{M}_{r\times s}$ 与矩阵块 $s\times t$ 相乘得到另一个容许块 $\boldsymbol{M}_{r\times t}=\boldsymbol{A}\boldsymbol{C}^{\mathrm{T}}$，其中 $\boldsymbol{C}^{\mathrm{T}}$ 是 $\boldsymbol{B}^{\mathrm{T}}$ 与矩阵 $s\times t$ 块相乘获得的。这一过程包含 k 次 $\mathcal{H}$-矩阵的矩阵-矢量乘的操作，其计算复杂度为 $kk_1C_{sp}O(\max\{\#s,\ \#t\}\lg\{\max\{\#s,\ \#t\}\})$。

若 $r\times s$ 为非容许块，矩阵 $\boldsymbol{M}_{r\times s}$ 存储为满阵格式，尺寸最大为 $C_{\mathrm{leaf}}\times C_{\mathrm{leaf}}$。与矩阵 $s\times t$ 块相乘需要进行 C_{leaf}次 $\mathcal{H}$-矩阵的矩阵-矢量乘的操作，其计算复杂度为 $n_{\min}k_1C_{sp}O(\max\{\#s,\ \#t\}\lg\{\max\{\#s,\ \#t\}\})$。如果树形结构分组均匀，那么在第 l 层中 $\max\{\#s,\ \#t\}$可以近似为 $N/2^l$。矩阵块 $r\times s$ 与矩阵块 $s\times t$ 相乘的复杂度为

$$N_{(r\times s)\otimes(s\times t)} \leqslant k_1^2 C_{sp} O[N/2^l \lg(N/2^l)] \tag{6.5.28}$$

$\mathcal{H}$ - invert_Mul 的计算复杂度可以通过每层所有组块矩阵 $r\times s$ 与矩阵 $s\times t$ 计算量的累加获得。

$$\begin{aligned} N_{\mathcal{H}\text{-invert\_Mul}} &\leqslant 2\sum_{l=0}^{L}\sum_{r\times s\in\mathcal{L}^l(T)}\sum_{s\times t\in T^l} N_{(r\times s)\otimes(s\times t)} + 2\sum_{l=0}^{L}\sum_{s\times t\in\mathcal{L}^l(T)}\sum_{r\times s\in T^l} N_{(r\times s)\otimes(s\times t)} \\ &\leqslant 4\sum_{l=0}^{L}\sum_{r\times s\in\mathcal{L}^l(T)}\sum_{s\times t\in T^l} k_1^2 C_{sp} O(N/2^l \lg(N/2^l)) \end{aligned} \tag{6.5.29}$$

对应于组 s 的矩阵块 $r\times s\in\mathcal{L}^l(T)$ 的个数小于稀疏度 C_{sp}，那么块群树中 l 层的组的个数最多为 $2^l C_{sp}$，有

$$\begin{aligned} N_{\mathcal{H}\text{-invert\_Mul}} &\leqslant 4\sum_{l=0}^{L}\sum_{s\times t\in T^l} C_{sp} k_1^2 C_{sp} O[N/2^l \lg(N/2^l)] \\ &\leqslant 4\sum_{l=0}^{L} 2^l C_{sp} k_1^2 C_{sp}^2 O[N/2^l \lg(N/2^l)] \\ &\leqslant 4k_1^2 C_{sp}^3 O(N\sum_{l=0}^{\lg N}\lg(N-l)) \\ &= 2k_1^2 C_{sp}^3 O[N\lg N(\lg N+1)] \\ &\sim O(k_1^2 N\lg^2 N) \end{aligned} \tag{6.5.30}$$

2) $\mathcal{H}$ -矩阵加法部分，$\mathcal{H}$ - invert_Add

在 $\mathcal{H}$ -矩阵求逆算法的加法部分，所有层的格式化加法运算的总和为

$$\begin{aligned} N_{\mathcal{H}\text{-invert\_Add}} &\leqslant 2\sum_{l=0}^{L}\sum_{r\times t\in T^l} k_1^2 C_{sp} O(\max\{\#r,\ \#t\})\lg(\max\{\#r,\ \#t\}) \\ &\leqslant 2k_1^2 C_{sp}^2 \sum_{l=0}^{L} O[N/2^l \lg(N/2^l)] \\ &\leqslant 2k_1^2 C_{sp}^2 O(N\sum_{l=0}^{\lg N}\lg(N-l)) \\ &= k_1^2 C_{sp}^2 O[N\lg N(\lg N+1)] \\ &\sim O(k_1^2 N\lg^2 N) \end{aligned} \tag{6.5.31}$$

因此，得到 $\mathcal{H}$ -矩阵求逆的运算复杂度为

$$N_{\mathcal{H}\text{-invert}} = N_{\mathcal{H}\text{-invert\_Mul}} + N_{\mathcal{H}\text{-invert\_Add}} \sim O(k_1^2 N\lg^2 N) \tag{6.5.32}$$

5. $\mathcal{H}$ - LU 分解算法复杂度

对 $\mathcal{H}$ -矩阵求逆算法的复杂度分析同样适用于 $\mathcal{H}$ -矩阵 LU 分解，即 $\mathcal{H}$ -矩阵 LU 分解算法的计算复杂度可以通过 $\mathcal{H}$ -矩阵求逆算法的复杂度来限定。

$$N_{\text{LU\_decomp}} \leqslant N_{\mathcal{H}\text{-invert}} \sim O(k_1^2 N \lg^2 N) \tag{6.5.33}$$

只是由于 $\mathcal{H}$ -矩阵 LU 分解对矩阵块操作的次数要少于 $\mathcal{H}$ -矩阵求逆，所以 $\mathcal{H}$ -矩阵 LU 分解算法复杂度数值前面的系数要小于 $\mathcal{H}$ -求逆的。

在获得系数矩阵的 $\mathcal{H}$ - LU 分解后，通过三角回代获得线性方程组的解。对于对角块为非容许块，需要通过前后项回代，求解三角方程 $\boldsymbol{Lx}=\boldsymbol{b}$，所需的操作次数为 $O[(\#s)^2]$。对于非对角块，需要进行矩阵-矢量乘的操作。如果非对角块为非容许块，所需的操作次数为 $O(|s||t|)$；如果非对角块为容许块，所需的操作次数为 $kO(\#s+\#t)$。总的回代复杂度为

$$\begin{aligned} N_{\text{LU\_solve}} &= \sum_{s\times t\in\mathcal{L}+} k(\#\hat{s}+\#\hat{t}) + \sum_{t\times s\in\mathcal{L}-} \#\hat{s}\cdot\#\hat{t} \\ &\leqslant N_{\mathcal{H},\,St}(T,\,k) \\ &\sim O(k_1 N \lg N) \end{aligned} \tag{6.5.34}$$

表 6.6.1 给出各种 $\mathcal{H}$ -矩阵算法与传统算法的计算复杂度之间的比较。

表 6.6.1 $\mathcal{H}$ -矩阵算法与传统算法计算复杂度的比较

	计算复杂度	
	$\mathcal{H}$ -矩阵算法	传统算法
矩阵加法	$O(k_1^2 N\lg N)$	$O(N^2)$
矩阵-矢量乘	$O(k_1 N\lg N)$	$O(N^2)$
矩阵-矩阵乘	$O(k_1^2 N\lg^2 N)$	$O(N^3)$
求逆	$O(k_1^2 N\lg^2 N)$	$O(N^3)$
LU 分解	$O(k_1^2 N\lg^2 N)$	$O(N^3)$

6.6 积分方程中矩阵分解-奇异值分解的 $\mathcal{H}$ -矩阵快速求解技术

6.6.1 $\mathcal{H}$ -矩阵构造

$\mathcal{H}$ -矩阵和 MDA 均基于树形结构，即将阻抗矩阵 $\boldsymbol{Z}$ 进行分层划分成一系列的子块，从而形成 $\mathcal{H}$ -树结构，再实施 MDA 和 $\mathcal{H}$ -矩阵算法。根据 6.5 节的描述，为了构建阻抗矩阵 $\boldsymbol{Z}$ 的 $\mathcal{H}$ -树结构，需首先将所有 RWG 基函数的集合 $I=\{1, 2, 3, \cdots, N\}$ 排成群树结构，经典的 $\mathcal{H}$ -矩阵算法通常采用二叉树的构造方式，主要原因有两点：第一，二叉树的构造方式具有较高灵活性，方便控制 $\mathcal{H}$ -树结构的构架；第二，基于二叉树构造的 $\mathcal{H}$ -矩阵，具有递归二分的分块矩阵形式，方便实施 $\mathcal{H}$ -矩阵相关算法，如 $\mathcal{H}$ -矩阵求逆和 $\mathcal{H}$ -矩阵 LU 分解。

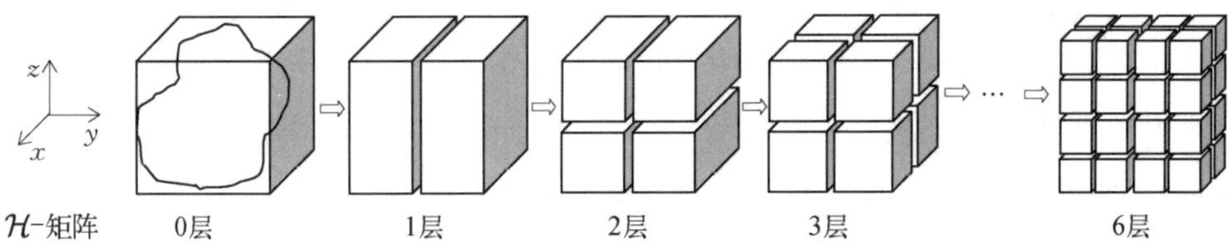

图 6.6.1　MDA－SVD 方法与 $\mathcal{H}$-矩阵方法中采用限制盒子对基函数集进行分层细化的过程示意图

在 MDA 中，为了构造 RWG 基函数集的群树结构，首先将目标区域用一个立方盒子包围起来；然后将这个立方盒子沿三个坐标方向同时一分为二，将原始立方盒子划分为八个小的立方盒子；再对八个小的立方盒子继续划分，将这一划分过程一直进行下去，直至最小立方盒子边长小于半个波长量级。这种划分方式所形成的树形结构为八叉树结构。因此，MDA 所构造的群树结构 T_I 满足：

(1) I 是树T_I的根。

(2) 如果 $t \in T_I$ 是树叶，那么 $|B_t| \leqslant 0.5\lambda$，其中，$|B_t|$表示包围 t 的立方盒子的尺寸。

(3) 如果 $t \in T_I$ 不是树叶，那么 t 有八个子节点 $t_1, t_2, \cdots, t_8 \in T_I$，且 $t = t_1 \cup t_2 \cdots \cup t_8$。

为了在 MDA 中引入 $\mathcal{H}$-矩阵方法，需要统一这两种方法的树形结构，即 $\mathcal{H}$-矩阵方法构造的群树结构必须和 MDA 的群树结构具有相同的树叶。从图 6.6.1 中可以看出，在 MDA 中，一分为八的划分方式可以分解为三步执行，即沿笛卡儿坐标系的 xyz 三个方向分别二分。基于此，八叉树的一层可分解为二叉树的三层。因此，当 MDA 构建好一个八叉树结构的同时，一个包含它所有树叶的二叉树结构也就构建好了。

构造好群树之后便是构造块树，两个相同的群树相互作用即构成块树。块树中的哪些块可以写成 **R*k*** -矩阵的形式依赖块树的容许划分。通过选用合适的容许条件，可以把块树的划分分成近场和远场两个部分，即

$$\boldsymbol{p} = \boldsymbol{p}^{\text{near}} \cup \boldsymbol{p}^{\text{far}} \tag{6.6.1}$$

MDA 将间隔一个立方盒子的两个盒子之间的相互作用判定为远场作用，因此式(6.6.1)中的远场划分可以描述为

$$\boldsymbol{p}^{\text{far}} = \{\boldsymbol{t} \times \boldsymbol{s} \in \boldsymbol{p} : \text{dist}(\boldsymbol{B}_t, \boldsymbol{B}_s)\} > 0 \tag{6.6.2}$$

其中，

$$\text{dist}(\boldsymbol{B}_{t0}, \boldsymbol{B}_s) > 0 \tag{6.6.3}$$

为容许条件。满足式(6.6.2)的两个组所形成的矩阵块为容许块，可写成 **R*k*** -矩阵

的形式。至此,MDA 的 $\mathcal{H}$ -树结构已经形成。从上面的分析可知,MDA 基于八叉树构造的具有分层分块结构的阻抗矩阵表达式,可以看作基于二叉树构造的以式(6.6.2)为容许划分的 $\mathcal{H}$ -矩阵。

6.6.2　基于 $\mathcal{H}$ - LU 分解的预条件与直接求解技术

MDA - SVD 可以把阻抗矩阵近似为

$$\boldsymbol{Z}_{mn}=\widetilde{\boldsymbol{Z}}_{m\tau}\boldsymbol{S}_{\tau\tau}\widetilde{\boldsymbol{Z}}_{\tau n} \tag{6.6.4}$$

其中,$\boldsymbol{Z}_{mn}$ 为原阻抗矩阵;$\widetilde{\boldsymbol{Z}}_{m\tau}$、$\widetilde{\boldsymbol{Z}}_{\tau n}$ 为正交矩阵;$\boldsymbol{S}_{\tau\tau}$ 为对角矩阵[38]。

为了引入 $\mathcal{H}$ -矩阵算法,将 $\boldsymbol{Z}_{mn}$ 写成 $\mathbf{R}\boldsymbol{k}$ -矩阵的形式:

$$\boldsymbol{Z}_{mn}=\boldsymbol{A}_{m\tau}\boldsymbol{B}_{\tau n}^{\mathrm{H}} \tag{6.6.5}$$

其中,

$$\boldsymbol{A}_{m\tau}=\widetilde{\boldsymbol{Z}}_{m\tau}\boldsymbol{S}_{\tau\tau},\ \boldsymbol{B}_{\tau n}^{\mathrm{H}}=\widetilde{\boldsymbol{Z}}_{\tau n} \tag{6.6.6}$$

将 $\mathcal{H}$ -树结构中的所有远场块均采用 MDA - SVD 算法压缩成 $\mathbf{R}\boldsymbol{k}$ -矩阵后,原有阻抗矩阵 $\boldsymbol{Z}$ 可以通过 $\mathcal{H}$ -矩阵表达为 $\boldsymbol{Z}_{\mathcal{H}}$,矩阵方程可以写为

$$\boldsymbol{Z}_{\mathcal{H}}\boldsymbol{I}=\boldsymbol{E} \tag{6.6.7}$$

方程式(6.6.7)通常采用 Krylov 子空间方法来迭代求解,如 GMRES 方法等,传统的 MDA - SVD 算法即是如此[30]。然而,迭代解法通常面临迭代收敛速度的问题,也就是说,当矩阵条件数较差时,迭代难以收敛甚至不收敛。为了加快迭代收敛速度,可以采用预条件技术,即引入合适的预条件算子将原始方程转化为

$$\widetilde{\boldsymbol{M}}\boldsymbol{Z}_{\mathcal{H}}\boldsymbol{I}=\widetilde{\boldsymbol{M}}\boldsymbol{E} \tag{6.6.8}$$

其中,乘积矩阵$\widetilde{\boldsymbol{M}}\boldsymbol{Z}_{\mathcal{H}}$具有比原阻抗矩阵$\boldsymbol{Z}_{\mathcal{H}}$更好的谱特性,从而使得新的矩阵方程迭代收敛速度加快。

本节引入一个新的预条件算子

$$\widetilde{\boldsymbol{M}}=\boldsymbol{M}^{-1}=(\boldsymbol{L}_{\mathcal{H}}\boldsymbol{U}_{\mathcal{H}})^{-1} \tag{6.6.9}$$

其中,$\boldsymbol{L}_{\mathcal{H}}$和$\boldsymbol{U}_{\mathcal{H}}$分别是对$\boldsymbol{Z}_{\mathcal{H}}$进行 $\mathcal{H}$ -矩阵 LU 分解之后形成的下三角因子和上三角因子,即

$$\boldsymbol{Z}_{\mathcal{H}}\approx\boldsymbol{L}_{\mathcal{H}}\boldsymbol{U}_{\mathcal{H}} \tag{6.6.10}$$

它以 $\mathcal{H}$ - FBS 的形式参与 GMRES 迭代的矩阵-矢量乘操作。

设 $\mathcal{H}$ - LU 分解的精度为 δ,$\boldsymbol{Z}_{\mathcal{H}}$基于 2 -范数的条件数为 $\mathrm{cond}_2(\boldsymbol{Z}_{\mathcal{H}})$。设有 $\delta>\mathbf{0}$ 使得 $\delta\,\mathrm{cond}_2(\boldsymbol{Z}_{\mathcal{H}})<1$,可以得

$$\| \boldsymbol{Z}_{\mathcal{H}} - \boldsymbol{M} \|_2 \leqslant \delta \| \boldsymbol{Z}_{\mathcal{H}} \|_2 \tag{6.6.11}$$

由式(6.6.11)有

$$\| \boldsymbol{I} - \boldsymbol{Z}_{\mathcal{H}}^{-1}\boldsymbol{M} \|_2 = \| \boldsymbol{Z}_{\mathcal{H}}^{-1}(\boldsymbol{Z}_{\mathcal{H}} - \boldsymbol{M}) \|_2 \leqslant \delta \| \boldsymbol{Z}_{\mathcal{H}} \|_2 \| \boldsymbol{Z}_{\mathcal{H}}^{-1} \|_2 = \delta \operatorname{cond}_2(\boldsymbol{Z}_{\mathcal{H}}) \tag{6.6.12}$$

从而，

$$\| \boldsymbol{Z}_{\mathcal{H}}^{-1}\boldsymbol{M} \|_2 \leqslant 1 + \| I - \boldsymbol{Z}_{\mathcal{H}}^{-1}\boldsymbol{M} \|_2 \leqslant 1 + \delta \operatorname{cond}_2(\boldsymbol{Z}_{\mathcal{H}}) \tag{6.6.13}$$

根据 Neumman 级数理论可知

$$\| \boldsymbol{M}^{-1}\boldsymbol{Z}_{\mathcal{H}} \|_2 \leqslant \sum\nolimits_{i=0}^{\infty} \| \boldsymbol{I} - \boldsymbol{Z}_{\mathcal{H}}^{-1}\boldsymbol{M} \|_2^i \leqslant \frac{1}{1 - \delta \operatorname{cond}_2(Z_{\mathcal{H}})} \tag{6.6.14}$$

联合式(6.6.13)和式(6.6.14)，可得出如下结论：

$$\operatorname{cond}_2(\boldsymbol{M}^{-1}\boldsymbol{Z}_{\mathcal{H}}) = \| \boldsymbol{M}^{-1}\boldsymbol{Z}_{\mathcal{H}} \|_2 \| \boldsymbol{Z}_{\mathcal{H}}^{-1}\boldsymbol{M} \|_2 \leqslant \frac{1 + \delta \operatorname{cond}_2(\boldsymbol{Z}_{\mathcal{H}})}{1 - \delta \operatorname{cond}_2(\boldsymbol{Z}_{\mathcal{H}})} \tag{6.6.15}$$

从式(6.6.15)可以看出，$\operatorname{cond}_2(\boldsymbol{M}^{-1}\boldsymbol{Z}_{\mathcal{H}})$有明显的上界。举例来说，如果 δ 满足 $\delta \operatorname{cond}_2(\boldsymbol{Z}_{\mathcal{H}}) \leqslant 0.5$，那么矩阵 $\boldsymbol{M}^{-1}\boldsymbol{Z}_{\mathcal{H}}$的条件数至多为 3。因此，和利用 MDA - SVD 算法构造 $\boldsymbol{Z}_{\mathcal{H}}$的精度相比，低精度的 $\mathcal{H}$ - LU 分解即可作为预条件算子。

由于 $\mathcal{H}$ -矩阵数据稀疏格式具有较低的计算复杂度，$\mathcal{H}$ - LU 分解结合 $\mathcal{H}$ - FBS 提供了一种有效的直接求解器来求解方程式(6.6.7)。这时，$\mathcal{H}$ - LU 分解的精度 δ 需达到基于 MDA - SVD 算法压缩构造的 $\mathcal{H}$ -矩阵 $\boldsymbol{Z}_{\mathcal{H}}$ 的近似精度。完成 $\mathcal{H}$ - LU 分解后，不需要再执行任何的迭代步骤，仅通过执行一次 $\mathcal{H}$ - FBS 即可获得方程的解。由于原始 $\mathcal{H}$ -矩阵 $\boldsymbol{Z}_{\mathcal{H}}$在完成 $\mathcal{H}$ - LU 分解后不需再使用，它可以在 $\mathcal{H}$ - LU 分解过程中被覆盖。对于多右边向量问题(如单站 RCS)的求解，一旦完成 $\mathcal{H}$ - LU 分解，即可保存上下三角因子，这样对于每个独立的右边向量只需执行 $\mathcal{H}$ - FBS 即可得解。因此，对于多右边向量问题，基于 $\mathcal{H}$ - LU 分解的直接解法往往比 GMRES 迭代解法，甚至比基于 $\mathcal{H}$ - LU 预条件技术的 GMRES 迭代解法具有更高的求解效率。

综上所述，低精度的 $\mathcal{H}$ - LU 分解所生成的上下三角因子和基于 MDA - SVD 算法压缩生成的 $\mathcal{H}$ -矩阵 $\boldsymbol{Z}_{\mathcal{H}}$相比，内存需求小得多，可被用作一种有效的预条件技术来加速迭代求解的收敛。具有较高精度的 $\mathcal{H}$ - LU 分解可被用作直接求解器来求解多右边向量问题。需要指出的是，在处理单右边向量问题时，基于 $\mathcal{H}$ - LU 分解的直接解法的求解效率不一定能胜过基于 $\mathcal{H}$ - LU 预条件技术的迭代解法[23,24]。在下面的数值算例中，将详细探讨并比较这两种方法的性能。

6.6.3 数值算例与讨论

本小节给出数值算例来验证 MDA - SVD 算法的 $\mathcal{H}$ -矩阵快速求解方法的正确性和有效性。首先给出两个带介质衬底的 FSS 的算例来测试 $\mathcal{H}$ - LU 预条件技术加速 GMRES 迭代求解的效果，GMRES 迭代的收敛精度设置为 10^{-6}，MDA - SVD 算法中的截断精度 $\varepsilon_{\mathrm{SVD}}$ 设置为 10^{-3}；然后给出平面微带贴片天线阵列的算例来测试基于 $\mathcal{H}$ - LU 的直接解法的性能，并和基于 $\mathcal{H}$ - LU 预条件的 GMRES 迭代解法进行比较。所有测试均在配置 Intel Core2 2.8 GHz 中央处理器的单台计算机上完成，浮点数据格式均为双精度。

首先分析 Y 形环 FSS 阵列。Y 形臂的臂长和臂宽分别为 4 mm 和 1 mm，周期单元的长、宽分别为 $T_x = 17$ mm 和 $T_y = 14.5$ mm，臂的倾斜角为 60°，介质衬底的厚度为 $d = 0.5$ mm，介电常数为 $\varepsilon_r = 2.0$，图 6.6.2 给出该 Y 形环 FSS 阵列的结构示意图。入射平面波为 TM 极化波，入射角度为 $\theta = 45°$ 和 $\phi = 0°$。采用 MDA - SVD 算法的 $\mathcal{H}$ -矩阵快速求解方法研究该 Y 形环 FSS 有限大阵列的传输特性。为了验证方法仿真结果的正确性，使用 Ansoft Designer 软件仿真无限大 FSS 阵列结果作为比较的标准，这是因为足够大的有限大 FSS 阵列和无限大的 FSS 阵列具有类似的传输特性。首先分析 20×20 的 Y 形环 FSS 阵列的传输系数，图 6.6.3 给出采用本文基于 $\mathcal{H}$ - LU 预条件的 GMRES 迭代解法计算出的传输系数，可以看出，本节方法的计算结果和 Ansoft Designer 软件仿真结果吻合较好。

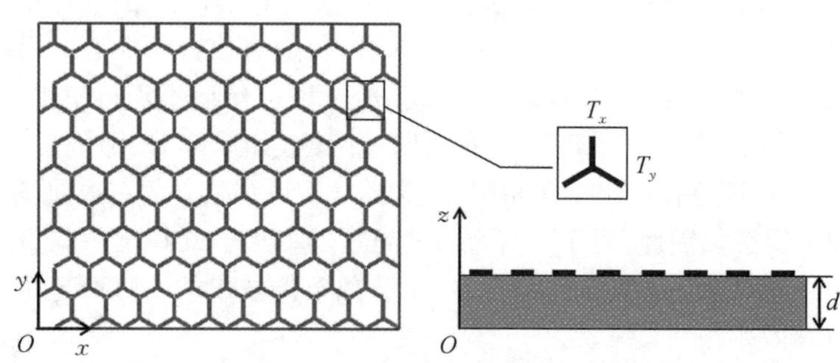

图 6.6.2 Y 形环 FSS 阵列的结构示意图

下面测试 $\mathcal{H}$ - LU 预条件技术的性能。将频率固定在 7 GHz，分别采用 GMRES 迭代解法和加入 $\mathcal{H}$ - LU 预条件技术的 GMRES 迭代解法来分析不同大小的 Y 形环 FSS 阵列。$\mathcal{H}$ - LU 分解算法中的相对截断误差 $\varepsilon_{\mathcal{H}} = 10^{-1}$。在保证预条件效果的前提下，采用这样相对较低的截断精度是为了降低构造预条件算子的代价。表 6.6.2 给出 MDA - SVD 算法的压缩效果，并比较加入 $\mathcal{H}$ - LU 预条件

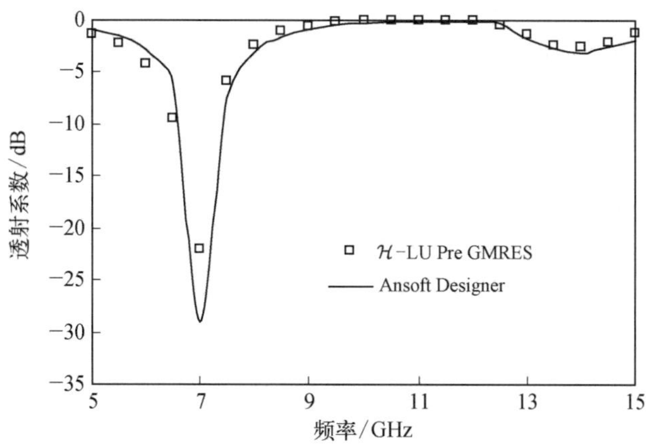

图 6.6.3　20×20 的 Y 形环 FSS 阵列的传输系数

的 GMRES 迭代解法和不加预条件的 GMRES 迭代解法的计算性能。N_{DOF} 为自由度数目,即离散未知量数目;Comp 为 MDA－SVD 算法的压缩比率,即 MDA－SVD 算法压缩生成的 $\mathcal{H}$－matrix 占用的内存与未压缩的满阵消耗的内存之间的百分比;$\mathcal{H}$－matrix 为 MDA－SVD 算法压缩生成的 $\mathcal{H}$－matrix 的时间及压缩生成的 $\mathcal{H}$－matrix 所占用的内存;$\mathcal{H}$－LU Deco.为 $\mathcal{H}$－LU 预条件算子的构造时间及占用的内存;No Pre 为不加预条件技术的 GMRES 迭代解法在迭代 1 000 步之后的余量;$\mathcal{H}$－LU Pre 为施加 $\mathcal{H}$－LU 预条件技术后的 GMRES 迭代解法迭代到 10^{-6}收敛精度时所需的迭代步数及迭代时间。

表 6.6.2　MDA－SVD 算法压缩及 $\mathcal{H}$－LU 预条件技术针对不同尺寸 Y 形 FSS 阵列的性能

FSS 大小	N_{DOF}	Comp. %	$\mathcal{H}$－matrix MB/s	$\mathcal{H}$－LU Deco. MB/s	No Pre	$\mathcal{H}$－LU Pre 步数/s
10×10	6 300	14.20	96/210	31/26	4.04 e－3	10/5
20×20	25 200	4.26	513/1 244	153/145	1.06 e－2	13/16
40×40	100 800	2.07	1 708/4 732	546/552	5.52 e－2	18/98
60×60	226 800	1.23	3 652/7 798	931/987	9.37 e－2	25/291

从表 6.6.2 的第四列和第五列可以看出,作为预条件的 $\mathcal{H}$－LU 三角因子和原 $\mathcal{H}$-矩阵相比压缩了 70%左右。在本例的测试中,不加预条件的 GMRES 迭代解法收敛速度十分缓慢,因此在表 6.6.2 的第六列给出其在迭代 1 000 步之后的迭代余量误差。从表 6.6.2 的最后一列可以看出,$\mathcal{H}$－LU 预条件技术极大地提高了 GMRES 迭代解法的收敛速度且缩减了求解时间。最后测试 $\mathcal{H}$－LU 算法的计算复杂度和内存需求。将频率固定在 7 GHz,通过提高离散密度的方式来增加未知

量数目,并测试随着未知量的增加 $\mathcal{H}$ - LU 算法的计算时间和内存消耗的变化。从图 6.6.4(a)和图 6.6.4(b)可以看出,$\mathcal{H}$ - LU 算法的计算复杂度和内存需求分别为 $O(N\lg^2 N)$和 $O(N\lg N)$[23,24]。

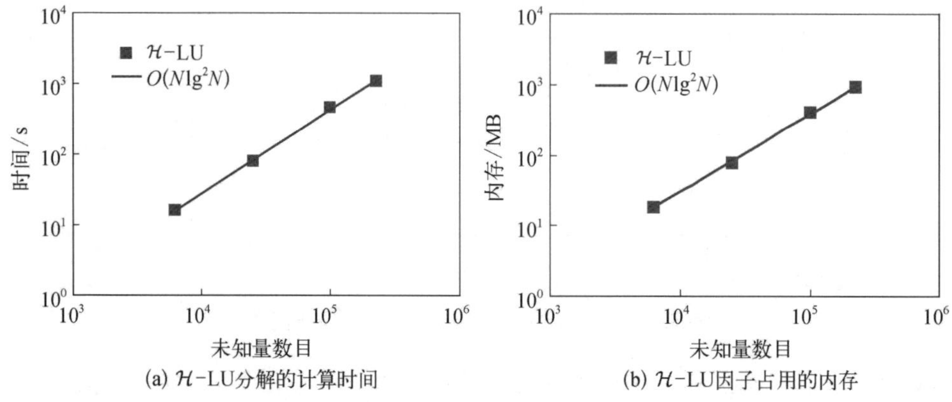

图 6.6.4 Y 形环 FSS 阵列算例中随着未知量数目增大 $\mathcal{H}$ - LU 算法的计算消耗

接着分析圆环 FSS 阵列。该 FSS 阵列由三层不同的介质层和两层圆环形金属涂敷片构成,金属涂敷片位于分介质层的顶部和底部,如图 6.6.5 所示。FSS 阵列大小为 10×10,每个周期单元尺寸为 T_x =17 mm 和 T_y =14.5 mm,金属圆环的内外半径分别为R_1 =6.62 mm 和R_2 =7.4 mm。从顶层到底层的三个介质层的厚度分别为 d_1 = 0.25 mm、d_2 = 5.0 mm 和 d_3 = 0.25 mm,相应地各介质层的介电常数分别为 ε_{r1} = 3.0、ε_{r2} = 0.000 6 和 ε_{r3} = 3.0。入射平面波为从 θ = 0°,ϕ = 0° 方向照射的 TE 波。采用 RWG 基函数离散金属表面生成的未知量数目为 10 720。图 6.6.6 给出采用本节提出的 $\mathcal{H}$ - LU 预条件的 GMRES 迭代解法计算出的传输系数曲线,并和采用普通矩量法的计算结果进行对比,可以看出,二者吻合良好。

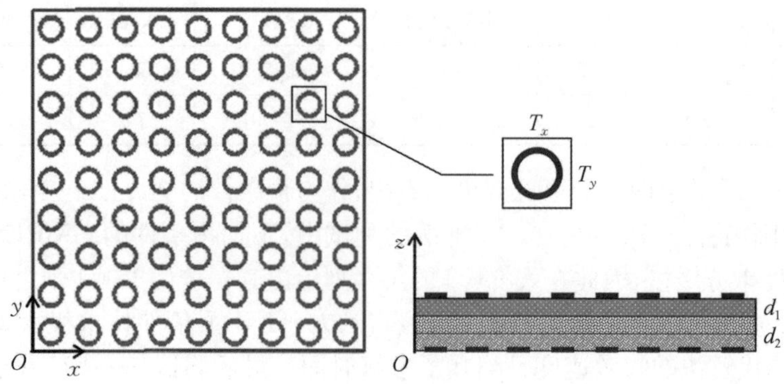

图 6.6.5 圆环 FSS 阵列结构示意图

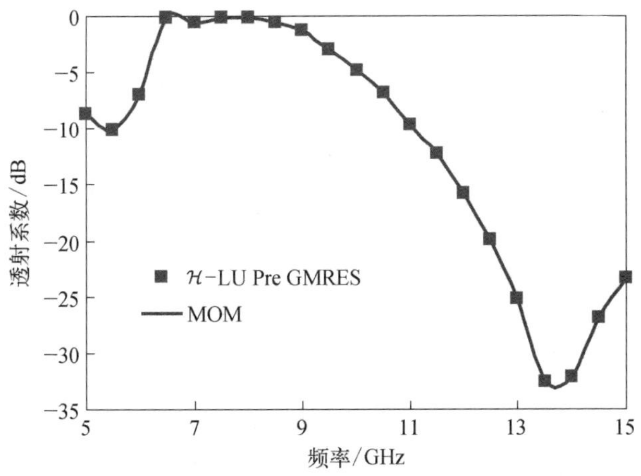

图 6.6.6 10×10 的圆环 FSS 阵列的传输系数曲线

表 6.6.3 给出频率为 13.5 GHz 时，基于 MDA-SVD 算法构造 $\mathcal{H}$-矩阵的计算消耗，及 $\mathcal{H}$-LU 预条件的 GMRES 迭代解法在不同的截断精度 $\varepsilon_{\mathcal{H}}$ 下的计算性能变化。$\varepsilon_{\mathcal{H}}$ 为 $\mathcal{H}$-LU 分解过程中的相对截断精度，它控制 $\mathcal{H}$-LU 分解的精度；$\mathcal{H}$-FBS 为 $\mathcal{H}$-矩阵格式的前后向回代所花费的时间；Total 为总的求解时间，不计入 MDA-SVD 算法构造 $\mathcal{H}$-矩阵的时间。显然，随着 $\varepsilon_{\mathcal{H}}$ 指数级提高，迭代步数逐渐减少而内存需求逐渐增加。从表 6.6.3 还可以看出，低精度的 $\mathcal{H}$-LU 分解不仅计算代价低，而且能够获得较好的预条件效果。

表 6.6.3 不同截断精度 $\varepsilon_{\mathcal{H}}$ 下的 $\mathcal{H}$-LU 分解的预条件效果

$\mathcal{H}$-matrix MB/s	$\varepsilon_{\mathcal{H}}$	$\mathcal{H}$-LU Deco. MB/s	$\mathcal{H}$-FBS s	$\mathcal{H}$-LU Pre GMRES 步数/s	Total s
211/739	5×10^{-1}	64/127	0.13	16/6.3	133.3
	10^{-1}	87/154	0.21	11/5.6	159.6
	10^{-2}	130/209	0.32	6/4.6	213.6
	10^{-3}	185/353	0.54	3/3.8	356.8

图 6.6.7 给出在 $\varepsilon_{\mathcal{H}}=10^{-1}$ 的截断精度下，扫频范围中不同采样频率下的迭代收敛步数。从图 6.6.7 中可以看出，迭代收敛步数在整个扫频范围中几乎保持恒定，从而验证了 $\mathcal{H}$-LU 分解预条件技术的稳定性。

最后分析一个 10×10 的微带贴片天线阵列的散射问题。微带贴片天线的单站 RCS 和金属导体的辐射效率直接相关，因此对单站 RCS 的研究具有重要的现实意义。单站 RCS 的计算可以归结为一个多右边向量问题的求解，也就是说，对于不同激励下的求解，仅需改变方程式(6.6.7)的右边向量，而阻抗矩阵保持不变。

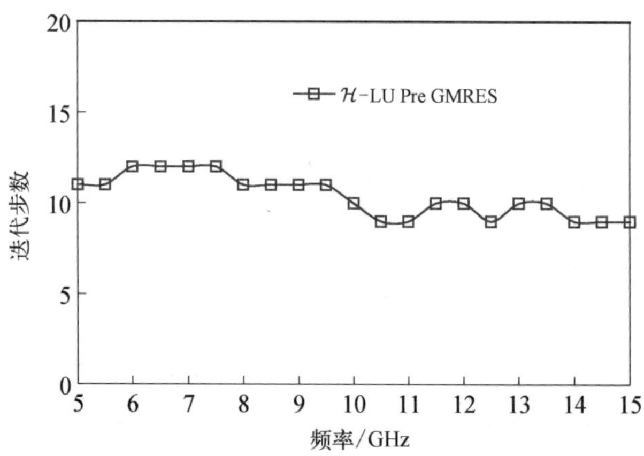

图 6.6.7 $\mathcal{H}$ - LU 预条件的 GMRES 迭代求解在不同频率点的迭代收敛步数

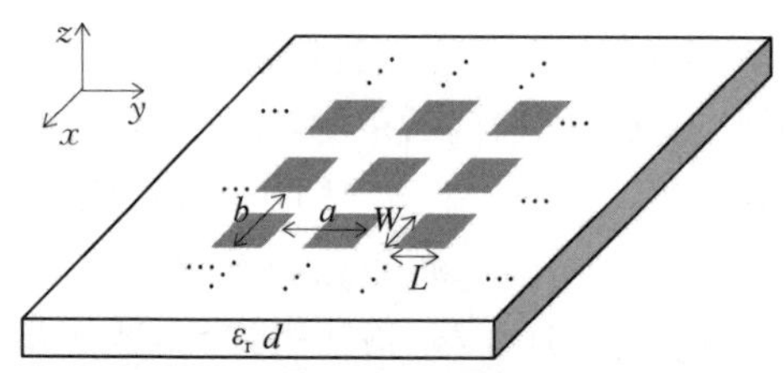

图 6.6.8 微带贴片天线阵列结构示意图

$\mathcal{H}$ - LU 分解算法可作为一种有效的直接求解器来求解多右边向量问题，这是因为 $\mathcal{H}$ - LU 分解的操作仅需执行一次，然后针对每个不同激励下的求解执行 $\mathcal{H}$ - FBS 操作即可。图 6.6.8 给出该微带贴片天线的结构示意图。阵列单元尺寸为 $L=3.66$ cm，$W=2.60$ cm，$a=b=5.517$ cm；介质衬底的相对介电常数和厚度分别为 $\varepsilon_r=2.17$ 和 $d=0.158$ cm。

采用 RWG 基函数离散后的总未知量数目为 20 812。分别测试基于 $\mathcal{H}$ - LU 预条件的 GMRES 迭代解法和基于 $\mathcal{H}$ - LU 的直接解法在分析该微带贴片天线阵列单站 RCS 时的计算性能。$\mathcal{H}$ - LU 分解在用作 GMRES 迭代解法的预条件和用作直接解法时的截断精度分别设置为 $\varepsilon_{\mathcal{H}}=10^{-1}$ 和 $\varepsilon_{\mathcal{H}}=10^{-3}$。采用基于 $\mathcal{H}$ - LU 的直接解法计算出的单站 RCS 如图 6.6.9 所示，选用 172 个激励采样点来描绘该单站 RCS 曲线。

表 6.6.4 给出无预条件的 GMRES 迭代解法、$\mathcal{H}$ - LU 预条件的 GMRES 迭代解法和基于 $\mathcal{H}$ - LU 的直接解法三种不同求解方法的计算性能比较。尽管 $\mathcal{H}$ - LU预条件的构造比 $\mathcal{H}$ - LU 直接解法消耗的计算时间和内存需求都要少，但是对于所有激励求解的总时间却比 $\mathcal{H}$ - LU 直接解法要长。这是因为采用 $\mathcal{H}$ - LU预条件的 GMRES 迭代解法时，针对每个激励的求解均需要数步乃至更多步的迭代过程，其中每步迭代的矩阵-矢量乘操作包括一次 $\mathcal{H}$ - FBS 和一次 $\mathcal{H}$ -矩阵的矩阵-矢量乘；而在采用基于 $\mathcal{H}$ - LU 的直接解法求解时，针对每个激励的求解均只需一次 $\mathcal{H}$ - FBS。可以看出，$\mathcal{H}$ - LU 的直接解法具有明显优势，而且这一优势随着右边向量数目的增加将进一步增大。由于无预条件的

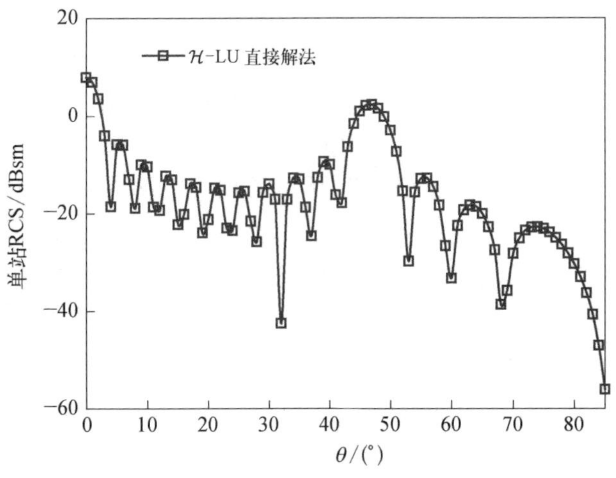

图 6.6.9 10×10 微带贴片天线阵列单站 RCS 曲线图

GMRES 迭代解法在本算例的计算过程中收敛得极其缓慢，为了给出计算时间比较数据，表 6.6.4 中给出迭代到 1 000 步的近似计算时间。表 6.6.4 的最后一列给出总的求解时间，其中包括 $\mathcal{H}$-LU 分解的时间和之后对 172 个激励的求解时间。

表 6.6.4 10×10 微带贴片天线阵列算例采用不同求解方法计算单站 RCS 时计算性能

求解方法	$\mathcal{H}$-矩阵构造/(MB/s)	$\mathcal{H}$-LU 分解/(MB/s)	求解时间/s	总求解时间/s
$\mathcal{H}$-LU 直接解法	378/913	357/462	259	721
$\mathcal{H}$-LU 预条件 GMRES		98/126	2 964	3 090
无预条件 GMRES		—	>50 000	>50 000

6.7 矢量有限元法中的 $\mathcal{H}$-矩阵算法及其改进算法

有限元法生成的是一个大型稀疏线性矩阵方程组，如何对该方程组有效求解极大地影响着有限元法分析问题的效率。求解这一线性矩阵方程组通常有两种方法，迭代解法和直接解法。有限元稀疏线性系统迭代解法计算复杂度可估计为 $O(N_{\mathrm{rhs}}N_{\mathrm{it}}N)$，其中，$N_{\mathrm{rhs}}$表示右边向量的数目，$N_{\mathrm{it}}$表示迭代步数。这一复杂度的估计表明，迭代解法求解效率主要取决于两个方面：一方面，取决于迭代收敛速度。迭代收敛速度和系数矩阵性态相关，性态较差时通常难以收敛。通过预条件技术可以改善矩阵性态，提高收敛速度，但是针对不同问题往往需要不同的预条件技术。另一方面,取决于右边向量的数目。在采用迭代解法分析多右边向量问题(如单站 RCS 的计算)时,针对每个独立的右边向量均需要迭代一次,从而造成了大量的计算资源浪费。直接解法没有收敛性的问题,且对于多右边向量无须重复计算,但是较高的计算复杂度和存储消耗使得其对于大规模问题的求解受到很大的限制。相关文献指出,现有最优的 FEM 稀疏线性系统直接解法的计算复杂度也只能达到 $O(N^{\frac{3}{2}})$。6.6 节中,采用 $\mathcal{H}$ -矩阵算法基于积分方程方法有效地进行了电磁仿真分析。那么,能否将 $\mathcal{H}$ -矩阵算法引入有限元直接解法中来降低其计算复杂度和内存需求呢? 这是因为如果将格林函数看作施瓦茨核(Schwarz kernel),那么椭圆型偏微分算子的逆算子具有积分算子的形式。因此,有限元离散椭圆型偏微分算子所生成矩阵的逆矩阵能够表示成 $\mathcal{H}$ -矩阵的形式。这一事实为 $\mathcal{H}$ -矩阵算法在有限元直接解法中的应用提供了理论基础[18-24]。$\mathcal{H}$ -矩阵算法能够将有限元直接解法的计算复杂度和内存需求降低到接近线性。尽管如此,基于 $\mathcal{H}$ -矩阵算法的有限元直接解法的效率能够被进一步提高,这是因为利用有限元矩阵的稀疏特性,能够引入适当的排序方法来减少直接求解过程中的非 0 元的注入(fill-in),从而大大改进传统 $\mathcal{H}$ -矩阵算法的性能。

本节首先给出 $\mathcal{H}$ -矩阵在电动力学有限元法中可行性的证明,这是在电磁场矢量有限元法中实施 $\mathcal{H}$ -矩阵直接解法的理论基础;然后给出矢量有限元法中构造 $\mathcal{H}$ -矩阵及实施 $\mathcal{H}$ -矩阵直接解法的基本流程,主要介绍基于 $\mathcal{H}$ -矩阵求逆和 $\mathcal{H}$ -矩阵 LU 分解的两种直接解法;最后给出一种解精度的修正算法来进一步提高 $\mathcal{H}$ -矩阵直接解法的求解性能。

6.7.1 $\mathcal{H}$-矩阵算法在有限元法分析电动力学问题中的可行性证明

相关数学文献已经证明,有限元法离散椭圆型偏微分方程(如 Poisson 方程)所生成的矩阵可以用 $\mathcal{H}$ -矩阵表示,且其逆也可用 $\mathcal{H}$ -矩阵高效近似[18-24]。然而,支配所有电动力学现象是麦克斯韦方程组,其本质上属于双曲型偏微分方程,因此现有的基于椭圆型偏微分方程的证明就不再适用于电动力学有限元法的波动方程。仅从数学上证明 $\mathcal{H}$ -矩阵理论在电动力学中的可行性是很难实现的,这也是至今尚无数学文献给出相关证明的主要原因之一。实际上,电磁物理学能够较好地揭示电动力学问题中生成的有限元系数矩阵的特性。下面从电磁物理学出发,严格论证电动力学问题中生成的有限元系数矩阵及其逆矩阵均能用 $\mathcal{H}$ -矩阵表达。

首先,证明电动力学问题中生成的有限元系数矩阵能用 $\mathcal{H}$ -矩阵表达。要证明这一点,只需证明有限元系数矩阵具有远场可压缩的特性。根据 6.7 节中讲述的内容,通过合适的基函数排序和分组方式,可采用群树和块群树理论构造出有限元系数矩阵的 $\mathcal{H}$ -树结构。进而根据远场作用容许条件,可区分 $\mathcal{H}$ -树结构中的近场块和远场块,其中,近场块以满阵形式表达,远场块以 **R***k* -矩阵形式表达。那么，有限元系数矩阵的远场块能否用 **R*k*** -矩阵来高效近似呢？回答是肯定的。因为满足容许条件的两个基函数组必定离开了一定的距离，而有限元法中的基函数具有局部特性，即离开一定距离的两个基函数之间的作用必定为 0，可知，有限元系数矩阵的 $\mathcal{H}$ -矩阵表达式中的所有远场 **R*k*** -矩阵均为 0。由于近场块采用满阵形式精确表达，所以整个有限元系数矩阵可用 $\mathcal{H}$ -矩阵表达，且该表达是精确无损的。

然后，证明电动力学问题中生成的有限元系数矩阵的逆矩阵能用 $\mathcal{H}$ -矩阵表达。自由空间中的任意电流分布 $\boldsymbol{J}$ 将产生电场 $\boldsymbol{E}$，电流分布 $\boldsymbol{J}$ 通常是由一组电偶极子 $\widetilde{\boldsymbol{I}}_i\boldsymbol{l}_i$ 组成，其中，$\widetilde{\boldsymbol{I}}_i$ 表示第 i 个单元的电流系数，$\boldsymbol{l}_i$ 表示第 i 个电流元的长度。利用有限元法求解边值问题得到的线性方程组可表示为

$$\boldsymbol{YE}=\boldsymbol{I} \tag{6.7.1}$$

其中，$\boldsymbol{I}=-\mathrm{j}\boldsymbol{wu}\,\widetilde{\boldsymbol{I}}_i\boldsymbol{l}_i$。

另外，任意电流分布 $\boldsymbol{J}$ 激发产生的电场 $\boldsymbol{E}$ 可用如下积分形式表达：

$$\boldsymbol{E}(\boldsymbol{r})=-\mathrm{j}\boldsymbol{wu}_0\iiint_V\left[\boldsymbol{J}(\boldsymbol{r}')\boldsymbol{G}_0+\frac{1}{k_0^2}\nabla'\cdot\boldsymbol{J}(\boldsymbol{r}')\nabla\boldsymbol{G}_0\right]\mathrm{d}\boldsymbol{V}' \tag{6.7.2}$$

其中，$\boldsymbol{G}_0$ 表示自由空间格林函数。

对于一组电偶极子 $\widetilde{I}_nl_n(n=1,2,\cdots,N)$，空间中的任一点 $\boldsymbol{r}$ 处的电场 $\boldsymbol{E}$ 可表示为所有电流元的贡献总和：

$$\boldsymbol{E}(\boldsymbol{r})=-j\omega\mu_0\sum_{n=1}^{N}\left(I_nl_n\,\hat{l}_n(\boldsymbol{r}')\boldsymbol{G}_0(\boldsymbol{r},\boldsymbol{r}')+\frac{1}{k_0^2}\nabla\{I_nl_n\,\nabla\cdot[\hat{l}_n(\boldsymbol{r}')]\boldsymbol{G}_0(\boldsymbol{r},\boldsymbol{r}')\}\right) \tag{6.7.3}$$

其中，$\hat{\boldsymbol{l}}_n$ 表示第 n 个电流元的单位切向矢量。

用矢量有限元法离散的棱边单位切向量，式(6.7.3)可获得

$$\boldsymbol{E}=\boldsymbol{ZI} \tag{6.7.4}$$

其中，$\boldsymbol{I}$ 和式(6.7.1)中相同；$\boldsymbol{Z}$ 是稠密矩阵，其矩阵元素表达形式如下：

$$\begin{aligned}z_{mn}=\frac{1}{-jwu_0}\Big\{&-jwu_0\hat{\boldsymbol{t}}_m(\boldsymbol{r}_m)\cdot\hat{l}_n(\boldsymbol{r}'_n)\boldsymbol{G}_0(\boldsymbol{r}_m,\boldsymbol{r}'_n)\\&-\frac{j}{w\epsilon}\hat{t}_m(\boldsymbol{r}_m)\;\nabla[\nabla(\hat{l}_n(\boldsymbol{r}'_n)\boldsymbol{G}_0(\boldsymbol{r},\boldsymbol{r}'))]\Big\}\end{aligned} \tag{6.7.5}$$

其中，$\hat{\boldsymbol{t}}_m$ 表示第 m 条边的单位切向量；$\boldsymbol{r}_m$ 表示第 m 条棱边中点的位置矢量；$\boldsymbol{r}'_n$ 表示第 n 个电流元的位矢量。在式(6.7.4)中，$\boldsymbol{E}$ 中的元素表达式为

$$\boldsymbol{E}_m=\hat{\boldsymbol{t}}_m(\boldsymbol{r}_m)\cdot\boldsymbol{E}(\boldsymbol{r}_m) \tag{6.7.6}$$

它和式(6.7.1)中的 $\boldsymbol{E}$ 相同。

通过将式(6.7.4)与式(6.7.1)进行比较可以看出,有限元矩阵 $\boldsymbol{Y}$ 的逆就是 $\boldsymbol{Z}$。也就是说,如果可以证明 $\boldsymbol{Z}$ 能够用精度可控的 $\mathcal{H}$-矩阵来表示,那么 $\boldsymbol{Y}^{-1}$ 就可以用 $\mathcal{H}$-矩阵来高效近似。许多关于 $\mathcal{H}$-矩阵方法的数学文献已经证明了数值离散具有光滑核的积分算子所生成的稠密矩阵可以用 $\mathcal{H}$-矩阵高效近似[18-20]。6.7 节基于 MDA 的快速直接解法证明了在电动力学问题的分析中,矩量法离散具有振荡核的积分算子生成的稠密阻抗矩阵可以用 $\mathcal{H}$-矩阵高效近似。事实上,也可基于其他方法来验证积分方程方法生成的阻抗矩阵具有 $\mathcal{H}$-矩阵表达式,如插值方法和 ACA[27]等。因此,也就证明了有限元矩阵 $\boldsymbol{Y}$ 的逆矩阵 $\boldsymbol{Y}^{-1}$ 也可以用 $\mathcal{H}$-矩阵来高效近似。在静态问题的分析中,对于给定的计算精度,$\mathcal{H}$-矩阵中 $\mathbf{R}\boldsymbol{k}$-矩阵的截断秩 k 通常不随分析问题规模的变化而变化;而在电动力学问题的分析中,对于给定的计算精度,截断秩 k 通常会随着目标电尺寸、$\mathcal{H}$-树结构的层数及容许划分等因素的变化而变化。

对于非齐次问题,如电磁散射问题,总场可以写成入射场和散射场之和,即

$$\boldsymbol{E}=\boldsymbol{E}^{\mathrm{inc}}+\boldsymbol{E}^{\mathrm{sc}} \tag{6.7.7}$$

其中,$\boldsymbol{E}^{\mathrm{inc}}=\boldsymbol{ZI}$,式(6.7.4)可以写成

$$\boldsymbol{Z}_1\boldsymbol{E}=-\boldsymbol{ZI} \tag{6.7.8}$$

比较式(6.7.8)与式(6.7.1),可知

$$\boldsymbol{Y}^{-1}=-\boldsymbol{Z}_1^{-1}\boldsymbol{Z} \tag{6.7.9}$$

由于 $\boldsymbol{Z}$ 是 $\mathcal{H}$-矩阵,即使 $\boldsymbol{Z}_1^{-1}$ 是满阵,$\boldsymbol{Y}^{-1}$ 仍然是 $\mathcal{H}$-矩阵,这一点可以证明如下:设 $\boldsymbol{Z}=\boldsymbol{AB}^{\mathrm{T}}$ 为 $\boldsymbol{Z}$ 中的容许块,其中 $\boldsymbol{A}$ 的维数为 $m\times k$,且 $k<m$。那么,$\boldsymbol{Z}$ 乘以一个满阵 $\boldsymbol{C}$,即 $\boldsymbol{Z}'=\boldsymbol{CAB}^{\mathrm{T}}=\boldsymbol{DB}^{\mathrm{T}}$,其中 $\boldsymbol{D}=\boldsymbol{CA}$。可以看出,乘积 $\boldsymbol{Z}'$ 仍然是一个 $\mathcal{H}$-矩阵,从而证明了 $\mathcal{H}$-矩阵方法在非齐次问题分析中的可行性。

6.7.2 $\mathcal{H}$-矩阵算法在矢量有限元法中的实现

在矢量有限元法中应用 $\mathcal{H}$-矩阵算法的主要步骤可分为如下六步:

(1) 根据不同的模型问题生成有限元线性系统。

(2) 构造有限元棱边基函数集的群树结构。

(3) 引入合适的容许条件构造有限元矩阵的块群树结构。

(4) 向块群树结构中合理填入有限元矩阵元素生成有限元矩阵的 $\mathcal{H}$-矩阵表达式。

(5) 利用递归算法及 $\mathcal{H}$-矩阵自定义格式的四则运算法则完成求逆或者 LU 分解操作。

(6) 执行 $\mathcal{H}$-矩阵格式的矩阵-矢量乘或者前后向回代获得有限元线性方程组的解。

上述步骤的具体实施流程如下：

首先，选用合适的网格单元离散整个有限元计算区域，本节分析三维电磁问题均选用四面体棱边元离散。按照生成的各棱边基函数的空间位置对整个棱边基函数集进行递归二分，二分的过程直到满足终止条件。预先设定的组最小基函数数目 C_{leaf} 作为分组终止条件，C_{leaf} 取值太大或者太小均会影响 $\mathcal{H}$-矩阵算法的执行效率，根据经验值通常取值为 32 或者 64。这样即可生成关于棱边基函数集的群树结构 T_I。图 6.7.1(a)和图 6.7.1(b)给出一个简化的仅有 8 个棱边基函数的实例来说明矢量有限元法中群树 T_I 的构造过程。

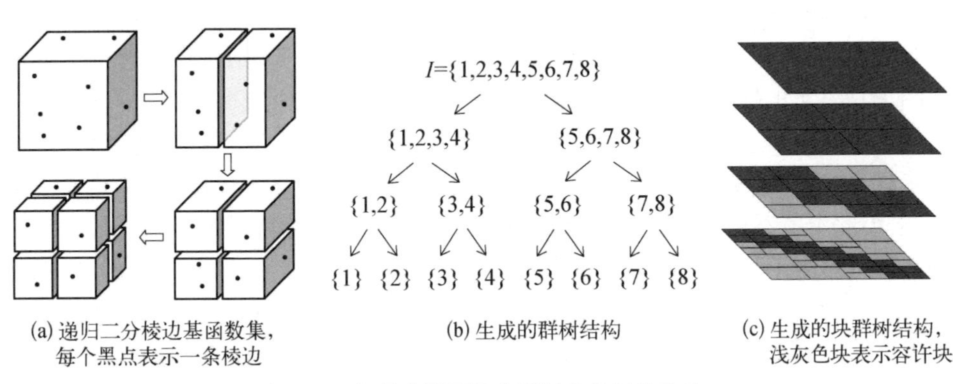

图 6.7.1　矢量有限元法中群树和块树的构造。

构建好 I 的群树 T_I 后，下一步便是构建块群树 $T_{I\times I}$。块群树可以看作两个群树相互作用的结果。在有限元法中，棱边基函数集的群树 T_I 和测试基函数集的群树 T_I(可称为行树和列树)相互作用，便构成了有限元矩阵的块群树 $T_{I\times I}$，对应于图 6.7.1(b)所示群树的块群树如图 6.7.1(c)所示。根据合适的容许条件，可以将块群树中的每个叶子归类为容许块或者非容许块。在容许条件中，考虑行树和列树中的两个组 s 与 t，组尺寸分别为 $\text{diam}(\Omega_s)$ 和 $\text{diam}(\Omega_t)$，两个组之间的距离为 $\text{dist}(\Omega_s, \Omega_t)$，如图 6.7.2 所示，图中各不规则的三角形代表有限元离散的网格。

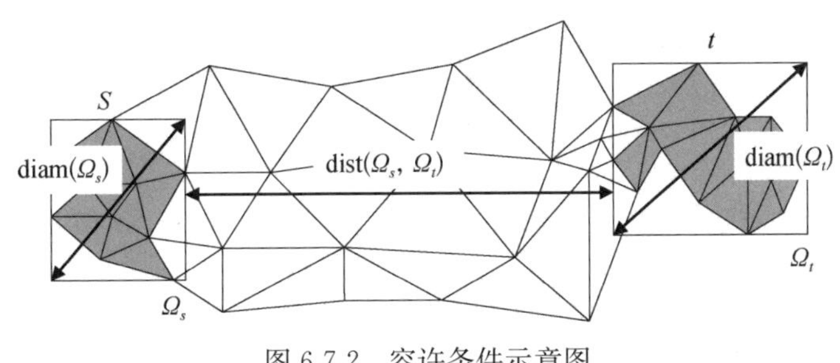

图 6.7.2　容许条件示意图

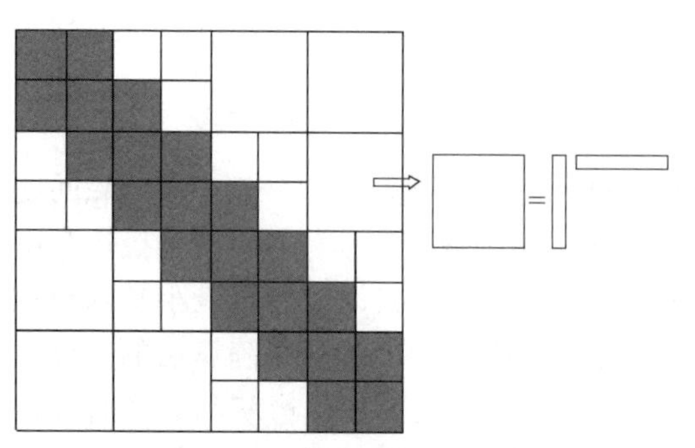

图 6.7.3　块群树及其中的 **R*k*** -矩阵

构建好块群树 $T_{I\times I}$ 之后，如图 6.7.3 所示，将有限元矩阵元素合理地填入块群树中即可获得有限元矩阵的 $\mathcal{H}$ -矩阵表达式，其中，包含容许块和非容许块两种类型的子矩阵块。值得注意的是，有限元矩阵中的非 0 元素全部填入非容许块中，而容许块全部为 0，这一结论可以按照如下证明：满足容许条件的两个组 s 与组 t 所包含的棱边基函数集必定离开一定的距离，根据有限元基函数的局部(local)特性，分离单元的基函数之间无相互作用，因此满足容许条件的组 s 与组 t 生成的矩阵块 $s\times t$ 中无非 0 元素，从而证明了有限元矩阵的 $\mathcal{H}$ -矩阵表达式中所有的 **R*k*** -矩阵均为 0。

生成有限元矩阵的 $\mathcal{H}$ -矩阵表达式后，便可开始执行 $\mathcal{H}$ -矩阵直接解法的关键步骤，即 $\mathcal{H}$ -矩阵求逆或者 LU 分解。这两种算法的具体流程在 6.5 节中有详细描述，因此本节不再赘述。需要指出的是，所获得的 $\mathcal{H}$ -矩阵的逆或者 LU 分解后的上下三角因子和原有限元矩阵的 $\mathcal{H}$ -矩阵具有相同的树形结构，不同的是，在有限元矩阵的 $\mathcal{H}$ -矩阵表达式中所有的 **R*k*** -矩阵均为 0，而在其逆或者 LU 分解后的上下三角因子中，**R*k*** -矩阵会被全部或者部分填入非 0 值。

最后，利用 $\mathcal{H}$ -矩阵的矩阵-矢量乘($\mathcal{H}$ - MVP)或者 $\mathcal{H}$ - FBS 即可快速获得有限元线性方程组的解，经过适当的后处理程序后可以获得所关心的参数。对于多右边向量问题，如单站 RCS 的计算等，$\mathcal{H}$ -矩阵求逆或者 LU 分解操作仅需执行一次，然后针对不同右边向量只需执行 $\mathcal{H}$ - MVP 或者 $\mathcal{H}$ - FBS 即可，从而大大提高了多右边向量问题的求解效率。

在 $\mathcal{H}$ -矩阵直接解法的实际应用中，通常采用 LU 分解算法而不采用求逆算法，原因在于 LU 分解算法计算复杂度中的常系数项小于求逆算法，所以 LU 分解算法的执行效率通常高于求逆算法，关于这一点在 6.5 节中已经给出了详细的理论分析。但是在数学领域众多关于线性方程组求解方法的研究中，通常把求逆作为一项基础研究，在获得逆的性质后再进行 LU 分解等相关算法的研究。因此，在本节的研究工作中，将包含对 $\mathcal{H}$ -矩阵求逆算法的研究，但以 $\mathcal{H}$ -矩阵 LU 分解算法为研究重点。

6.7.3　解精度的修正算法

6.7.2 节描述了 $\mathcal{H}$ -矩阵算法在矢量有限元法中实施的细节，可以看到，有限元矩阵的逆或者 LU 分解后的上下三角因子也可表达为 $\mathcal{H}$ -矩阵的形式。但是，

$\mathcal{H}$-矩阵的表达在一般意义上是近似的而非精确的，其中涉及精度和计算消耗之间的平衡，即高精度意味着高代价，低精度意味着低代价。$\mathcal{H}$-矩阵算法中的参数均可用来控制其近似的精度，如容许条件和截断精度等。在基于 $\mathcal{H}$-矩阵的直接解法中，高精度的解向量需要获得高精度的 $\mathcal{H}$-矩阵逆或者 LU 因子，然而高精度的 $\mathcal{H}$-矩阵近似所耗费的计算资源往往是相当巨大的。基于此，本节研究一种解精度的修正算法，该算法能通过几步矩阵-矢量乘的操作，将一个低精度的解向量快速修正到较高的精度。采用解精度的修正算法后，仅需执行低精度的 $\mathcal{H}$-矩阵求逆或者 LU 分解操作便可迅速获得高精度的解向量，这一方式往往比直接执行高精度的 $\mathcal{H}$-矩阵求逆或者 LU 分解来获得高精度解向量的方式代价要小得多。其基本原理描述如下：

考虑线性方程组

$$\boldsymbol{A}\boldsymbol{x}=\boldsymbol{b} \tag{6.7.10}$$

设方程的精确解向量 $\boldsymbol{x}$ 是未知的，仅知道一个误差为 $\mathrm{d}\boldsymbol{x}$ 的近似解向量 $\boldsymbol{x}+\mathrm{d}\boldsymbol{x}$。用系数矩阵 $\boldsymbol{A}$ 乘以该近似解，产生一个原右边向量 $\boldsymbol{B}$ 的偏差 $\mathrm{d}\boldsymbol{b}$。

$$\boldsymbol{A}\cdot(\boldsymbol{x}+\mathrm{d}\boldsymbol{x})=\boldsymbol{b}+\mathrm{d}\boldsymbol{b} \tag{6.7.11}$$

式(6.7.11)减去式(6.7.10)可得

$$\boldsymbol{A}\cdot\mathrm{d}\boldsymbol{x}=\mathrm{d}\boldsymbol{b} \tag{6.7.12}$$

由式(6.7.12)可得到 $\boldsymbol{\delta x}$ 的表达式，代入式(6.7.11)可得

$$\boldsymbol{A}\cdot\mathrm{d}\boldsymbol{x}=\boldsymbol{A}\cdot(\boldsymbol{x}+\mathrm{d}\boldsymbol{x})-\boldsymbol{b} \tag{6.7.13}$$

式(6.7.13)中整个右边项都是已知的，可以求解得到误差 $\mathrm{d}\boldsymbol{x}$，然后从近似解 $\boldsymbol{x}+\mathrm{d}\boldsymbol{x}$ 中减去这个误差可以得到改进后的解。如果得到原系数矩阵的逆，那么求解方程式(6.7.13)就变得非常简单，只需前后项回代即可。

上面分析考虑了解向量 $\boldsymbol{x}+\mathrm{d}\boldsymbol{x}$ 中会包含有误差项，但是忽略了对矩阵 $\boldsymbol{A}$ 进行求逆 $\boldsymbol{A}^{-1}$ 时也伴随着误差。现假设 $\widetilde{\boldsymbol{A}}_0^{-1}$ 为矩阵 $\boldsymbol{A}$ 的初始近似逆，从 $\widetilde{\boldsymbol{A}}_0^{-1}$ 出发，定义 $\widetilde{\boldsymbol{A}}_0^{-1}$ 的余量 $\boldsymbol{R}$ 如下

$$\boldsymbol{R}\equiv\boldsymbol{I}-\widetilde{\boldsymbol{A}}_0^{-1}\cdot\boldsymbol{A} \tag{6.7.14}$$

其中，$\boldsymbol{I}$ 是单位阵；$\boldsymbol{R}$ 不为 0 但是逼近 0。可知

$$\widetilde{\boldsymbol{A}}_0^{-1}\cdot\boldsymbol{A}=\boldsymbol{I}-\boldsymbol{R} \tag{6.7.15}$$

式(6.7.15)可转换为

$$\boldsymbol{A}^{-1}\cdot(\widetilde{\boldsymbol{A}}_0^{-1})^{-1}=(\boldsymbol{I}-\boldsymbol{R})^{-1} \tag{6.7.16}$$

从而得到

$$\boldsymbol{A}^{-1}=(I-\boldsymbol{R})^{-1}\cdot\widetilde{\boldsymbol{A}}_0^{-1}=(\boldsymbol{I}+\boldsymbol{R}+\boldsymbol{R}^2+\boldsymbol{R}^3+\cdots)\cdot\widetilde{\boldsymbol{A}}_0^{-1} \tag{6.7.17}$$

提取泰勒级数展开中的 n 项和，即

$$\widetilde{\boldsymbol{A}}_n^{-1}=(\boldsymbol{I}+\boldsymbol{R}+\boldsymbol{R}^2+\boldsymbol{R}^3+\cdots)\cdot\widetilde{\boldsymbol{A}}_0^{-1} \tag{6.7.18}$$

使得$\widetilde{\boldsymbol{A}}_\infty^{-1}$存在时，$\widetilde{\boldsymbol{A}}_\infty^{-1}\rightarrow\boldsymbol{A}^{-1}$。

容易证明，式(6.7.18)满足递推关系。假设$\widetilde{\boldsymbol{A}}_n^{-1}$已经获得，因此有

$$\boldsymbol{x}_n=\widetilde{\boldsymbol{A}}_n^{-1}\cdot\boldsymbol{b} \tag{6.7.19}$$

进一步可以得到

$$\boldsymbol{x}_{n+1}=\boldsymbol{x}_n+\widetilde{\boldsymbol{A}}_0^{-1}\cdot(\boldsymbol{b}-\boldsymbol{A}\cdot\boldsymbol{x}_n) \tag{6.7.20}$$

由于式(6.7.20)使用了初始近似逆$\widetilde{\boldsymbol{A}}_0^{-1}$，式(6.7.19)可以被反复调用以获得更高精度的解向量。据此，一旦获得了较低精度的近似逆$\widetilde{\boldsymbol{A}}_0^{-1}$，仅通过几次矩阵-矢量乘的迭代修正，即可获得较高精度的解向量，因此执行速度非常快。

近似逆的相对误差满足

$$\frac{\|\boldsymbol{A}^{-1}-\widetilde{\boldsymbol{A}}^{-1}\|}{\|\boldsymbol{A}^{-1}\|}=\frac{\|(\boldsymbol{I}-\widetilde{\boldsymbol{A}}^{-1}\boldsymbol{A})\cdot\boldsymbol{A}^{-1}\|}{\|\boldsymbol{A}^{-1}\|}\leqslant\|\boldsymbol{I}-\widetilde{\boldsymbol{A}}^{-1}\boldsymbol{A}\| \tag{6.7.21}$$

因此，式(6.7.20)的迭代收敛率为 $\boldsymbol{I}-\widetilde{\boldsymbol{A}}^{-1}\boldsymbol{A}$。可见，初始近似逆$\widetilde{\boldsymbol{A}}_0^{-1}$的精度应满足

$$\|\boldsymbol{I}-\widetilde{\boldsymbol{A}}_0^{-1}\boldsymbol{A}\|<1 \tag{6.7.22}$$

才能保证式(6.7.20)的迭代是收敛的。式(6.7.22)表明，并非任意低精度的初始逆均可以施加上述修正算法，其实施的必要条件是初始逆的相对误差小于 1。理论上，只要迭代步数足够，可以通过上述修正算法获得任意高精度的解向量；实际中，离散误差将是解向量误差的下限。

上述修正算法的推导基于矩阵求逆理论的方程组求解方法，对于基于 LU 分解理论的方程组解法，推导过程类似。设矩阵 $\boldsymbol{A}$ 的初始低精度的 LU 分解为 $\boldsymbol{A}\approx\widetilde{\boldsymbol{L}}_0\widetilde{\boldsymbol{U}}_0$，那么$\widetilde{\boldsymbol{A}}_0^{-1}=\widetilde{\boldsymbol{U}}_0^{-1}\widetilde{\boldsymbol{L}}_0^{-1}$。需要指出的是，这里无须求出$\widetilde{\boldsymbol{U}}_0^{-1}$ 和$\widetilde{\boldsymbol{L}}_0^{-1}$，这是因为$\widetilde{\boldsymbol{A}}_0^{-1}$总是伴随矩阵-矢量乘操作$\widetilde{\boldsymbol{A}}_0^{-1}\boldsymbol{v}$ 出现，所以$\widetilde{\boldsymbol{U}}_0^{-1}\widetilde{\boldsymbol{L}}_0^{-1}\boldsymbol{v}$ 的操作可以通过上下三角因子的前后向回代来完成。

6.7.4 数值结果及讨论

本小节将通过对不同类型电磁问题的仿真分析来验证基于 $\mathcal{H}$ -矩阵算法的有限元直接解法的正确性和有效性，分别针对两种模型测试两种 $\mathcal{H}$ -矩阵直接解法

的性能。首先,仿真一个金属涂覆球的电磁散射问题来测试基于 $\mathcal{H}$ -矩阵求逆算法的直接解法的性能;然后,仿真一个波导结构的微波电路问题来测试基于 $\mathcal{H}$ -矩阵 LU 分解算法的直接解法的性能。其主要测试内容包括: $\mathcal{H}$ -矩阵算法中的控制参数对计算性能的影响、$\mathcal{H}$ -矩阵算法的计算复杂度和内存需求及解精度修正算法的性能分析。所有测试均在惠普 BL680C G5 刀片服务器上运行,CPU 配置为 2.66 GHz。

分析金属涂覆球的电磁散射问题,测试基于 $\mathcal{H}$ -矩阵求逆算法的直接解法的性能。金属球的半径为 $0.3\lambda_0$,介质涂层的厚度为 $0.1\lambda_0$,介质涂敷的介电常数 $\varepsilon_r=2.0$,下面测试 $\mathcal{H}$ -矩阵求逆算法的性能。$\mathcal{H}$ -矩阵算法容许条件中的参数 $\eta=2.0$,组最小基函数数目 $C_{\text{leaf}}=32$。首先,测试调节 $\mathcal{H}$ -矩阵求逆算法中的截断秩参数对计算性能的影响。离散未知量数目选为 3 258,改变 **R*k*** -矩阵截断秩 k,测试求出的 $\mathcal{H}$ -矩阵逆 $\boldsymbol{A}_{\mathcal{H}}^{-1}$ 的精度(或者称相对误差)ε_A、执行 $\mathcal{H}$ -矩阵求逆过程的时间消耗、存储 $\mathcal{H}$ -矩阵逆的内存消耗及执行 $\mathcal{H}$ -矩阵的矩阵-矢量乘所花费的时间,测试结果如表 6.7.1 所示,其中,$\varepsilon_A=\|\boldsymbol{I}-\boldsymbol{A}_{\mathcal{H}}^{-1}\boldsymbol{A}\| / \|\boldsymbol{I}\|$ ($\boldsymbol{I}$ 是单位阵,$\|\cdot\|$ 表示 2 -范数),一般地,当 ε_A 达到 10^{-2} 量级即可获得准确的 RCS 曲线图。从表 6.7.1 可以看出,随着截断秩 k 的增加,$\mathcal{H}$ -矩阵求逆算法的计算精度越来越高,相应的计算时间和内存需求也越来越大,也就是说,高截断秩意味着低压缩程度、高计算代价、高精度,极限情况就是满阵运算。

表 6.7.1　不同截断秩 k 下 $\mathcal{H}$ -矩阵求逆算法的计算性能

k	$\boldsymbol{A}_{\mathcal{H}}^{-1}$ 精度 ε_A	求 $\boldsymbol{A}_{\mathcal{H}}^{-1}$ 时间/s	$\boldsymbol{A}_{\mathcal{H}}^{-1}$ 内存/MB	$\boldsymbol{A}_{\mathcal{H}}^{-1}\cdot\boldsymbol{b}$ 时间/s
1	2.50×10^{-1}	14.91	54.0	1.56×10^{-2}
5	6.38×10^{-2}	17.55	58.4	1.56×10^{-2}
10	1.53×10^{-2}	24.00	63.8	3.13×10^{-2}
20	1.79×10^{-3}	49.44	74.8	4.69×10^{-2}
30	2.40×10^{-4}	65.67	85.6	5.33×10^{-2}
40	8.72×10^{-6}	78.77	96.6	6.25×10^{-2}

然后,测试解精度修正算法的效果。对应表 6.7.1 设定的不同截断秩 k,可获得不同精度的 $\mathcal{H}$ -矩阵的逆矩阵 $\boldsymbol{A}_{\mathcal{H}}^{-1}$。直接通过计算高精度的 $\boldsymbol{A}_{\mathcal{H}}^{-1}$ 来获得高精度的解向量 $\boldsymbol{x}$ 往往需要很高的计算代价,而采用解精度修正算法后,仅通过几步 $\mathcal{H}$ -矩阵的矩阵-矢量乘操作,便可快速获得高精度的解向量。如图 6.7.4(a)和图 6.7.4(b)所示,给出由不同初始精度的 $\boldsymbol{A}_{\mathcal{H}}^{-1}$(由不同的截断秩 k 取值获得),采用解精度修正算法将解向量的低精度提升到高精度所需的迭代步数和求解时间。其中,解向量 $\widetilde{\boldsymbol{x}}$ 的精度 ε_x 定义为 $\varepsilon_x=\|\widetilde{\boldsymbol{x}}-\boldsymbol{x}\| / \|\boldsymbol{x}\|$,其中,$\boldsymbol{x}$ 表示精确解,这里采用 UMFPACK 5.0 商业软件包计算获得的精度相对较高的解。

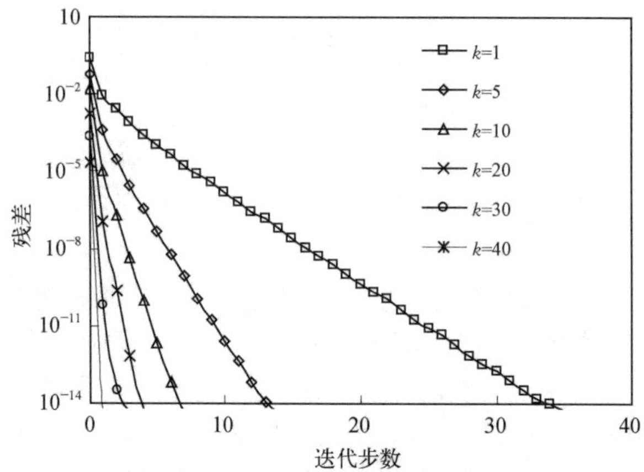

(a) 解精度修正算法中不同精度初始解的精度随迭代步数的变化

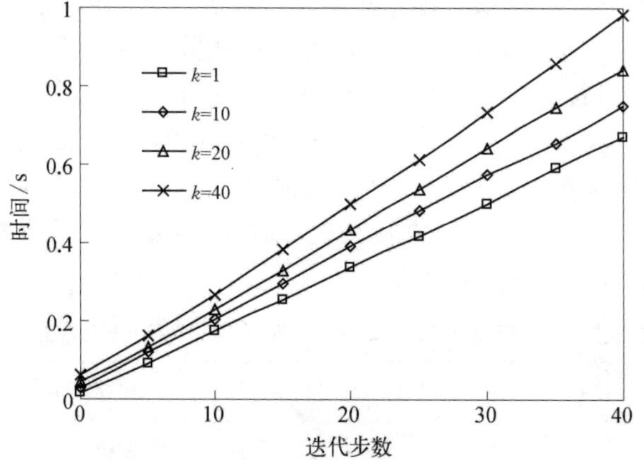

(b) 解精度修正算法中获得不同精度解的计算时间随迭代步数的变化

图 6.7.4　$\mathcal{H}$-矩阵求逆算法分析金属球覆球电磁散射问题时不同截断秩时解精度修正算法的迭代参数和求解时间

最后,测试 $\mathcal{H}$-矩阵求逆算法复杂度。固定截断秩 $k=5$,增加金属球的电尺寸,保持涂覆层厚度的电尺寸不变,让未知量从 8 705 增加到 362 748,测试计算时间和内存需求的变化情况。如图 6.7.5 所示,计算复杂度和内存需求的变化分别接近 $O(N\lg^2 N)$和 $O(N\lg N)$,这和 6.4.4 节中关于 $\mathcal{H}$-矩阵求逆算法的复杂度分析 $O(k^2 N\lg^2 N)$和 $O(kN\lg N)$是一致的,这里的系数 k 由于在整个测试中保持不变,所以在复杂度的估计中可以略去。

分析一个波导滤波器结构的微波电路传输问题,测试基于 $\mathcal{H}$-LU 分解算法的直接解法的性能。波导滤波器结构示意图和尺寸参数如图 6.7.6 所示,扫频频段的中心频率 $f_0=12.5\,\text{GHz}$,带宽为 5 GHz。输出端口设置 PML 截断计算空间,采用四面体单元离散,离散后未知量数目为 124 019。$\mathcal{H}$-矩阵算法容许条件中参

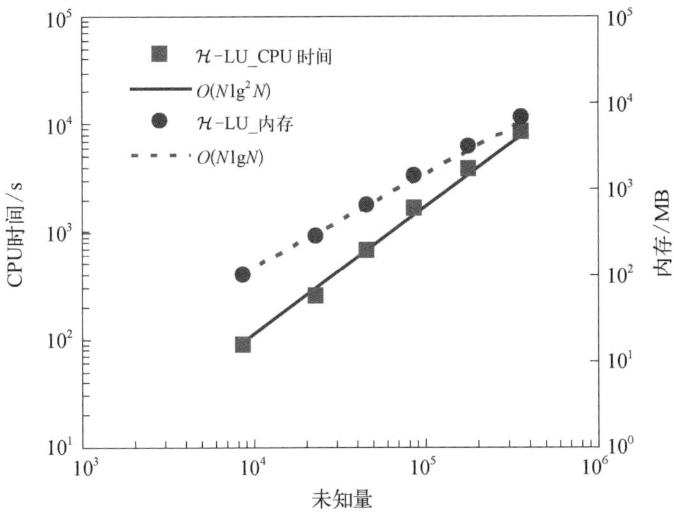

图 6.7.5　$\mathcal{H}$-矩阵求逆算法随未知量数目增大的计算时间及内存消耗

数 $\eta=1.0$，组最小基函数数目 $C_{\text{leaf}}=32$，和算例一中采用固定秩 k 的方式不同，这里采用自适应截断秩的方式，即秩 k 的值由设定的计算精度控制。表 6.7.2 给出不同截断精度下 $\mathcal{H}$-LU 分解算法的计算性能，不难看出，通过控制截断精度能够方便地控制 $\mathcal{H}$-LU 分解的精度。表 6.7.3 给出加入和不加解精度修正算法的 $\mathcal{H}$-LU 分解算法的求解性能比较。不加解精度修正算法的 $\mathcal{H}$-LU 分解算法在截断精度为 10^{-2} 时可以获得 2.17% 的解向量误差，所需的计算时间和内存消耗分别为 1 123.55 s 和 2 256.43 MB，前后向回代 $\mathcal{H}$-FBS 的时间为 11.56 s，总计算时间为 1 135.11 s。加入解精度修正算法后，在截断精度为 10^{-1} 时的计算时间和内存消耗分别为 649.34 s 和 1 841.06 MB，通过 9 次迭代即可获得 1.06% 的解向量误差，耗时 17.95 s，这样总计算时间仅为 667.28 s，通过 20 次迭代即可获得 0.4% 的解向量误差，耗时 37.70 s，这样计算总时间仅为 687.03 s。可以发现，加入解精度修正算法比直接采用 $\mathcal{H}$-LU 分解算法更容易获得高精度的解。图 6.7.7 给出采用加入解精度修正的 $\mathcal{H}$-LU 分解算法计算出的 S 参数曲线和 HFSS 商用软件包的仿真曲线，两者吻合得较好。

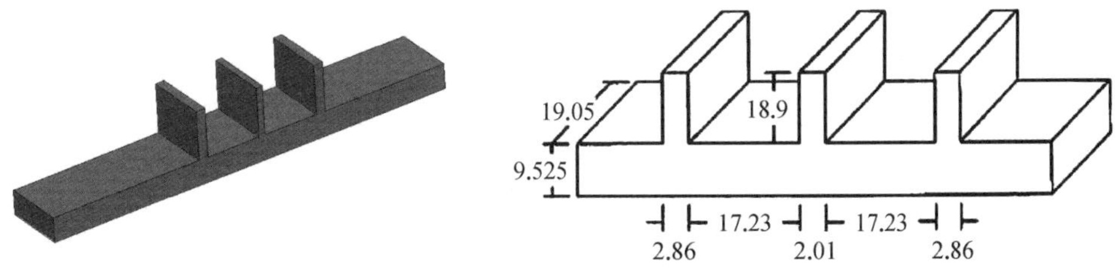

图 6.7.6　波导滤波器结构示意图及尺寸参数(单位：mm)

表 6.7.2 不同截断精度 $\varepsilon_{\mathcal{H}}$ 下 $\mathcal{H}$ - LU 分解算法的计算性能

截断精度 $\varepsilon_{\mathcal{H}}$	$L_{\mathcal{H}}U_{\mathcal{H}}$ 精度	$\mathcal{H}$ - LU 分解时间/s	$\mathcal{H}$ - LU 因子内存/MB	$\mathcal{H}$ - FBS 时间/s
1.0×10^{-1}	2.50×10^{-1}	649.34	1 841.06	8.39
1.0×10^{-2}	6.38×10^{-2}	1 123.55	2 256.43	11.56
1.0×10^{-3}	1.53×10^{-3}	1 637.68	2 989.98	16.73

表 6.7.3 加入和不加解精度修正算法 $\mathcal{H}$ - LU 分解算法求解性能比较

$\mathcal{H}$ - LU	$\mathcal{H}$ - LU 分解时间/s	$\mathcal{H}$ - LU 因子内存/MB	解向量误差 ε_x	求解时间/s	总时间/s
不加修正	1 123.55	2 256.43	2.17×10^{-2}	11.56	1 135.11
加修正	649.34	1 841.06	1.06×10^{-2}	17.95	667.28
			4.06×10^{-3}	37.70	687.03

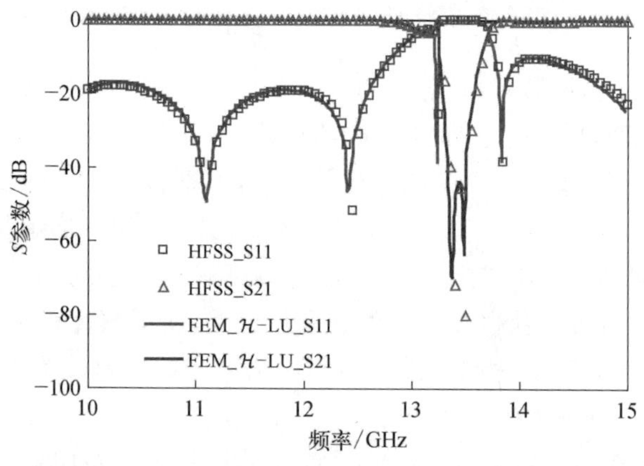

图 6.7.7 波导滤波器结构 S 参数曲线图

6.8 嵌套剖分技术加速的 $\mathcal{H}$ - LU 分解算法

在稀疏矩阵方程组的直接解法中，决定其求解效率的一项核心要素，即“注入元”的数目。稀疏矩阵的注入元是指，执行算法时从初始的零值变为非零值的矩阵元素。注入元数目越少，求解效率越高。在 6.7 节提到的 $\mathcal{H}$ -矩阵直接解法中，$\mathcal{H}$ - LU分解算法执行效率高于 $\mathcal{H}$ -矩阵求逆算法也正是由于 $\mathcal{H}$ - LU 分解算法的注入元数目通常较少。尽管如此，$\mathcal{H}$ - LU 分解算法仍不具备最优的注入元数目，因此实际中通常采用一些排序方法，如交换矩阵某些行或列等，来尽量减少注入元数目。本节引入一种嵌套剖分(nested dissection，ND)技术来构造出具有新的树形结构的 $\mathcal{H}$ -矩阵，基于这种新型树形结构的 $\mathcal{H}$ - LU 分解算法(ND - $\mathcal{H}$ - LU)能

够减少传统 $\mathcal{H}$ - LU 分解算法中的注入元数目，从而进一步提高传统 $\mathcal{H}$ - LU 分解算法的执行效率。

6.8.1　嵌套剖分技术简介

稀疏线性系统直接解法通常采用对矩阵元素进行适当排序再执行 LU 分解的方式来减少非 0 元的注入。嵌套剖分技术便是一种有效的排序方法。嵌套剖分技术最早于 1973 年被提出，随即获得了广泛的重视和应用。本节将嵌套剖分技术引入 $\mathcal{H}$-矩阵算法中实现一种新的集群策略，来构造一种具有新型树形结构的 $\mathcal{H}$-矩阵。和基于传统树形结构的 $\mathcal{H}$ - LU 分解算法相比，基于该新型树形结构的 $\mathcal{H}$ - LU 分解算法能够显著降低计算复杂度估计中的常数项，大大提高执行效率[23]。

嵌套剖分技术基于“隔离”的概念，其核心思想为：将一个集群分割成三个区域，其中两个区域完全分离无交界；第三个区域作为隔离区来隔开另两个区域，而它自身和另两个区域有交界。将被隔离开的两个区域中的节点编号在前面，将隔离区中的节点编号在最后。然后对分割后的每个子集将这一划分的过程递归执行下去，便实现了基于嵌套剖分技术的新型集群策略。图 6.8.1 给出包含两次递归嵌套剖分的区域划分示意图及其生成矩阵的稀疏型。

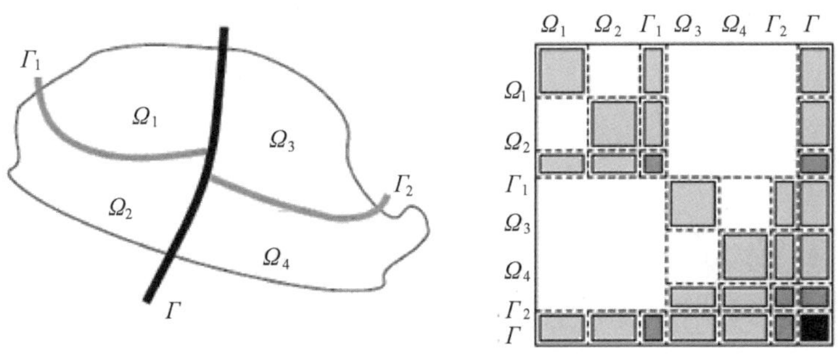

图 6.8.1　嵌套剖分区域划分示意图及其生成矩阵的稀疏型

这样的排序方法最吸引人的地方在于：基于这种稀疏型的矩阵结构执行的 LU 分解操作，能够使得分解前后矩阵稀疏型几乎保持不变，换句话说，表示被隔离的两个区域之间作用的非对角线 0 矩阵块(图 6.8.1 中的白色矩阵块)，在 LU 分解之后仍保持为 0，没有任何非 0 元的注入。在基于嵌套剖分技术的 $\mathcal{H}$ - LU 分解算法中，采用 $\mathcal{H}$-矩阵形式来表示非对角线且非 0 的矩阵块，对角线上的矩阵块表示成满阵形式。

6.8.2　基于嵌套剖分技术构造新型 $\mathcal{H}$-矩阵

嵌套剖分技术提供了一种新的集群策略来构造具有新型树形结构的 $\mathcal{H}$-矩阵。其构造方式和 6.7 节描述的基本流程相同，但每步实施的细节有所不同，下面详细描述如下：

首先，基于嵌套剖分技术构造新型群树结构。设有限元棱边基函数指标集为 $I=\{1, 2, \cdots, N\}$，其中 $i\in I$ 对应有限元离散后的每个棱边基函数 $\boldsymbol{N}_i$。根据嵌套剖分理论，集群 t 被分割为三个部分 $t=t_1\bigcup t_{\text{sep}}\bigcup t_2$，其中 t_{sep} 作为隔离器将 t 划分为两个分离的子集群 t_1 和 t_2。满足如下条件的树 T_1 可称为指标集 I 的群树：

(1) I 是树 T_1 的根。

(2) 如果 $t\in T_I$ 是树叶，那么 $|t|\leqslant C_{\text{leaf}}$，其中，$|t|$ 表示 t 中包含的元素个数，C_{leaf} 是一个预设参数。

(3) 如果 $t\in T_I$ 不是树叶且不是隔离器，那么 t 是三个不相交的子集群 t_1、t_{sep}、$t_2\in T_I$ 的并集，$t=t_1\dot{\bigcup}t_{\text{sep}}\dot{\bigcup}t_2$。

(4) 如果 $t\in T_I$ 不是树叶但是隔离器，那么 t 是两个不相交的子集群 t_1、$t_2\in T_I$ 的并集，$t=t_1\dot{\bigcup}t_2$。

和传统的群树构造方式类似，基于嵌套剖分技术构造群树也是通过采用限制盒子来递归细分指标集 I 的方式完成的。不同的是，在细分过程中，集群 t 所属的限制盒子 B_t 被分割成三个部分 $B_t=B_{t1}\dot{\bigcup}B_{t\text{sep}}\dot{\bigcup}B_{t2}$。图 6.8.2(a)和图 6.8.2(b)

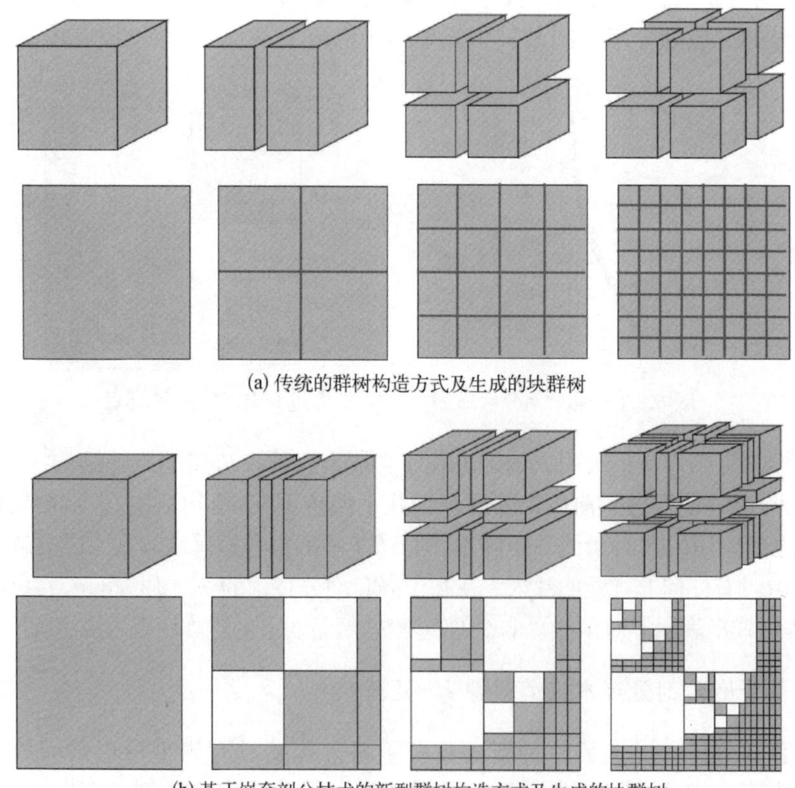

(a) 传统的群树构造方式及生成的块群树

(b) 基于嵌套剖分技术的新型群树构造方式及生成的块群树

图 6.8.2　群树构造及对应生成的块群树结构图

分别给出三维情况下传统群树构造过程及基于嵌套剖分技术构造群树的例子，通过对比可以发现，传统的群树构造没有生成大块的 0 矩阵块，而基于嵌套剖分技术的群树结构所生成的新型 $\mathcal{H}$ -矩阵在非对角线区有大块的 0 块，且这些 0 块在 $\mathcal{H}$ - LU 分解过程中一直保持为 0。

然后，基于容许条件构造块群树 $T_{I\times I}$。对块集群 $I\times I$ 进行容许划分

$$P(I\times I)=\{t\times s: t,\ s\in T_I\} \tag{6.8.1}$$

引入容许条件来判定块集群 $t\times s$ 能否表示成 **R*k*** -矩阵的形式。在本节之前的内容中已经给出了传统的群树构造方式下的标准容许条件 $\mathrm{Adm_s}$ 为

$$\mathrm{Adm_s}(s\times t)=\mathrm{true}:\Leftrightarrow \max\{\mathrm{diam}(B_t),\ \mathrm{diam}(B_s)\}\leqslant \eta\,\mathrm{dist}(B_t,\ B_s) \tag{6.8.2}$$

由于 $B_{t_{\mathrm{sep}}}$ 将 B_{t_1} 和 B_{t_2} 隔开，那么 B_{t_1} 和 B_{t_2} 之间的距离 $\mathrm{dist}(B_{t_1},\ B_{t_2})$ 取决于 $B_{t_{\mathrm{sep}}}$ 的宽度；而 $B_{t_{\mathrm{sep}}}$ 的宽度和 B_{t_1}、B_{t_2} 的直径 $\mathrm{diam}(B_{t_1})$、$\mathrm{diam}(B_{t_2})$ 相比通常很小，这样容许条件式(6.8.2)不满足，即 $t_1\times t_2$ 应归入非容许块。然而，由于 B_{t_1} 和 B_{t_2} 所生成的矩阵块为 0 且在之后的 LU 分解操作中也将保持为 0，所以将 $t_1\times t_2$ 归入容许块。这样，基于嵌套剖分技术的新容许条件 $\mathrm{Adm_{ND}}$ 可定义为

$$\mathrm{Adm_{ND}}(s\times t)=\mathrm{true}:\Leftrightarrow\begin{cases} t\neq s, & t \text{ 和 } s \text{ 均不是隔离器}\\ \mathrm{Adm_s}(s\times t)=\mathrm{true}, & \text{其他}\end{cases} \tag{6.8.3}$$

下面基于容许条件 $\mathrm{Adm_{ND}}$ 定义块群树。块群树 $T_{I\times I}$ 是两个群树 T_I 相互作用的结果，它也可以看作将指标集 I 转换为 $I\times I$ 的群树，其中任意块集群 $t\times s$ 满足

$$S(s\times t)\begin{cases}\varnothing, & \min\{\#t,\ \#s\}\leqslant C_{\mathrm{leaf}}\\ \varnothing, & \mathrm{Adm_{ND}}(s\times t)=\mathrm{true}\\ S(t)\times S(s), & \text{其他}\end{cases} \tag{6.8.4}$$

其中，$S(t\times s)$ 表示块集群 $t\times s$ 的子块。

将有限元矩阵中的非 0 元素合理填入块群树 $T_{I\times I}$ 中，即可获得有限元矩阵的 $\mathcal{H}$ -矩阵表达式。在该 $\mathcal{H}$ -矩阵表达式中，只有两种类型的矩阵块，即以满阵形式表示的非容许块和以 **R*k*** -矩阵形式表示的容许块。和传统方式构造出的 $\mathcal{H}$ -矩阵相同，由于有限元基函数的局部性，所有 **R*k*** -矩阵均为 0，非 0 元均填充在非容许块中。不同的是，基于嵌套剖分技术构造的 $\mathcal{H}$ -矩阵在 LU 分解过程中，有大量大的非对角线 0 块仍然保持为 0，从而大大降低了注入元数目，提高了计算效率。

6.8.3　新型 $\mathcal{H}$ -矩阵的 LU 分解算法

由于嵌套剖分技术不再基于传统的二叉树来构造 $\mathcal{H}$ -矩阵，所以基于 2×2 分块矩阵的递归算法不再适用。基于新型 $\mathcal{H}$ -矩阵的 ND - $\mathcal{H}$ - LU 可以从以下 3×

3 的分块矩阵开始。

$$\boldsymbol{\mathcal{H}}=\begin{bmatrix}\boldsymbol{\mathcal{H}}_{11} & & \boldsymbol{\mathcal{H}}_{11}\\ & \boldsymbol{\mathcal{H}}_{22} & \boldsymbol{\mathcal{H}}_{22}\\ \boldsymbol{\mathcal{H}}_{31} & \boldsymbol{\mathcal{H}}_{32} & \boldsymbol{\mathcal{H}}_{33}\end{bmatrix}=\begin{bmatrix}\boldsymbol{L}_{11} & & \\ & \boldsymbol{L}_{22} & \\ \boldsymbol{L}_{31} & \boldsymbol{L}_{32} & \boldsymbol{L}_{33}\end{bmatrix}\begin{bmatrix}\boldsymbol{U}_{11} & \boldsymbol{U}_{12} & \boldsymbol{U}_{13}\\ & \boldsymbol{U}_{22} & \\ & & \boldsymbol{U}_{33}\end{bmatrix} \tag{6.8.5}$$

在最细层采用精确 LU 分解，假定在下一层的 $\mathcal{H}$ - LU 分解已经获得，那么当前层的 LU 分解可以按照以下步骤执行：

$\boldsymbol{\mathcal{H}}_{11}=\boldsymbol{L}_{11}\boldsymbol{U}_{11}$	⇒	$\boldsymbol{L}_{11}$和$\boldsymbol{U}_{11}$	$\boldsymbol{\mathcal{H}}_{22}=\boldsymbol{L}_{22}\boldsymbol{U}_{22}$	⇒	$\boldsymbol{L}_{22}$和$\boldsymbol{U}_{22}$	(6.8.6)
$\boldsymbol{\mathcal{H}}_{13}=\boldsymbol{L}_{11}\boldsymbol{U}_{13}$	⇒	$\boldsymbol{U}_{13}$	$\boldsymbol{\mathcal{H}}_{23}=\boldsymbol{L}_{11}\boldsymbol{U}_{23}$	⇒	$\boldsymbol{U}_{23}$	(6.8.7)
$\boldsymbol{\mathcal{H}}_{31}=\boldsymbol{L}_{11}\boldsymbol{U}_{31}$	⇒	$\boldsymbol{L}_{31}$	$\boldsymbol{\mathcal{H}}_{32}=\boldsymbol{L}_{32}\boldsymbol{U}_{22}$	⇒	$\boldsymbol{L}_{32}$	(6.8.8)
$\boldsymbol{T}_1=\boldsymbol{L}_{31}\boldsymbol{U}_{13}$	⇒	$\boldsymbol{T}_1$	$\boldsymbol{T}_2=\boldsymbol{L}_{32}\boldsymbol{U}_{23}$	⇒	$\boldsymbol{T}_2$	(6.8.9)
$\boldsymbol{L}_{33}\boldsymbol{U}_{33}=\boldsymbol{\mathcal{H}}_{33}-\boldsymbol{T}_1-\boldsymbol{T}_2$	⇒	$\boldsymbol{L}_{33}$和$\boldsymbol{U}_{33}$				(6.8.10)

在式(6.10.7)和式(6.10.8)中，需要求解形如 $\boldsymbol{PX}=\boldsymbol{Q}$ 或者 $\boldsymbol{XP}=\boldsymbol{Q}$ 三角方程，其中，$\boldsymbol{P}$ 是给定的上三角矩阵或者下三角矩阵，$\boldsymbol{Q}$ 是给定的右边矩阵。下三角矩阵方程可以通过递归求解以下方程获得：

$$\begin{bmatrix}\boldsymbol{L}_{11} & & \\ & \boldsymbol{L}_{22} & \\ \boldsymbol{L}_{31} & \boldsymbol{L}_{32} & \boldsymbol{L}_{33}\end{bmatrix}\begin{bmatrix}\boldsymbol{X}_{11} & \boldsymbol{X}_{12}\\ \boldsymbol{X}_{21} & \boldsymbol{X}_{22}\\ \boldsymbol{X}_{31} & \boldsymbol{X}_{32}\end{bmatrix}=\begin{bmatrix}\boldsymbol{Q}_{11} & \boldsymbol{Q}_{12}\\ \boldsymbol{Q}_{21} & \boldsymbol{Q}_{22}\\ \boldsymbol{Q}_{31} & \boldsymbol{Q}_{32}\end{bmatrix} \tag{6.8.6}$$

其中，未知矩阵块 $\boldsymbol{X}_{ij}$ 的求解步骤如下：

$\boldsymbol{Q}_{11}=\boldsymbol{L}_{11}\boldsymbol{X}_{11}$	⇒	$\boldsymbol{X}_{11}$	$\boldsymbol{Q}_{21}=\boldsymbol{L}_{22}\boldsymbol{X}_{21}$	⇒	$\boldsymbol{X}_{12}$	(6.8.12)
$\boldsymbol{Q}_{12}=\boldsymbol{L}_{11}\boldsymbol{X}_{12}$	⇒	$\boldsymbol{X}_{21}$	$\boldsymbol{Q}_{22}=\boldsymbol{L}_{22}\boldsymbol{X}_{12}$	⇒	$\boldsymbol{X}_{22}$	(6.8.13)
$\boldsymbol{T}_1=\boldsymbol{L}_{31}\boldsymbol{X}_{11}$	⇒	$\boldsymbol{T}_1$	$\boldsymbol{T}_2=\boldsymbol{L}_{32}\boldsymbol{X}_{21}$	⇒	$\boldsymbol{T}_2$	(6.8.14)
$\boldsymbol{T}_3=\boldsymbol{L}_{31}\boldsymbol{X}_{12}$	⇒	$\boldsymbol{T}_3$	$\boldsymbol{T}_4=\boldsymbol{L}_{32}\boldsymbol{X}_{22}$ $\boldsymbol{T}_1=\boldsymbol{L}_{31}\boldsymbol{X}_{11}$	⇒	$\boldsymbol{T}_4$	(6.8.15)
$\boldsymbol{L}_{33}\boldsymbol{X}_{31}=\boldsymbol{Q}_{31}-\boldsymbol{T}_1-\boldsymbol{T}_2$	⇒	$\boldsymbol{X}_{31}$	$\boldsymbol{L}_{33}\boldsymbol{X}_{32}=\boldsymbol{Q}_{32}-\boldsymbol{T}_3-\boldsymbol{T}_4$	⇒	$\boldsymbol{X}_{32}$	(6.8.16)

上三角矩阵方程的求解和上述步骤类似。上面的式子中，矩阵 $\boldsymbol{T}_i$ 是临时矩阵。矩阵方程式(6.8.12)的求解过程又称为块前向回代，同样可定义块后向回代。如果将其中的矩阵 $\boldsymbol{X}$ 和 $\boldsymbol{Q}$ 均换成向量，那么方程式(6.8.12)的求解过程就是前向回代，它和后向回代一起构成了 LU 分解求解方程组中必不可少的一个环节，即前后向回代。

上述算法递归执行便构成 ND - $\mathcal{H}$ - LU 分解算法，其计算复杂度和内存需求与传统 $\mathcal{H}$ - LU 分解算法相同，但是其复杂度估计中的常数项通常比传统 $\mathcal{H}$ - LU 分解算法小得多。正因为如此，ND - $\mathcal{H}$ - LU 分解算法和传统 $\mathcal{H}$ - LU 分解算法相比,耗费的计算资源更少,执行效率更高。图 6.8.3 给出传统 $\mathcal{H}$ - LU 分解及 ND - $\mathcal{H}$ - LU 分解后的 $\mathcal{H}$ -矩阵结构示意图,从图中可以看出,引入嵌套剖分技术后,LU 分解完成的 $\mathcal{H}$ -矩阵中仍然保持大块的 0 矩阵块。

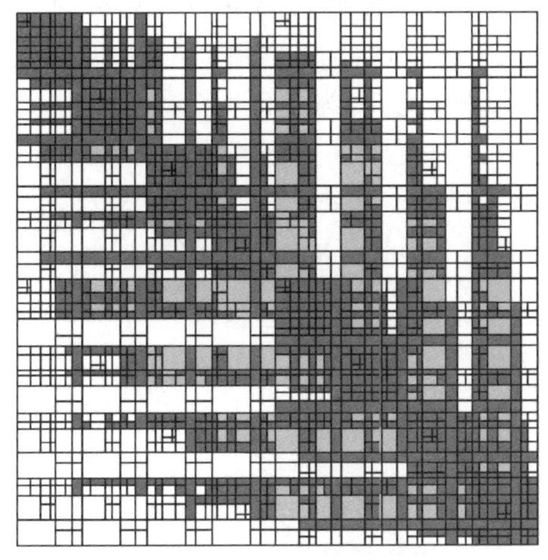

(a) 传统的$\mathcal{H}$-LU分解后的$\mathcal{H}$-矩阵结构

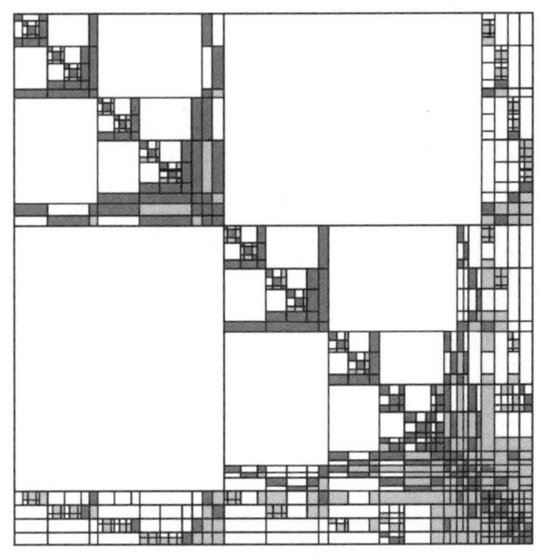

(b) ND-$\mathcal{H}$-LU分解后的$\mathcal{H}$-矩阵结构

图 6.8.3　LU 分解后的 $\mathcal{H}$ -矩阵结构示意图对比(黑色表示满阵块,白色表示 **R*k*** -矩阵块)

6.8.4　数值结果及讨论

本小节将通过对不同类型电磁问题的仿真分析来测试 ND - $\mathcal{H}$ - LU 算法的求解性能,包括复杂介质目标的电磁散射问题、基片集成波导结构的微波电路传输问题,以及背腔式微带贴片天线的辐射问题。主要测试内容包括:ND - $\mathcal{H}$ - LU 算法中的控制参数对计算性能的影响,ND - $\mathcal{H}$ - LU 算法的计算复杂度和内存需求,解精度修正算法在 ND - $\mathcal{H}$ - LU 算法中的性能分析,以及 $\mathcal{H}$ -矩阵求逆、$\mathcal{H}$ - LU 和 ND - $\mathcal{H}$ - LU 三种算法之间的性能比较。所有测试均在惠普 BL680C G5 刀片服务器上运行,CPU 配置为 2.66 GHz。

首先分析一个双各向异性介质(Ω 介质)圆柱目标的电磁散射问题。圆柱的底面半径 $a=0.5\lambda_0$,高度 $h=0.2\lambda_0$,双各向异性介质参数具有如下张量形式:

$$\bar{\bar{\boldsymbol{\varepsilon}}}_r=\begin{bmatrix}\varepsilon_1 & 0 & 0\\ 0 & \varepsilon_2 & 0\\ 0 & 0 & \varepsilon_3\end{bmatrix},\ \bar{\bar{\boldsymbol{\mu}}}_r=\begin{bmatrix}\mu_1 & 0 & 0\\ 0 & \mu_2 & 0\\ 0 & 0 & \mu_3\end{bmatrix},\ \bar{\bar{\boldsymbol{\xi}}}_r=\begin{bmatrix}0 & 0 & 0\\ -\mathrm{j}\Omega & 0 & 0\\ 0 & 0 & 0\end{bmatrix},\ \bar{\bar{\boldsymbol{\zeta}}}_r=\begin{bmatrix}0 & \mathrm{j}\Omega & 0\\ 0 & 0 & 0\\ 0 & 0 & 0\end{bmatrix}。$$

入射的平面波沿 z 轴正方向入射,其极化方向沿 x 轴正方向。Ω 介质参数为 $\varepsilon_1=2.0$, $\varepsilon_2=3.0$, $\varepsilon_3=2.0$, $\mu_1=1.2$, $\mu_2=1.2$, $\mu_3=1.0$, $\Omega=0.5$。ND - $\mathcal{H}$ - LU 算法中的参数 $\eta=2.0$,组最小基函数数目 $C_{\mathrm{leaf}}=32$,自适应截断精度 $\varepsilon_{\mathcal{H}}=5\times$

10^{-3}。首先,测试 ND - $\mathcal{H}$ - LU 算法的正确性。图 6.8.4 给出采用基于 ND - $\mathcal{H}$ - LU 直接解法的 FEM 方法计算出的双站 RCS 曲线图,并与文献[43]结果进行比较,可以看出,吻合较好。然后,测试 ND - $\mathcal{H}$ - LU 算法的复杂度。保持圆柱结构不变,离散密度定为 $\lambda_0/25$,增加圆柱的电尺寸,使得有限元离散未知量数目从 41 052 增加到 482 839,测试 ND - $\mathcal{H}$ - LU 直接解法的计算时间和内存消耗的变化情况,图 6.8.5(a)和图 6.8.5(b)分别给出测试结果;此外,为了证明 ND - $\mathcal{H}$ - LU 算法的优越性,分别采用 $\mathcal{H}$ -求逆及 $\mathcal{H}$ - *LU* 算法对复杂度进行同样的分析,测试中控制三种算法的计算精度均在 10^{-3} 左右,允许有微小浮动。可以看出,ND - $\mathcal{H}$ - LU 算法无论从计算时间和内存消耗上均全面超越 $\mathcal{H}$ -求逆及 $\mathcal{H}$ - LU 算法。

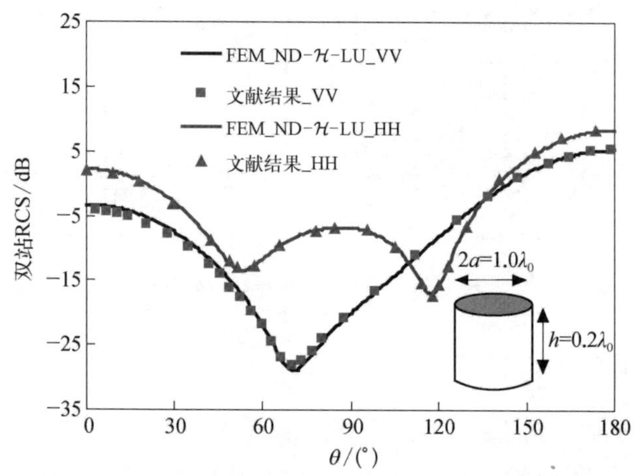

图 6.8.4 双各向异性介质圆柱双站 RCS 曲线图与文献[53]结果对比

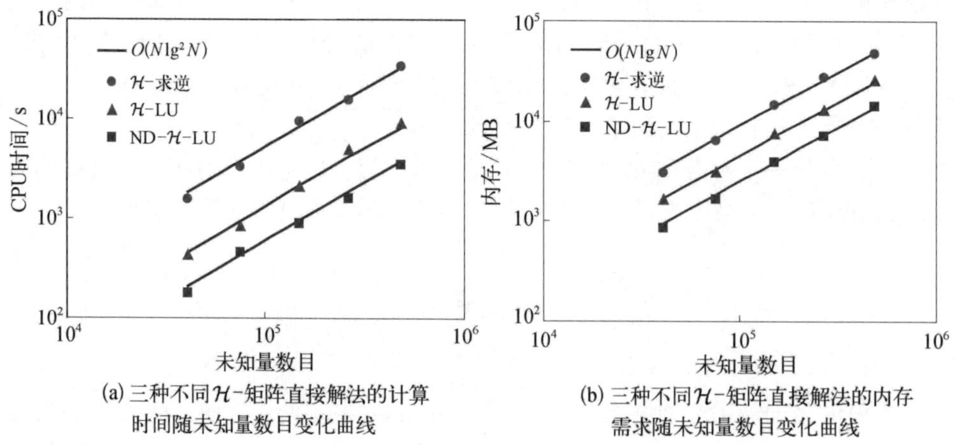

(a) 三种不同$\mathcal{H}$-矩阵直接解法的计算时间随未知量数目变化曲线

(b) 三种不同$\mathcal{H}$-矩阵直接解法的内存需求随未知量数目变化曲线

图 6.8.5 三种不同 $\mathcal{H}$ -矩阵直接解法分析双各向异性介质圆柱双站 RCS 曲线计算时间和内存需求对比

接着分析一个介质基片集成波导(substrate integrated waveguide,SIW)的微波电路传输问题。基片集成波导的结构示意图及尺寸参数如图 6.8.6 所示,扫频频段的中心频率 $f_0=28.0$ GHz,带宽为 6 GHz。输出端口设置 PML 截断计算空间,采用四面体单元离散,离散后未知量数目为 123 243。$\mathcal{H}$-矩阵算法容许条件中的参数 $\eta=1.0$,组最小基函数数目 $C_{\text{leaf}}=64$。首先,测试不同截断精度下 ND-$\mathcal{H}$-LU 算法的计算性能,包括计算时间、内存消耗及计算精度等,表 6.8.1 给出测试结果,可以看出,不同的截断精度带来不同的计算性能,实际中需要在计算精度和计算消耗中进行权衡。然后,比较 $\mathcal{H}$-求逆、$\mathcal{H}$-LU 及 ND-$\mathcal{H}$-LU 算法三种方法在该问题分析中的计算性能,表 6.8.2 给出计算结果。最后,图 6.8.7 给出 ND-$\mathcal{H}$-LU 算法在截断精度 $\varepsilon_{\mathcal{H}}=10^{-2}$ 时的计算结果,通过和文献[44]给出的测量结果进行比较,验证了 ND-$\mathcal{H}$-LU 算法的正确性。

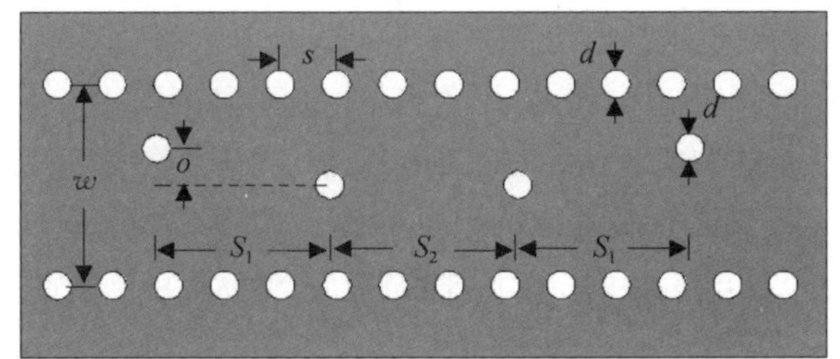

图 6.8.6　波导滤波器结构示意图及尺寸参数[44]

$w=5.563$, $s=1.525$, $d=0.775$, $o=1.01$, $S_1=4.71$, $S_2=5.11$, $h=0.787$(单位: mm)

表 6.8.1　不同截断精度 $\varepsilon_{\mathcal{H}}$ 下 ND-$\mathcal{H}$-LU 算法的计算性能

截断精度 $\varepsilon_{\mathcal{H}}$	$L_{\mathcal{H}}U_{\mathcal{H}}$ 精度	ND-$\mathcal{H}$-LU 分解时间/s	ND-$\mathcal{H}$-LU 因子内存/MB	ND-$\mathcal{H}$-FBS 时间/s
1×10^{-1}	7.50×10^{-2}	761.91	1 954.0	1.65
1×10^{-2}	4.38×10^{-3}	947.11	2 967.4	2.23
1×10^{-3}	6.32×10^{-4}	1 296.85	3 745.2	3.42

表 6.8.2　三种 $\mathcal{H}$-矩阵直接解法的计算性能比较

方　　法	计算精度	求逆或 LU 分解时间/s	求逆或 LU 因子内存/MB	矩矢乘或回代时间/s
$\mathcal{H}$-求逆	4.06×10^{-3}	8 156.16	14 495.0	4.11
$\mathcal{H}$-LU	5.72×10^{-3}	1 774.57	6 558.4	3.88
ND-$\mathcal{H}$-LU	4.38×10^{-3}	947.13	2 967.4	2.23

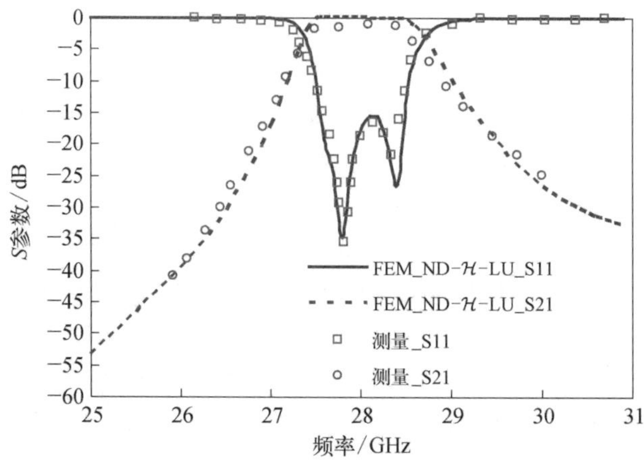

图 6.8.7 介质基片集成波导结构 S 参数,ND-$\mathcal{H}$-LU 算法求解有限元方程与文献[52]给出的测量结果比较

最后分析一个背腔式微带贴片天线的电磁辐射特性。贴片几何尺寸为 5.0 cm× 3.4 cm,位于厚度为 0.087 79 cm、相对介电常数 $\varepsilon_r=2.17$、损耗正切为 0.001 5 的介质基片上;该介质基片位于 7.5 cm×5.1 cm×0.087 79 cm 的长方体腔内,腔体镶嵌在一个导电平面内;采用同轴馈方式激励,由于介质基片较薄,同轴馈源可用电流探针来等效,探针位于坐标 $x=1.22$ cm, $y=0.85$ cm 处,如图 6.8.8 所示。有限元离散后未知量数目为 79 723。$\mathcal{H}$-矩阵算法容许条件中的 η 参数设置为 $\eta=2.0$,组最小基函数数目 $C_{\text{leaf}}=64$,采用自适应截断秩的方式。首先,测试不同截断精度下 ND-$\mathcal{H}$-LU 算法的计算性能,包括计算时间、内存消耗及计算精度等,表 6.8.3 给出测试结果。然后,测试不同初始计算精度下解精度修正算法的性能,测试结果如图 6.8.9(a)和图 6.8.9(b)所示,可以看出,采用解精度修正算法后,仅通过几步迭代,几十秒即可迅速将求解精度提升几个量级,从而大大改进普通 ND-$\mathcal{H}$-LU 算法的求解性能。图 6.8.10 和图 6.8.11 给出 ND-$\mathcal{H}$-LU 算法在截断精度为 $\varepsilon_{\mathcal{H}}=10^{-3}$ 时的计算结果,包括输入阻抗和辐射方向图,并与文献[45]结果进行比较,可以看出结果吻合良好。

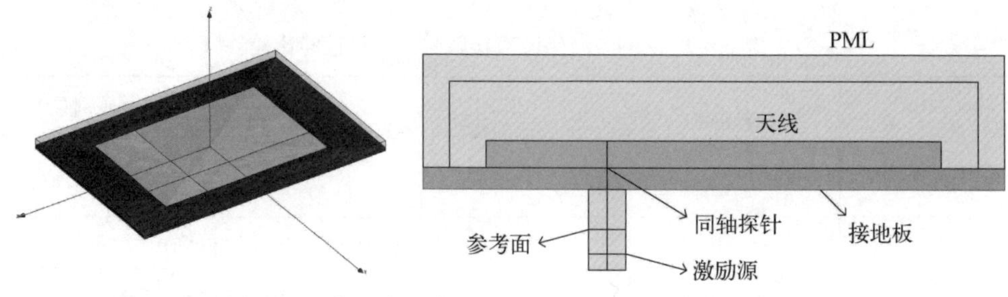

图 6.8.8 背腔式微带贴片天线结构及离散区域示意图

表 6.8.3　不同截断精度 $\varepsilon_{\mathcal{H}}$ 下 ND - $\mathcal{H}$ - LU 算法的计算性能

截断精度 $\varepsilon_{\mathcal{H}}$	$L_{\mathcal{H}}U_{\mathcal{H}}$ 精度	ND - $\mathcal{H}$ - LU 分解时间/s	ND - $\mathcal{H}$ - LU 因子内存/MB	ND - $\mathcal{H}$ - FBS 时间/s
10^{-1}	7.15×10^{-2}	327.22	1 018.9	1.25
10^{-2}	7.71×10^{-3}	434.15	1 415.3	2.08
10^{-3}	1.05×10^{-3}	538.17	1 886.2	2.72

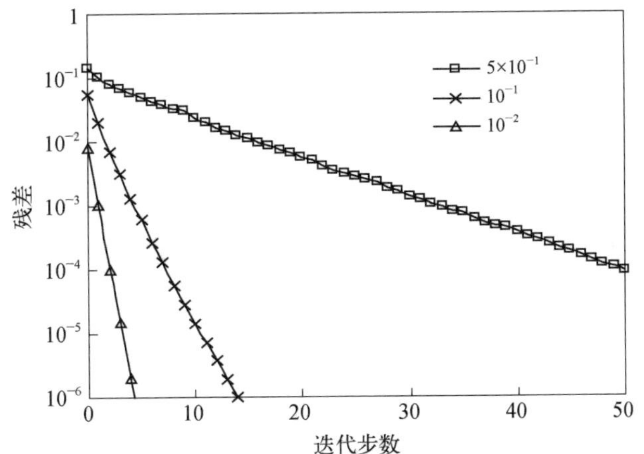

(a) 解精度修正算法中不同计算精度下的解精度随迭代步数的变化

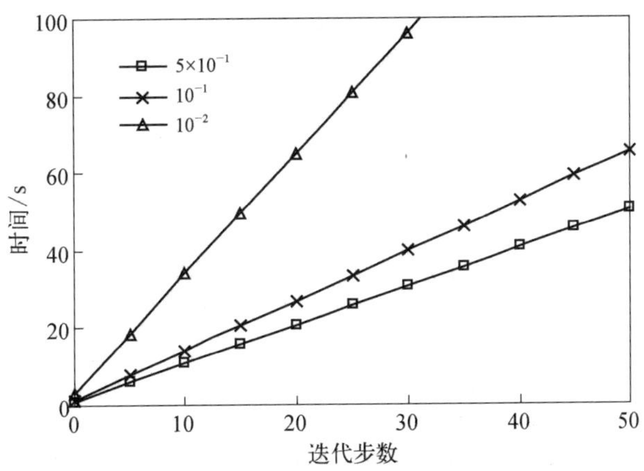

(b) 解精度修正算法中获得不同精度解的计算时间随迭代步数的变化

图 6.8.9　不同初始计算精度下解精度修正算法的性能对比

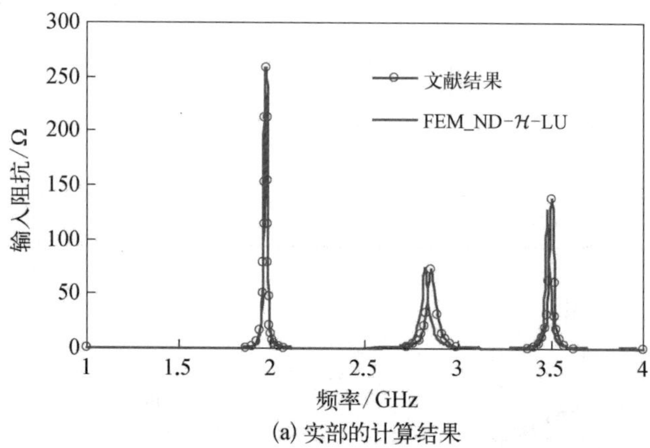

(a) 实部的计算结果

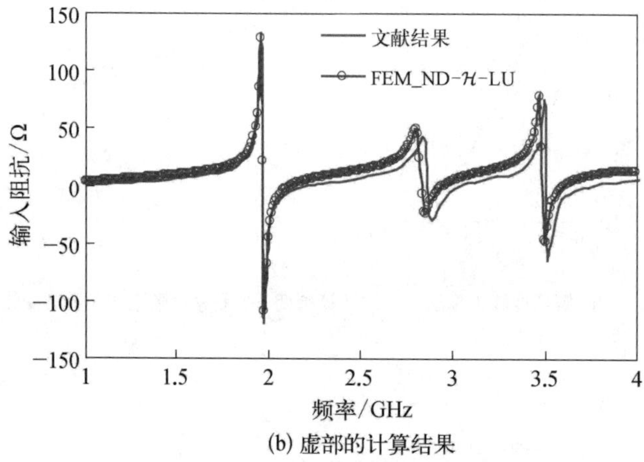

(b) 虚部的计算结果

图 6.8.10 输入阻抗与文献[45]对比

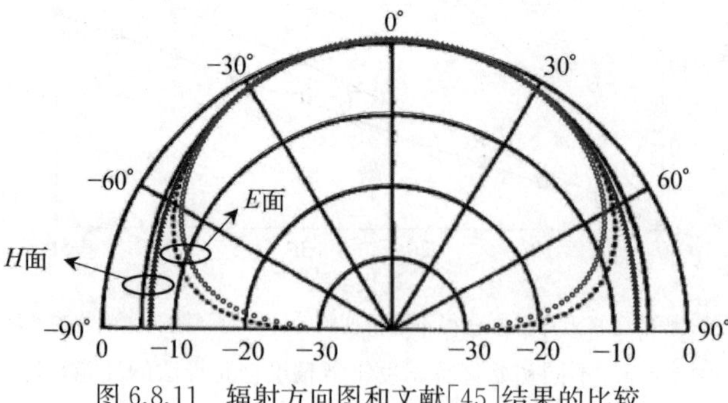

图 6.8.11 辐射方向图和文献[45]结果的比较

6.9　叠层非对角低秩矩阵块可并行直接求解方法

本节提出一种可并行的基于叠层非对角低秩矩阵块的直接求解方法，计算复杂度达到 $O(N\lg^2 N)$，能够实现对矩量法矩阵方程的高效求解。并且也利用有效的取舍准则得到阻抗矩阵的近似逆，为迭代求解方法提供有效的预条件矩阵。

6.9.1　直接求解方法的实现

1. 叠层分组技术

本小节提出的直接求解方法与大多数直接求解方法相同，需要通过分组技术将目标几何结构分成多个子块，进而将阻抗矩阵变为一个叠层矩阵。本节方法采用二叉树分组技术对目标几何结构进行分组，如图 6.9.1 所示，在每层都将上一层的父组块分别分为两个子块。对于三维结构，采用 x、y、z 方向交替均分的方法以使分组在各个方向上达到均衡，同时对于最细层组内基函数的个数设置一个门限以决定二叉树结构的层数。通过上面所述的二叉树分组技术，阻抗矩阵变为一个叠层结构如图 6.9.2 所示。

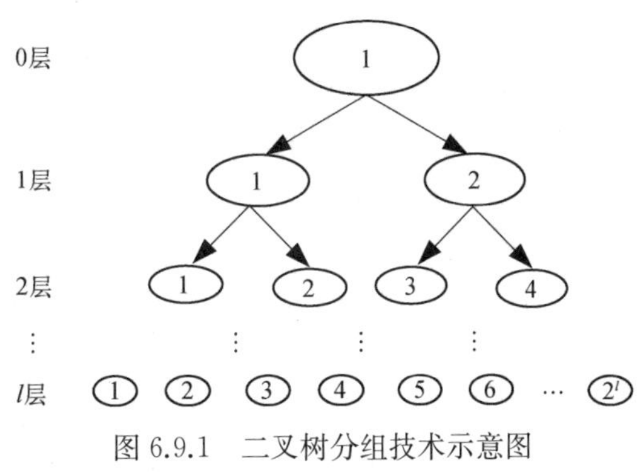

图 6.9.1　二叉树分组技术示意图

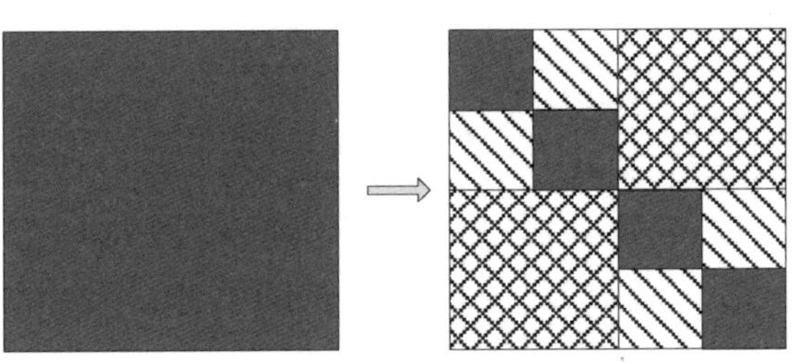

图 6.9.2　阻抗矩阵两层叠层结构示意图

在图 6.9.2 所示的叠层矩阵中，对于非重叠子块之间的相互作用矩阵 $\boldsymbol{Z}_{ij}$ 都可以通过矩阵分解技术用两个小的矩阵表示，采用 ACA - SVD[46] 算法实现矩阵的压缩分解，得

$$\boldsymbol{Z}_{ij}=\boldsymbol{U}_{ij}\cdot\boldsymbol{V}_{ij}\tag{6.9.1}$$

其中，i 和 j 表示两个相互作用组的组号。矩阵 $\boldsymbol{U}_{ij}$ 的列维度和矩阵 $\boldsymbol{V}_{ij}$ 的行维度为矩阵 $\boldsymbol{Z}_{ij}$ 的秩，其值小于矩阵 $\boldsymbol{Z}_{ij}$ 的维度。因此，阻抗矩阵 $\boldsymbol{Z}$ 可以被稀疏的表示为

$$\boldsymbol{Z}=\begin{bmatrix}\begin{bmatrix}\boldsymbol{Z}_{11}^{2} & \boldsymbol{U}_{12}^{2}\boldsymbol{V}_{12}^{2}\\ \boldsymbol{U}_{21}^{2}\boldsymbol{V}_{21}^{2} & \boldsymbol{Z}_{22}^{2}\end{bmatrix} & \boldsymbol{U}_{12}^{1}\boldsymbol{V}_{12}^{1}\\ \boldsymbol{U}_{21}^{1}\boldsymbol{V}_{21}^{1} & \begin{bmatrix}\boldsymbol{Z}_{33}^{2} & \boldsymbol{U}_{34}^{2}\boldsymbol{V}_{34}^{2}\\ \boldsymbol{U}_{43}^{2}\boldsymbol{V}_{43}^{2} & \boldsymbol{Z}_{44}^{2}\end{bmatrix}\end{bmatrix} \tag{6.9.2}$$

其中，上标表示层号；下标表示在相应层相互作用组的组号。

2. ACA－SVD 矩阵分解技术

叠层矩阵中的非对角块矩阵可以通过矩阵低秩分解技术近似表示为两个小矩阵相乘。在本小节中，采用 ACA－SVD[46] 算法压缩分解非对角块矩阵 $\boldsymbol{Z}_{ij}$。具体过程如下：

首先采用 ACA 算法对矩阵 $\boldsymbol{Z}_{ij}$ 进行压缩，在压缩过程中需要对 ACA 算法设置一个容许精度 ε，可以使矩阵 $\boldsymbol{Z}_{ij}$ 分解为两个维度较小的矩阵，其分解示意图如图 6.9.3 所示。m 和 n 表示的是矩阵 $\boldsymbol{Z}_{ij}$ 的行维度和列维度，r 表示的是经过 ACA 压缩后矩阵的秩，并且 $r<\min(m, n)$。然后矩阵 $\boldsymbol{X}_{ij}$ 和 $\boldsymbol{Y}_{ij}^{\mathrm{T}}$ 可以分别用 QR 分解技术进行分解，得

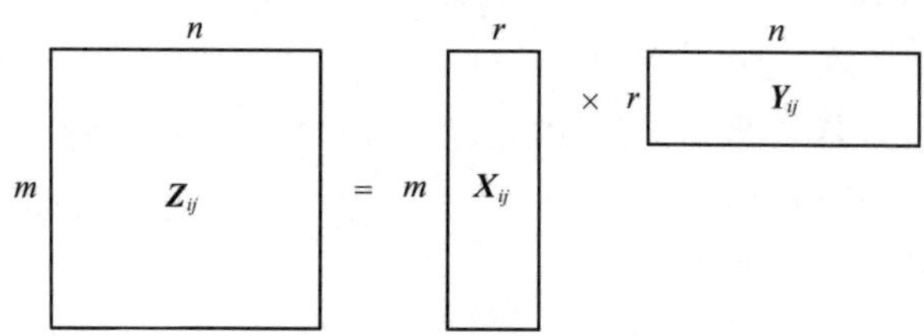

图 6.9.3　ACA 分解示意图

$$\boldsymbol{X}_{ij}=\boldsymbol{Q}_{1}\boldsymbol{R}_{1} \tag{6.9.3}$$

$$\boldsymbol{Y}_{ij}^{\mathrm{T}}=\boldsymbol{Q}_{2}\boldsymbol{R}_{2} \tag{6.9.4}$$

因此，矩阵 $\boldsymbol{Z}_{ij}$ 可以表示为

$$\boldsymbol{Z}_{ij}=\boldsymbol{Q}_{1}\boldsymbol{R}_{1}\boldsymbol{R}_{2}^{\mathrm{T}}\boldsymbol{Q}_{2}^{\mathrm{T}} \tag{6.9.5}$$

其中，$\boldsymbol{Q}_1$ 和 $\boldsymbol{Q}_2^{\mathrm{T}}$ 为正交矩阵。将 $\boldsymbol{R}_1\boldsymbol{R}_2^{\mathrm{T}}$ 组成的矩阵采用带有截断精度 τ 的 SVD 算法进一步压缩分解得

$$\boldsymbol{R}_{1}\boldsymbol{R}_{2}^{\mathrm{T}}=\boldsymbol{U}'\boldsymbol{S}'\boldsymbol{V}' \tag{6.9.6}$$

最终非对角块矩阵 $\boldsymbol{Z}_{ij}$ 可以近似表示为

$$\boldsymbol{Z}_{ij}=\boldsymbol{Q}_1\boldsymbol{U}'\boldsymbol{S}'\boldsymbol{V}'\boldsymbol{Q}_2^{\mathrm{T}}=\boldsymbol{U}_{ij}\cdot\boldsymbol{V}_{ij} \tag{6.9.7}$$

ACA 算法的容许精度 ε 及 SVD 算法的截断精度 τ 决定了 $\boldsymbol{Z}_{ij}$ 矩阵的分解精度，进而决定了本章提出的直接求解方法的精度，所以其取值需要权衡计算效率和算法精度。对于 ACA 算法的容许精度 ε 及 SVD 算法的截断精度 τ 的取值将在 6.9.4 节中详细讨论。

3. Sherman-Morrison-Woodbury 公式

本节方法中的一个重要的理论基础是 Sherman-Morrison-Woodbury 公式[47-49]，利用此公式可以基于如图 6.9.3 所示的低秩压缩分解方法实现对一个线性系统方便地求解。假设根据低秩压缩分解方法，一个矩阵 $\boldsymbol{Z}$ 可以表示为

$$\boldsymbol{Z}=\boldsymbol{I}+\boldsymbol{U}\boldsymbol{V} \tag{6.9.8}$$

则相应的一个线性系统可以表示为

$$\boldsymbol{Z}\cdot\boldsymbol{x}=(\boldsymbol{I}+\boldsymbol{U}\boldsymbol{V})\cdot\boldsymbol{x}=\boldsymbol{b} \tag{6.9.9}$$

其中，$\boldsymbol{I}$ 表示单位矩阵；$\boldsymbol{x}$ 表示线性系统的解向量；$\boldsymbol{b}$ 表示右边向量。根据 Sherman-Morrison-Woodbury 公式，如式(6.9.9)所示的线性系统的解可以表示为

$$\boldsymbol{x}=[\boldsymbol{I}-\boldsymbol{U}(\boldsymbol{I}+\boldsymbol{V}\boldsymbol{U})^{-1}\boldsymbol{V}]\boldsymbol{b} \tag{6.9.10}$$

因此可以得到矩阵 $\boldsymbol{Z}$ 的逆矩阵 $\boldsymbol{Z}^{-1}$ 为 $\boldsymbol{I}-\boldsymbol{U}(\boldsymbol{I}+\boldsymbol{V}\boldsymbol{U})^{-1}\boldsymbol{V}$，其证明过程可以表示为

$$\begin{aligned}\boldsymbol{Z}^{-1}\cdot\boldsymbol{Z}&=[\boldsymbol{I}-\boldsymbol{U}(\boldsymbol{I}+\boldsymbol{V}\boldsymbol{U})^{-1}\boldsymbol{V}]\cdot(\boldsymbol{I}+\boldsymbol{U}\boldsymbol{V})\\&=(\boldsymbol{I}+\boldsymbol{U}\boldsymbol{V})-[\boldsymbol{U}(\boldsymbol{I}+\boldsymbol{V}\boldsymbol{U})^{-1}\boldsymbol{V}]\cdot(\boldsymbol{I}+\boldsymbol{U}\boldsymbol{V})\\&=(\boldsymbol{I}+\boldsymbol{U}\boldsymbol{V})-\boldsymbol{U}(\boldsymbol{I}+\boldsymbol{U}\boldsymbol{V})^{-1}(\boldsymbol{I}+\boldsymbol{V}\boldsymbol{U})\boldsymbol{V}\\&=(\boldsymbol{I}+\boldsymbol{U}\boldsymbol{V})-\boldsymbol{U}\boldsymbol{V}\\&=\boldsymbol{I}\end{aligned} \tag{6.9.11}$$

因此，通过式(6.9.11)的证明可以得到，根据 Sherman-Morrison-Woodbury 公式可以方便地把矩阵 $\boldsymbol{Z}$ 的逆矩阵表示为 $\boldsymbol{I}-\boldsymbol{U}(\boldsymbol{I}+\boldsymbol{V}\boldsymbol{U})^{-1}\boldsymbol{V}$。

4. 算法流程

对于式(6.9.2)中具有叠层结构的矩阵，块对角矩阵是可以提取出来的，这样矩阵中的对角块矩阵变为一个单位矩阵，同时为了保持与原矩阵的相等关系，非对角块矩阵要进行相应的变化。由粗层到细层依次将块对角矩阵提取出来，最后阻抗矩阵就变为多个块对角矩阵相乘的形式，如下所示：

$$\begin{bmatrix} \begin{bmatrix} \boldsymbol{Z}_{11}^2 & \boldsymbol{U}_{12}^2\boldsymbol{V}_{12}^2 \\ \boldsymbol{U}_{21}^2\boldsymbol{V}_{21}^2 & \boldsymbol{Z}_{22}^2 \end{bmatrix} & \boldsymbol{U}_{12}^1\boldsymbol{V}_{12}^1 \\ \boldsymbol{U}_{21}^1\boldsymbol{V}_{21}^1 & \begin{bmatrix} \boldsymbol{Z}_{33}^2 & \boldsymbol{U}_{34}^2\boldsymbol{V}_{34}^2 \\ \boldsymbol{U}_{43}^2\boldsymbol{V}_{43}^2 & \boldsymbol{Z}_{44}^2 \end{bmatrix} \end{bmatrix} = \boldsymbol{D}_2\boldsymbol{D}_1\boldsymbol{D}_0 \tag{6.9.12}$$

$$\boldsymbol{D}_2 = \begin{bmatrix} \boldsymbol{Z}_{11}^2 & & & \\ & \boldsymbol{Z}_{22}^2 & & \\ & & \boldsymbol{Z}_{33}^2 & \\ & & & \boldsymbol{Z}_{44}^2 \end{bmatrix},\ \boldsymbol{D}_1 = \begin{bmatrix} \boldsymbol{Z}_{11}^1 & \\ & \boldsymbol{Z}_{22}^1 \end{bmatrix},\ \boldsymbol{D}_0 = \boldsymbol{Z}_{11}^0 = \begin{bmatrix} \boldsymbol{I} & \boldsymbol{U}_{12}^{1'}\boldsymbol{V}_{12}^1 \\ \boldsymbol{U}_{21}^{1'}\boldsymbol{V}_{21}^1 & \boldsymbol{I} \end{bmatrix} \tag{6.9.13}$$

$$\boldsymbol{Z}_{k,\,k}^l = \begin{bmatrix} \boldsymbol{I} & \boldsymbol{U}_{2k-1,\,2k}^{l+1}{}'\boldsymbol{V}_{2k-1,\,2k}^{l+1} \\ \boldsymbol{U}_{2k,\,2k-1}^{l+1}{}'\boldsymbol{V}_{2k,\,2k-1}^{l+1} & \boldsymbol{I} \end{bmatrix} \tag{6.9.14}$$

其中,k 表示组号;l 表示层号。根据式(6.9.12)～式(6.9.14),图 6.9.2 中表示的矩阵经过变化后可以表示为图 6.9.4 的形式。

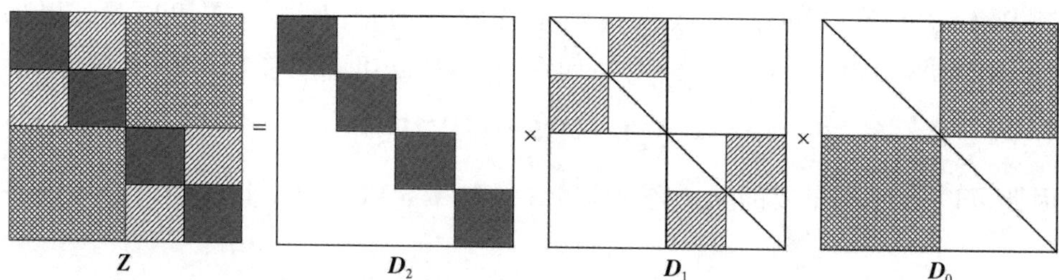

图 6.9.4　阻抗矩阵经过变化后矩阵示意图

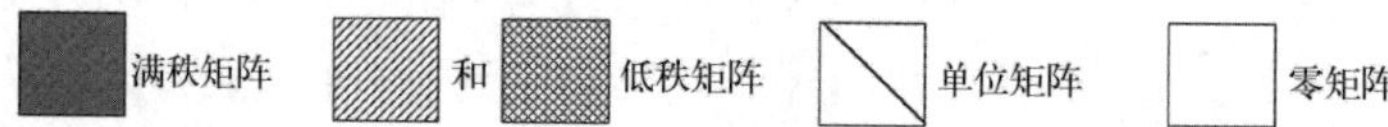

然后可以根据分组情况将式(6.9.12)中 $\boldsymbol{D}_2$继续分解推广到多层的形式得到阻抗矩阵的表达式,为

$$\boldsymbol{Z} = \boldsymbol{D}_L\boldsymbol{D}_{L-1}\cdots\boldsymbol{D}_l\cdots\boldsymbol{D}_1\boldsymbol{D}_0 \tag{6.9.15}$$

进而对于式(6.9.14)表示的任意矩阵 $\boldsymbol{D}$ 中的对角块矩阵 $\boldsymbol{Z}_{k,\,k}^l$($l \neq L$,L 表示最细层)可以分解表示为

$$\begin{aligned} \boldsymbol{Z}_{k,\,k}^l &= \begin{bmatrix} \boldsymbol{I} & \\ & \boldsymbol{I} \end{bmatrix} + \begin{bmatrix} \boldsymbol{U}_{2k-1,\,2k}^{l+1\,'} & \\ & \boldsymbol{U}_{2k,\,2k-1}^{l+1\,'} \end{bmatrix} \cdot \begin{bmatrix} & \boldsymbol{V}_{2k-l,\,2k}^{l+1} \\ \boldsymbol{V}_{2k,\,2k-1}^{l+1} & \end{bmatrix} \\ &= \boldsymbol{I} + \widetilde{\boldsymbol{U}}_{k,\,k}^l \cdot \widetilde{\boldsymbol{V}}_{k,\,k}^l \end{aligned} \tag{6.9.16}$$

根据 Sherman-Morrison-Woodbury 公式，对于式(6.9.12)中 $\boldsymbol{Z}_{k,k}^{l}$ 的逆矩阵可以表示为

$$(\boldsymbol{Z}_{k,k}^{l})^{-1}=\boldsymbol{I}-\widetilde{\boldsymbol{U}}_{k,k}^{l}(\boldsymbol{S}_{k,k}^{l})^{-1}\widetilde{\boldsymbol{V}}_{k,k}^{l} \tag{6.9.17}$$

$$\boldsymbol{S}_{k,k}^{l}=\boldsymbol{I}+\widetilde{\boldsymbol{V}}_{k,k}^{l}\widetilde{\boldsymbol{U}}_{k,k}^{l} \tag{6.9.18}$$

矩阵 $\boldsymbol{S}_{k,k}^{l}$ 的维度为 $\boldsymbol{Z}_{k,k}^{l}$ 非对角块矩阵的秩，其值要小于 $\boldsymbol{Z}_{k,k}^{l}$ 的维度。得到矩阵 $\boldsymbol{Z}_{k,k}^{l}$ 的逆，进而可以表示出块对角矩阵 $\boldsymbol{D}_l$ 的逆。因此，矩阵方程 $\boldsymbol{Zx}=\boldsymbol{b}$ 的解可以通过几个块对角矩阵的逆矩阵与右边向量 $\boldsymbol{b}$ 的矩阵矢量乘得到，如式(6.9.19)所示

$$\boldsymbol{x}=\boldsymbol{Z}^{-1}\cdot\boldsymbol{b}=\boldsymbol{D}_0^{-1}\boldsymbol{D}_1^{-1}\cdots\boldsymbol{D}_l^{-1}\cdots\boldsymbol{D}_{L-1}^{-1}\boldsymbol{D}_L^{-1}\cdot\boldsymbol{b} \tag{6.9.19}$$

根据上面的描述，整个直接求解方法的算法流程分为两个部分：前向分解和后向代入。两部分算法流程如表 6.9.1 中 Algorithm 1 和 Algorithm 2 所示，表中 ngroup(l)表示的是在第 l 层组的个数。从表 6.9.1 中可以看出，求逆和更新的操作可以通过后向代入过程中一系列的矩阵矢量乘实现。

表 6.9.1　直接求解方法算法流程

Algorithm 1：前向分解(Forward decomposition)
1) do $l=L,0,-1$ 2) do $i=1$,ngroup(l) 3) Decompose the off－diagonal matrix with ACA - SVD as discussed in 6.9.1.2 4) if($l==L$) then 5) Inverse $\boldsymbol{Z}_{ii}^{L}$ directly and stored 6) endif 7) enddo 8) enddo

Algorithm 2：后向代入(Backward substitution) input：$\boldsymbol{b}$，output：$\boldsymbol{x}$
1) do $l=L$，0，-1 2) do $i=1$，ngroup(l) 3) if($l==L$)then 4) $\boldsymbol{x}^l=(\boldsymbol{Z}_{ii}^{L})^{-1}\cdot\boldsymbol{b}$ 5) else 6) $\boldsymbol{x}^l=\boldsymbol{x}^{l+1}$ 7) Update_product(l，$\boldsymbol{x}^l$) 8) endif 9) enddo 10) enddo 11) $\boldsymbol{x}=\boldsymbol{x}^0$

Algorithm 3：Update_product(l, $\boldsymbol{x}^l$)

1) do $i=1$, ngroup(l)
2) if($l==L$)then
3) $\boldsymbol{x}^l=(\boldsymbol{Z}_{ii}^L)^{-1}\cdot\boldsymbol{x}^l$
4) else
5) $\boldsymbol{x}=\boldsymbol{x}^l$
6) $\boldsymbol{x}^l=\widetilde{\boldsymbol{V}}_{ii}^l\cdot\boldsymbol{x}^l$
7) $\boldsymbol{x}^l=(\boldsymbol{S}_{ii}^l)^{-1}\cdot\boldsymbol{x}^l$
8) $\boldsymbol{x}^l=\widetilde{\boldsymbol{U}}_{ii}^l\cdot\boldsymbol{x}^l$
9) Update_product($l+1$, $\boldsymbol{x}^l$)
10) $\boldsymbol{x}^l=\boldsymbol{x}-\boldsymbol{x}^l$
11) endif
12) enddo

5. 计算复杂度分析

对于表 6.9.1 中 Algorithm 1 所示的前向分解流程，矩阵 $\boldsymbol{Z}_{k,k}^l(l\neq L)$ 的逆不需要显式的求出，只需要得到如式(6.9.12)所示其非对角块矩阵的分解矩阵 $\boldsymbol{U}$ 和 $\boldsymbol{V}$，因此前向分解过程中除了最细层以外其他层操作的计算复杂度为 $O\left\{\sum_{l=0}^{L-1}[2Nr^{l+1}+2^l\times(2r^{l+1})^2]\right\}\sim O\left[\sum_{l=0}^{L-1}(Nr^{l+1})\right]$。其中，$r^{l+1}$ 为在第 $l+1$ 层远场相互作用矩阵的秩，N 为总未知量数目。在最细层 L 的块矩阵 $\boldsymbol{Z}_{k,k}^L$ 表示的是最细层组 k 自作用矩阵，其具有较小的维数，在 Algorithm 1 中直接求逆并存储。由于本章提出的方法是与积分核无关的，所以在最细层每个组内基函数的平均个数为 $m\sim O(1)$，并且最细层组的总个数为 $N/m\sim O(N)$，因此在前向分解部分最细层操作的计算复杂度为 $O(m^3\cdot N/m)\sim O(N)$。综上所述，前向分解部分总的计算复杂度为 $O\left[\sum_{l=0}^{L-1}(Nr^{l+1})+m^3\cdot N/m\right]\sim O(N\lg^2 N)$。

如上所述，当将式(6.9.12)中对角块矩阵提出时，非对角块矩阵要进行更新操作以保证与原矩阵相等，具体操作为将矩阵 $\boldsymbol{U}$ 乘以相应对角块矩阵的逆。除了最细层，其他层对角矩阵块的逆是通过式(6.9.17)隐式求出的。因此，这个求逆和更新的操作利用后向代入部分的一个 update_product 函数实现，具体过程如表 6.9.1 中 Algorithm 3 和 Algorithm 4 所示。从 Algorithm 3 中可以看出，主要的操作为第 6)、7)、8)矩阵矢量乘的操作，因此其计算复杂度为 $O\left\{\sum_{l=0}^{L-1}[2\times N\times r^{l+1}+2^l\times(2r^{l+1})^2]\right\}\sim O\left[\sum_{l=0}^{L-1}(Nr^{l+1})\right]$。在最细层，对角块矩阵 $\boldsymbol{Z}_{k,k}^L$ 的逆矩阵是在前向分解部分显式求解出来的，因此对于最细层的对角块矩阵的操作的计算复杂度为 $O(L\cdot m^2\cdot N/m)\sim O(LN)$。综上所述，后向代入部分总的计算复杂度为 $O\left[\sum_{l=0}^{L-1}(Nr^{l+1})+LN\right]\sim O(N\lg^2 N)$。

根据上面的分析，可以得到本书提出的直接求解方法的内存需求为 $O\left[N+\sum_{l=0}^{L-1}(Nr^{l+1})\right]\sim O(N\lg^2 N)$，CPU 计算时间的复杂度为 $O(N\lg^2 N)$。在式(6.9.19)中除了最细层以外其他层的块对角矩阵的逆都不需要显式求出。矩阵 $\boldsymbol{D}_l^{-1}$ 与向量相乘的操作，以及非对角块矩阵的更新操作都可以通过后向代入部分的几步矩阵矢量乘表示，如下所示：

$$(\boldsymbol{Z}_{k,k}^l)^{-1}\cdot\boldsymbol{x}=\boldsymbol{x}-\widetilde{\boldsymbol{U}}_{k,k}^l(\boldsymbol{S}_{k,k}^l)^{-1}\widetilde{\boldsymbol{V}}_{k,k}^l\cdot\boldsymbol{x} \tag{6.9.20}$$

因此，在前向分解部分相应的矩阵构造完成后，矩阵方程的解可以通过后向代入操作快速地得到。

在本节方法中，所有的计算模型都采用三角形 RWG 基函数离散，并利用电场积分方程建立矩阵方程。由于格林函数的对称性，得到阻抗矩阵是对称的，所以存在如下关系：

$$\boldsymbol{Z}_{ji}=\boldsymbol{Z}_{ij}^{\mathrm{T}}=\boldsymbol{V}_{ij}^{\mathrm{T}}\boldsymbol{U}_{ij}^{\mathrm{T}} \tag{6.9.21}$$

因此，只需要 1/2 的阻抗矩阵块在前向分解操作中进行操作和存储，可以进一步提高算法的计算效率。

6.9.2　利用直接求解方法构造预条件

在本节中，利用 6.9.1 节直接求解方法的工作机理，提出一种取舍方法以构造有效的预条件矩阵来改善阻抗矩阵性态，加速迭代求解方法的收敛[50]。

1. 预条件矩阵构造原理

如 6.9.1 节所述，对于一个具有 L 层叠层分组结构的问题，矩量法矩阵方程的阻抗矩阵可以推导为 $L+1$ 个块对角矩阵相乘形式，如下所示：

$$\boldsymbol{Z}=\boldsymbol{D}_L\boldsymbol{D}_{L-1}\cdots\boldsymbol{D}_l\cdots\boldsymbol{D}_1\boldsymbol{D}_0 \tag{6.9.22}$$

其中，$L=2$ 时矩阵示意图如图 6.9.4 所示。当选取式(6.9.22)中 l 个块对角矩阵(这里 $l<L+1$) 组成矩阵 $\boldsymbol{M}$ 时，矩阵 $\boldsymbol{M}$ 的逆矩阵可以作为阻抗矩阵 $\boldsymbol{Z}$ 的近似逆矩阵，满足关系：

$$\boldsymbol{M}=\boldsymbol{D}_L\boldsymbol{D}_{L-1}\cdots\boldsymbol{D}_{L-l+1} \tag{6.9.23}$$

$$\boldsymbol{M}^{-1}=\boldsymbol{D}_{L-l+1}^{-1}\cdots\boldsymbol{D}_{L-1}^{-1}\boldsymbol{D}_L^{-1}\approx\boldsymbol{Z}^{-1} \tag{6.9.24}$$

矩阵 $\boldsymbol{M}$ 可以作为矩阵方程的一个左边预条件矩阵乘到矩阵方程的两边以改善阻抗矩阵的性态，如下所示：

$$\boldsymbol{M}^{-1}\boldsymbol{Z}\cdot\boldsymbol{x}=\boldsymbol{M}^{-1}\boldsymbol{b} \tag{6.9.25}$$

将选取的层数记为 $l_{SC}=l$，代表的是选择从最细层 L 到第 $L-l+1$ 层的块对角矩阵的逆（$\boldsymbol{D}_L$，$\boldsymbol{D}_{L-1}$，…，$\boldsymbol{D}_{L-l+1}$）构成预条件矩阵 $\boldsymbol{M}$。因此，在 6.9.1 节中介绍的前向分解和后向代入中只需要操作从 L 层到 $L-l+1$ 层的块对角矩阵构成预条件矩阵即可，这样会消耗更少的计算资源。随着 l_{SC} 取值的增多，预条件矩阵 $\boldsymbol{M}$ 越来越接近 $\boldsymbol{Z}$。当 l_{SC} 的取值等于 $L+1$ 时，$\boldsymbol{M}^{-1}$ 变为阻抗矩阵 $\boldsymbol{Z}$ 准确的逆。然而 l_{SC} 的取值越大，矩阵 $\boldsymbol{M}$ 求逆所消耗的计算资源越多。因此，对于 l_{SC} 的取值需要权衡预条件的效率与其构造预条件矩阵消耗的计算资源。下面利用一个算例来讨论预条件矩阵构造的取舍准则。

2. 预条件矩阵构造的取舍准则

如前面所述，本节提出的直接求解方法可以通过一个取舍准则构造一个阻抗矩阵的近似逆矩阵作为预条件矩阵来改善原阻抗矩阵的性态。而取舍参数 l_{SC} 的取值需要权衡预条件的效率和预条件矩阵构造的资源消耗，因此在本节中借助一个算例讨论参数 l_{SC} 的选取。

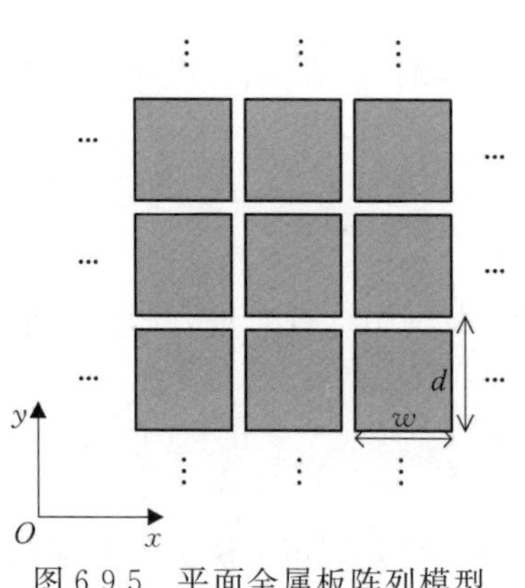

图 6.9.5 平面金属板阵列模型（其中 $w=1\lambda$，$d=1.2\lambda$，金属板间的间距为 0.2λ）

图 6.9.5 为一个平面金属板阵列模型，为了讨论预条件矩阵构造的取舍准则，采用最细层分组尺寸为 0.2λ 的多层快速多极子方法分析不同规模平板阵列的散射特性，并采用收敛精度设置为 10^{-3} 的 GMRES 迭代求解方法求解矩阵方程。首先采用本章提出的直接求解方法与多层快速多极子方法分别分析 16×16 阵列模型的电磁散射特性，以验证直接求解方法的准确性。采用尺寸为 0.1λ 的三角形网格对 16×16 平板阵列模型进行剖分，得到总未知量数目为 333 056。对于直接求解方法，设置最细层组基函数个数的上限为 80，得到一个 12 层的叠层结构。平面波入射角度为 $\theta_i=0°$，$\varphi_i=0°$，观察角度的方位角固定为 $\varphi_o=0°$。两种方法计算的平板阵列的双站 RCS 结果如图 6.9.6 所示，由图中结果可得，两种方法计算结果吻合很好。然后在 $L=12$ 的情况下，分别采用不同的取舍参数（$l_{SC}=2$、$l_{SC}=4$、$l_{SC}=6$）构造预条件矩阵用于加速多层快速多极子方法中 GMRES 的收敛。对于 16×16 平板阵列模型的分析，采用不同的取舍参数的预条件及稀疏近似逆预条件技术的 GMRES 迭代收敛情况如图 6.9.7 所示。对于采取不同预条件技术的计算时间如表 6.9.2 所示。如图 6.9.7 和表 6.9.2 所示，随着 l_{SC} 取值的增大迭代步数减小很快。对于 $l_{SC}=6$，虽然预条件矩阵的构造时间会比较长，但是由于其迭代收敛很快，总的时间要比其他预条件技术少。然而通过收敛趋势可以看出，如果 l_{SC} 的取

值继续增大，迭代收敛减少的时间比预条件矩阵构造的时间要少，导致总时间反而会增大。因此，根据以上的分析，为了权衡预条件的效率与构造预条件计算资源的消耗，l_{SC}的取值设置为$L/3$（L为总的层数）。最后在l_{SC}固定为$L/3$的情况下分析不同规模平板的阵列模型，每个模型未知量数目、叠层分组结构总层数L、GMRES 迭代步数及迭代时间如表 6.9.3 所示。从表 6.9.3 中可以看出，固定预条件取舍参数l_{SC}，分析不同规模的平板阵列模型所需的 GMRES 迭代步数基本不变。

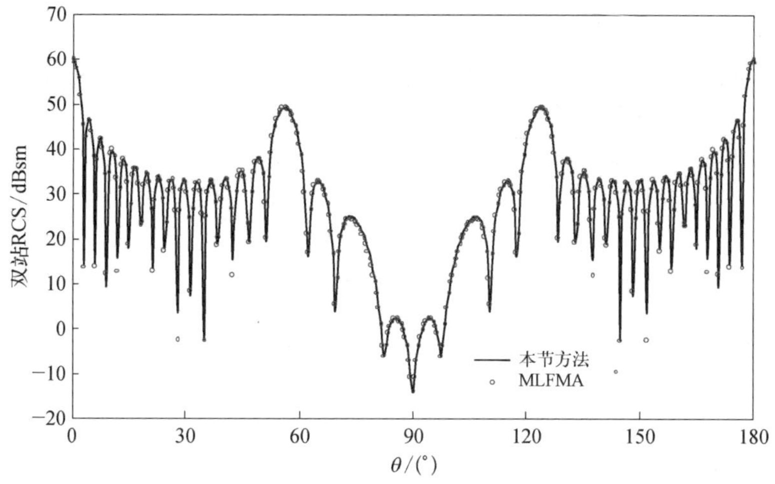

图 6.9.6　直接求解方法与多层快速多极子方法分析 16×16 金属平板阵列模型的双站 RCS 结果

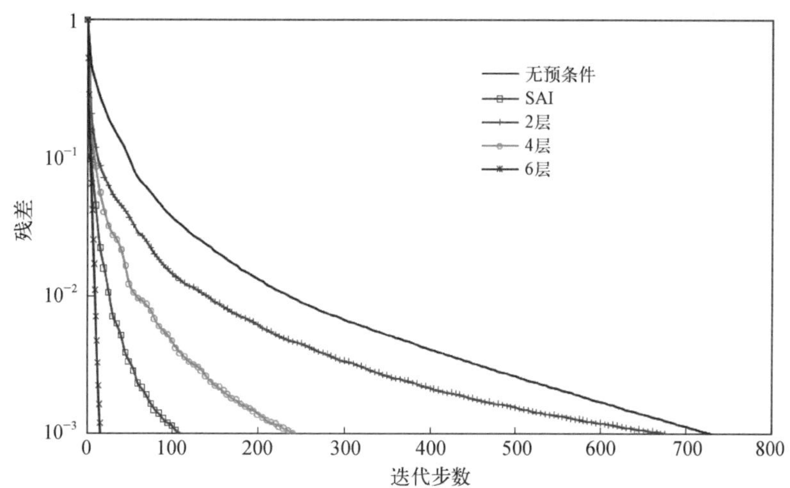

图 6.9.7　对于 16×16 平板阵列模型的分析，采用不同的取舍参数（$l_{SC}=2$、$l_{SC}=4$、$l_{SC}=6$）的预条件及稀疏近似逆预条件技术的 GMRES 迭代收敛情况

表 6.9.2　采用不同的取舍参数($l_{SC}=2$、$l_{SC}=4$、$l_{SC}=6$)的预条件及稀疏近似逆预条件技术分析 16×16 平板阵列模型的计算时间

	构造时间/s	迭代时间/s	总时间/s
无预条件	0	4 378	5 166
SAI	1 431	768	2 990
$l_{SC}=2$	228	4 419	5 451
$l_{SC}=4$	425	1 727	2 901
$l_{SC}=6$	1 185	137	2 067

表 6.9.3　不同规模平板阵列模型的未知量数目、叠层分组结构总层数 L、GMRES 迭代步数以及迭代时间

阵列规模	未知量数目	L	GMRES 迭代步数	迭代时间/s
4×4	20 816	6	10	3.2
8×8	83 264	9	13	16
16×16	333 056	12	16	137
32×32	1 332 224	15	12	553
64×64	6 586 368	18	11	2 346

6.9.3　直接求解方法的并行实现

根据 6.9.1 节所述，前向分解部分主要的操作是通过矩阵分解技术得到非对角块矩阵的分解矩阵 $\boldsymbol{U}$ 和 $\boldsymbol{V}$，则矩阵 $\boldsymbol{D}_l^{-1}$ 与矢量的相乘操作及非对角块矩阵更新操作可以在后向代入部分通过几次矩阵矢量乘得到。整个过程都是以组为单位完成的，组与组之间不存在递归关系。因此，前向分解过程和后向代入操作都具有可并行性。

对于 Algorithm 2 中的前向分解，最细层对角块的求逆和每层中非对角块的分解操作都是按照叠层分组结构中的组分别实现的，相互之间是独立的，因此可以按照组号实现并行操作。对于 Algorithm 3 中的后向代入，每层的操作都可以简化为矩阵矢量乘 $\boldsymbol{D}_l^{-1}\boldsymbol{x}$。矩阵矢量乘 $\boldsymbol{D}_l^{-1}\boldsymbol{x}$ 可以按照分组的形式表示为对角块矩阵与矢量相乘，如图 6.9.8 所示，其中每个对角块矩阵与相应矢量相乘($\boldsymbol{Z}_{ii}^{-1}\boldsymbol{x}_i$)是相互独立的，因此也可以并行实现。类似地，Algorithm 3 中的 update_product(更新乘积)的操作也可以根据分组实现并行。为了避免大规模的数据通信，共享式内存并行方案(open-multiprocessing)是一个很好的选择。每个线程共同享有内存资源，CPU 与内存之间的关系示意图如图 6.9.9 所示，因此前向分解和后向代入过程可以按照分组平均分配到每个线程中并行实现。

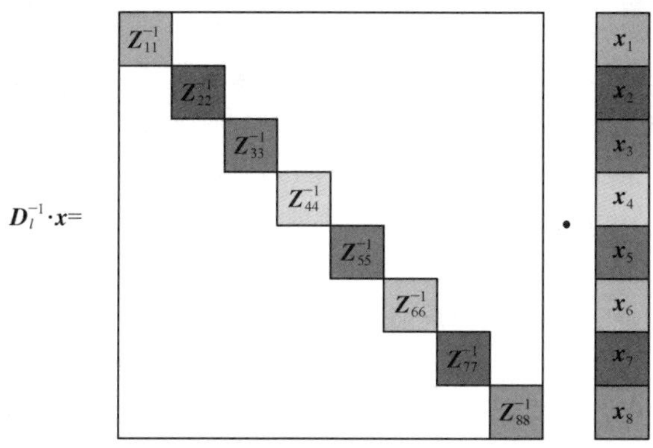

图 6.9.8　每层的后向代入操作可以按照分组表示为多个对角块与矢量相乘，并且是相对独立的

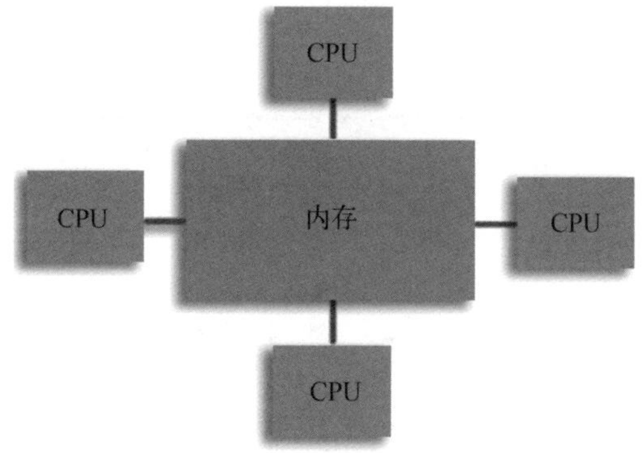

图 6.9.9　共享式内存并行方案中 CPU 与计算机内存之间的关系示意图

6.9.4　数值算例分析

本小节所有算例运行的计算平台为 DELL Intel Xeon E7－4850 CPU 2.0 GHz，内存为 512 GB。相应的迭代求解方法均采用收敛精度为 10^{-3}的 GMRES 迭代求解器。

由 6.9.1 节所述，前向分解中非对角块矩阵的矩阵分解操作采用 ACA－SVD 算法实现，因此 ACA 算法的容许精度 ε 及 SVD 算法的截断精度 τ 决定了本文提出的直接求解方法的精度。因此，在本算例中讨论 ACA 算法的容许精度 ε 及 SVD 算法的截断精度 τ 的取值以保证直接求解方法的精度，直接求解方法的精度由求逆误差(inverse error)来衡量，如式(6.9.26)所示：

$$\text{inverse error} = \frac{\| \boldsymbol{Z}^{-1} \cdot \boldsymbol{Z} - \boldsymbol{I} \|_{\mathrm{F}}}{\| \boldsymbol{I} \|_{\mathrm{F}}} \tag{6.9.26}$$

其中，$\boldsymbol{Z}$ 表示的是矩量法阻抗矩阵，$\boldsymbol{Z}^{-1}$是其逆矩阵；$\boldsymbol{I}$ 表示的是与 $\boldsymbol{Z}$ 相同维度的单

位矩阵。在本算例中以一个半径为 2λ 金属球为例构造矩阵 $\mathbf{Z}$ 讨论 ACA 算法的容许精度 ε 及 SVD 算法的截断精度 τ 与直接求解方法精度的关系。采用尺寸为 0.1λ 的三角形网格对金属球模型进行剖分，得到总未知量数目为 16 473。对于直接求解方法，设置最细层组基函数个数的上限为 80，得到一个 8 层的叠层结构。对于不同的容许精度 ε 和截断精度 τ 的取值，由式(6.9.26)计算得到的求逆误差变化曲线如图 6.9.10 所示。可以从图 6.9.10 中得到，当 SVD 算法截断精度 τ 确定时，求逆误差会随着 ACA 算法容许精度 ε 的减小而降低。而且对于确定的 ACA 算法容许精度 ε，在一定的范围内求逆误差也会随着 SVD 算法截断精度 τ 的减小而降低，当 SVD 算法截断精度 τ 小于 ACA 算法容许精度 ε 时，求逆误差就再变化。因此，在下面的讨论中为了平衡计算精度与计算资源消耗，设置 ACA 算法容许精度 ε 和 SVD 算法截断精度 τ 都为 10^{-4}。

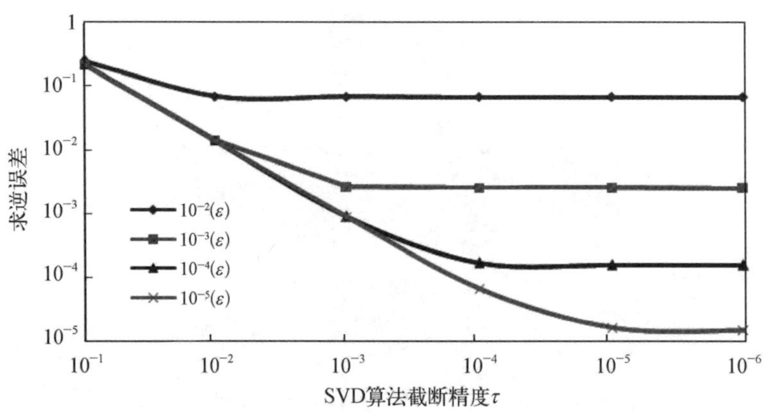

图 6.9.10 对于不同的容许精度 ε 计算得到的求逆误差变化曲线

为了验证本节提出的直接求解方法在多右边向量问题中的优势，本算例分析了一个飞机模型的单站 RCS，并与 MLFMA 的计算结果与计算效率进行比较。飞机模型如图 6.9.11 所示，其在 x、y、z 三个方向上的尺寸分别为 9.66 m、6.7 m、2.13 m。计算频率为 300 MHz，采用尺寸为 0.1λ 的三角形网格对飞机模型进行剖分，得到总未知量数目为 24 414。分别采用本节的直接求解方法与 MLFMA 计算飞机模型在 θ 角度的单站 RCS，φ 角度固定为 0°。计算结果如图 6.9.12 所示，可以得到，两种方法的计算结果非常吻合，相应的计算时间统计对比如表 6.9.4 所示。从表 6.9.4 中可以看出，虽然本节提出的直接求解方法前向分解部分需要消耗一定的时间，但在求解时间上都要少于 MLFMA。因为对于直接求解方法，在前向分解过程结束后，对于不同的入射角度，只需要进行几次矩阵矢量乘操作即可得到方程的解，无须任何迭代。因此，在如单站 RCS 这种多右边向量问题上，直接求解方法的计算效率要优于迭代方法。

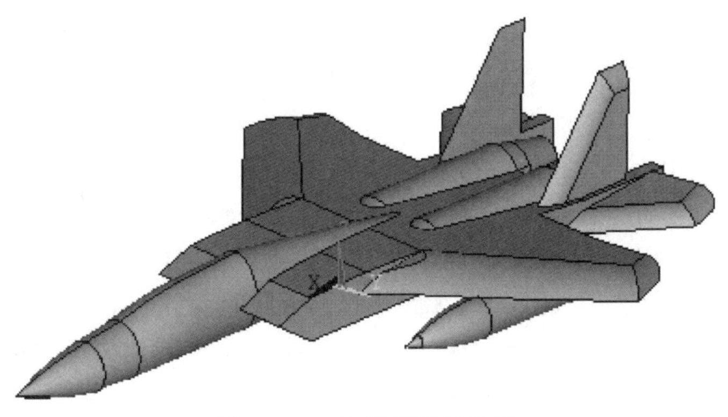

图 6.9.11　飞机模型示意图

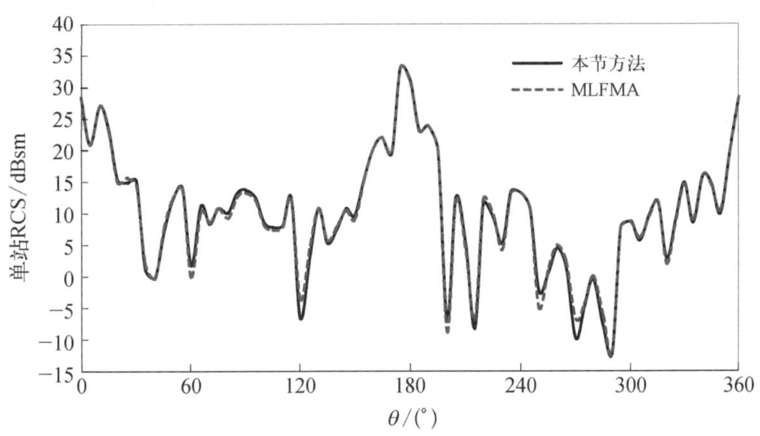

图 6.9.12　分别采用本节的直接求解方法与 MLFMA 计算飞机模型在 θ 角度的单站 RCS 计算结果

表 6.9.4　分别采用本节的直接求解方法与 MLFMA 计算飞机模型在 θ 角度的单站 RCS 计算资源消耗对比

计算方法	构造时间/s	求解时间/s	总时间/s
本节方法	2 147	278	2 425
MLFMA	41	28 324	28 365

本算例用来验证本节方法在多尺度问题中的高效性。为了考察本节提出的直接求解方法对于多尺度问题的性能，用本节方法分析一个 Koch 雪花模型，如图 6.9.13 所示。Koch 雪花模型在 x、y 方向上的尺寸分别为 1.0 m 和 1.15 m。在

600 MHz 的频率下，采用尺寸为 0.1λ 的三角形网格对 Koch 雪花模型进行剖分，得到总未知量数目为 51 597，其中，最大和最小尺寸网格的比值为 189.5。设置叠层分组结构最细层未知量数目上限为 80，对于单个 Koch 雪花模型得到 9 层叠层结构。设置平面波入射角度为 $\theta_i=0°$，$\varphi_i=0°$ 照射 Koch 雪花模型。分别采用本节提出的方法和 MLFMA 分析得到 Koch 雪花模型表面的电流密度分布如图 6.9.13 所示，由图所示两种方法得到电流密度分布结果一致，计算其相对误差为 0.016。在 MLFMA 中采用 6.9.2 节提到的预条件技术加速 GMRES 求解器的收敛，并且分别用不同的取舍参数 l_{SC} 设置与无预条件情况进行对比，相应的 CPU 计算时间和内存需求如表 6.9.5 所示。从表 6.9.5 可以看出，本节提出的直接求解方法对于分析多尺度目标问题有很好的性能。而对基于迭代求解的 MLFMA 在无预条件的情况下是很难收敛的。因为对于多尺度结构，剖分网格的尺寸是非常不均匀的，这样得到的阻抗矩阵性态很差，矩阵方程的解难以通过迭代方法快速收敛得到。而如表 6.9.5 所示，6.9.2 节提出的预条件技术可以构造一个有效的预条件实现 MLFMA 对于分析多尺度问题的迭代收敛，并且增大取舍参数 l_{SC} 的取值，迭代步数下降很快。然后采用本节方法分析一系列不同规模的 Koch 雪花阵模型，其在 x、y 方向上的周期都为 1.5 m。对于不同规模的 Koch 雪花阵模型，其未知量数目、叠层分组结构的层数、内存需求及 CPU 计算时间如表 6.9.6 所示。同时随着未知量数目增大内存需求和 CPU 计算时间的变化曲线如图 6.9.14 所示，由图可得本节方法随着未知量数目增大内存需求和 CPU 计算时间呈 $O(N\lg^2 N)$ 曲线变化。

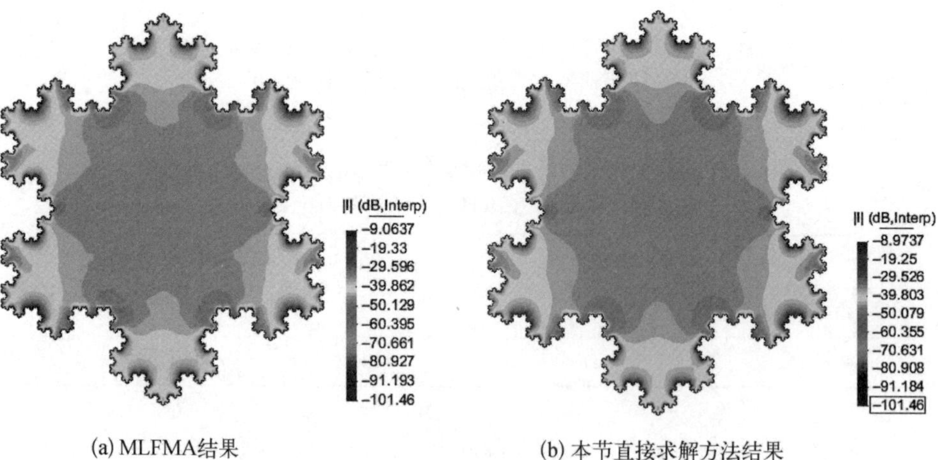

(a) MLFMA结果　　(b) 本节直接求解方法结果

图 6.9.13　Koch 雪花模型示意图及分别采用本节直接求解方法和 MLFMA 计算得到的电流密度分布图

表 6.9.5　分别采用本节的直接求解方法与采用不同预条件的 MLFMA 计算 Koch 雪花模型的内存需求、迭代步数及 CPU 计算时间

		内存需求/GB	迭代步数	CPU 计算时间/s
本节方法($L=9$)		2.94	—	1 266
MLFMA	无预条件	7.5	>10 000	—
	6.9.2 节预条件($l_{SC}=3$)	7.7	620	4 847
	6.9.2 节预条件 ($l_{SC}=6$)	8.4	56	2 885

表 6.9.6　对于不同规模的 Koch 雪花阵模型，其未知量数目、叠层分组结构的层数、内存需求及 CPU 计算时间

阵列规模	未知量数目	叠层分组结构层数	内存需求/GB	CPU 时间/(h : m : s)
2×2	206 388	12	10.7	2 : 51 : 36
4×4	825 552	15	44.5	10 : 47 : 36
8×8	3 302 208	18	176	59 : 43 : 59

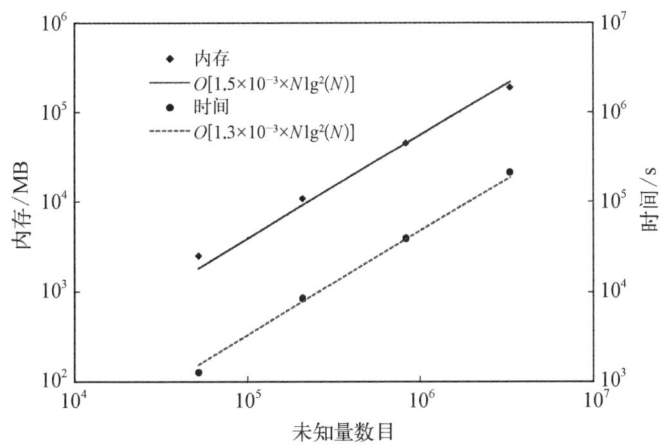

图 6.9.14　随着未知量数目增大内存需求和 CPU 计算时间的变化曲线

接下来继续研究本节直接求解方法的并行效率。为了分析本节方法的并行效率，分别采用不同的线程数分析一个如图 6.9.15 所示飞机模型的电磁散射特性。飞机的机头沿着 $+y$ 方向放置，在 x、y、z 三个方向上的尺寸分别为 20.9λ、8.4λ、1.2λ。采用三角形网格进行剖分，由于飞机结构呈现多尺度化，所以网格的最大尺寸设为 0.1λ，得到未知量数目为 1 084 310。使用 1 个线程和 32 个线程计算得到的飞机的 θ 角度方向的单站 RCS 结果如图 6.9.16 所示。对于 1 个线程计算需要的最大内存为 65.4 GB,求解时间为 88 h。分别采用不同的线程数计算此飞机模型的 θ 角度方向的单站 RCS,并用式(6.9.27)计算并行效率如图 6.9.17 所示,由图中曲线可以看出,本节提出的直接求解方法具有较高的并行效率。

$$并行效率=\frac{单个线程的计算时间}{k\ 个线程计算时间\times k}\times 100\% \tag{6.9.27}$$

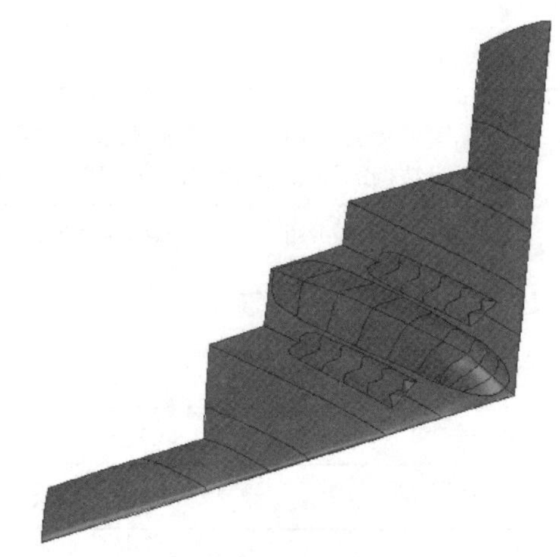

图 6.9.15　飞机模型示意图(飞机的机头沿着 $+y$ 方向放置,在 x、y、z 三个方向上的尺寸分别为 20.9λ、8.4λ、1.2λ)

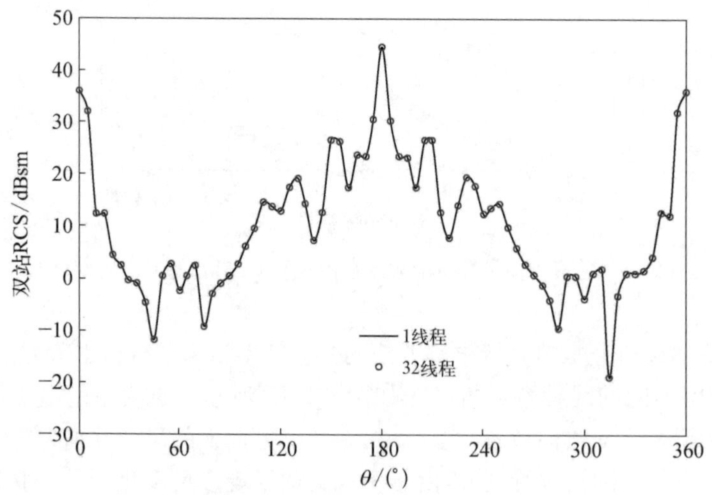

图 6.9.16　1 个线程和 32 个线程计算得到的飞机的 θ 角度方向的单站 RCS 结果

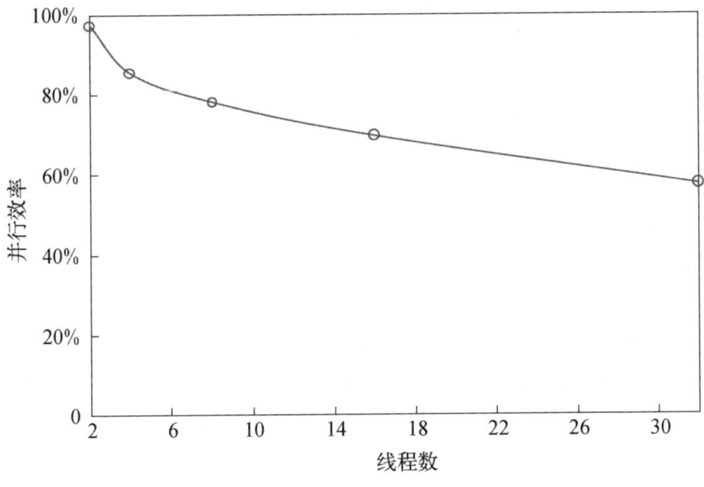

图 6.9.17　直接解法并行效率测试图

本 章 小 结

本章详细研究了基于 LOGOS、MLCBD、$\mathcal{H}$-矩阵、叠层非对角低秩矩阵块的预条件技术和直接解法，基于非对角低秩矩阵块的直接解法。MLCBD 和 $\mathcal{H}$-矩阵方法分别被应用于矩量法和有限元方程，加速矩阵方程求解。本节详细给出了 MLCBD 和 $\mathcal{H}$-矩阵方法的实现过程、计算复杂度分析。并通过数值算例和讨论证明本节方法的正确性和有效性。

参 考 文 献

[1] Xu Y, Xu X, Adams R J. A sparse factorization for fast computation of localizing modes [J]. IEEE Transactions on Antennas and Propagation, 2010, 58(9): 3044 - 3049.

[2] Xu Y, Xu X, Adams R J, et al. Sparse direct solution of the electric field integral equation using non-overlapped localizing LOGOS modes[J]. Microwave and Optical Technology Letters, 2007, 50(2): 303 - 307.

[3] Adams R J, Xu Y, Canning F X. Sparse pseudo inverse of the discrete plane wave transform [J]. IEEE Transactions on Antennas and Propagation, 2008, 56(2): 475 - 484.

[4] Xu X, Adams R J, Xu Y, et al. Modular computational analysis using localizing solution modes[J]. IEEE Transactions on Antennas and Propagation, 2007, 55(1): 130 - 138.

[5] Adams R J, Xu Y, Xu X, et al. Modular fast direct electromagnetic analysis using local-global solution modes[J]. IEEE Transactions on Antennas and Propagation, 2008, 56(8): 2427 - 2441.

[6] Zhu A, Adams R J, Canning F X, et al. Sparse solution of an integral equation formulation of scattering from open PEC targets[J]. Microwave and Optical Technology Letters, 2006, 48: 476 - 480.

[7] Zhu A, Adams R J, Canning F X, et al. Schur factorization of the impedance matrix in a localizing basis [J]. Journal of Electromagnetic Waves and Applications, 2006, 20: 351 - 362.

[8] Adams R J, Zhu A, Canning F X, et al. Sparse factorization of the TMz impedance matrix in an overlapped localizing basis[J]. Progress in Electromagnetics Research-Pier, 2006, 61: 291 - 322.

[9] Adams R J, Canning F X, Zhu A. Sparse representations of integral equations in a localizing basis[J]. Microwave and Optical Technology Letters, 2005, 47(3): 236 - 240.

[10] Heldring A, Rius J M, Tamayo J M, et al. Fast direct solution of method of moments linear system[J]. IEEE Transactions on Antennas and Propagation, 2007, 55(11): 3220 - 3228.

[11] Heldring A, Rius J M, Tamayo J M, et al. Multiscale compressed block decomposition for fast direct solution of method of moments linear system [J]. IEEE Transactions on Antennas and Propagation, 2011, 59(2): 526 - 536.

[12] Heldring A, Rius J M, Tamayo J M, et al. Multilevel MDA-CBI for fast direct solution of large scattering and radiation problems[C]. Antennas and Propagation Society International Symposium, 2007.

[13] Heldring A, Tamayo J M, Rius J M, et al. Multiscale CBD for fast direct solution of MoM linear system[C]. Antennas and Propagation Society International Symposium, 2008.

[14] Fan Z H, Jiang Z N, Chen R S, et al. Efficient version of multilevel compressed block decomposition for finite element- based analysis of electromagnetic problems [J]. IET Microwaves, Antennas & Propagation, 2012, 6(5): 527 - 532.

[15] Zha L P, Chen R S, Jiang Z N, et al. Multilevel compressed block decomposition for direct solution of 3 - D PEC scattering problems using higher order hierarchical basis functions [C]. 2012 International Conference on Microwave and Millimeter Wave Technology, 2012.

[16] 沈松鸽，姜兆能，丁大志，等. 改进的多层压缩块分解(MLCBD)算法分析电磁散射问题[C]. 2011 年全国微波毫米波会议论文集，2011.

[17] Heldring A, Rius J M, Tamayo J M, et al. Compressed block-decomposition algorithm for fast capacitance extraction[J]. IEEE Transactions on computer-aided design of integrated circuits and systems, 2008, 27(2): 265 - 271.

[18] Bebendorf M, Hackbusch W[J]. Existence of $\mathcal{H}$ - matrix approximants to the inverse FE matrix of elliptic operators with L∞-coefficients. 2003, 95: 1 - 28.

[19] Bebendorf M. Why finite element dscretizations can be factored by triangular hierarchical matrices [J]. SIAM J. Matrix Analysis and Applied Linear Algebra, 2007, 45 (4): 1472 - 1494.

[20] Borm S, Grasedyck L, Hackbusch W. Hierarchical matrices[M]. Lecture note 21 of the

Max Planck Institute for Mathematics in the Sciences, 2003.

[21] Liu H, Jiao D. Existence of H-matrix representations of the inverse finite- element matrix of electrodynamic problems and H-based fast direct finite-element solvers [J]. IEEE Transactions on Microwave Theory and Techniques, 2010, 58(12): 3697 - 3709.

[22] Liu H X, Chai W W, Jiao Dan. An $\mathcal{H}$ - Matrix-Based fast direct solver for finite-element-based analysis of electromagnetic problems[M]. The 2009 International Annual Review of Progress in Applied Computational Electromagnetics (ACES), 2009.

[23] Wan T, Hu X Q, Chen R S. Hierarchical LU decomposition based direct method with improved solution for 3D scattering problems in FEM [J]. Microwave and Optical Technology Letters, 2011, 53(8): 1687 - 1694.

[24] Wan T, Jiang Z N, Sheng Y J. Hierarchical matrix techniques based on matrix decomposition algorithm for the fast analysis of planar layered structures [J]. IEEE Transaction Antennas and Propagation, 2011, 59(11): 4132 - 4141.

[25] Cheng J, Maloney S A, Adams R J, et al. Efficient fill of a nested representation of the EFIE at low frequencies [C]. IEEE Antennas and Propagation Society International Symposium, 2008: 1 - 4.

[26] Jiang Z N, Xu Y, Sheng Y J, et al. Efficient analyzing EM scattering of objects above a lossy half space by the combined MLQR/MLSSM [J]. IEEE Transaction Antennas and Propagation, 2011, 59(12): 4609 - 4614.

[27] Zhao K, Vouvakis M N, Lee J F. The adaptive cross approximation algorithm for accelerated method of moments computations of EMC problems[J]. IEEE Transactions on Electronic Computers, 2005, 47(4): 763 - 773.

[28] Michielssen E, Boag A. A multilevel matrix decomposition algorithm for analyzing scattering from large structures[J]. IEEE Transaction Antennas and Propagation, 1996, 44(8): 1086 - 1093.

[29] Rius J M, Parron J, Ubeda E, et al. Multilevel matrix decomposition algorithm for analysis of electrically large electromagnetic problems in 3 - D [J]. Microwave and Optical Technology Letters, 1999, 22(3): 177 - 182.

[30] Rius J M, Parron J, Heldring A, et al. Fast iterative solution of integral equations with method of moments and matrix decomposition algorithm-singular value decomposition [J]. IEEE Transaction Antennas and Propagation, 2008, 56(8): 2314 - 2324.

[31] Andriulli F P, Michielssen E. A regularized combined field integral equation for scattering from 2 - D perfect electrically conducting objects [J]. IEEE Transaction Antennas and Propagation, 2007, 55(9): 2522 - 2529.

[32] Jiang Z N, Chen R S, Fan Z H, et al. Modified compressed block decomposition preconditioner for electromagnetic problems [J]. Microwave and Optical Technology Letters, 2011, 53(8): 1915 - 1919.

[33] Heldring A, Ubeda E, Rius J M. The multiscale compressed block decomposition as a

preconditioner for method of moments computations[C]. 7th European Conference on Antennas and Propagation (EuCAP),2013: 398 - 401.

[34] Rui P L,Chen R S,Wang D X,et al. Spectral two-step preconditioning of multilevel fast multipole algorithm for the fast monostatic RCS calculation [J]. IEEE Transaction Antennas and Propagation,2007,55(8): 2268 - 2275.

[35] Rui P L, Chen R S. A spectral multigrid method combined with MLFMA for solving electromagnetic wave scattering problems [J]. IEEE Transaction Antennas and Propagation,2007,55(9): 2571 - 2577.

[36] Rui P L, Chen R S. Multi-step spectral preconditioner for the fast monostatic radar cross section calculation[J]. IEE Electronics Letters,2007,43(7): 420 - 422.

[37] Malas T, Gurel L. Incomplete LU preconditioning with the multilevel fast multipole algorithm for electromagnetic scattering[J]. SIAM Journal Scientific Computing,2007,29(4): 1476 - 1494.

[38] Benzi M,Tuma M. A sparse approximate inverse preconditioner for nonsymmetric linear systems[J]. SIAM Journal Scientific Computers,1998,19: 968 - 994.

[39] Jiang Z N,Sheng Y J, Shen S G. Multilevel fast multipole algorithm-based direct solution for analysis of electromagnetic problems[J]. IEEE Transaction Antennas and Propagation, 2011,59(9): 3491 - 3494.

[40] Tsang L, Li Q, Xu P, et al. Wave scattering with UV multilevel partitioning method: 2. Three-dimensional problem of nonpenetrable surface scattering[J]. Radio Science,2004, 39: RS5011.

[41] Michielssen E, Boag A. A multilevel matrix decomposition algorithm for analyzing scattering from large structures[J]. IEEE Transaction Antennas and Propagation,1996,44(8): 1086 - 1093.

[42] Rius J M, Parron J, Heldring A, et al. Fast iterative solution of integral equations with method of moments and matrix decomposition algorithm-singular value decomposition [J]. IEEE Transaction Antennas and Propagation,2008,56(8): 2314 - 2324.

[43] Zhang Y, Wei X, E L. Electromagnetic scattering from three-dimensional bi-anisotropic objects using hybrid finite element-boundary integral method [J]. Journal of Electromagnetic Waves and Applications,2004,18(11): 1549 - 1563.

[44] Deslandes D,Wu K. Single-substrate integration technique of planar circuits and waveguide filters of Electromagnetic Waves and Applications[J]. IEEE Transactions on Microwave Theory and Techniques,2003,51(2): 593 - 596.

[45] Jin J M, Volakis J L. Radiation and scattering analysis of microstrip antennas via hybrid finite element method[M]. University of Michigan Radiation Laboratory Report 027723 - 3 - T, 1991.

[46] Heldring A,Tamayo J M,Simon C,et al. Sparsified adaptive cross approximation algorithm for accelerated method of moments computations[J]. IEEE Trans on Antennas Propag.,

2013,61(1)：240－246.

[47] Ambikasaran S,Darve E F. An $O(N\lg N)$ fast direct solver for partial hierarchically semi-separable matrices[J]. Journal of Scientific Computing,2013,57(3)：477－501.

[48] Hager W,Updating the inverse of a matrix[J]. SIAM Rev.,1989,31(2)：221－239.

[49] Chen X L,Gu C Q,Li Z,etal. Accelerated direct solution of electromagnetic scattering via characteristic basis function method with Sherman-Morrison-Woodbury formula-based Algorithm[J]. IEEE Trans on Antennas Propag.,2016,64(10)：4482－4486.

[50] Wang K C,Li M M,Ding D Z,et al. A parallelizable direct solution of integral equation method for electromagnetic analysis[J]. Engineering Analysis with Boundary Element,2017,85：158－164.